页岩气藏开发基础

张烈辉　郭晶晶　唐洪明　著

石油工业出版社

内容提要

本书以四川盆地长宁—威远地区龙马溪组页岩为主要研究对象,系统地介绍了页岩储层微观孔喉结构特征、非常规页岩储集空间分类方法、页岩有机地球化学特征、页岩吸附能力及考虑多组分吸附的页岩气储量计算方法等,并建立了考虑多重赋存和运移机制的页岩气运移动力学模型,形成了较为完善的页岩气藏不稳定渗流理论。本书是我国在页岩气勘探开发领域的新的研究成果。

本书可作为高等院校相关专业师生的教学用书,也可作为从事页岩气研究的勘探开发人员及其他从事非常规油气资源研究的科技人员的参考用书。

图书在版编目(CIP)数据

页岩气藏开发基础/张烈辉,郭晶晶,唐洪明著.
北京:石油工业出版社,2014.12
ISBN 978-7-5183-0516-2

Ⅰ.页…
Ⅱ.①张…②郭…③唐…
Ⅲ.油页岩—油田开发
Ⅳ.P618.130.8

中国版本图书馆 CIP 数据核字(2014)第 280230 号

出版发行:石油工业出版社
(北京安定门外安华里2区1号　100011)
网　　址:www.petropub.com
编辑部:(010)64523580　发行部:(010)64523620
经　销:全国新华书店
排　版:北京苏冀博达科技有限公司
印　刷:北京中石油彩色印刷有限责任公司

2014年12月第1版　2014年12月第1次印刷
787×1092毫米　开本:1/16　印张:15.25
字数:390千字

定价:90.00元
(如出现印装质量问题,我社发行部负责调换)
版权所有,翻印必究

本专著出版过程中得到国家杰出青年科学基金"油气藏渗流力学"(Grant No. 51125019)、国家自然基金青年科学基金项目"多尺度多场耦合作用下页岩气藏体积压裂水平井非线性渗流理论研究"(Grant No. 51404206)及教育部"复杂气田开发新理论与新方法"创新团队计划(Grant No. IRT1079)联合资助,在此表示感谢!

序（Ⅰ）

油气资源作为一种战略资源，在世界各国的国民经济发展中占据重要的地位，对国际政治、军事、科技、国防安全等方面产生广泛而深远的影响。随着世界经济对能源需求的持续增长，规模大、易探好采的常规能源储量越来越少，全球常规油气资源向非常规油气资源的快速跨越已成为必然选择。作为非常规油气资源的一种，页岩气以其在全世界范围内的巨大储量进入了各国能源战略视野。美国已经成功地实现了对页岩气的商业化大规模开发，对提高国家能源安全、降低对外依存度、缓解天然气供应不足起到了积极作用，使得页岩气藏勘探开发在全球成为了一个新热点。

我国具有丰富的页岩气资源，据估算我国的页岩气技术可采储量居世界首位，具有良好的勘探开发前景。国土资源部发布的《全国页岩气资源潜力调查评价及有利区优选》指出：我国陆域页岩气地质资源潜力为134.42万亿立方米，可采资源潜力约为25.08万亿立方米。近年来，我国投入了大量的资金和人力在页岩气资源的勘探与开发上，取得了良好的进展。但总体而言，我国在页岩气藏勘探及开发领域都尚处于起步阶段，与北美地区已进入页岩气商业化、规模化开采的国家相比仍有很大差距。

《页岩气藏开发基础》一书是张烈辉、郭晶晶和唐洪明等同志在国家杰出青年科学基金"油气藏渗流力学"（编号：51125019）和相关研究项目的基础上撰写完成的，这也是我国第一部针对页岩气藏开发相关基础研究的专著。该著作以四川盆地南部下古生界志留系龙马溪组页岩为主要研究对象，系统地介绍了页岩储层的岩石学、有机地球化学、物性和微观孔隙结构特征、页岩吸附能力与含气性评价、页岩气藏储量计算方法等；并基于页岩气的多重流动特征，创新性的形成了一套页岩气藏的不稳定试井和非稳态产能预测理论、方法和技术。尤其是提出的页岩储集空间成因分类方案，利用高压压汞、氮气吸附、核磁共振等多种方法和技术测试页岩物性、微观孔隙结构等研究成果在国内处于领先水平；在国内外首次提出将比表面作为评价页岩有机质保存、储集质量的一个新参数。

该专著不仅具有较高的理论价值,而且具有广阔的应用前景,可供大专院校、科研院所和能源企业从事非常规油气藏勘探与开发的科研人员参阅。该专著的出版将对我国页岩藏的勘探与评价、高效开发与利用起到重要的指导和推动作用。

中国科学院院士:刘宝珺

2014 年 5 月 19 日

序（Ⅱ）

能源是人类生存和发展的重要物质基础，攸关国计民生和国家安全。随着全球范围内的石油资源逐渐减少，以及全球气候变化和环境污染等问题的日趋严峻，天然气在全球能源和我国能源消费中所占的地位也越来越重要。

随着国家层面加强清洁能源消费占比的政策逐步落实，天然气需求总量势必会大幅增加。虽然我国常规天然气产量逐年稳定增加，但其增速赶不上国内的天然气消费量增速，不能满足国内的消费需求。从我国油气总体发展的战略角度出发，积极寻找非常规天然气后备资源已是当务之急。近年来，美国页岩气勘探开发技术取得全面突破，产量快速上升。世界其他主要页岩气资源大国和地区也开始加快页岩气的勘探开发进程。

我国不同地质历史时期广泛发育的富含有机质的页岩地层，具有优越的页岩气藏形成与富集条件，资源潜力巨大，勘探开发前景广阔。在我国天然气供需缺口不断扩大的背景下，页岩气资源开发的战略意义日益凸显。

我国自20世纪90年代引入现代页岩气概念以来，当今页岩气勘探开发已进入了实质性推进阶段，但其理论基础还很薄弱，很大程度上影响了页岩气的勘探和开发进程。我国页岩气藏地质条件明显有别于北美地区，国外页岩气开发理论和模式不可照搬照用，需要结合中国页岩气田的地质地理特点研发配套的开发理论和技术。我国西南石油大学张烈辉、郭晶晶、唐洪明等教授新撰专著《页岩气藏开发基础》的出版，正是为了达此目的。该专著中论及的、作者科研团队自己建立的一些新理论、新方法以及相应的大量实验数据、图片等都是紧密结合我国页岩气藏实际特点的科研成果。

该专著内容丰富，涵盖了页岩气藏开发的诸多重要基础问题和常用方法技术。其主要内容如下：综述国内外页岩气藏开发现状及开发过程中面临的主要问题（第1章）；页岩岩石学及有机地球化学特征（第2章）；页岩储层微观孔隙结构特征（第3章）；页岩吸附能力及含气性评价（第4章）；页岩气藏储量计算（第5章）；页岩气藏基本渗流模型及其点源解（第6章）；页岩气藏中不同井型的试井理论模型（第7章）；页岩气藏中不同井型的产能预测模型（第8章）。

难能可贵的是，该专著的相当部分内容是以作者科研团队自己近些年来的创新性科技成果为基础撰写的。例如，该专著中提及的泥页岩储集空间成因分类方法，将比表面作为评价泥页岩有机质保存、储集质量的一个重要参数，不同井型条件下页岩气藏渗流理论模型，特别是双孔复合气藏水平井分段多级压裂条件下的页岩气藏渗流理论模型等，是国内外最新的研究成果。这些成果都是以充分的实验数据为依据的、既有很高的学术水平又有实际应用意义的理论和方法，并已以40余篇文章的形式先后发表在国内外著名期刊上。

时值我国国民经济快速发展、天然气需求量大幅度上升之际，该专著的出版必将对我国页岩气资源勘探开发的科学研究、技术开发、规划设计和现场生产起到积极的推动作用。

该专著可供高等院校、科研院所和油气企业从事页岩气勘探开发和非常规油气勘探开发的科研、教学与管理人员，以及研究生和高年级本科生参考阅读。

中国科学院院士：

2014 年 6 月 18 日

序（Ⅲ）

能源安全作为国家安全的重要组成部分，直接关乎国家利益。近年来，随着我国经济持续快速发展，国内天然气消费需求的增长速度已经超过煤炭和石油，天然气供需矛盾突出。特别是2013年，我国大范围地区持续出现雾霾天气，各地纷纷制定煤改气、油改气计划，更加刺激了天然气需求以超常规速度增长。页岩气作为一种清洁、高效的非常规天然气资源，对缓解我国天然气供需矛盾、调整能源结构和保障国家能源安全具有重要意义。

页岩气的开发已成为全球油气资源勘探开发的一个新亮点，加快页岩气开发已成为世界主要页岩气资源国的共同选择，但目前只有美国和加拿大实现了对页岩气的商业化大规模开发。其中，美国对页岩气的开发起步最早，也是最早成功实现低成本、商业化开采页岩气的国家。美国页岩气的快速发展不仅改变了美国的能源消费结构，也减少了对中东国家石油能源的依赖，同时对全球天然气市场、能源供应格局以及地缘政治都产生了重要的影响。加拿大紧随其后开展了一系列页岩气藏评价、试验工作，目前也已实现了页岩气的商业化开采。近年来，中国也逐渐加大了页岩气藏研究和政策扶持力度，中国对页岩气的开发正在逐步由早期勘探评价阶段向商业化开发阶段迈进。

中国沉积盆地中广泛分布着富含有机质的泥页岩，这些泥页岩厚度大、成熟度高、生烃能力大，具有很好的勘探开发前景。但是，与北美地区相比，中国页岩气在形成、富集、保存条件上都存在一定的差异性。中国页岩气藏埋藏更深、地表条件更加复杂、储层非均质性更强，不能仅靠照搬美国页岩气开发技术理论，而必须建立一套适用于中国页岩气藏实际特点的评价标准和开发理论。尽管北美地区利用压裂技术，尤其是水平井压裂技术、多级压裂水平井技术开发页岩气藏的工程实践较为成功，但对页岩气复杂渗流规律的研究落后于生产实践。

《页岩气藏开发基础》是张烈辉教授主持的国家杰出青年科学基金"油气藏渗流力学"（编号：51125019）项目的研究成果。该著作以四川盆地南部下古生界志留系龙马溪组页岩为主要研究对象，介绍了页岩储层的岩石学、有机地球化学、物性和微观孔隙结构特征、页岩吸附能力与含气性评价、页岩气藏储量计算方法等；建立了描述页岩气赋存和运移的动力学模型，形成了较为完善的页岩气藏中复杂多级压裂水平井不稳定渗流理论。作者发表在《Journal of Hydrology》、《Journal of Petroleum Science and Engineering》、《Transport In Porous Media》等国际著名刊物上的文章表明,作者建立的多级压裂水平井试井理论有其独特的学术价值和实用价值。该模型不仅系统考虑了吸附—解吸、扩散、渗流以及任意压裂缝条数的影响,还考虑了裂缝与水平井间的任意夹角,储层应力敏感等因素的影响,非常新颖,有很多创新性认识。

该专著是以作者所在科研团队所获取的实际岩心资料、室内测试分析及实验成果、理论推导和模拟等为基础所编写的,结论依据充足,理论推导严谨,是我国在页岩气开发领域新的研究成果,该专著的出版会对我国页岩气藏的合理开发和开采有重要的意义。

中国工程院院士:
2014 年 5 月 23 日

Preface(Ⅳ)

In the past few decades, the petroleum industry has faced increasing challenges because of rapidly growing demand of energy from oil and natural gas, while at the same time fewer, new conventional oil and gas reservoirs have been found worldwide. Consequently, unconventional oil and gas resources from tight sand and shale reservoirs have received great attention in the past decade around the world, because of their large reserves discovered worldwide as well as technical advances in developing these resources. As a result of improved horizontal drilling and multi-stage hydraulic fracturing technologies, significant progress has been made toward commercial oil and gas production from such unconventional petroleum reservoirs, as demonstrated in the US. However, current understandings and technologies needed for effective development of unconventional reservoirs are far behind the industry needs. Even with the significant progress made in producing natural gas from low-permeability shale and tight gas reservoirs in the past decade, gas recovery remains very low (estimated at $10\% \sim 30\%$ of GIP). Gas production or flow in such extremely low permeability formations is further complicated by many co-existing processes, such as severe heterogeneity, large Klinkenberg effect, nonlinear or non-Darcy flow behavior, adsorption/desorption, and strong interactions between fluid (gas and water) molecules and solid materials within tiny pores as well as micro- and macro- fractures of shale and tight formations. Currently, there is little in fundamental understandings on how these complicated flow behaviors impact gas flow and the ultimate gas recovery in such reservoirs.

Shale formation is characterized by extremely low permeability from subnanodarcys to microdarcys and is different for different shale types, even under the similar porosity, stress, or pore pressure condition. The permeability of deep organic-lean mudrocks ranges from smaller than to tens of nanodarcys, while permeability values in organic-rich gas shales from subnanodarcys to tens of microdarcys. The Klinkenberg effect or gas-slippage effect has been practically ignored in conventional gas reservoir studies, except when analyzing pressure responses or flow near gas production wells at very low pressure. This is because of larger pore size and relatively high pressure existing in those conventional gas reservoirs. In shale gas reservoirs, however, the Klinkenberg or slippage effect is expected to be significant, because of the nano-size pores of such rock, even under high pressure condition.

Unconventional reservoir flow dynamics are characterized by highly nonlinear behavior of multiphase flow in extremely low-permeability rock, coupled by many co-existing physical processes, e.g., non-Darcy flow at high or low flow rates. Because of complicated flow behavior, strong interaction between fluid and rock as well as multi-scaled heterogeneity, the traditional Darcy-law-and-REV-based model may not be generally applicable for describing flow phenomena in unconventional gas reservoirs. Past studies point out that non-laminar/non-Darcy flow concept of high-velocity may turn out to be important in shale gas production.

Natural gas in shale gas formations is present both as a free gas phase and as adsorbed gas on solids in pores. In these reservoirs, gas or methane molecules are adsorbed mainly to the carbon-rich components, i.e. kerogen. The adsorbed gas represents a significant percentage of total gas reserves (20%~80%) as well as recovery rates, which cannot be ignored in any model or modeling analysis for development. In shale gas formations, studies have found that methane molecules are adsorbed mainly to the carbon-rich components, i.e. kerogen, correlated with total organic content (TOC) in shales, as a function of reservoir pressure.

In conventional oil or gas reservoirs, the effect of geomechanics on rock deformation and permeability is generally small and has been mostly ignored in practice. However, in unconventional shale formations with nano-size pores or nano-size micro-fractures, such geomechanics effects can be significantly large and may have a significant impact on both fracture and matrix permeability, which has to be considered in general. Studies show that permeability in the Marcellus Shale is pressure dependent and decreases with an increase in confining of pore pressure. The degree of permeability reduction with confining pressure is generally significantly higher in shales than that in consolidated sandstone or carbonate.

Considering the current tremendous activities in development of shale gas resources in China and around the world, this book is very timely and it provides a comprehensive summary of shale gas resources, resource evaluation, geological characteristics, micro pore structure, and physical processes. More importantly, the book derives several gas flow models and present many practical solutions for well pressure-transient testing analysis. Furthermore, the "triple-porosity" model is proposed to investigate pressure transient dynamics of multiple-fractured horizontal wells. Considering multi-scaled pore types and multiple storage mechanisms, the model conceptualizes shale gas reservoirs as triple porous media and takes into account multiple flow mechanisms, which can better describe actual gas flow characteristics in shale gas reservoirs. In addition, this book discusses the state-of-the-art of the technologies that can be used in quantitative investigation for effective development of shale gas reservoirs. In particular, many approaches and technologies presented in the book are based on the studies of the authors' own work, therefore, this book provides an excellent reference and theoretical background as well as many useful analysis tools to petroleum reservoir engineers, geologists, graduate students, and other scientists in their efforts to study and develop shale gas reservoirs.

Yu-Shu Wu
Professor and Foundation CMG Reservoir Modeling Chair
Department of Petroleum Engineering
Colorado School of Mines
Golden, Colorado, USA

Preface(Ⅴ)

Shale gas is a kind of biogenic and/or thermogenic unconventional natural gas that is preserved in organic-rich shale in absorption or free gas status. Shale gas resources are very abundant all over the world and have a greater potential of development than conventional gas. According to statistic data, current shale gas resources are about 456 trillion cubic meters globally, mainly distributed in North America, Middle Asia, China, Middle East, North Africa, Latin America and Russia. So far, shale gas has been successfully put into commercial development in U. S. and Canada. In 2012, shale gas production counted for nearly 40% of gas production in U. S. whose gas production has exceeded Russia and become the biggest gas production country for four years.

Successful shale gas development in U. S. started a revolution of its development in the world. As a new field of global oil and gas exploration and development, shale gas is attracting more and more attention. In 2013, gas import to China reached 53 billion cubic meters, counting for more than 30% of gas consumption in the country. Gas demand in China pushes more exploration and development of unconventional gas, such as shale gas. Shale gas formations of different geologic periods have been widely developed in China. The predicted shale gas resources in the Cambrian Qiong Zhu-si formation and the Silurian Long Ma-xi formation are competitive to conventional gas resources in Sichuan Basin. The amount of shale gas resources determines its prosperous exploration and development prospect in China. In October 2009, MOLAR initiated the first shale gas exploration project in Qijiang, Chongqing, which was the milestone of the start of shale gas exploration and development in China following U. S. and Canada. In recent years, shale gas exploration and development techniques have been greatly improved. However, Chinese petroleum engineers are still at an early stage of developing and utilizing this kind of unconventional resources, and there are some catch-ups to do with North America.

As unconventional gas, shale gas has different storage space, status and migration mechanisms from conventional petroleum gas, which means that the existing appraisal and prediction theories and methods for conventional gas are not practical for shale gas plays. Development of applicable basic theories and methods for shale gas plays according to their micro pore structure features, occurrence models and migration mechanisms is critical to the success of shale gas development.

Shale Gas Development Basis written by Liehui Zhang, Jingjing Guo, Hongming Tang, et. al. is a monograph of basic theories for unconventional shale gas reservoirs. It comprehensively and systematically introduces geochemical characteristics, storage space, micro-pore and throat structure, OGIP calculation methods and reservoir flowing theories of shale gas based on laboratory results and theoretical studies. This monograph covers relevant basic theories of shale gas development, and is an informative reference. Particularly on the complex flowing mechanisms of multi-stage fractured horizontal wells, the authors studied and analyzed multiple flow regimes of shale gas in multiple spaces, considered the effects of gas absorption, desorption, diffusion and viscous flow, and creatively proposed a theoretical flow model for horizontal wells with multi-stage fractures considering a coupling of hydraulic and natural fractures and multiple flowing mechanisms. This model is at present the most comprehensive and systematic model for multi-stage fractured horizontal wells in shale gas plays, and has attracted great interests and attention.

Overall, this monograph is an excellent reference with a high theoretic level and practical value, containing the latest research results for shale gas development. It is a good reference for people working on unconventional oil and gas play exploration and development.

Zhangxing (John) Chen, Ph. D.
Professor and NSERC/AIEES/Foundation CMG Chair
AITF (iCORE) Industrial Chair
Director, iCentre Simulation & Visualization
University of Calgary, Canada

Preface(Ⅶ)

Shale gas has been the hottest unconventional exploration targets in North America during the last 10 years. The key factors for the success of shale gas plays are related to the advance of technologies of multistage hydraulic fracking in horizontal wells. The exploration and production of shale gas in the United States have increased substantially, which have fundamentally reshaped the structure of globe energy reserve and supply. In 2000, shale gas provided only 1% of U.S. natural gas production. However, it was over 20% by 2010. It is predicted that by 2035, 46% of U.S. natural gas supply will come from shale gas.

The exploration and production of shale gas have since expanded to the rest of the world and dramatically increased worldwide energy supply. China and central Asia is estimated to have the world's largest shale gas reserves. In order to tap into this vast shale gas resource, there is an urgent need to understand and evaluate the nature and characteristics of shale gas because our previous knowledge on conventional oil/gas cannot simply be copied to the shale gas plays. As we know today, shale mineralogy, strata architecture and fabric variations strongly influence porosity and permeability and have a major control on the "fracability" of shale-dominated rocks. Although there are a number of publications on various topic related to shale gas exploration and development in recent years in North America, these publications are scattered in different English journals that might not be readily available to or understood by the people who are working on frontline of shale gas projects in China. The timely publication of this book will provide much needed information to guide the exploration and development of shale gas in China.

This book provides a comprehensive and systematic coverage on every major important topic related to the exploration and development of shale gas. It contains a summary of the current status on shale gas plays and its major challenges in Chapter 1. It provides detailed information on lithological characteristic of shale and its organic geochemical attributes in Chapter 2. In Chapter 3 and Chapter 4, it summarizes applications and limitations of different methods to characterize micro porosity and porosity distribution of shale, including low-temperature N_2 isotherm analyses; high pressure mercury capillary analyses and NMR analyses. Based on the authours' research in the Sichuan Basin, it provides the original analyses of factors that may influence the adsorbed gas in the shale reservoirs and proposes to use surface area as a new parameter for reserve and flow calculation. It presents, for the first time, the authors' original contribution to a new and improved calculation for shale gas reserve based on isothermal analyses of absorbed gas in Chapter 5. It introduces a new shale gas flow model based on multi-state of shale gas and multi-flow of shale gas in Chapter 6. It provides original testing models and productivity forecasting models that are specifically designed for different shale gas wells under disequilibrium or unsteady conditions in Chapter 7 and Chapter 8.

This book contains most recent theoretical breakthrough and field practice of shale gas plays from overseas. In addition, it is illustrated with ample examples of field experience and case studies that are/were carried out by the authors in China. I definitely recommend this book, as an authoritative account to shale gas exploration and development to petroleum geologists and petroleum engineers, who are working on shale gas projects in China. Academics, professionals and research scientists should also find this book of considerable value as a comprehensive and fully integrated treatment of shale gas exploration and development. In addition, this book can serve as an excellent text book for graduate courses in academic institutions for the courses that are related to shale gas.

I have the privilege to know the primary author, Professor Zhang Liehui, for a number of years. Professor Zhang is a well known expert in exploration and production in unconventional reservoirs with more than 200 publications and 6 books. His contributions in this field have been widely recognized in China as illustrated by a number of major national awards that Professor Zhang received in the last few years, including Changjiang Scholar awarded by the Ministry of Education of China, recipient of National Science Foundation for Distinguished Young Scholars of China, the second prize of National Science and Technology Progress Award. Yet, Professor Zhang is always very low-key, humble and modest person. He is always easily approachable by his colleagues and his students. I was also fortunately to have the second author, Dr. Guo Jingjing, as a visiting PhD student in my research Lab at University of Regina from 2012-2013. Dr. Guo is a young, energetic and self-motivated scientist, who always brings her contagious smile to my research Lab. I challenged her, when she was in Canada, to find out ways to calculate permeability and fluid flow in multi-matrix porous media; her excellent answers are now presented in this book. Professor Tang Hongming, is an expert in reservoir geology and mineralogy with more than 60 academic papers.

I congratulate authors for such a timely publication of this much needed book to bridge the knowledge gap with respect to the exploration and development of shale gas in China. I am sure that our readers will enjoy reading through this book and apply the knowledge they can learn from this book to guide their practice and/or research in the area of the exploration and development of shale gas.

Dr. Hairuo Qing, Professor, PGeo
Department of Geology
University of Regina
Regina Saskatchewan
Canada
September 9, 2014

前　言

随着国民经济的持续高速发展,我国对天然气的需求量逐年增加,仅靠常规天然气的勘探开发已不能满足国民经济发展的需要,亟需加大对非常规天然气资源的开发。北美的"页岩气革命"有效拓展了全球油气时代未来的发展空间,对全球能源格局影响较大,北美的页岩气开发是一场"静悄悄的技术革命"。在这场"页岩气革命"巨大成功的影响下,中国掀起了页岩气开采热潮,我国政府、国企、外企及民企都积极地参与到页岩气开采这股热潮中,业界渴望复制北美页岩气革命的成功。"页岩气革命"种子撒在中国页岩气这块土壤中能否开花结果,取决于不断创新发展的勘探评价与开采技术,以及成熟健全的油气技术服务市场。

截至2013年,从目前国内页岩气勘探开发的总体情况来看,真正取得重要进展的领域是南方海相泥页岩,尤其是四川盆地南部的威远—长宁区块、富顺—永川区块及东部的涪陵区块,这些区块主要利用水平井产出了高产页岩气流。中国页岩气的地质条件与美国的地质条件具有一定的相似性,同时又具有明显的地质特殊性。美国的页岩气资源量评价是以数万口页岩气钻井资料和大量的生产动态数据作为基础,因此其公布的页岩气资源量评价结果可信程度高,勘探开发技术比较成熟。与北美页岩气开发区相比,我国页岩气勘探开发处于初期阶段,经验匮乏,基本上借用北美地区的成功经验。但我国页岩沉积时代较早、埋深多大于3000m,气藏构造条件相对复杂,且多处于山地、沙漠,地质构造较破碎复杂,勘探开发、产能建设的难度很大。比如美国目前开发的主要是在TOC>2.0%的富有机质页岩,且需属于"含气页岩",也有人称之为"经济性含气页岩",这种"含气页岩"在岩相、有机质含量、矿物组成、岩石物理性质及岩石力学等各方面的特征完全不同于"普通页岩"。然而,无论从哪个角度来分析,要取得北美地区页岩气的成功,我国页岩气勘探与开发还有很长的艰难道路要走。建立一套适合我国页岩勘探与开发的技术势在必行,包括地质地震勘探技术、页岩气钻探、测井技术、页岩含气量录井和现场测试技术、固井技术、完井技术、储层改造技术及页岩气产能数值模拟等领域。

正确认识、评价页岩气藏是合理、高效开发页岩气资源的关键。页岩气作为非常规自生自储式气藏，页岩气藏在成藏、孔隙结构特征、赋存方式、渗流机理和开采方式上都与常规气藏有着显著不同，许多常规的实验手段无法满足对页岩气储层微观结构研究的需求，常规油气藏的开发理论和方法也不能直接拿来应用于指导页岩气藏开发。

当前中国系统、深入的页岩气基础理论研究还非常薄弱。理论研究进展严重滞后于勘探生产实践，一系列地质问题认识不足构成了制约中国页岩气发展的瓶颈，尤其是在中国页岩气勘探开发快速起步的今天，基础理论研究工作的系统开展对页岩气工业的发展、缓解我国能源供需矛盾、保障能源安全具有极其重要的意义。深入研究页岩气藏开发基础理论，对于科学高效地开发页岩气藏具有重大的理论意义和现实意义。

该专著在调研国内外最新研究进展的基础上，针对页岩气藏开发过程中面临的问题、难点，综合实验和理论方法，对页岩气藏开发基础理论进行了介绍。内容包括页岩岩石学及有机地球化学特征、页岩储层微观孔隙结构、页岩吸附能力及含气性评价、页岩气藏储量计算、页岩气藏中不同井型的不稳定试井模型、页岩气藏多级压裂水平井不稳态产能模型等。本书物理描述清晰、数学推导严谨，各章既相互独立，又相互有机结合，可为从事页岩气藏开发的相关工程技术人员提供参考。

全书共分为九章。第一章介绍了国内外页岩气藏开发现状及开发过程中面临的主要问题。第二章至第四章基于室内实验结果，对页岩储层的岩石学特征、有机地球化学特征、微观孔隙结构及孔径分布特征、页岩等温吸附特征及含气性进行了介绍。第五章基于对页岩气吸附特性的认识，介绍了改进的用于计算页岩气藏储量的方法，包括静态法和动态法。第六章在对页岩气多重赋存状态和多重运移机制研究的基础上，介绍了页岩气基本渗流模型，为页岩气藏不稳定试井和不稳态产能模型的建立提供了理论上的铺垫。第七章针对页岩气藏中不同井型，介绍了相应的不稳定试井模型的建立、求解及试井典型曲线特征，并阐述了气藏、流体及水力压裂相关参数对不稳定压力动态的影响。第八章介绍了页岩气藏中不同井型非稳态产能模型的建立、求解过程，分析了页岩气井非稳态产能变化规律。

该专著由西南石油大学张烈辉教授、郭晶晶博士及唐洪明教授共同编著。在本书的编写过程中,得到了西南石油大学李允、李晓平、王海涛、刘启国、代艳英等老师及赵玉龙、高杰、陈果、刘佳、朱琴、李建超、庞铭等研究生的帮助,在此,谨向他们表示衷心的谢意,同时也向书中所引用文献的作者表示感谢。

由于作者理论水平和实践经验有限,著作仍可能存在许多不完善和欠妥之处,欢迎提出宝贵意见和建议。

著者
2014 年 3 月

目　　录

1 绪论 …………………………………………………………………………………… 1
2 页岩岩石学及有机地球化学特征 …………………………………………………… 5
　2.1 页岩的定义及类型 ……………………………………………………………… 5
　2.2 研究样品采集 …………………………………………………………………… 6
　2.3 页岩岩石学特征 ………………………………………………………………… 6
　2.4 页岩有机地球化学特征 ………………………………………………………… 13
3 页岩储层微观孔隙结构特征 ………………………………………………………… 18
　3.1 页岩储层物性特征 ……………………………………………………………… 19
　3.2 页岩气藏储集空间特征及类型划分 …………………………………………… 21
　3.3 页岩孔隙结构及多层吸附分形模型 …………………………………………… 30
　3.4 页岩孔径分布特征 ……………………………………………………………… 37
　3.5 页岩孔隙比表面积特征 ………………………………………………………… 49
4 页岩吸附能力及含气性评价 ………………………………………………………… 58
　4.1 吸附解吸理论 …………………………………………………………………… 58
　4.2 Langmuir 等温吸附理论 ………………………………………………………… 60
　4.3 泥页岩等温吸附曲线 …………………………………………………………… 61
　4.4 页岩吸附能力影响因素分析 …………………………………………………… 63
　4.5 页岩含气性评价 ………………………………………………………………… 68
5 页岩气藏储量计算 …………………………………………………………………… 70
　5.1 页岩气藏储量计算中关键参数的确定 ………………………………………… 70
　5.2 容积法计算页岩气藏储量 ……………………………………………………… 71
　5.3 物质平衡法计算页岩气藏储量 ………………………………………………… 77
6 页岩气藏基本渗流模型及其点源解 ………………………………………………… 81
　6.1 页岩气储存机理 ………………………………………………………………… 81
　6.2 页岩气运移和产出机理 ………………………………………………………… 82
　6.3 页岩气藏基本渗流模型 ………………………………………………………… 86

6.4 页岩气藏点源基本解 ·· 101

7 页岩气藏中不同井型的试井理论模型 ·· 107
7.1 页岩气藏中直井试井模型 ·· 107
7.2 页岩气藏中无限导流压裂直井试井模型 ·· 120
7.3 页岩气藏中有限导流压裂直井试井模型 ·· 129
7.4 页岩气藏中水平井试井模型 ··· 141
7.5 页岩气藏无限导流多级压裂水平井试井模型 ··· 150
7.6 页岩气藏有限导流多级压裂水平井试井模型 ··· 175
7.7 页岩气藏试井解释示例分析与应用 ··· 187

8 页岩气藏中不同井型的非稳态产能预测模型 ··· 197
8.1 页岩气藏中直井非稳态产能预测模型 ··· 197
8.2 页岩气藏中无限导流压裂直井非稳态产能预测模型 ··································· 202
8.3 页岩气藏中有限导流压裂直井非稳态产能预测模型 ··································· 206
8.4 页岩气藏中水平井非稳态产能预测模型 ·· 209
8.5 页岩气藏中无限导流多级压裂水平井非稳态产能预测模型 ······················· 213
8.6 页岩气藏中有限导流多级压裂水平井非稳态产能预测模型 ······················· 216

参考文献 ··· 219

1 绪 论

天然气是国家的战略性资源,在国民经济的发展中具有重要的战略地位。随着社会经济的不断发展和人民生活水平的不断提高,国家对石油天然气等能源的需求不断增大,但常规天然气的可采资源量却在不断减少。国务院办公厅印发的《能源发展战略行动计划(2014—2020年)》,明确了 2020 年我国能源发展的总体目标、战略方针和重点任务,部署推动能源创新发展、安全发展、科学发展。要求加快常规天然气勘探开发,努力建设 8 个年产量百亿立方米级以上的大型天然气生产基地,累计新增常规天然气探明地质储量 $5.5\times10^{12}\mathrm{m}^3$,年产常规天然气 $1850\times10^8\mathrm{m}^3$,重点突破页岩气和煤层气开发,页岩气产量力争超过 $300\times10^8\mathrm{m}^3$,煤层气产量力争达到 $300\times10^8\mathrm{m}^3$,天然气在一次能源消费中的比重提高到 10% 以上,城镇居民基本用上天然气的宏伟目标。由此可见,现有的天然气供给已经不能满足快速增长的能源需求。纵观世界油气勘探,越来越多的国家把目光投向了非常规油气藏的开发,我国已将页岩气勘探开发做为国家能源战略重点。

Hooson 在 1747 年创立的"页岩"(Shale)这一术语系指页理发育且易剥裂的一种薄层状泥质岩,多被用于野外岩石描述。北美地区对"页岩气"的定义非常简单,"页岩气"即指储集在页岩地层中的天然气(美国能源信息署 EIA 定义)或指从页岩地层中开采出的天然气(AAPG 定义)。"页岩气"定义中的关键是对"页岩"的认识问题,长期以来,传统《沉积岩石学》将页岩定义为粒径小于 0.005mm 或者 0.0039mm 的细粒碎屑(如黏土矿物、石英、长石、云母等)含量大于 50% 的沉积岩。由于页岩中富含黏土矿物,有时又称其为"黏土岩",黏土岩混淆了页岩的概念。目前国内外越来越多学者倾向于将颗粒粒径小于 $63\mu\mathrm{m}$ 且含量大于 50% 的所有细粒沉积岩定义为页岩(广义),其中包括泥岩、页岩(狭义)、黏土岩、粉砂岩、泥灰岩等低能量环境中的沉积岩。这样"泥"($<63\mu\mathrm{m}$)就包括了"粉砂"(粒径介于 $3.9\sim63\mu\mathrm{m}$)和黏土(粒径小于 $3.9\mu\mathrm{m}$ 或小于 $2\mu\mathrm{m}$)等多类沉积颗粒。

我国不同学者或者不同机构对页岩气有着不同的定义,本书借用我国主要学者对页岩气的定义,系指以游离或吸附状态聚集在富含有机质的暗色泥页岩或高碳泥页岩中的自生自储天然气,是一种重要的非常规油气资源;页岩气层压裂改造后才能获取商业价值的产量。

根据传统的石油地质学理论,页岩由于孔、渗极低,通常被认为是烃源岩或者盖层,并不能形成有效的储层,也不适合作为油气勘探开发的对象。因此,在 20 世纪 90 年代以前的相当长一段时期内,全世界对于非常规天然气资源的关注主要集中在致密砂岩气与煤层气,但美国 Barnett 页岩气的成功开发则打破了传统的生、储和盖层的概念,并使得页岩气藏勘探开发成为了全球的新热点。

页岩气在全世界范围内分布广泛,具有巨大的开发潜力。统计资料显示,全世界范围内的页岩气资源量总量约为 $456.0\times10^{12}\mathrm{m}^3$,与常规天然气资源量相当,占非常规天然气资源(主要是致密砂岩气、煤层气和页岩气)总量的 50% 左右。全球页岩气资源主要分布在北美、中亚和中国、中东和北非、拉美及苏联等(表1.1),其中以北美的资源量最多。

表1.1 世界范围内页岩气资源量预测表　　　　　　　　　　　　　$10^{12}\,\text{m}^3$

地　区	页岩气	煤层气	致密砂岩气	总计
北美	108.7	85.4	38.8	232.9
中亚和中国	99.8	34.4	10.0	144.2
中东和非洲	79.9	1.1	45.5	126.5
太平洋地区(经济合作组织)	65.5	13.3	20.0	98.8
拉丁美洲	59.9	1.1	36.6	97.6
苏联	17.7	112.0	25.5	155.2
中欧和西欧	15.5	7.7	12.2	35.4
其他亚太地区	8.9	1.1	21.0	31.0
总计	456.0	256.1	209.6	921.7

美国能源信息署(EIA)2012年数据显示,美国本土页岩气技术可采储量为$13.7\times10^{12}\,\text{m}^3$,这个数字相比于2011年估计的$23.4\times10^{12}\,\text{m}^3$下降不少,其主要的原因就是随着钻探活动的增加,美国对页岩气的认识更加清晰,剔除了一些现有技术还无法开采的储量。

目前全世界范围内已经成功实现对页岩气进行商业化开发的国家主要有美国和加拿大,其中美国页岩气开发已经实现了大规模商业化生产。页岩气勘探开发是美国实现能源独立的重要途径。追溯美国页岩气开发历史,1821年在美国纽约州的佛罗里达,页岩气第一次作为一种资源从浅层、低压的裂缝中采掘出来。页岩气的水平钻探开始于20世纪30年代。1947年在美国诞生了第一口页岩气井。页岩气的大规模工业开发直到20世纪70年代才开始。直到20世纪七八十年代,页岩气开发仍然被认为是无法商业开发的。从20世纪80年代开始,美国政府实施了一系列鼓励替代能源发展的税收激励或补贴政策,Mitchell Energy公司利用各种技术于1998年成功实现了第一次具有经济效益的页岩压裂,由此拉开页岩气在美国迅猛发展的序幕,2009年起美国天然气产量居世界第一,实现了能源独立。2012年,美国页岩气产量达$2870\times10^{8}\,\text{m}^3$,约占全美天然气产量的37%。美国页岩气近10年的快速发展,是经历30多年持续的技术攻关并取得突破后的成果,其页岩气勘探开发大致可分为以下三个阶段:(1)技术试验阶段(1973—1997年)。第一次石油危机(1973年)之后,美国能源部于1976年实施东部页岩气计划,先后对Antrim页岩、New Albany页岩开展先导实验,证实页岩气是一种重要能源资源。进入20世纪80年代,美国Mitchell能源开发公司耗费17年时间,先后钻了30多口试验井,测试了多种钻井和各种地层压裂的方法,首次使用清水压裂,作业费用减少了65%,终于在1997年获得了商业产量,确定了页岩气开发核心区。(2)直井压裂阶段(1997—2002年)。1997年,Mitchell在Barnett页岩采用滑溜水压裂,使页岩气井获得较高产量,随后逐步形成生产规模,并确定了页岩气选区指标。2002年,评价页岩气可采资源量为$5\times10^{12}\,\text{m}^3$,页岩气产量$63.1\times10^{8}\,\text{m}^3$,当年新钻直井数量峰值达到746口。2002年,德文能源公司(Devon Energy Corp.)以32亿美元的资金收购了米歇尔能源开发公司,进一步发展了水平井改造技术,Barnett页岩实现了规模效益开发。(3)水平井分段压裂阶段(2003年至今)。2003年德文能源公司开始实施水平井分段压裂。2005年水平井分段压裂技术成熟后,迅速推广至美国众多油公司,应用于 Fayetteville 页岩、Marcellus 页岩、Woodford 页岩等,并相继实现商业开发;随着页岩气地质认识不断加深,页岩气开采区评价指标范围由 $R_o>1.4\%$ 拓展到 $R_o>1.1\%$。

页岩气田开采寿命一般可达 30~50 年,甚至更长。美国联邦地质调查局最新数据显示,美国沃思堡盆地 Barnett 页岩气田开采寿命可达 80~100 年。开采寿命长,可开发利用的价值大,决定了它的发展潜力。北美页岩气革命从根本上改变了世界能源供应格局。

我国广泛分布着不同时代的富含有机质黑色泥页岩,中国的页岩气储量十分丰富。据国土资源部 2012 年 3 月 1 日发布《全国页岩气资源潜力调查评价及有利区优选》称,经初步评价,我国陆域页岩气地质资源潜力为 $134.42\times10^{12}m^3$,可采资源潜力为 $25.08\times10^{12}m^3$(不含青藏区),与美国大体相当。

中国最早的页岩气是四川盆地在 20 世纪六七十年代在威远(威 5 井)、九奎山(阳 63 井)和圣灯山(隆 32 井)等构造的天然气勘探过程中,在下古生界黑色页岩中获得过 0.2×10^4~$2.5\times10^4 m^3/d$ 的页岩气。但是专门意义上的页岩气勘探始于 2004 国土资源部、中国石油、中国石化等大型国有企业着手调研页岩气,成果显示中国泥页岩分布层位多,震旦系—第三系,各大中型盆地不同程度都发育有暗色泥页岩,几乎遍布各省市,一般有效厚度 30~500m。经初步研究估算中国泥页岩气可采资源量 10×10^{12}~$12\times10^{12}m^3$,泥页岩油可采资源估算 30×10^8~$50\times10^8 m^3$。2008 年在四川盆地长宁构造上钻探国内第一口页岩气威 201 井,拉开了真正意义上的页岩气勘探的序幕;截至 2012 年中国页岩气勘探工作主要集中在四川长宁—威远、滇黔北昭通和延安等 3 个国家级页岩气示范区以及中石化设立的"涪陵大安寨页岩(油)气示范区"。到 2012 年底,泥页岩气探井达 300 余口,其中有 40 余口井经压裂获得工业气流,比如 2010 年威远地区威 201-H1 日产气量在 1.15×10^4~$2\times10^4 m^3$ 实现新突破;涪陵焦石坝焦页 1 井日产气量 $20\times10^4 m^3$,其他 29 口水平井投产日产气量达 10×10^4~$30\times10^4 m^3$。总之,我国页岩气资源十分丰富,勘探潜力巨大,勘探与开发出现可喜的新局面。

纵观北美页岩气成功开发的历程,不难发现良好的政策是北美页岩气发展的催化剂,灵活的创新机制是北美页岩气发展的有效手段,但是,北美成功的经验在我国是不可完全复制的。我国的基础地质条件较北美差异大,目前最具前景的中国南方扬子地台寒武系和志留系海相页岩比北美地台石炭系和泥盆系海相页岩经历的构造运动次数多而且剧烈,所以它们经历的改造历史和保存条件显然是不同的。中国页岩气有利区 R_o 值一般在 1.1%~4.6% 之间,处于成熟—过成熟阶段,美国 R_o 值一般在 0.4%~2.5% 之间,处于未成熟—高成熟阶段。中国页岩气藏埋深小于 3000m 的范围相对较少,部分页岩储层埋深可超过 5000m,美国泥盆系、密西西比系页岩埋深范围在 1000~3500m 之间。中国南方页岩气有利区多处于丘陵—低山地区,地表条件比美国复杂得多。发展中国的页岩气,我们只能走自己的路。

尽管我国目前的页岩气勘探开发工作取得了一些成果,但总体来说,我国页岩气仍处于起步探索与起步阶段,无论从哪个角度和层次来分析,要取得页岩气的成功,我国还有很长的艰难道路要走。仅在页岩气评价与开发领域存在以下瓶颈问题:(1)页岩基础参数测试装置和技术手段处于初级阶段,如孔隙度、渗透率、含气性、孔隙结构表征、气体的吸附与解吸过程等,导致目前所算油气资源量及储量只是当前起步阶段数据,仅作参考;(2)页岩气试井解释和产能评价,水平井大型压裂基础上的页岩气渗流机理和开发方式研究不够;(3)单井产(油)气量测量,包括初产、递减、稳产规律,不同工作制度测试产量变化规律;(4)页岩气藏建模与数模、开发有利目标、开发动用储量、单井产能、各段压裂效果与产量贡献评价技术尚需建立。

　　作为一类特殊的自生自储气藏,页岩气藏无论是在成藏、赋存方式还是渗流机理方面都明显异于常规油气藏。从目前已有的研究成果来看,与常规油气藏不同的是,页岩气藏中含有大量有机质,发育有大量微纳米级孔隙,其孔径远小于常规油气藏中岩石孔径。页岩气在气藏中可以游离态、吸附态和溶解态存在,页岩中气体的运移也是多重机制耦合的结果,这都使得页岩气的开发远远难于常规油气,常规油气藏的开发理论和方法也不能直接拿来应用于指导页岩气藏开发。并且,由于页岩致密的低孔低渗特性,许多常规的实验手段无法满足对页岩气储层微观结构的研究要求,这些都制约着页岩气经济、有效地开采。

　　因此,着力于研究中国页岩气勘探与开发新技术,探索出中国页岩气藏富集规律与评价体系,形成配套的页岩气钻井完井、储层改造、开发方式等重大基础理论的突破,获得一批具有战略意义的基础理论性科学成果,创建出适合中国地质的页岩气勘探与开发新路子,是从事页岩气勘探与开发科技工作者的共同梦想,期待早日梦想成真,为实现中国油气勘探的第三大跨越作出新贡献。

　　深入研究页岩气藏开发基础理论,对于科学高效地开发页岩气藏具有重大的理论意义和现实意义。

2 页岩岩石学及有机地球化学特征

页岩气藏是以富有机质页岩为气源岩、储层或盖层,在页岩地层中不间断供气、连续聚集而形成的一种非常规天然气藏。页岩气藏发育的泥页岩具有独特的岩石学特征,对发育页岩气藏的泥页岩岩石学特征的识别,是评价页岩气成藏条件、原始含气量和资源量的关键。在页岩气开发阶段,识别不同的岩相是实施开发方案的基础。

根据美国和加拿大对页岩气藏勘探开发基本认识及其成藏特点,并结合四川盆地石油地质特点和前人工作,选取四川盆地下志留统龙马溪组海相页岩为实验样品对象,并结合国内外不同页岩区块的地质资料,对含气页岩的岩石学及有机地球化学特征进行研究。

2.1 页岩的定义及类型

从沉积学上讲,页岩通常指粒径小于 0.005mm 或者 0.0039mm 的细粒碎屑(如石英、长石、云母等)含量大于 50%,并含有大量黏土矿物(如高岭石、蒙脱石、伊利石、水云母、绿泥石等),具有页状或薄皮状层理,很容易碎裂的碎屑岩类沉积岩。常见的页岩类型有碳质页岩、油页岩、硅质页岩、铁质页岩和钙质页岩。

(1)碳质页岩:含大量呈细分散状的碳化有机质,有机碳含量一般为 10%~20%,黑色,染手,灰分>30%,常含大量植物化石,是湖泊、沼泽环境下的产物,常见于煤层的顶板与底板。

(2)油页岩:是一种高灰分含量(>40%)的含可燃有机质页岩,颜色以黑棕色、浅黄褐色等为主,一般来说,含有机质越多,其颜色也越深。其特点是比一般的页岩轻,而且有弹性,易燃,并发出沥青味及流出油珠。油页岩属于页岩的范畴,但具有腐泥煤的特征,也有人称其为"高灰分的腐泥煤"。油页岩主要是在闭塞海湾或湖沼环境中由低等植物如藻类及浮游生物的遗体死亡后,在隔绝空气的还原条件下形成的,常与生油岩系或含煤岩系共生。它和煤的主要区别是灰分超过 40%,与碳质页岩的主要区别是含油率大于 3.5%。油页岩经低温干馏可以得到页岩油。

(3)硅质页岩:一般页岩中的 SiO_2 平均含量为 58% 左右,硅质页岩中由于含有较多的玉髓、蛋白石等,SiO_2 含量在 85% 以上,并常保存有丰富的硅藻、海绵和放射虫化石,所以一般认为硅质页岩中的硅质来源与生物有关,有的也可能和海底喷发的火山灰有关。

(4)铁质页岩:含少量铁的氧化物、氢氧化物等,多呈红色或灰绿色,在红层和煤系地层中较常见。

(5)钙质页岩:含 $CaCO_3$,但不超过 25%。钙质页岩分布广,常见于陆相、过渡相的红色岩系中;也可见于海相、潟湖相的钙泥质岩系中。

有些学者将页岩按照颜色分类,比如黑色页岩、红色页岩等。黑色页岩出露地表后,常因其中的黄铁矿风化成氧化铁而使岩石的表面及节理裂缝染成淡红色。

2.2 研究样品采集

四川盆地志留系主要出露于盆地边部的川东南、大巴山、米仓山、龙门山及康滇古陆东侧。盆地内部仅在华蓥山有出露,威远、泸州和达州地区少数深井揭穿志留系,一般埋深2000～4000m。乐山、成都及川中龙女寺一带因后期抬升遭受剥蚀而大范围缺失志留系。川南地区志留统龙马溪组岩性分布较稳定,厚度180～370m,下部为黑、黑灰色砂质页岩、页岩;中上部为灰绿、黄绿色页岩及砂质页岩,有时夹粉砂岩及泥灰岩,含碳质及黄铁矿。富含笔石,尤以下部丰度更高。

本次研究所取岩样主要来自四川盆地南部地区龙马溪组三口页岩气井,具体实验取样岩样如图2.1所示。

图2.1　四川盆地龙马溪组取心岩样

2.3 页岩岩石学特征

2.3.1 矿物组成

泥页岩矿物组分可大致分为石英、长石、碳酸盐类、黏土矿物以及其他矿物。其中黏土矿物具体包括高岭石、绿泥石、伊利石、伊/蒙混层等;碳酸盐类包括方解石、白云石等;其他矿物主要有黄铁矿、石膏、重晶石等。由于矿物结构、力学性质的不同,矿物的相对含量会直接影响页岩的岩石力学性质、物性、吸附能力以及页岩气的产能。

X射线衍射技术作为一种鉴定、分析和测量固态物质物相的方法,普遍应用于石油地质开采领域。X射线衍射的物相分析包括定性分析和定量分析。定性分析把对材料测得的点阵平面间距及衍射峰强度与标准物相的衍射数据相比较,确定材料中存在的物相;定量分析则根据衍射峰强度,确定材料中各相的含量。北美裂缝性页岩的综合评价中也采用元素俘获能谱测井(Elemental Capture Spectroscopy,ECS)手段,通过谱图分析观测页岩的矿物含量。

使用荷兰帕纳科公司生产的X'Pert Pro型X射线衍射仪,对四川盆地龙马溪组X1、X2、X3三口井取心岩样的矿物成分进行测试。实验依据为行业标准SY/T 5163—2010,实验环境温度为24℃,实验环境湿度为30%。分别取5g样品粉碎研磨至300目以下。

矿物成分测试结果如表2.1及图2.2所示。四川盆地南部地区龙马溪组泥页岩矿物成分以石英、黏土矿物为主,方解石及斜长石次之,另见少量白云石、钾长石和黄铁矿等碎屑矿物和自生矿物。其中黏土矿物含量占7%~64%,平均含量为26.18%~40.14%;脆性矿物中,石英含量最高,占11%~70%,平均含量为31.06%~32.25%;长石含量占2%~41%,平均含量为8.19%~30.56%;白云石和黄铁矿含量较少,平均含量为2.1%~9.62%和2.18%~4.15%。

表2.1 四川盆地南部地区龙马溪组泥页岩全岩矿物成分分析表

井号	样品数	黏土矿物,%	石英,%	钾长石,%	斜长石,%	方解石,%	白云石,%	黄铁矿,%
X1	18	13~54 (33.87)	16~51 (31.06)	0~4 (1.65)	2~16 (7.13)	6~39 (13.56)	1~42 (9.62)	1~6 (3.11)
X2	8	7~64 (40.14)	11~70 (31.93)	0~5 (1.78)	2~16 (6.41)	3~31 (10.13)	1~60 (6.85)	1~8 (2.18)
X3	60	13~35 (26.18)	25~46 (32.25)	5~10 (6.94)	15~31 (23.62)	1~21 (4.74)	1~7 (2.10)	2~7 (4.15)

注:括号中数据为平均值。

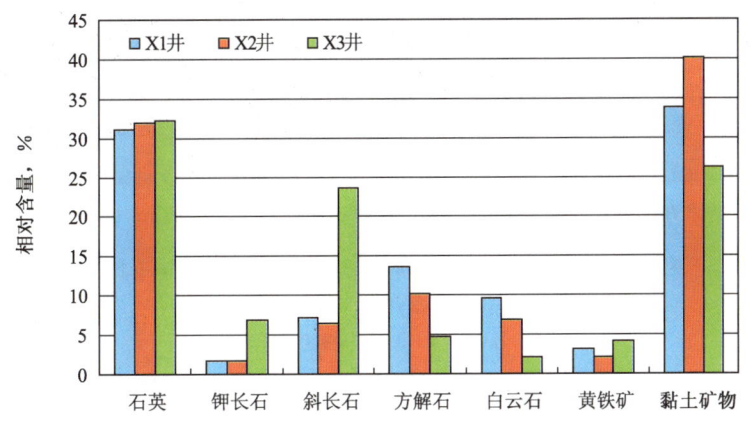

图2.2 四川盆地南部地区龙马溪组泥页岩全岩矿物含量频率分布直方图

页岩中黏土矿物含量越低,石英、长石、方解石等脆性矿物含量越高,岩石脆性越强,在外力作用下越易形成天然裂缝和诱导裂缝,页岩体积改造易形成树状或网状结构缝,有利于页岩气开采。而黏土含量高的页岩塑性强,吸收能量强,形成的裂缝以平面缝为主,不利于页岩体积改造。岩石矿物组成对页岩气后期开发至关重要,具有商业性开发价值的页岩,一般脆性矿物含量要高于40%,黏土矿物含量小于30%。四川盆地龙马溪组泥页岩富含有机质及分散黄铁矿,岩石呈黑色,龙马溪组下部富含笔石,层理发育,易染手。页岩中粉砂质粒径(0.0039~0.0625mm)的碎屑颗粒非常丰富,有时在一定程度上含量超过泥质粒径颗粒,这些颗粒在常规偏光显微镜下很难定量描述(图2.3)。在单偏光镜下透明矿物[图2.3(a)和图2.3(d)],正交偏光镜下显示灰白色[图2.3(b)和图2.3(e)],高级白等干涉色的这类颗粒,基本为石英、长石、方解石等硬脆性矿物。在阴极发光显微镜下,方解石发橘红色光,斜长石发蓝色光,奥长石发黄色光,石英和泥质、云母等基本不发光[图2.3(c)和图2.3(f)],因此根据不同的发光颜色可区分部分硬脆性矿物,尤其易于区分碳酸盐与石英、长石等矿物。不同矿物的发光颜色与其含有的微量元素有关,微量元素可分为猝灭剂和激活剂,其中,猝灭剂是阻止矿物发光的元素,如铁、钴、镍等,含一定量猝灭剂矿物就不发光,如铁白云石;激活剂是指能引起矿物发光的元素,如锰、钛及其他稀土元素。

(a) 透明矿物以硬脆性矿物为主(-)　　(b) 有干涉色的矿物为硬脆性(+)　　(c) 不同矿物阴极发光下呈不同颜色

(d) 不透明矿物为泥质和有机质(-)　　(e) 片柱状矿物呈定向性(+)　　(f) 不同矿物阴极发光下呈不同颜色

图2.3　四川盆地南部地区龙马溪组不同矿物显微镜下特征
(a),(b),(c)—X3井,龙马溪组,2479.0m
(d),(e),(f)—X3井,龙马溪组,2227.77m

将不同矿物含量与取样地层深度作图(图2.4),可看到龙马溪组页岩黏土矿物含量随地层深度由浅及深有减少的趋势,底部黏土矿物含量约为顶部的1/3;而脆性矿物的含量则随地层深度的增加而增加;方解石和其他矿物含量变化趋势不明显。

根据文献调研,美国Barnett页岩中主要矿物类型以石英和黏土矿物为主,其中石英含量为8%~58%,平均为34.5%;黏土矿物含量一般不超过1/3,主要为伊/蒙间层,含量为7%~48%,平均为24.2%;局部常见碳酸盐(泥粉晶方解石和白云石)、少量黄铁矿和磷灰石,碳酸盐平均含量为21.7%,其中方解石含量为0~73%,白云石/铁白云石

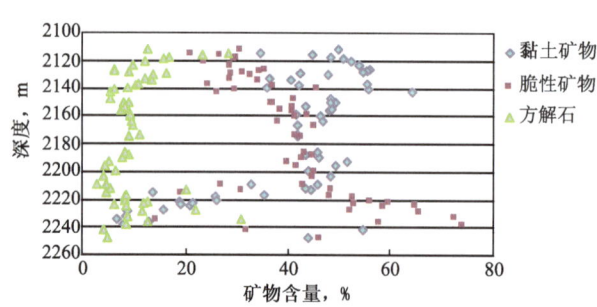

图2.4　四川盆地南部地区龙马溪组泥页岩矿物成分含量与深度关系图

含量为0~41%,黄铁矿含量为1%~46%,平均为9.7%,磷酸盐含量为0~14%,平均为3.3%。值得注意的是,Barnett岩层中存在碎屑石英以及成岩演化过程中生物蛋白石转化和交代成因的自生石英。

对比四川盆地南部地区龙马溪组泥页岩与美国Barnett泥页岩的岩石学特征(图2.5),可看出Barnett页岩与龙马溪组页岩都相对富集脆性矿物,但龙马溪组脆性矿物含量变化较大。龙马溪组泥页岩中脆性矿物含量较Barnett页岩略低(其中石英含量分别为32%和34.5%,碳酸盐含量分别为17%和21.7%),黏土矿物含量相对较高(分别为38%和24.2%)。因此,Barnett页岩与龙马溪组两者的岩相学特征虽然较相似,但岩石矿物成分和岩性特征具有一定的差异性。

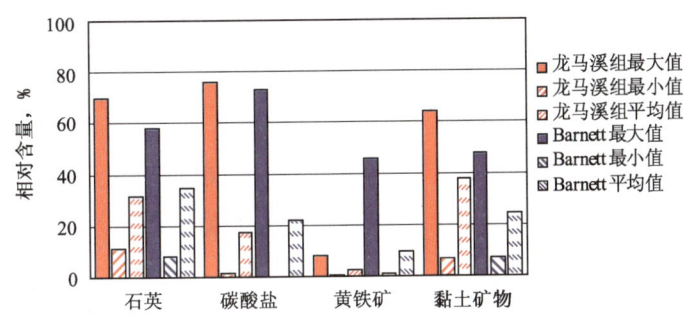

图2.5 四川盆地南部地区龙马溪组泥页岩与美国Barnett页岩岩石学特征对比图

2.3.2 脆性矿物

泥页岩中脆性矿物含量的多少是影响页岩基质孔隙和微裂缝发育程度、含气性及压裂改造方式等的重要因素。一般来说,页岩的脆性越强,就越容易在外力作用下形成天然裂隙和诱导裂隙,更有利于渗流。页岩中黏土矿物含量越低,石英、长石、方解石等脆性矿物含量越高,岩石脆性越强,在人工压裂外力作用下越易形成天然裂缝和诱导裂缝,形成多树—网状结构缝,有利于页岩气开采。而高黏土矿物含量的页岩塑性强,吸收能量以形成平面裂缝为主,不利于页岩体积改造。

四川盆地南部地区龙马溪组泥页岩所含脆性矿物类型主要为石英、长石、碳酸盐矿物(方解石和白云石)。据统计分析,样品中脆性矿物含量30.75%~90.42%,平均含量为57.10%。其中石英最为普遍,含量相对最高,平均达31.06%~32.25%,碳酸盐矿物含量仅次于石英,含量3.91%~75.99%,平均16.98%;长石含量相对较低,含量在2.39%~18.20%,平均8.19%。

2.3.2.1 石英

根据文献显示,泥页岩中的石英主要有两种来源:一种是来自碎屑岩中的硅质碎屑;另一种是来自生物硅酸盐的石英,属于生物成因。

泥页岩中石英的来源,主要根据石英含量与有机碳有无线性关系来判断。来自碎屑岩中的石英与有机碳含量之间不存在线性关系,如Moosebar泥页岩中的碎屑石英与TOC无线性关系(图2.6);而生物成因的石英与有机碳之间则有较好的线性关系,Barnett泥页岩中生物成因石英与TOC呈较好的正相关性(图2.7)。

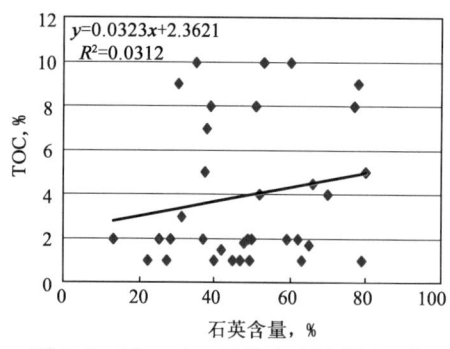

图 2.6 Moosebar 页岩中碎屑成因石英与 TOC 的关系

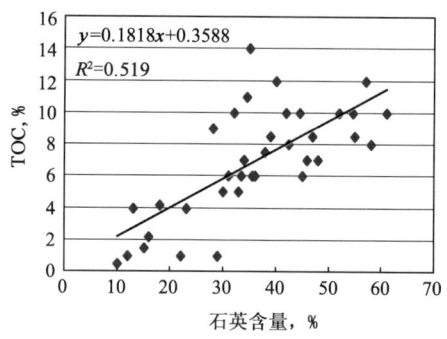

图 2.7 Barnett 页岩中生物成因石英与 TOC 的关系

泥页岩中不同来源的石英含量对其孔隙度的影响不同,来自碎屑岩中的石英含量越高,泥页岩孔隙度就越大;而来自生物硅酸盐的石英含量越高,泥页岩孔隙度越低。实验数据显示,四川南部地区龙马溪组泥页岩中,大部分石英属于碎屑成因;但其中 X3 井取样岩心中石英含量与 TOC 呈较好的正相关性(图 2.8),与生物成因石英含量多有关。

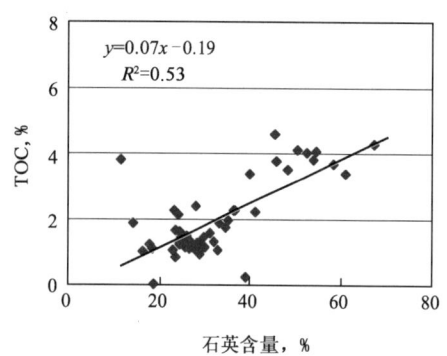

图 2.8 川南 X3 井龙马溪组石英与 TOC 关系图

对比北美地区页岩和龙马溪组页岩中石英含量可看出(表 2.2),北美页岩储层的石英含量较高,大多接近 50%;龙马溪组泥页岩 X 射线衍射测试结果表明该地区泥页岩石英含量大多在 20%~40% 之间(图 2.9),平均含量偏低,且不同层位样品中的石英含量差异较大。泥页岩中石英含量较低,对页岩储层的造缝能力具有较大的影响,进而对开采压裂工艺提出更高的要求。

表 2.2 北美页岩与研究区龙马溪组页岩中石英含量对比

国 家	页 岩	石英含量,%	来 源
美国	Fort Worth 盆地密西西比系 Barnett 组	35~50	文献
	Appalachian 盆地泥盆系 Ohio 组	45~60	
	Michigan 盆地泥盆系 Antrim 组	20~41	
	Illinois 盆地泥盆系 New Albany 组	50	
	San Juan 盆地白垩系 Lewis 组	50~75	
加拿大	西部沉积盆地(WCSB)白垩系 White Speckled 组	50~70	文献
	大不列颠哥伦比亚东北部下侏罗纪 Gordondale 段页岩	8~58(34.3)	
中国	四川盆地南部地区志留系龙马溪组	11.4~70.2	取样测试

2.3.2.2 长石

长石是脆性矿物的重要组成部分,具有两组完全的解理,容易在外力作用下形成天然裂隙和诱导裂隙,有利于页岩气渗流采出。在测试的取自三口井共计 83 个样品中,长石含量高达

10.48%，其中斜长石明显高于钾长石，斜长石平均含量为 8.22%，钾长石平均含量为 2.26%，这与一般情况钾长石多于斜长石刚好相反，可能是因为其风化母岩为偏中基性岩浆岩所致。同时，根据它们在岩石中的频频出现，进一步证实了岩石中所含长石应以碎屑成因为主，因为无论在什么情况下，石英比长石要稳定的多。

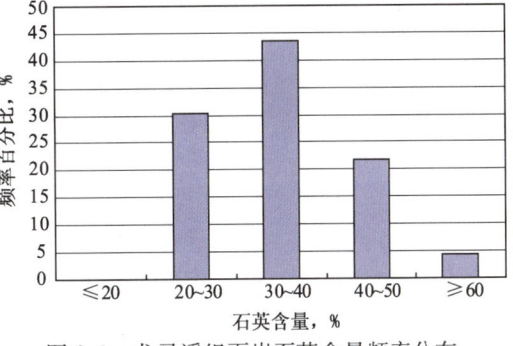

图 2.9　龙马溪组页岩石英含量频率分布

2.3.2.3　碳酸盐矿物

泥页岩中碳酸盐矿物主要包括方解石和白云石，同样具有两组完全的解理。方解石可以作为碎屑矿物或者胶结物。碎屑成因的方解石与石英、长石等，一并称为脆性矿物，它们含量的高低反映泥页岩的硬度、脆性和造缝能力，在压裂改造时决定着裂缝网络的产生，以及页岩气是否具有商业开采价值；化学成因的胶结物方解石，易堵塞孔隙，不利于裂缝的产生，对于页岩气的开采不利。

方解石的含量以及成因对于泥页岩的分类有着很重要的指示意义。在 Barnett 页岩的岩石分类中，方解石是一个重要的指标。通过岩性物理测试，Barnett 页岩分为三类：（1）方解石含量<10%，富含黏土，孔隙度和 TOC 含量较高，石英含量高；（2）方解石含量介于 10%～25%之间，黏土含量中等，孔隙度较高但 TOC 含量很低；（3）方解石含量>25%，孔隙度和 TOC 含量很低。

川南龙马溪组泥页岩中碳酸盐矿物含量变化大，其中方解石平均含量为 10.2%（0.8%～39.0%），白云石平均含量为 6.9%（0.5%～59.2%）。在单偏光、正交偏光镜下泥页岩中的碳酸盐矿物鉴定比较困难，在阴极发光显微镜下，碳酸盐矿物发光颜色一般是从黄色—暗红色。通常，文石为黄色，方解石为黄—橙红色，白云石呈暗红色，铁白云石则不发光。从图 2.10 可以看出，龙马溪组中呈橙黄色的方解石含量较高，与石英、长石等颗粒一样，呈细分散状分布，连晶或者镶嵌状集合状少见。

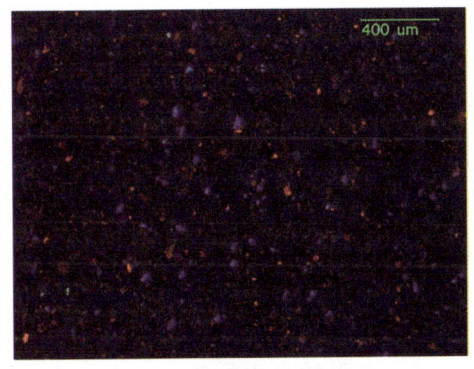
(a) X1 井，龙马溪组，2510.70m

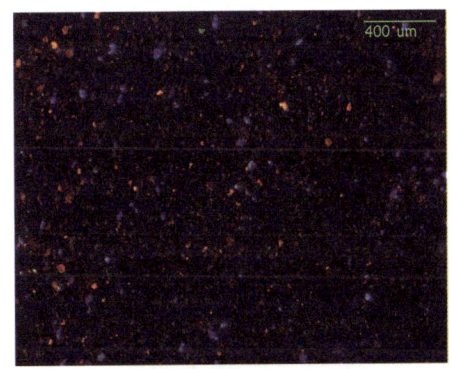
(b) X3 井，龙马溪组，2235.90m

图 2.10　四川龙马溪组泥页岩阴极发光图

页岩中不同成因的脆性矿物偏光显微镜下难以区分，包括碎屑沉积成因、生物成因、成岩作用胶结物成因，通过扫描电镜下晶体晶形和自形程度可进行定性分析（图 2.11）。一般自形程度好，晶面规则的颗粒为成岩或者生物成因，定量表征这类颗粒非常困难。

(a) X1井，龙马溪组，2510.70m

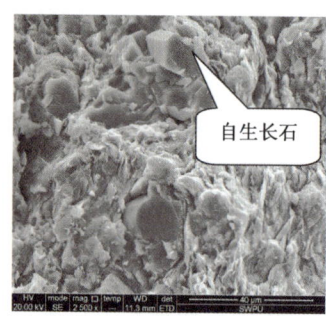
(b) X2井，龙马溪组，2159.64m

(c) X2井，龙马溪组，2212.37m

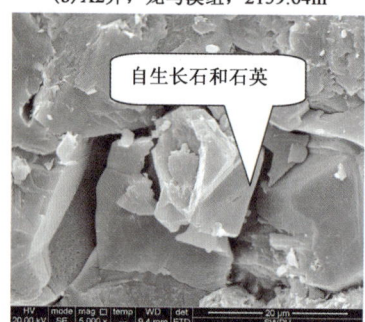
(d) X1井，龙马溪组，2628.10m

图 2.11　四川盆地南部地区龙马溪组岩样自生矿物 SEM 观察

2.3.3　黏土矿物

川南龙马溪组黏土矿物主要由伊利石、伊/蒙混层、高岭石和绿泥石构成（表 2.3 及图 2.12）。

表 2.3　龙马溪组泥页岩黏土矿物分析表

井号	样品数	高岭石(Kao),%	绿泥石(C),%	伊利石(I),%	伊/蒙混层(I/S),%
X1	18	9.91	16.48	61.56	13.94
X2	8	14.97	15.71	61.08	12.56
X3	60	15.00	18.12	50.90	15.98
平均值		12.16	14.54	60.17	13.29

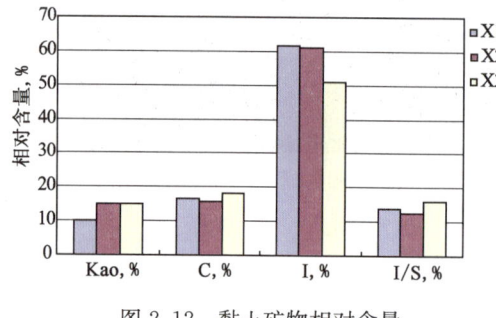

图 2.12　黏土矿物相对含量

其中，伊利石最为普遍，相对含量最高，平均含量为 60.17%；伊/蒙混层、绿泥石、高岭石含量相对较低，平均含量分别为 13.29%、14.54%、12.16%。伊/蒙混层的含量越高，泥页岩的水敏性就越强，较强的吸水膨胀性对水力压裂有一定影响，会堵塞孔隙和喉道，从而降低储层渗透率，对储层造成一定的伤害。尤其是泥页岩，以纳米级孔喉为主，水力压裂预防水敏、盐敏性伤害很重要。

2.4 页岩有机地球化学特征

页岩气藏是以富含有机质泥页岩为烃源岩且集生、储、盖层于一体的连续型非常规天然气藏,泥页岩自身的性质和特征决定了页岩气成藏条件的优劣。页岩储层的生气能力是产生烃类的基础,根据干酪根的成烃理论,要准确地评价成烃物质条件,就必须对页岩有机地球化学特征进行研究,主要包括有机质丰度、干酪根类型和成熟度三方面。

2.4.1 有机质丰度

在许多含油气盆地中,富有机质页岩成为优质烃源岩,为油气藏的形成提供丰富的物质基础;或是成为优质的油气藏盖层,保证油气储存在储层中不被逸散。而在页岩气藏中,页岩兼具生烃源岩、储层甚至于盖层的角色,很大一部分页岩气以吸附状态赋存于泥页岩有机质和黏土矿物颗粒表面。因此有机质丰度不仅影响了泥页岩的生烃强度,同时也影响着泥页岩中有机质孔隙的发育以及吸附气的含量,通常具有高有机质丰度的页岩具有高的生烃潜力以及高含量的吸附气。

有机质丰度一般通过有机碳含量(TOC)来表征。根据北美页岩气产气盆地资料,斯伦贝谢公司提出页岩气源岩的有机碳含量最低标准原则上应该超过2.0%。因此国外一般将2.0%作为有经济价值页岩气勘探目标的有机碳含量下限值,但随着开采技术的进步,有机碳下限值可能有所降低。

利用有机碳含量对四川盆地南部地区龙马溪组含气泥页岩的有机质丰度进行评价,可得到如下认识:

2.4.1.1 泥页岩有机碳含量总体较高

根据对四川盆地龙马溪组相关钻井及地质剖面共122个样品有机碳含量的测定结果(表2.4),龙马溪组泥页岩虽然在漫长的地质历史时期经受了多期构造运动的影响和破坏作用,但仍显示较高的有机碳含量。TOC值主要分布在0.43%~8.39%范围内,平均值为2.20%。其中TOC≤2.0%占总样数的57.38%,TOC>2.0%的优质烃源岩岩样的样品频率同样很高,为42.62%,反映出该区域泥页岩的有机碳含量总体较高,有利于页岩气的形成和储存。

表2.4 四川龙马溪组泥页岩TOC统计表

井号	地层	样品个数	TOC,%		
			最大值	最小值	平均值
X1	龙马溪组	18	6.03	0.97	2.75
X2	龙马溪组	39	8.39	0.43	1.66
X3	龙马溪组	65	6.17	0.93	2.37

2.4.1.2 龙马溪组下段底部有机碳含量较高

对龙马溪组泥页岩纵向上有机碳含量分布进行分析,可发现龙马溪组泥页岩底部的TOC值明显增大(图2.13),且都大于2.0%。

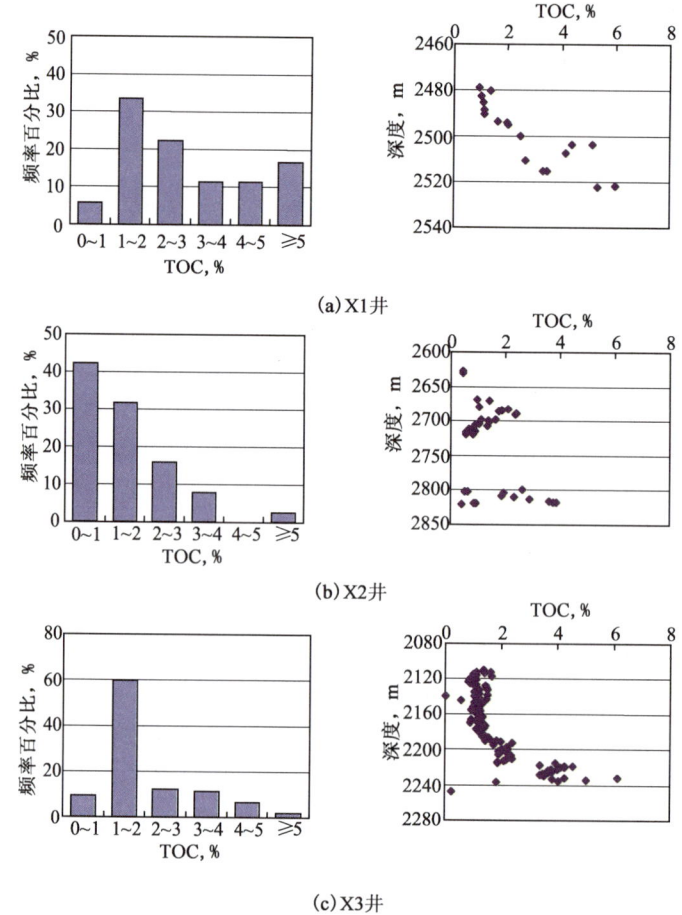

图 2.13　川南龙马溪组有机碳(TOC)频率分布直方图及随深度变化图

2.4.1.3　沉积环境有利于有机质的保存

中国南方下志留统龙马溪组的黑—灰黑色页岩层属于典型的海相水生有机质富集层,是重要的烃源岩层系。龙马溪组岩心上可观测到大量的黄铁矿结核体(图 2.14),多呈椭球形和不规则状,直径约 1~3cm;显微镜(SEM)下也观察到极细莓状黄铁矿大量存在(图 2.15)。莓状黄铁矿的大量存在,表明该段地层沉积时的环境能量较低,而且缺氧,其沉积环境为较深水环境,它指示一种还原环境,表明研究区龙马溪组泥页岩沉积环境为浅海陆棚沉积环境。通过对 X3 井龙马溪组岩心和镜下的观察(图 2.16、图 2.17),发现了大量的古生物化石,主要有笔石、放射虫、腕足动物等。笔石通常保存在黑色页岩中,龙马溪组的笔石多为浮游生物,随水漂流。岩心观察发现,笔石大量存在的地方,其他生物化石少见,表明当时沉积环境为深水环境,水动力较弱,属于较封闭的低能环境。放射虫是一类浮游原生动物,其存在反映了研究区龙马溪组当时位于半局限浅海中的深水地区。

对 X1 井龙马溪组采集的 20 块泥页岩样品,利用荧光衍射法进行微量元素分析。对测试结果进行分析可看出,龙马溪组相关微量元素含量和比值具有以下特征:所有 V/(V+Ni) 比值,17 个(共 20 个数据)Th/U 比值都指示出环境贫氧的特点(表 2.5)。缺氧环境下,赋存的泥页岩主要为细颗粒沉积,泥质沉积物有利于有机质的沉积和保存,具有较高的有机质质量分数(TOC),有利于优质烃源岩有机质的富集和保存。

图 2.14　黄铁矿结核
X3 井,龙马溪组,2215.56m

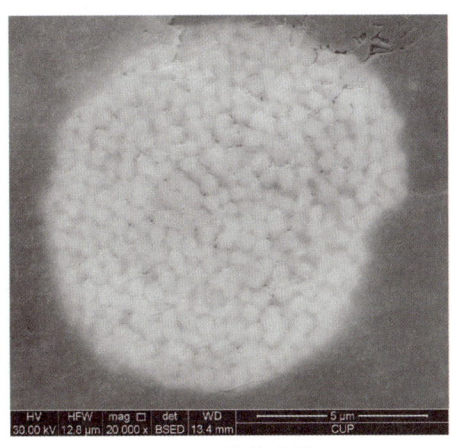

图 2.15　莓状黄铁矿
X3 井,龙马溪组,2212.37m

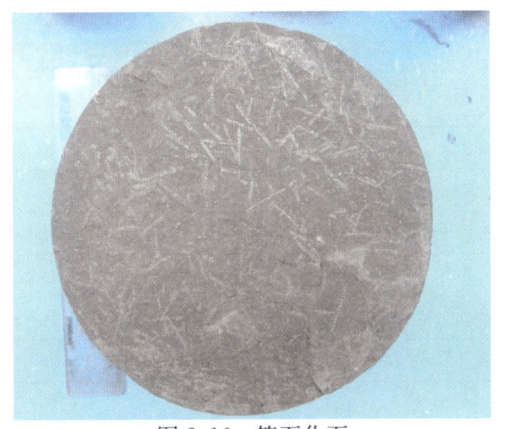

图 2.16　笔石化石
X3 井,龙马溪组,2306.90m

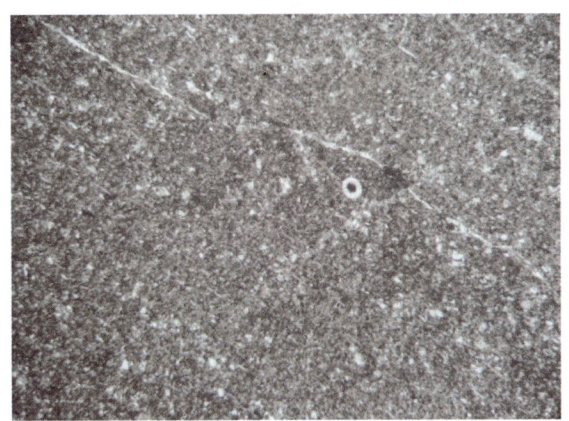

图 2.17　放射虫
X3 井,龙马溪组,2198.60m

2.4.1.4　相对北美页岩气盆地 TOC 含量略低

美国五大页岩气盆地 TOC 含量普遍较高:密歇根盆地的 Antrim 页岩和伊利诺伊州盆地的 New Albany 页岩 TOC 含量约在 1%~25%之间;福特沃斯盆地的 Barnett 页岩和圣胡安盆地的 Lewis 页岩 TOC 含量约在 0.45%~4.5%之间。国内四川盆地成藏条件较好的筇竹寺组页岩 TOC 含量在 1.0%~11.07%,而龙马溪组页岩岩样 TOC 含量为 0.43%~8.39%,相较美国五大页岩气盆地,四川盆地 TOC 含量分布范围较小,含量略低。

2.4.2　有机质类型

干酪根类型主要分为腐泥型(Ⅰ型)、混合型(Ⅱ型)及腐殖型(Ⅲ型)三类。

(1)腐泥型(Ⅰ型):主要来源于水中浮游生物,包括藻类、浮游的微生物以及一些底栖生物、水生植物等,常常也混有与陆源高等植物一体的较稳定部分。氯仿沥青"A"族组分中饱和烃含量较丰富,有机显微组分组成主要为藻类体和无定形腐泥体,富氢贫氧,利于生油。

表 2.5　四川盆地南部地区 X1 井龙马溪组泥页岩微量元素表

样号	井深 m	V 10⁻⁶	Ni 10⁻⁶	Th 10⁻⁶	U 10⁻⁶	V/(V+Ni)	Th/U
1	2208.80	153.4	97.8	11.8	6.3	0.61	1.87
2	2208.80	103.9	120.3	15.2	10.9	0.46	1.39
3	2211.82	158.3	63.9	9.3	4.4	0.71	2.11
4	2212.37	120.5	41.0	11.3	5.5	0.75	2.05
5	2214.67	79.7	46.5	4.9	3.1	0.63	1.58
6	2216.68	165.7	101.7	8.1	7.6	0.62	1.07
7	2218.00	187.9	93.1	6.9	6.2	0.67	1.11
8	2220.00	190.2	98.1	6.9	7.1	0.66	0.97
9	2221.58	205.7	108.8	5.0	6.4	0.65	0.78
10	2222.35	186.0	96.8	7.0	7.5	0.66	0.93
11	2223.84	143.9	78.3	4.9	4.7	0.65	1.04
12	2224.00	152.3	85.8	5.7	4.7	0.64	1.21
13	2227.22	233.9	115.6	4.3	7.2	0.67	0.60
14	2227.77	188.4	88.7	1.2	3.0	0.68	0.40
15	2231.60	293.4	132.4	2.7	6.9	0.69	0.39
16	2233.95	64.8	66.2	2.9	3.3	0.49	0.88
17	2235.90	309.0	79.7	5.2	4.5	0.79	1.16
18	2238.30	289.4	69.5	2.1	1.0	0.81	2.10
19	2242.10	182.8	42.9	13.3	6.8	0.81	1.96
20	2247.80	143.3	60.5	9.5	5.0	0.70	1.90

(2)腐殖型(Ⅲ型):主要来源于高等植物,富含具芳基结构的木质素、纤维素,氯仿沥青"A"族组分中往往饱和烃含量较少,而芳香烃和沥青质含量相对较高,有机显微组分组成主要为镜质体,贫氢富氧,不利于生油。

(3)混合型(Ⅱ型):具有水生生物及陆源高等植物的双重来源,其族组分特征、有机显微组分以及生油能力介于腐泥型和腐殖型有机质之间。

事实上,不同干酪根类型的泥页岩都可以生成天然气,干酪根的类型并不影响烃源岩层的产气数量,但可以影响天然气的吸附率和扩散率。不同类型的干酪根具有不同的生烃潜力,形成不同的产物,这种差异与有机质的化学组成和结构有关。有机质丰度是烃源岩生烃的物质基础,有机质类型则决定了烃源岩生烃能力和所生烃类性质。

四川龙马溪组泥页岩显微干酪根类型主要为Ⅰ—Ⅱ型,以Ⅱ类为主,易于生油,并随热演化程度增加,原油裂解生气。龙马溪组均为陆棚环境,有机质来源于浮游生物,而且此时植物尚未登陆,直到泥盆纪高等植物才大量繁殖,不可能有陆源有机质,故本区页岩储层干酪根与北美典型页岩气藏相一致,也为海相成因的干酪根。美国 Barnett 页岩与龙马溪组页岩烃源岩有机质类型相同，属 I—II$_1$ 型。

2.4.3 有机质成熟度

有机质成熟度（R_o）是表示烃源岩有机质的热演化程度，是评价烃源岩生烃潜力的依据。$R_o<0.5\%$ 表明有机质未成熟，属于生物化学生气阶段；$0.5\%<R_o<1.5\%$ 表明有机质成熟，属于热催化生油气阶段；$1.5\%<R_o<2.0\%$ 表明有机质高成熟度，属于热裂解生凝析气阶段；$R_o>2.0\%$ 表明有机质过成熟，属于深部高温生气阶段。Daniel M. Jarvie 等（2007）研究认为，有利页岩气远景区应在热生气窗内，成熟度 R_o 为 $1.1\%\sim3.5\%$。由于干酪根和原油热裂解生气量大幅度增加，高成熟度页岩气产区单井产量可以大幅度增加。

成熟度对页岩气形成的影响复杂，当页岩过成熟时，生气潜力逐渐降低，但页岩微孔随成熟度增加而增加，吸附能力增强，页岩含气量相应增加。从美国页岩气的开发实践来看，对成熟度上限尚未有统一的认识。

北美页岩气盆地页岩成熟度变化较大，从未成熟到成熟均有发现。密执安盆地 Antrim 页岩的 R_o 仅为 $0.4\%\sim0.6\%$，处在生物气阶段，为低成熟度的页岩气藏。伊利诺斯盆地北部浅层的天然气为热成因和生物成因的混合，为高低成熟度混合页岩气藏。美国 Fort Worth 盆地的 Barnett 页岩气是由高成熟度条件下原油裂解形成的，为高成熟度的页岩气藏。可见，页岩的高成熟度（$R_o>2.0\%$）不是制约页岩气成藏的主要因素。

四川盆地龙马溪组主要经历了 3 次大的构造抬升作用，即泥盆纪末、中侏罗世末和白垩纪末。白垩纪末的巨大抬升，使得目前龙马溪组页岩热演化特征与白垩纪末期时保持一致。龙马溪组烃源岩在早二叠世末处于低成熟阶段，R_o 为 $0.5\%\sim0.7\%$；三叠纪末进入成熟阶段，R_o 为 $0.9\%\sim1.1\%$，有机质达生烃高峰，该阶段生烃量超过总生烃量的 60%；早侏罗世末，页岩 R_o 值达 1.3%，干酪根进入湿气—凝析油阶段。早中白垩世时，R_o 值达 1.7%，干酪根进入干气阶段。四川盆地龙马溪组现今埋深在 $2000\sim4000m$ 之间，R_o 值 $2.4\%\sim4\%$，一般为 $2.4\%\sim3.6\%$，处于高成熟晚期—过成熟期，仅在局部构造高位和龙马溪组上部 R_o 值不及 2.0%。

3 页岩储层微观孔隙结构特征

页岩气藏作为一种重要的非常规气藏,形成和富集具有自身独特的特点,其特殊的成藏过程决定了页岩储层微观孔隙结构的复杂性。国内对泥页岩的早期研究主要侧重于将其作为常规油气的烃源层和盖层对待,缺乏对作为储层的泥页岩孔隙结构进行详细论述和精细刻画。但页岩储层中发育的孔隙及裂缝是油气富集的场所,对泥页岩储层微观孔隙结构的研究,对于研究泥页岩的储集及渗流机理至关重要。

目前,国内对于泥页岩微观孔隙结构特征的研究还处于探索阶段,很多实验分析技术均源自常规砂岩储层和煤储层。根据实验过程与手段的不同可分为观察描述法和物理测试法两大类型(图 3.1):第一类是辐射法,主要采用光学显微镜、扫描电镜、核磁共振光谱学法、小角度 X 射线散射法等手段,直观描述孔隙的几何形态、连通性和充填情况,统计孔隙优势方向和密度等,以确定页岩成因类型;第二类是流体穿透法,通过流体、质量、体积和压力测试来间接获取孔隙尺寸,目前广泛应用的 MICP、氦气孔隙度、低温液氮吸附、低温 CO_2 吸附等方法都属于第二类,可定量测试孔容、孔径大小及其分布、孔隙结构、比表面积等,以评价页岩含气性。

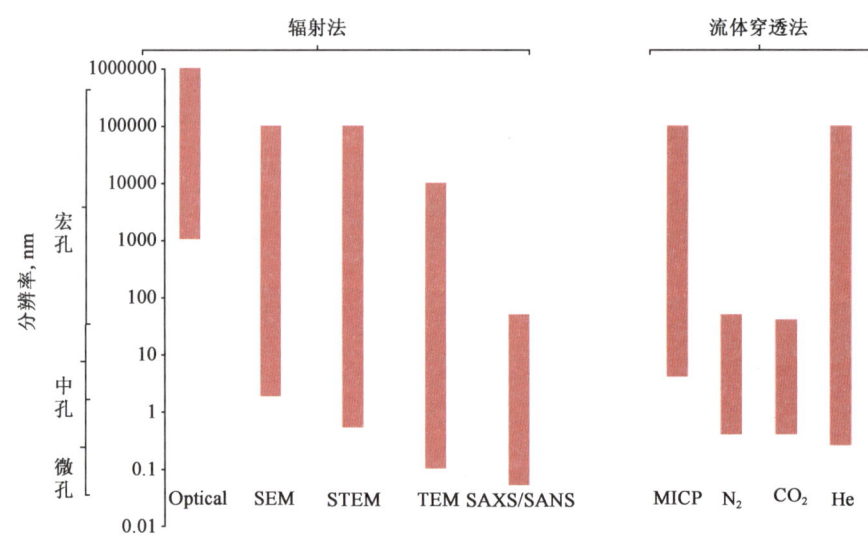

图 3.1 储层微观孔隙结构研究手段

本章将综合利用多种测试方法,包括压汞毛细管压力(MICP)、低温氮气吸附比表面测定、聚焦离子束/扫描电镜(FIB/SEM)、扫描透射电镜(STEM)、核磁共振(NMR)等方法,讨论含气页岩的孔隙尺寸和孔隙结构,并分析控制泥页岩孔隙结构发育的因素,以期对泥页岩的孔隙结构进行完整的表征及认识。

3.1 页岩储层物性特征

页岩孔隙度是表征页岩气储量的重要参数之一。和普通储层相比,页岩储层是一种孔隙度、渗透率都极低的超致密储层。

页岩储层厚度一般为 15~100m,页岩储层孔隙度变化范围一般为 2%~15%,储层中天然裂缝渗透率一般小于 0.001mD。美国作为最早开发页岩气的国家之一,目前对于页岩岩心物性特征评价方法已形成标准体系,北美地区进行页岩储层物性评价时主要采用的是美国天然气研究院(GRI)于 1986 制定的页岩岩心测定方法。利用该方法不仅可以测出页岩基质的总孔隙度,而且还可以测定出页岩储层含气孔隙度。

Sanchez Technologies 公司的脉冲超低渗透率测量仪 LGPM 70,美国 coreLab 的 PDP-200 型脉冲衰减气体渗透率测量仪等广泛应用于测试泥页岩段塞样的渗透率,按美国石油学会标准(APIRP-40)的要求,采用脉冲衰减法,测量岩心样品的克氏渗透率,测量范围:10^{-5}~10 mD。美国 coreLab 的 NANOK-100 型纳达西气体渗透率仪,段塞样测试渗透率范围 10^{-15}~10^{-3}mD。美国岩心公司生产的 SMP-200 型页岩颗粒渗透率仪为测定粉碎的页岩样品骨架渗透率提供了一种精确方法,是 GRI 用于页岩评价储层的 GRI-95/0496 标准的组成部分,测试渗透率范围 10^{-12}~10^{-3}mD。

表 3.1 北美地区主要页岩储层物性统计表

物性参数	Woodford	Marcellus	Fayetteville	Haynesville	Barnett	Antrim	New Albany	Lewis	Ohio
渗透率 mD	—	—	—	—	0.01	<0.1	<0.1	<0.1	<0.1
总孔隙度 %	3~9	10	2~8	8~9	4~5	9	10~14	3~5.5	4.7
测井孔隙度 %	3~6.5	5.5~7.5	4~12	8~10	6.5~8.5	—	—	—	—
充气孔隙度 %	—	—	—	6~7.5	2.5	4	5	1~3.5	2
充水孔隙度 %	—	—	—	—	1.9	4	4~8	1~2	2.5~3
含水孔隙度 %	10	12~35	15~35	15~20	25	—	—	—	—

从表 3.1 可以看出,北美地区主要页岩气藏的总孔隙度分布在 2%~14%,平均值介于 4.22%~6.51%之间;测井孔隙度位于 3%~12%之间,平均值为 5.2%;利用 GRI 测定方法得到的页岩储层充气孔隙度范围为 1%~7.5%,充水孔隙度为 1%~8%。所测得的渗透率一般小于 0.1mD,页岩储层的平均喉道半径小于 0.002μm。

3.1.1 核磁共振测试结果

由于页岩储层孔隙结构的特殊性,目前国内尚未颁布统一的页岩储层岩心分析方法和评价标准,对于页岩储层岩心的物性测试大多仍是基于常规储层物性测试方法。页岩岩心孔隙度的测定大多仍是利用基于波义耳(Boyle)定律的氮气孔隙度仪进行测定,对于页岩渗透率的测量则更多使用的是压力瞬时脉冲法。

由于四川盆地龙马溪组页岩气井取心得到的岩样大多为不规则岩样,而泥页岩具有易碎性且分层情况严重,无法制备用于上述孔隙度、渗透率测试方法的规则圆柱体岩心,故采取核磁共振法(NMR)对四川盆地龙马溪组泥页岩储层物性进行了测试。测试时核磁共振频率设置为11.825319MHz,探头线圈的直径为25mm,磁体温度位于31.99~32.01℃之间。测试得到的岩心孔隙度及渗透率见表3.2。

表3.2 四川盆地龙马溪组页岩孔隙度及渗透率——核磁共振法测量结果

岩心编号	层位	孔隙度ϕ,%	渗透率K,mD
X1-1	龙马溪组	2.918	4.596×10^{-10}
X1-2	龙马溪组	3.046	9.882×10^{-10}
X2-5	龙马溪组	2.073	1.100×10^{-11}
X2-6	龙马溪组	1.915	1.809×10^{-11}
X2-8	龙马溪组	2.357	1.788×10^{-13}
X2-10	龙马溪组	2.555	1.255×10^{-10}
X2-11	龙马溪组	1.017	4.722×10^{-16}
X2-14	龙马溪组	2.286	9.916×10^{-10}
X2-16	龙马溪组	1.186	6.915×10^{-13}
X2-17	龙马溪组	1.398	4.974×10^{-25}
X2-18	龙马溪组	2.285	8.224×10^{-14}
平均值	—	2.094	2.359×10^{-10}

从表3.2可以看出,四川盆地龙马溪组页岩孔隙度分布在1.017%~3.046%,平均值为2.094%;渗透率位于4.974×10^{-25}~9.916×10^{-10}mD,平均值为2.359×10^{-10}mD,与表3.1中所列北美地区页岩储层物性相比,我国四川盆地页岩储层更加致密,尤其是渗透率值极低。究其原因,可能是由于核磁共振测试过程中所选取植物油分子与页岩岩心中微孔直径相当或较大,测试时植物油分子无法进入泥页岩中微孔,从而导致测得的页岩储层孔隙度和渗透率都偏低。总的来说,利用核磁共振法测量得到的页岩岩心孔隙度和渗透率都不够精确,但当其他测试方法都不可用时,可采用该方法进行测量以提供参考。

3.1.2 氮气吸附测试结果

氮气吸附测试的比孔容(V_g)是指单位质量多孔固体所具有的细孔总容积,这是多孔结构吸附剂或催化剂的特征值之一。比孔容常由颗粒密度ρ_p和真密度ρ_t按照$V_g=1/\rho_p-1/\rho_t$算出。式中$1/\rho_p$为1g多孔固体的表观体积;$1/\rho_t$为1g多孔固体中骨架的体积;两者之差等于孔容。

对X1井和X3井龙马溪组采集了22块泥页岩样品,并利用氮气吸附法对这些样品测定其相应的吸附量,进行了比孔容分析(表3.3)。比孔容主要分布在0.0093~0.0219mL/g之间,平均值为0.0144~0.0161mL/g。由于氮气吸附测试方法中测试介质为氮气分子,与核磁共振中的大豆油介质相比更可靠,数据更接近真实情况。

表3.3 川南龙马溪组泥页岩氮气吸附测试比孔容结果

X3井			X1井		
样号	深度 m	比孔容 V_g mL/g	样号	深度 m	比孔容 V_g mL/g
1	2218.00	0.0209	1	2479.00	0.0093
2	2221.58	0.0152	2	2480.20	0.0096
4	2208.80	0.0136	4	2485.66	0.0103
5	2220.00	0.0193	6	2490.42	0.0133
6	2224.00	0.0179	8	2494.40	0.0169
7	2174.00	0.0127	13	2507.40	0.0219
8	2159.64	0.0117	14	2510.70	0.0124
9	2212.37	0.0125	17	2521.85	0.0219
10	2187.59	0.0107			
11	2235.90	0.0152			
13	2222.35	0.0195			
15	2192.40	0.0150			
17	2231.60	0.0204			
18	2216.68	0.0205			

3.2 页岩气藏储集空间特征及类型划分

页岩储层作为一种特殊的储层,其孔隙类型多样,孔隙结构复杂。目前国内外的研究认为,由于页岩储层内部发育有一定量的天然微裂缝,页岩气藏中孔隙类型总体上可分为基质孔隙和裂缝两大类。其中,基质孔隙是页岩气的主要储集空间,孔隙内聚集了大量的页岩气,基质孔隙度的大小直接决定了页岩气藏储量的大小,而孔隙的连通性和裂缝发育程度则决定了页岩气运移产出的难易程度。

3.2.1 实验方法及样品处理

试验样品选自四川下志留统龙马溪组三口井(X1井、X2井、X3井)泥页岩,易污手,颜色以黑色、灰黑色和深灰色为主,有机碳含量高,主要呈薄层或块状产出。本节主要从宏观结构和微观结构两方面,采取铸体薄片、环境扫描电镜、氩离子抛光技术以及发射扫描式电子显微镜等多种手段研究泥页岩的储集空间特征,并对其储集空间类型进行划分。

为准确了解页岩储层中微孔隙的结构特征,在样品制备过程中需采取新鲜样品制样,以避免传统光片和电子探针片人工处理的影响。样品制备完毕后,综合采用薄片分析法、环境扫描电镜(ESEM)观察分析以及氩离子抛光后在发射扫描式电子显微镜下观察等方法对泥页岩宏

观和微观孔隙结构特征进行观察,具体做法如下:

(1)新鲜岩样断面制成薄片后在显微镜下观察泥页岩中发育的天然裂缝,包括裂缝缝宽和长度变化;

(2)新鲜岩样断面直接在环境扫描电镜下观察页岩基质孔隙结构及天然裂缝发育程度;

(3)新鲜岩样断面经 Al_2O_3 抛光后在环境扫描电镜下观察页岩基质孔隙结构;

(4)新鲜岩样断面氩离子抛光后在发射扫描式电子显微镜下观察有机质纳米级孔隙大小及形态分布。

3.2.2 储集空间类型

页岩孔隙分类目前为止还没有像砂岩、碳酸盐岩等常规储层形成行业或者国家标准,国内外不同学者都提出了各自的分类标准。

2009 年,Louchs 等在对 Barnett 页岩孔隙研究中认为页岩储层主要发育有微孔(孔隙直径≥$0.75\mu m$)和纳米孔(孔隙直径<$0.75\mu m$)两种孔隙类型,并将孔隙直径<$0.75\mu m$ 的纳米孔进一步划分为有机质孔隙、粒间孔隙、粒内孔隙及混合孔隙,同时认为 Barnett 页岩的主要微孔隙类型为有机质孔,其他孔隙类型相对较少。

2011 年,Roger 和 Neal 对 Barnett 和 Woodford 页岩孔隙进行了研究,并对页岩中微孔隙的类型做了归纳总结。认为在泥页岩中主要包括黏土矿物晶间孔、有机质内微孔隙、粪球粒内孔隙、生物碎屑内孔隙、颗粒间微孔。

2012 年,Louchs 等人又根据孔隙大小对页岩孔隙类型进行了分类:(1)极微孔:孔径<1nm;(2)纳米孔:孔径在 1nm~$1\mu m$ 间;(3)微孔:孔径在 1~$62.5\mu m$ 间;(4)中孔:孔径在 $62.5\mu m$~4mm 间;(5)宏孔:孔径>4mm。

2011 年,国内学者张金川、聂海宽以四川盆地及其周缘下古生界为例,对页岩储层储集空间分类。认为页岩气藏的储集类型主要有裂缝和孔隙两类。并根据页岩气藏特征、裂缝对页岩气成藏的控制作用及裂缝的性质,按发育规模将裂缝分为巨型裂缝、大型裂缝、中型裂缝、小型裂缝和微型裂缝等 5 类;按孔隙类型将孔隙分为有机质(沥青)孔和/或干酪根网络、矿物质孔(晶内孔、晶间孔、溶蚀孔和杂基孔隙等),以及有机质和各种矿物之间的孔隙。

2012 年,Louchs 等发现北美页岩的孔隙类型有 3 种:(1)存在于矿物颗粒与颗粒、颗粒与晶粒、无机颗粒与有机质之间的粒间孔;(2)存在于颗粒(矿物、晶粒、粪球粒、草莓状黄铁矿、黏土、化石体腔)内部的粒内孔;(3)和有机质相关的一些孔隙。但在其分类方案中未再对裂缝根据成因进行细分。

针对龙马溪组岩心观察、铸体薄片、扫描电镜分析及氩离子抛光后发射扫描式电子显微镜下的观察结果,结合国内外泥页岩文献描述的孔隙分类方案和孔隙类型,借鉴砂岩孔隙分类的行业标准,笔者将泥页岩储集空间分为裂缝和基质孔隙两大类。按照成因,基质孔隙可进一步分为无机孔、有机质孔,其中无机孔主要包括粒间孔、粒内孔;裂缝可分为构造张裂缝、构造剪裂缝及层间页理缝、成岩收缩缝(表 3.4)。

3.2.2.1 有机质孔

页岩基质中的有机质孔隙主要形成于页岩气的热裂解生烃阶段,有机质孔隙度大小与有机质发育程度和演化程度密切相关。大量文献研究表明有机质孔具有不规则状、气泡状、椭圆状的形态,通常其长度在 5~750nm。这些孔隙在二维平面上常呈孤立状,但在三维空间上,它们是互相连通的;并不是所有的有机质类型都易于形成有机质孔。目前有限的研究数据说明,Ⅱ型干酪根比Ⅲ型干酪根更易于发育有机质孔。

表 3.4 泥页岩储集空间分类方案

大类	亚类	类型	成 因
裂缝	裂缝	构造张裂缝	岩石受到外力后在某一方向的张应力超过了岩石的扩张强度,在垂直于张应力的方向产生的裂缝
		构造剪裂缝	剪切变形而形成的破裂缝,成共轭的"X"型
		层间页理缝	各类层理纹层面间的孔缝,为沉积作用所形成
		成岩收缩缝	成岩作用中黏土等矿物失水形成
基质孔	无机孔	颗粒粒间孔	石英、长石等粒状颗粒间保存下来的孔隙,包括原生粒间孔、残余粒间孔和溶蚀粒间孔
	粒间孔	黏土片间孔	集合状片层、层状黏土颗粒间的孔隙,一般为弯片状或者缝网状
		晶间孔	自生矿物晶架构成的孔隙,包括黄铁矿、自生黏土等颗粒
		边缘孔	粒状颗粒与片状矿物间、有机质与碎屑颗粒间等存在的压扁状孔或拉伸孔
	粒内孔	粒内溶孔	长石、方解石、球粒和类球粒等颗粒内部溶蚀形成的孔隙
		解理缝	矿物颗粒内部的解理缝及其经压实扭曲扩大形成的孔隙,主要包括碳酸盐、长石、黏土等颗粒内部的解理缝
		生物孔	生物体腔孔、铸模孔等
	有机质孔		由有机质的演化排烃形成,包括干酪根控制的有机质孔(10nm~2μm)和干酪根演化后留下的类似"溶蚀孔"的有机质孔(50nm~10μm)

表 3.5 IUPAC 孔隙大小分类

分 类	微 孔	中 孔	大 孔
孔径,nm	<2	2~50	>50

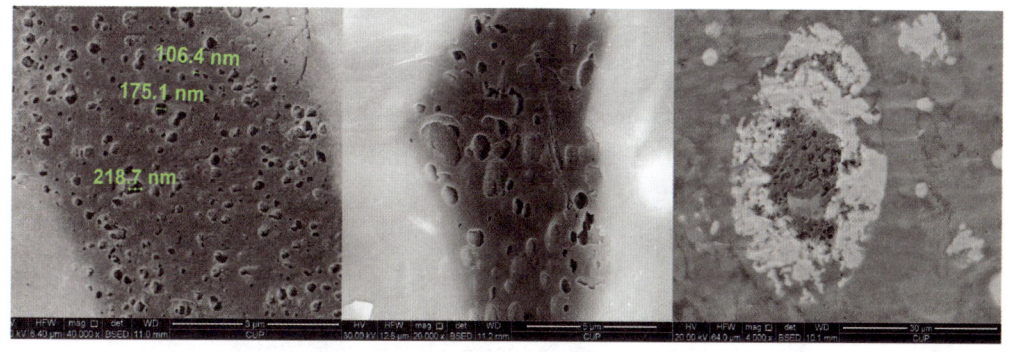

图 3.2 龙马溪组页岩基质中有机质孔隙(X3 井,2108.80m)

根据实验结果,四川盆地龙马溪组页岩基质中有机质孔隙尺寸一般分布在几纳米至几百纳米之间(图 3.2),按照 IUPAC 孔径分类标准(表 3.5),结合 N_2 吸附法测试结果表明四川盆地龙马溪组泥页岩中的有机质孔隙多为微孔和中孔,也有少量大孔发育。

页岩气藏中的有机质纳米级孔隙极其发育,在页岩气的储存方面起着非常重要的作用。与微孔隙相比,纳米级孔隙暴露表面积更大。对于相同的孔隙体积,暴露的孔隙表面积与孔隙直径成反比。孔隙直径越小,暴露的孔隙表面积就越大。同时有机质孔内部呈纤维状的结构,增加了孔隙内部气体吸附的比表面积(图 3.3)。页岩中有机质孔隙是以吸附态存在的天然气的主要储集空间,页岩气藏中有 20%~85% 的页岩气都以吸附态赋存于干酪根和黏土矿物表面。有机质孔隙与页岩气藏渗透率、气藏后期产能之间都具有非常紧密的联系,甚至被称为页岩储层内部"隐蔽的气体高速公路"。

四川盆地龙马溪组泥页岩储层中发育的有机质孔按其形成原因又可分为干酪根控制的有机质孔和干酪根演化后留下的类似"溶蚀孔"的有机质孔。其中,干酪根控制的有机质孔大小分布相对比较均匀,粒径 10nm~2μm,一般呈网状分布,不同孔隙间的连通性较好[图 3.4(a)];而干酪根演化后留下的类似"溶蚀孔"的有机质孔大小差异则较大,粒径 50nm~10μm,孔隙形状不规则,一般独立分布,不同孔隙间的连通性较差[图 3.4(b)和图 3.4(c)]。龙马溪组泥页岩中有机质孔以干酪根控制的有机质孔占绝对优势,干酪根演化后留下的类似"溶蚀孔"的有机质孔少见。Milner 和 McLin 等(2010)在 Barnett 页岩、Marcellus 页岩等中也发现了类似有机质孔隙[图 3.4(d)~图 3.4(f)]。

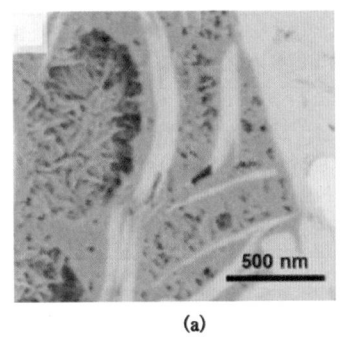 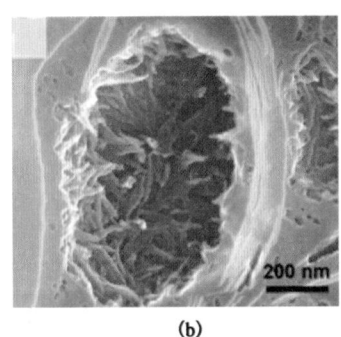 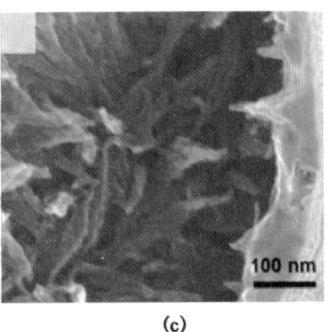

(a) (b) (c)

图 3.3 Woodford 页岩有机质孔及其内部结构(据 Mark E. Curtis 等,2012)

(a)—有机质孔(BSE 图像);(b),(c)—有机质孔内部结构(SE 图像)

3.2.2.2 无机孔

页岩储层基质中除了有机质之外,还存在有大量的无机矿物质,包括石英、斜长石、方解石、白云石等。结合扫描电镜(ESEM)下观察结果,可将页岩基质中的无机质孔隙分为粒间孔和粒内孔两大类(表 3.4),粒间孔包括颗粒与颗粒间的孔隙(粒间孔)、晶间孔、边缘孔等类型,粒内孔包括粒内溶孔、解理缝和生物孔等类型。

1)颗粒粒间孔

颗粒粒间孔是指石英、长石等粒状颗粒间的孔隙,包括原生粒间孔、残余粒间孔、溶蚀粒间孔(图 3.5),这与砂岩孔隙分类方案中的内涵相同。原生粒间孔是泥页岩中石英、长石等粒状颗粒间保存下来的原生孔,主要分布在粒状矿物间,未见溶蚀和自生矿物充填(图 3.5)。残余

3 页岩储层微观孔隙结构特征

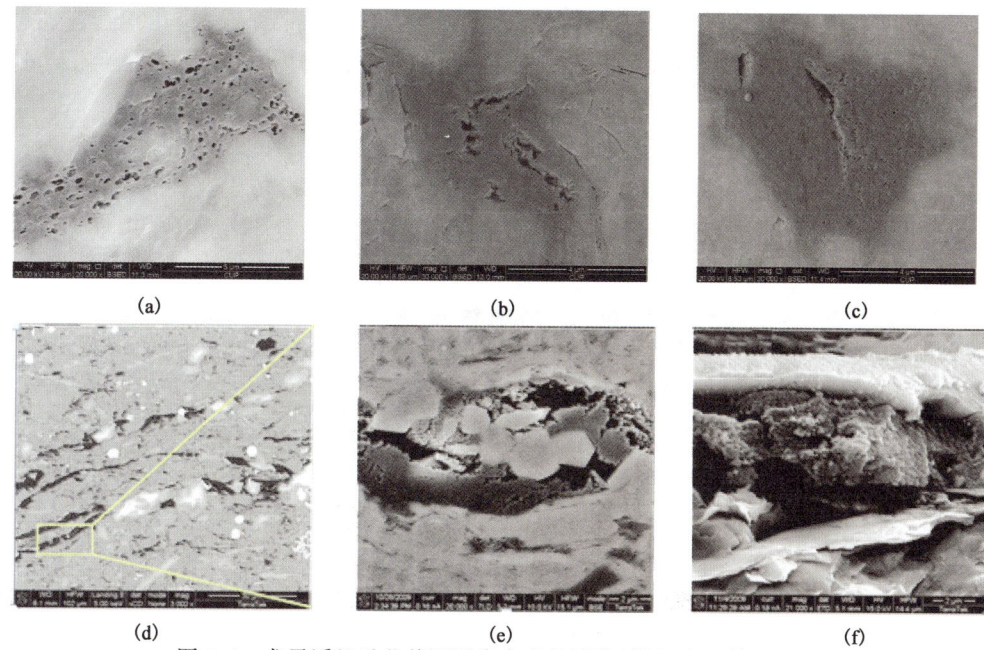

图 3.4 龙马溪组及北美泥页岩中有机质孔(据 Milner 等,2010)

(a)—龙马溪组泥页岩中干酪根控制的有机质孔;
(b),(c)—龙马溪组泥页岩中干酪根演化后留下类似的"溶蚀孔"的有机质孔;
(d)—Marcellus 页岩孔隙结构总览;
(e),(f)—是(d)中黄色框线内放大图像,显示了干酪根转变后留下的较大孔隙

粒间孔是指原生粒间孔中被胶结物所充填,剩余部分的孔隙。溶蚀粒间孔是指原生粒间孔有被溶蚀的特征,如粒状颗粒边缘呈港湾状等,其鉴定特征可以参考砂岩溶蚀孔鉴定方法。四川盆地龙马溪组泥页岩由于压实作用强烈,通过电镜下观察到的残余粒间孔并不发育。整体上讲,岩石中粒状颗粒间的粒间孔不是主要的孔隙类型,以原生粒间孔占优,少量残余粒间孔,难见溶蚀粒间孔。

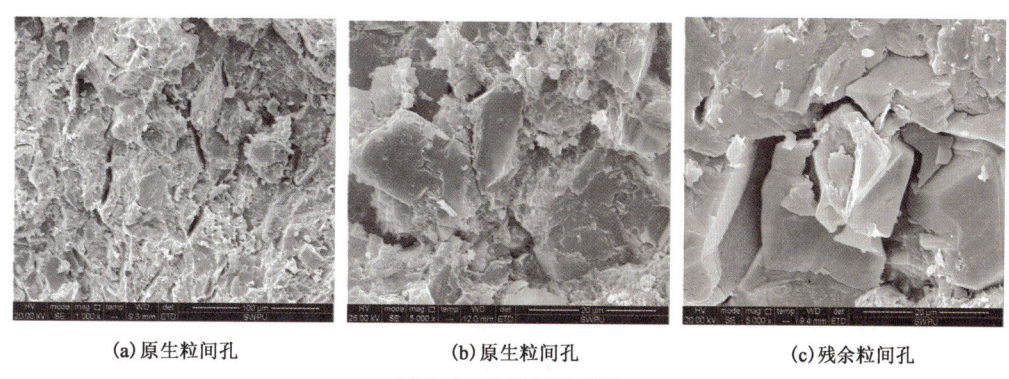

(a)原生粒间孔 (b)原生粒间孔 (c)残余粒间孔

图 3.5 粒状颗粒间孔

2)黏土片间孔

片状、纤状黏土集合体中,片状黏土颗粒间的孔隙,一般为弯片状或者缝网状;这类孔隙主要存在片状黏土集合体颗粒之间,与颗粒粒间孔相比,颗粒粒间孔多呈三角形、不规则多边形。

龙马溪组泥页岩中，黏土片间孔是主要的储集空间类型，各个黏土晶片间孔相互连通形成缝网。与黏土解理缝重要区别为解理缝是描述黏土颗粒或者矿物内部的孔缝。广义上，这类孔隙也可以划分到晶间孔。

龙马溪组泥页岩中黏土矿物主要为伊利石和伊/蒙混层。当泥页岩孔隙内流体偏碱性且富含钾离子时，随着气藏埋深的增大，蒙皂石会逐渐向伊利石进行转化，黏土矿物体积减小，从而在黏土矿物间产生微孔隙（图3.6）。黏土片间孔的孔径一般较小，大概在几至几百纳米之间变化。

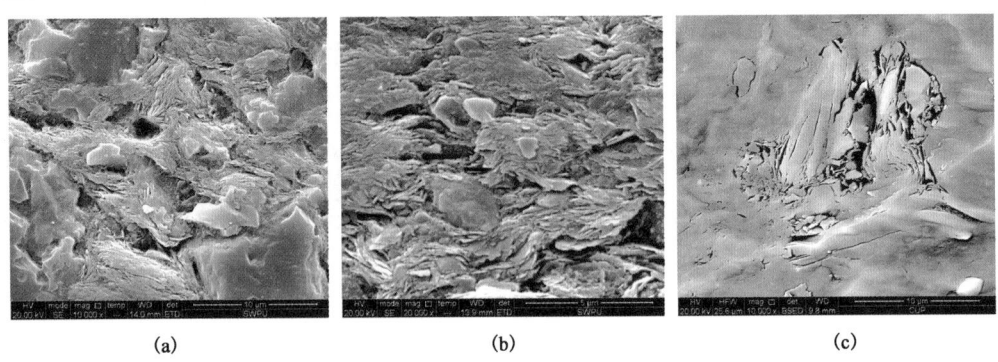

图 3.6　黏土片间孔（龙马溪组黏土颗粒间存在大量弯片状、片状孔隙）

3）晶间孔

晶间孔是自生矿物晶间架构成的孔隙，包括黄铁矿、自生黏土等颗粒。这类颗粒原则上是自形程度高，主要发育于晶体粗大、晶形较好的矿物集合体中。四川盆地龙马溪组页岩储层中的晶间孔孔径多分布在 $10\sim500\text{nm}$ 之间，最常见的是草莓状黄铁矿晶粒间的孔隙（图3.7）。此外，还可以观察到少量自生碳酸盐矿物、自生石英和长石间的晶间孔。整体上，晶间孔含量比较少。

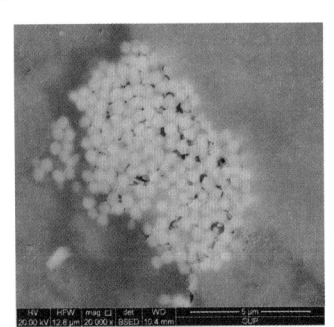  

(a) 黄铁矿晶间孔　　　　(b) 自生方解石晶体晶间孔　　　　(c) 自生石英间晶间孔

图 3.7　基质晶间孔

4）边缘孔

粒状颗粒与片状矿物间、有机质与碎屑颗粒间等存在的压扁状孔或拉伸孔（图3.8）。可能是由于两种颗粒间塑性程度不同，压实作用导致不均衡压实的结果；以及加上泥页岩本身胶结作用弱,两种颗粒间缺乏胶结物。龙马溪组泥页岩中干酪根与无机颗粒间的边缘孔比较常见。观察和鉴定这类孔隙要注意区分后期样品加工造成的颗粒间裂开形成的假边缘缝。

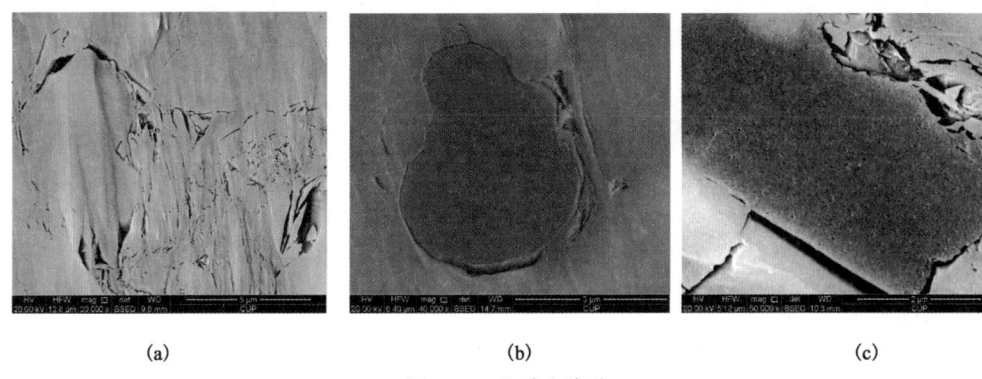

图 3.8 基质边缘孔

(a),(b)—粒状颗粒与片状颗粒间边缘孔;(c)—有机质与无机颗粒间边缘孔

页岩基质有机质和无机矿物之间存在的边缘孔虽然只占页岩总孔隙体积的一小部分,但它却起着连通页岩储层中有机质孔隙和无机质孔隙的作用,对于页岩气的储存和运移产出有着重要的作用。

5) 粒内溶蚀孔

泥页岩中常含有长石及碳酸盐等易溶矿物,在空气、地下水或有机酸脱羧后产生的酸性水溶蚀作用下会产生次生孔隙。四川盆地龙马溪组泥页岩中发育有大量溶蚀孔(图3.9)。在扫描电镜下可以观察到,粒内溶孔相对较小,孔径多分布在 $0.05\sim2\mu m$ 范围内;粒间溶孔则较大,孔径多分布在 $1\sim10\mu m$。

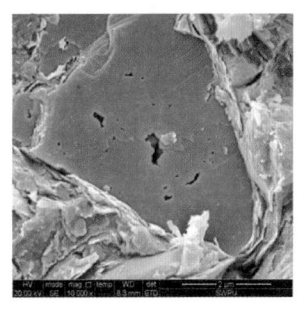 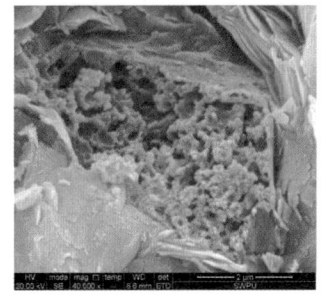 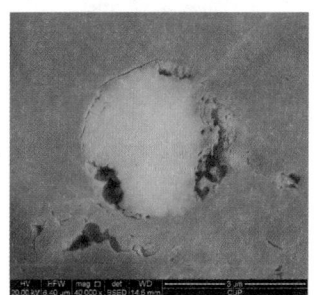

(a)长石溶蚀孔　　(b)磷酸盐颗粒的粒内溶孔　　(c)黄铁矿形成的溶蚀孔

图 3.9 粒内溶孔

6) 解理缝

颗粒内部的解理缝及其经压实扭曲扩大形成的孔隙,主要包括层状硅酸盐黏土矿物、云母类矿物、碳酸盐矿物、长石类等颗粒内部的解理缝,是矿物固有的物理性质,单个矿物颗粒内部的孔缝,并包括有适度溶蚀作用形成扩大的解理缝(图3.10)。解理缝是有规律的分布,这是与其他储集空间的最大区别。黏土矿物和云母是属于层状硅酸盐矿物,这类矿物解理发育,是泥页岩中主要的储集空间类型之一。黏土颗粒间的孔隙本书将其归纳为黏土片间孔。

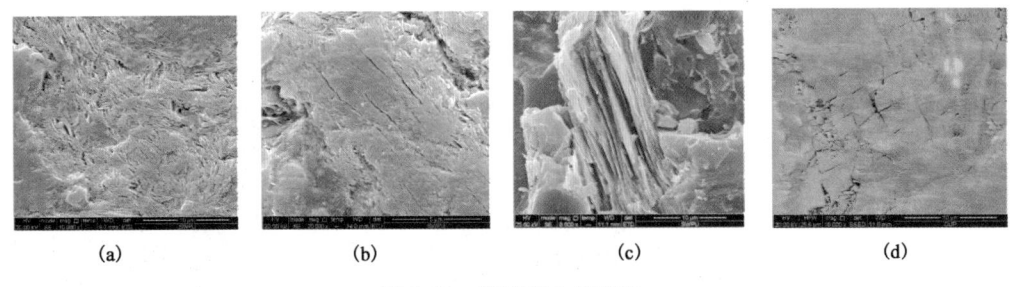

图 3.10 泥页岩中解理缝

(a),(b)—黏土矿物形成的解理缝;(c)—云母解理缝;(d)—方解石解理缝

7)生物孔

泥页岩中富含有机质,包括胶质和沥青质、干酪根、生物化石、细菌等。Yang Feng 等(2013)在牛蹄塘组中观察到微化石,且大多数微化石中的生物孔都被次生石英、方解石或者有机颗粒充填,且这些孔隙最大直径 $30\mu m$[图 3.11(a)]。细菌的存在证明泥页岩沉积时水环境是稳定的,且有利于有机质的保存。牛蹄塘组中的硅质细菌和藻类孢子中都发现了纳米孔[图 3.11(b)],硅质鱼鳞藻属在牛蹄塘组海相泥页岩中常见,这些藻类的体腔内含有生物孔和有机质。

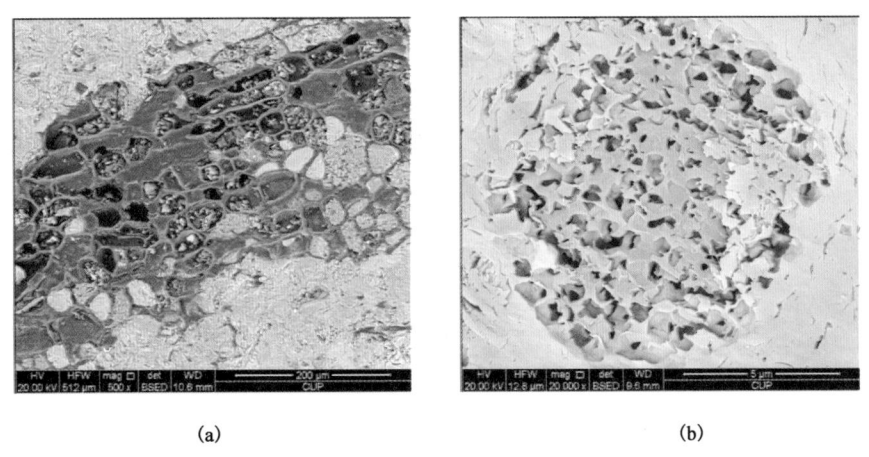

图 3.11 牛蹄塘组中微化石和细菌中的纳米孔(部分被充填)(据 Yang Feng 等,2013)

3.2.2.3 天然裂缝

页岩储层中一般发育有天然裂缝,在页岩储层中,裂缝不仅为游离态页岩气提供了储存空间,更重要的是它可以连通页岩中发育的各类孔隙。借助于裂缝,页岩储层中发育的各类孔隙形成了一个相互连通的孔隙网络,从而有利于页岩气的产出。储层中裂缝的规模和发育程度直接影响页岩中孔隙的连通程度和页岩储层渗透率的大小,进一步控制着页岩气的产出程度,对裂缝的分布及特征进行研究有助于理解页岩气在储层中的运移过程及规律。

页岩气藏中的裂缝大多形成于烃源岩有机质演化过程中,并且随着气藏压力的变化,会间歇开启和闭合。按照裂缝的大小,页岩中发育的天然裂缝可分为构造缝、层间页理缝及成岩收缩缝。

1) 构造缝

构造裂缝是指岩石在构造应力作用下直接形成的裂缝系统,是裂缝中最主要的类型,也是四川盆地龙马溪组页岩储层中最常见的裂缝类型,可出现在泥页岩的任何部位。构造缝常成组出现,边缘裂隙面比较平直,具有明显的方向性且延伸较远。在宏观岩心上观察,构造裂缝缝面较平直,具有穿层性,通常会有纹层的错段,有些裂缝局部或全部被方解石充填。根据力学性质不同,又可分为张裂缝和剪裂缝。

张裂缝是岩石受到外力后在某一方向的张应力超过了岩石的扩张强度,在垂直于张应力的方向产生的裂缝。在岩心观察上可看到构造张裂缝缝面粗糙不平,多数已被矿物半充填或完全充填[图 3.12(a)和图 3.12(c)],且多为高角度缝,缝宽和长度变化较大。

剪裂缝是剪切应力作用下产生的构造裂缝。在岩心上观察到的宏观剪裂缝较张裂缝少,其产状变化也较大,但多为低角度缝,其裂缝缝面通常平直光滑[图 3.12(b)和图 3.12(d)]。扫面电镜下微观剪裂缝不常见,多与层间低角度斜交。

(a)贵州省江口县 I_1^n 页岩张性构造缝

(b)四川省长宁县 S_1^l 页岩剪性构造缝

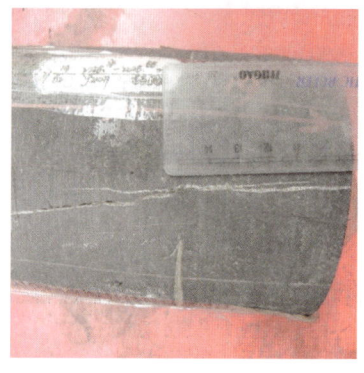
(c)川南龙马溪组泥页岩构造张裂缝

(d)川南龙马溪组泥页岩构造剪裂缝

图 3.12 构造裂缝
(a),(b)—据龙鹏宇,张金川等,2011

2) 层间页理缝

层间页理缝是页岩储层中平行层理纹层面之间的微裂缝,一般是沉积过程中的产物。泥页岩中多发育有层理结构,层理面间的力学性质较薄弱,容易被剥离,从而形成层间页理缝。该类微裂缝在龙马溪组层理发育的页岩中较为常见(图 3.13),其开度一般较小,有时被其他矿物半充填或完全充填,可作为页岩气横向运移通道。

(a)重庆市彭水县S_1^1页岩层间页理缝　　(b)川南龙马溪组泥页岩扫描电镜下的层间页理缝

图 3.13　层间页理缝

(a)—据龙鹏宇,张金川等,2011

3)成岩收缩缝

成岩收缩缝主要形成于成岩过程中,在上覆岩石压力的作用下,泥页岩发生收缩、脱水等导致岩石体积减小而产生的微裂缝。如图 3.14 所示,扫描电镜下的成岩收缩缝主要存在于黏土矿物中,推测是黏土矿物在成岩过程中转化脱水以及有机质排烃导致层理间产生微裂缝。电镜下观察到的龙马溪组页岩中该类裂缝开度分布在 $0.05\sim0.5\mu m$ 之间,可作为页岩气在储层中运移的有效通道。

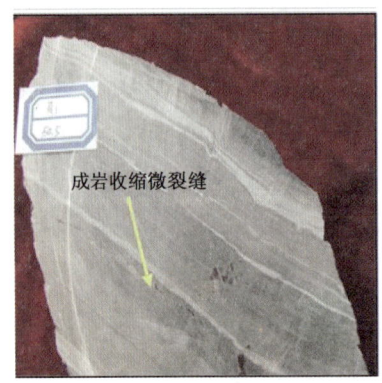 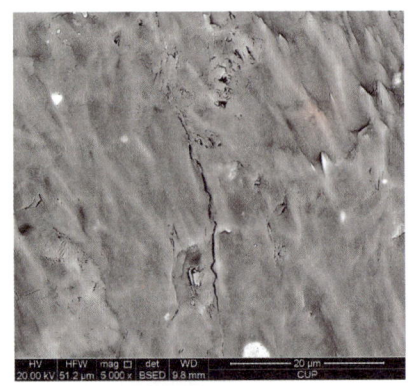

(a)重庆市彭水县S_1^1页岩成岩收缩缝　　(b)川南龙马溪组泥页岩扫描电镜下的成岩收缩缝

图 3.14　成岩收缩缝

(a)—据龙鹏宇,张金川等,2011

3.3　页岩孔隙结构及多层吸附分形模型

分形是 1975 年由美国学者 Mandelbrot 首先提出的。自然界中的物体形态各异,结构复杂,组合多样,远远超出了一般意义上研究的规则形状范畴。因此,仅仅采用理想的规则模型研究这些非均质性强、结构差异大的目标有很大的局限性,而这些复杂结构往往表现出分形特征中的幂律关系。Katz等(1985)把分形几何理论用来分析多孔介质内部的几何结构。他们的研究表明:多孔介质的孔隙空间和孔隙界面都具有分形结构,有相同的分形维数,并且可以由分形维数来预测多孔介质的孔隙度。目前在多孔介质孔隙、渗流、吸附等方面已有许多基于分形几何学的研究。

张烈辉,李建超等(2014)对多孔介质分形孔隙结构模型和具有分形表面的多层吸附分形模型进行研究,在已有模型的基础上进行修正,通过理论分析和实验验证将模型应用于泥页岩的孔隙结构和吸附特性研究上,分析分形维度对泥页岩多孔介质各种物性参数的影响。

3.3.1 多孔介质孔隙结构模型

Menger海绵模型是应用最为广泛的多孔介质分形模型,Menger海绵模型是在Sierpinski方毯的基础上在三维空间中的扩展(陈颙,2005)。Menger海绵模型能够对许多多孔介质进行有效的表征。Jin Yi(2013)改变了Menger海绵模型的构造过程,构造出了具有连通结构的"SmVq"孔隙模型,同时给出了模型分形维度的计算公式:

$$D = \frac{\log N}{\log m} = \frac{\log(m^3 + 2q^3 - 3mq^2)}{\log m} \tag{3.1}$$

式中 D——分形维数;

N——剩余的小立方体个数;

m——每边分割的分数。

采用该方法构造孔隙结构模型的方法如下(图3.15):

(1)将边长为R的正方体分成m^3个小立方体,每个小立方体边长为R/m,沿贯穿每个面中心的相互垂直轴线挖去q个小立方体;

(2)在得到的小立方体基础上,重复步骤(1)。

Hunt(2014)指出,多孔介质多为固体介质和孔隙两相组成。如果多孔介质具有分形特征,要么是孔隙分形要么是固相介质分形。在分形模型建立的过程中,一般对固相介质进行分形描述,其思路为:在每次迭代过程中,模型由相同大小的颗粒组成而孔隙尺寸则不相同,此时固相介质分布呈现分形特征,尽管孔隙在几何上没有表现出分形特征,但是其数量—尺寸分布却呈现出幂律指数关系并且分形维度和固相介质相同,所以用

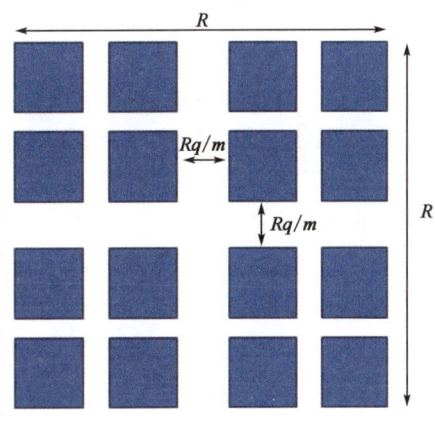

图3.15 两次迭代后的SmVq模型截面图

一个分形维度可以同时表示固相颗粒和孔隙分布的分形结构,尽管他们表述的途径不同。因此,式(3.1)中的D值可以表示孔隙分布的分形维度。

马新仿,张士诚等(2005)通过研究表明,对于孔隙分布具有分形特征的多孔介质,其大于某一孔径的孔隙数量N与孔径r之间遵从以下关系:

$$N(\geqslant r) = \int_{r}^{r_{\max}} f(x) \mathrm{d}r = ar^{-D} \tag{3.2}$$

其中，a 是相关系数；$f(x)$ 为孔径分布密度函数，可表示为：

$$f(r) = \frac{\mathrm{d}N(\geqslant r)}{\mathrm{d}r} = -Dar^{-D-1} \tag{3.3}$$

孔隙累计体积 $V(\leqslant r)$ 为：

$$V(\leqslant r) = \int_{r_{\min}}^{r} f(r)\beta r^3 \mathrm{d}r \tag{3.4}$$

式(3.4)中，β 是与孔隙形状有关的因素。Katz 提出了基于分形维度计算孔隙度 ϕ 的方法，Yu B(2001)给出了更一般的形式：

$$\phi = \left(\frac{r_{\min}}{r_{\max}}\right)^{D_e - D} \tag{3.5}$$

其中，D_e 是几何空间的分形维数，对于三维空间 $D_e = 3$，$r_{\min}$、$r_{\max}$ 表示孔径分布区间。通常地，在孔径分布区间内，$r_{\min} \ll r_{\max}$。某些情况下，孔径分布呈现出多分维的现象，此时孔隙度可表示为：

$$\phi = \phi_1 + \phi_2 = \left(\frac{r_{\min 1}}{r_{\max 1}}\right)^{3-D_1} + \left(\frac{r_{\min 2}}{r_{\max 2}}\right)^{3-D_2} \tag{3.6}$$

式(3.6)假设在孔径分布范围内有两个分形维度：D_1 和 D_2，在每段分布区间内，孔隙度均可以通过(3.5)式分别算出。

根据式(3.4)，可以得到孔隙在分形几何分布下的孔径分布与累积孔隙体积关系式，对其求导可以得到：

$$\frac{\mathrm{d}V}{\mathrm{d}r} = -Da\beta r^{2-D} \tag{3.7}$$

对于 SmVq 模型，通过对比不同 q/m 值对分形维度的影响[图 3.16(a)]，可以看到，分形维度随着 q/m 值的增大而减小，这是因为 q/m 值越大，模型越接近完全孔隙化，相应的固相介质减少，其复杂程度随之减小，所以分形维度变小；同时，对于固定的 q/m 值，随着 m 值的增加（q 值同样增加）分形维度增加，这是因为 m 值的增大相当于测量精度的增加，这与盒维数计算中度量尺寸的选取道理类似。

图 3.16(b)显示的是对于同一 m 值，随着 q 值的增加分形维度的变化情况，可以看到，随着 q 值增加分形维度减小，同时 m 值变化引起的分形维度变化趋势与图 3.16(a)显示的结果相同。

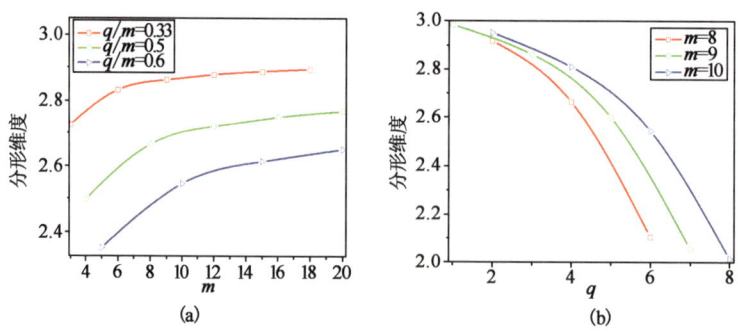

图 3.16　由 m 和 q 决定的分形维数

图(a)中三条线分别对应于不同的 q/m 值：0.33、0.5、0.6；
图(b)表示在相同 m 值下分形维度的变化，三条线分别对应于不同的 m 值

图 3.17 表示的是在不同的分形维度下模型孔隙度随着最小孔径和最大孔径比的变化情况。从图 3.17 中可以看到,在固定分形维度的情况下,孔隙度随着孔径比的增大而增大,所以为了保证计算结果的相对准确度,防止计算值无限制的增加,通常要求 $r_{\min}/r_{\max} < 0.01$;在相同的 $r_{\min}/r_{\max}$ 比值下,孔隙度随着分形维度的增加而增大。

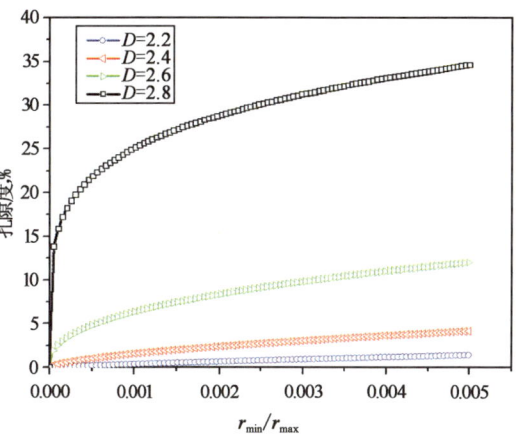

图 3.17 不同分形维度下孔隙度和 $r_{\min}/r_{\max}$ 关系曲线

3.3.2 多层吸附分形模型

由于其特殊的矿物组成和孔隙结构,泥页岩中存在相当数量的吸附气。对泥页岩吸附性能和吸附行为的研究能够为页岩气储量预测和开发动态预测提供有力的依据。目前在多孔介质吸附研究中引用最多的是 Langmuir 方程,但是因为其假设条件过于简单和理想化,在处理类似泥页岩这类复杂的孔隙介质时,会有很大的局限性,而在 Langmuir 单层吸附模型的基础上推导出的 BET 多层吸附模型则有很大改进。但是这些模型所研究的吸附大都是在规则的平面上进行。表面几何结构对吸附于孔内的分子数量有很大影响,而平面吸附的假设则会显得过于简单。考虑到分形几何在自然界中的广泛存在,以及其对不规则曲线、表面的有效表征,可以考虑将分形理论与 BET 多层吸附模型相结合,将 BET 多层吸附模型扩展到不规则表面对泥页岩吸附特性进行研究。

J.J.Fripiat(1986)基于传统 BET 理论,建立了分形表面的多层吸附模型。Peter Vajda (2014)将多层吸附分形模型用于液体溶质分子的吸附研究,取得了良好的效果。

BET 多层吸附模型实质上是对 Langmuir 单层吸附模型的扩充,在 Langmuir 单层吸附模型的基础上补充假设条件(赵振国,2005):

(1)吸附可以是多分子层,不一定完全铺满第一层再铺第二层;

(2)第一层吸附热(E_1)为一定值,第二层以上的吸附热为吸附质的液化热(E_L);

(3)吸附质的吸附与脱附只发生在直接暴露于气相的表面上。

BET 方程为:

$$\frac{V}{V_{\mathrm{m}}} = \frac{Cx\left[1-(n+1)x^n+nx^{n+1}\right]}{(1-x)\left[1+(C-x)-Cx^{n+1}\right]} \tag{3.8}$$

其中,x 表示相对压力 $\dfrac{p}{p_0}$,p_0 为饱和蒸气压,当 $n \to \infty$,可得到 BET 二参数方程为:

$$\frac{p}{V(p_0-p)} = \frac{1}{V_{\mathrm{m}}C} + \frac{C-1}{V_{\mathrm{m}}C} \times \frac{p}{p_0} \tag{3.9}$$

这是基于吸附面为平面的假设得到的多层吸附方程,当吸附面为粗糙面时,通过分形维度表征粗糙面时通常会有很好的效果,在多层吸附中,第二层吸附是基于第一层吸附的,第一层吸附将表面粗糙度降低,以后的吸附层容量逐步降低,Fripiat 通过数值模拟的方法确定第 i 层吸附层的容量与第一层之间的关系:

$$f_i = \frac{N_i}{N_1} = i^{-(D_s-2)} \tag{3.10}$$

上式中 D_s 为吸附表面的分形维度,与孔隙结构的分形维度 D 有所差别,由此可得:

$$V = \frac{V_m C \sum_{i=1}^{n} i^{2-D_s} \sum_{j=i}^{n} x^j}{1 + C \sum_{i=1}^{n} x^i} \tag{3.11}$$

式(3.11)即为多层吸附分形模型(F-BET),当 $D_s=2$ 时,方程即为 BET 模型;当 $n=1$ 时,方程即为 Langmuir 单层吸附模型。当 $n \to \infty$ 时,式(3.11)可简化为:

$$V = \frac{V_m C}{1-x-Cx} Li_{D_s-2}(x) \tag{3.12}$$

或

$$V = \frac{V_m}{1-x-Cx} \sum_{i=1}^{\infty} \frac{x^i}{i^{D_s-2}} \tag{3.13}$$

其中,式(3.12)中 $Li_n(x) = \sum_{k=1}^{\infty} \frac{x^k}{k^n}$。

由于模型是基于吸附质在临界温度以下的条件得到的,如果实验条件的温度高于吸附质的临界温度,那么此时不存在饱和蒸气压的概念,模型的应用将会受限。因此考虑引入拟饱和蒸气压 p_s 的概念来代替饱和蒸气压 p_0。这样便可以将多层分形吸附方程扩展到更宽的应用范围。对于拟饱和压力的计算,采用 Dubinin(1998)提出的算法:

$$p_s = p_c \left(\frac{T}{T_c}\right)^2 \tag{3.14}$$

角标 c 表示临界点,例如甲烷临界压力 p_c 为 4.5992MPa;临界温度 T_c 为 190.56K。

通过选取两组四川盆地龙马溪组海相泥页岩的井底岩样进行实验研究(图 3.18):样品 X2-37 和样品 X2-42 取自 X2 井 2712m 和 2720m 处,样品 X3-06 和样品 X3-15 取自 X3 井 2490.42m 和 2515.55m 处。分别对两组样品进行低压氮气吸附实验和高压甲烷等温吸附实验,两组实验分别代表次临界温度和超临界温度两种条件。分别用 BET 模型和分形 BET 模型对实验结果进行分析,分析了分形维度对吸附性质的影响。同样,样品 X3-06、X3-15

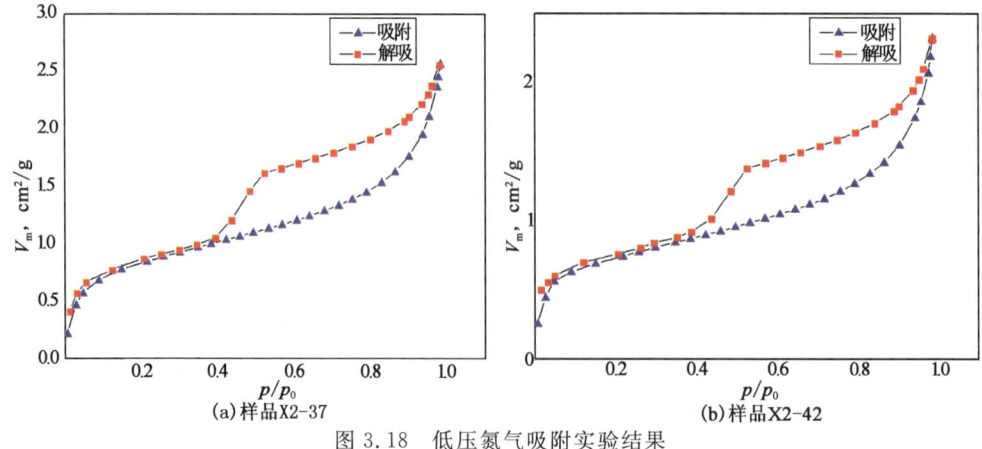

图 3.18 低压氮气吸附实验结果

和 X2-42 的扫描电镜照片也用于分析页岩样品的孔隙结构。甲烷等温吸附实验测试温度为 338.15K,该温度条件下,由式(3.14)可以得到拟饱和压力 14.48MPa。

从氮气吸附实验结果可以看出,解吸曲线和吸附曲线形成迟滞回线,对比国际纯粹与应用化学联合会(IUPAC)推荐的 4 类回线,综合所研究的样品对象,可以看出,不同样品产生的回线类型大体一致,表现出介于 H2 和 H3 型回线的特征。说明样品孔隙以微孔、介孔为主,孔型多为无定型孔、狭缝状孔和楔形孔。

从甲烷等温吸附实验可以看出(图 3.19),样品吸附量随压力升高而增大,由于压力范围的限制,曲线表现出的趋势与氮气吸附前阶段大致相同。

样品 X3-06、X3-15 和 X2-42 的 SEM 图片(图 3.20)可以反映页岩中的纳米孔隙,并且多数孔隙呈现出狭缝状结构,这与氮气吸附实验得到的结论相吻合。而且,孔隙粗糙的表面表明使用新的吸附模型很有必要。

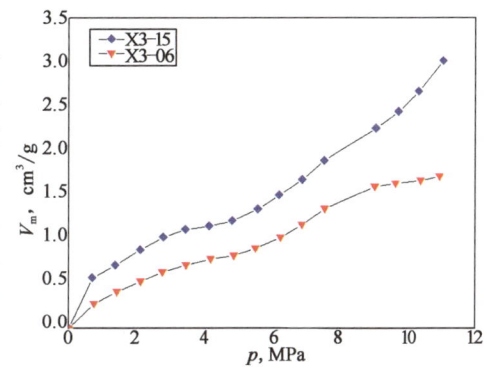

图 3.19 甲烷等温吸附实验结果

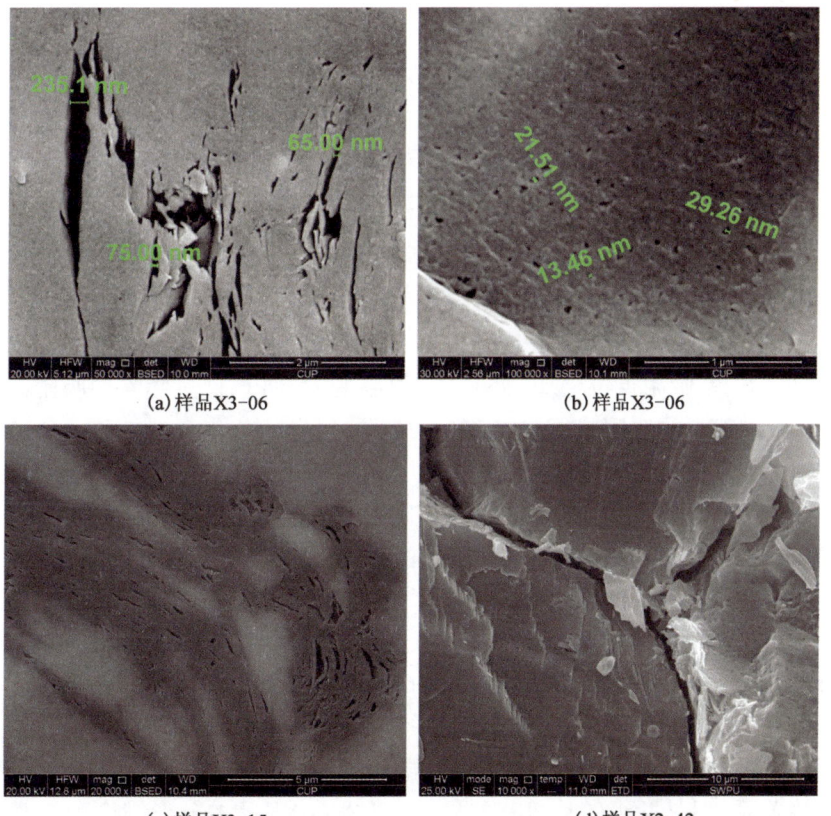

图 3.20 样品 X3-06、X3-15 和 X2-42 的 SEM 照片(均显示出狭缝状的孔隙结构)

基于低压氮气吸附实验结果,可以得到页岩样品的孔隙尺寸分布信息,据此可以得到 SmVq 模型的参数。

表 3.6 低压氮气吸附结果参数

样品	比表面积,m²/g	分形维数	孔隙度,%	平均孔径,nm	TOC,%
X2—37	2.888	2.951	1.091	5.49	0.69
X2—42	2.491	2.901	1.123	5.776	0.58

注：TOC(Total Organic Content)含量：X3—06 为 1.15%，X3—15 为 3.49%。

表 3.6 列出了氮气吸附的实验结果，其中 D 由方程(3.7)和实验得到的相关参数计算得到。根据结果可以通过方程(3.1)计算得到 q 和 m。对于 X2—37 可以算得 $q=2$，$m=10$，$\frac{q}{m}=0.2$；对于 X2—42 算得 $q=7$，$m=21$，$\frac{q}{m}=0.33$。通过这些参数，就能够利用 SmVq 模型在一定程度上表征页岩的孔隙结构。

通过低压氮气吸附模拟可知，传统 BET 多层吸附模型是 F—BET 多层吸附模型在 $D_s=2$ 时的特殊情况。对于分形表面多层吸附(表 3.7)，利用式(3.11)，在模拟其吸附过程的时候，假设不同的吸附层数即 n 值，得到不同 D_s 与吸附层数 n、C、单层饱和吸附量 V_m 的关系。n 值的选取是基于分形维度为 2 的 BET 拟合结果，在此基础上增加 n 值，直到分形维度达到 3。

表 3.7 BET 模型拟合结果

实验类别	样品	V_m,cm³/g	C	n	R^2	D_s
氮气吸附	X2—37	0.663	91.485	3.952	0.987	2
	X2—42	0.587	117.887	3.725	0.991	2
甲烷吸附	X3—06	0.605	10.637	5.357	0.982	2
	X3—15	0.757	51.511	7.233	0.994	2

注：R^2 为相关系数。

通过图 3.21 可以看到，对于所有样品，吸附层数和 V_m 随着 D_s 值的增加而增加，C 值随 D_s 值的增加而减小。由于 D_s 值反映的是多孔介质表面的粗糙程度，D_s 越大，表面越粗糙，此时，由于不规则表面的堆叠造成第一层吸附之后的吸附层吸附量减小，进而使得吸附层数 n 变大；由于表面粗糙引起吸附点位增加，所以 V_m 值会变大，而 C 值是随着净吸附热和温度变化的，在恒温条件下，第一层吸附热 E_1 决定着 C 值的大小。

对于超临界温度的甲烷等温吸附，在分形几何维度 2～3 的变化范围内，分形维度的改变引起吸附层数 n、单层饱和吸附量 V_m 以及 C 值的变化趋势与低压氮气吸附得到的趋势相同，这说明采用拟饱和压力对超过临界温度的高压吸附情况进行模拟在一定程度上是可行的。

同时从各个参数随分形维度变化的曲线可以看到，虽然对不同样品每个参数随分维值的变化趋势相似但是变化的敏感程度差异却较大。一方面这是因为两组样品在不同的温度压力条件下进行实验：对于两组不同的实验，通过图 3.21 的对比可以看到，同一组实验的不同样品参数变化趋势和存在的区间更为接近，不同组的结果显示出差异性，比如图 3.21(a)显示的分形维度与 V_m 的关系曲线，X2—37 和 X2—42 显示出近似平行的关系，X3—06 和 X3—15 显示出近似平行的关系，但是两组的趋势有差异，图 3.21(b)显示的分形维度和 C 值的关系曲线中，X2—37 和 X2—42 的 C 值存在于较高的区间范围，X3—06 和 X3—15 的 C 值存在于较低的区间范围；另一方面则很大程度上取决于泥页岩样品本身的孔隙结构特征和矿物组成的差异，这说明多孔介质孔隙结构和表面性质对于其储集性能、吸附性能有很大影响。

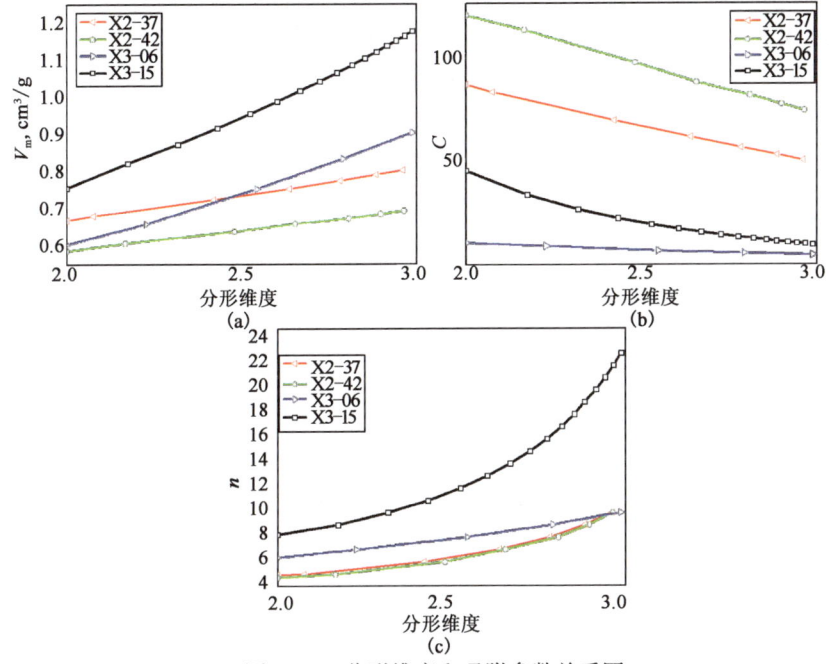

图 3.21 分形维度和吸附参数关系图

在对四个样品的拟合中发现对于 X2—37 和 X2—42 当吸附层数为9,表面分形维度分别为 2.97 和 2.973 时拟合精度最高,最能反映实际情况;对于 X3—15,BET 模型拟合能够反映其吸附特征;对于 X3—06,吸附层数为10,分形维度为 2.436 时拟合精度最高。

在后续研究中,可以考虑将表面分形模型与孔隙结构分形模型相结合,构造出更能反映多孔介质特征的模型,并在多孔介质渗流,特别是致密气藏、页岩气藏等复杂多孔介质中的流动、扩散研究方面有所突破。

3.4 页岩孔径分布特征

不同大小孔径内的页岩气储存和运移机理不同,了解页岩储层的孔径分布对于清楚认识页岩气藏中页岩气赋存状态和运移机理有着重要的意义,如何对页岩中的微观孔隙进行有效分析是进行页岩气勘探开发必须解决的问题。目前常用的测定岩样孔径分布的方法有压汞法、气体吸附法和核磁共振法,这三种方法的假设条件与计算模型均有所差异。可根据测试目的及重点的不同,选用不同的测试方法。

针对四川龙马溪组泥页岩样品,综合上述三种测试手段,对泥页岩孔隙特征及孔隙发育的主要控制因素进行讨论。

3.4.1 氮气吸附法测页岩孔径分布

3.4.1.1 氮气吸附测孔径分布原理

利用氮气吸附法测岩样孔径分布的具体原理为:采用氮气(N_2)作为吸附质气体,在恒温条件下逐步升高压力,测定页岩样品相应的吸附量,将吸附量与相对压力(p/p_0)作图,可得到页岩样品的吸附等温线;而后逐步降低压力,测定相应的脱附量,将脱附量与相对压力(p/p_0)作图,则可得到对应的脱附等温线。氮气分子在泥页岩表面的吸附量取决于氮气的相对压力(p/p_0),当 $0.05 < p/p_0 < 0.35$ 时,吸附量与 p/p_0 的关系符合 BET 方程,可依此对泥页岩比表面积进行计算;当 $p/p_0 > 0.4$ 时,由于毛细管凝聚现象的产生,吸附量的大小与泥页岩孔径尺寸相关,可根据 BJH 方法对对泥页岩中孔径分布进行计算。

计算泥页岩样品比表面积的 BET 方程为:

$$\frac{p}{V(p_0-p)} = \frac{1}{V_mC} + \frac{C-1}{V_mC}\frac{p}{p_0} \tag{3.15}$$

式中 V——页岩气吸附量,mL;

V_m——单分子层的饱和吸附体积,mL;

p——氮气分压,Pa;

p_0——液氮温度下氮气的饱和蒸气压,Pa;

C——与样品吸附能力有关的常数。

根据上述方程,通过仪器测出吸附量 V 后,将 $\frac{p}{V(p_0-p)}$ 对 p/p_0($0.05 < p/p_0 < 0.35$)作图,可得到一条直线。直线的斜率为 $a = \frac{C-1}{V_mC}$,截距为 $b = 1/V_mC$,根据直线的斜率和截距最终可计算出单分子层饱和吸附体积 V_m,样品的比表面积值可用下式求得:

$$S_g = \frac{V_m N A_m}{22400W} \times 10^{-18} \tag{3.16}$$

式中 N——阿伏伽德罗常数;

A_m——氮气分子的横截面积(0.162nm^2);

W——样品的质量,g;

S_g——样品比表面积,m^2/g。

计算泥页岩孔径分布的 BJH 方程为:

$$r = -2\gamma V_m/[RT\ln(p/p_0)] + 0.354[-5/\ln(p/p_0)]^{1/3} \tag{3.17}$$

式中 γ——表面张力,N/m;

R——摩尔热容量,J/(K·mol);

T——试验温度,K;

r——孔径,m。

3.4.1.2 气体吸附法孔径测试结果

通过对取自川南龙马溪组的 22 块泥页岩岩样使用美国公司生产的 nove2000e 型比表面分析仪开展低温氮气吸附/脱附实验,利用 BJH 法对脱附曲线进行计算可得到该区泥页岩的孔径分布(图 3.22)。图中横坐标为孔隙直径,纵坐标为 $dV/d(\lg D)$,其中,dV 为孔径增加 dD 时所对应的岩样对 N_2 的吸附体积增加值。根据测试原理,N_2 吸附法主要测得的是页岩中微孔分布,图 3.22 所示结果主要反映了页岩纳米级孔隙发育特征(主要是 1~20nm),孔径分布图判断微孔分布呈单峰且峰值较高,主峰分布为 2~5nm,反映了页岩中纳米级微孔十分发育,有利于吸附气的储存。

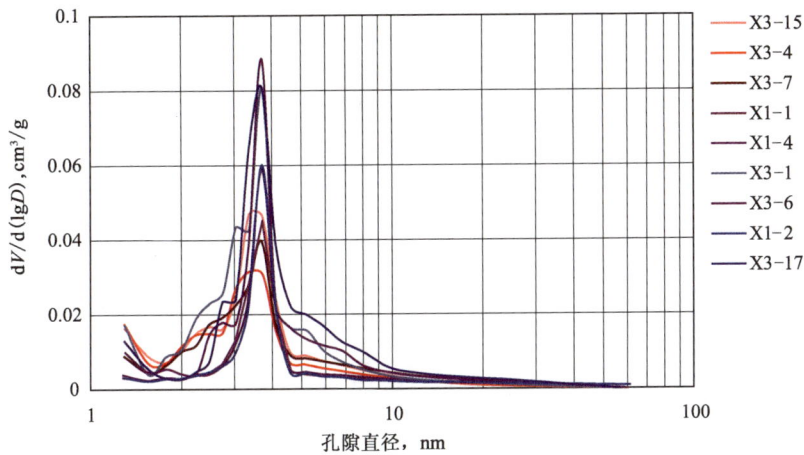

图 3.22 四川盆地龙马溪组泥页岩孔隙直径分布曲线——基于低温氮气吸附法

图 3.23 为图 3.22 对应的孔径累积分布图,从图 3.23 中可以看出,孔径累积分布曲线在 3~5nm 处变得十分陡峭,说明岩样在这一孔隙直径区间发育有大量的孔隙体积。而当孔隙直径大于 10nm 后,孔径累积分布曲线趋于平缓,说明岩样中直径大于 10nm 的孔隙并不发育。

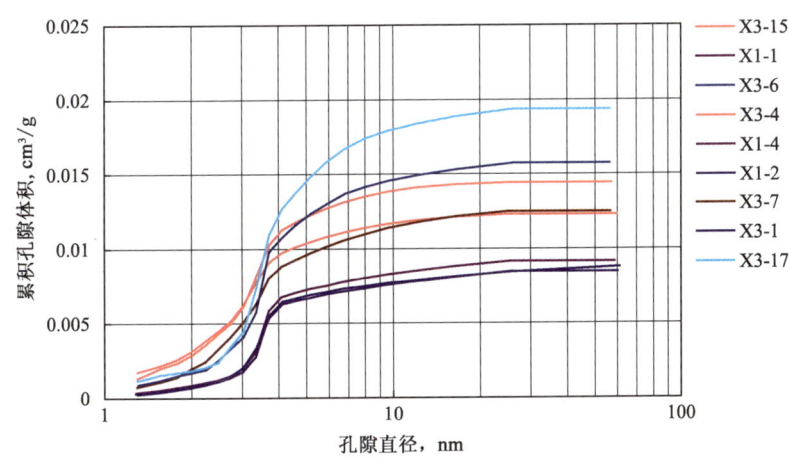

图 3.23 四川盆地龙马溪组泥页岩孔隙直径累积分布图——基于低温氮气吸附法

图 3.24 为基于氮气吸附法测得的川南龙马溪组泥页岩孔径分布直方图,从图 3.24 中可以看出,龙马溪组泥页岩中的中孔(孔径在 2~50 nm)发育最多,微孔(孔径小于 2nm)次之,大孔(孔径大于 50nm)最少,微孔及中孔所占总孔隙体积超过 90%。

3.4.2 高压压汞法测页岩孔径分布

3.4.2.1 高压压汞法测孔径分布原理

高压压汞法是常用的储层孔喉分布测定方法,液态汞(Hg)的注入压力与岩样孔半径满足 Washburn 方程:

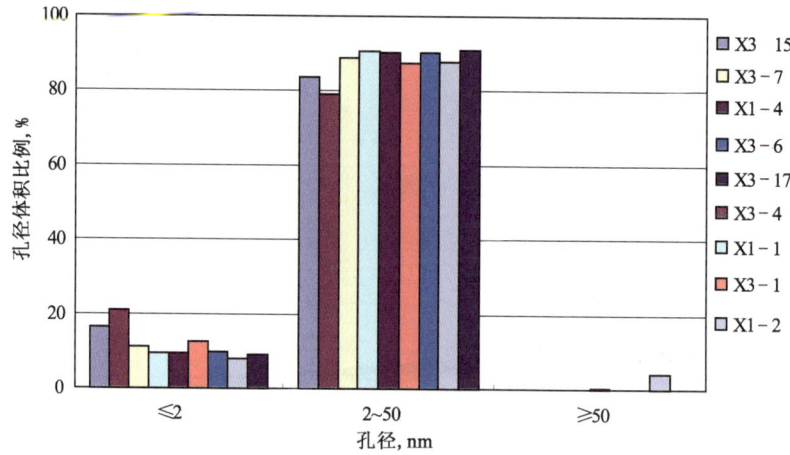

图 3.24 四川盆地龙马溪组泥页岩孔隙直径分布直方图——基于低温氮气吸附法

$$r = \frac{2\sigma\cos\theta}{p} \tag{3.18}$$

式中 θ——汞与页岩表面的浸润角，(°)；

σ——汞的表面张力，10^{-3}N/m；

p——汞的注入压力，Pa。

根据 Young-Duper 方程，外加压力迫使汞进入孔隙所做的功与浸没粉末表面所要的功相等，进而可求得比表面积，由孔容和比表面可估算平均孔半径。压汞仪探测的最小孔径值取决于最大工作压力。由于页岩中孔隙十分微小，汞不易进入页岩中纳米级的孔隙，且高压压汞会造成人工裂隙和岩样的应力敏感性，影响测定结果，故高压压汞孔径分析法主要用于分析页岩中的大孔发育。研究测试使用美国康塔公司生产的 PoreMaster 60 压汞仪，该仪器孔径安全测量范围为 3.6nm～950μm，主用于中孔和大孔的孔分布测定。

3.4.2.2 高压压汞法孔径测试结果

通过对取自川南龙马溪组的 4 块泥页岩岩样进行高压压汞实验，根据进汞量计算得到了该区泥页岩的孔径分布图（图 3.25）。该图中，横坐标为孔隙直径，纵坐标为孔体积增量（ΔV）。由该图可以看出，高压压汞法对小于 2nm 的微孔基本测试不出。此外，从孔径分布曲线上可观察到明显的双峰发育特征，左峰的峰值较小，对应的孔隙直径为 10～1000nm，分析认为该峰值对应于岩心中发育的有机质内和黏土矿物间的大孔。在左峰的右侧，还分布一个峰值相对于左峰大很多的右峰，右峰峰值对应的孔隙直径约为 10000～100000nm（10～100μm）左右。由于泥页岩页理发育，极易形成微裂缝，压汞样品在制样过程中或者测试过程中可能会造成人为裂缝，综合分析认为在 10000～100000nm（10～100μm）范围内的高峰可能是制样过程中产生的人工裂缝，并不代表泥页岩中原始的孔径分布。值得思考的问题是压汞测试孔隙半径>5μm，压力仅为 0.14MPa，为低压测试，因此这部分大孔为人为制样过程产生的可能性更大。

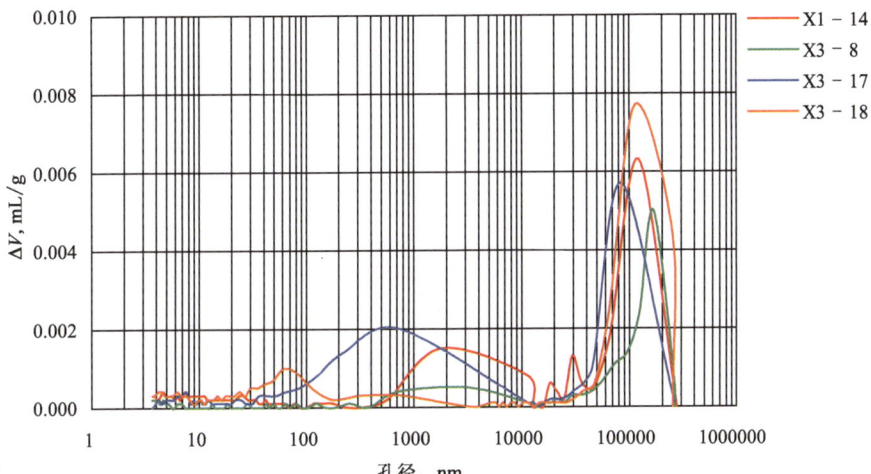

图3.25 四川盆地龙马溪组泥页岩孔隙直径分布特征图——基于高压压汞法

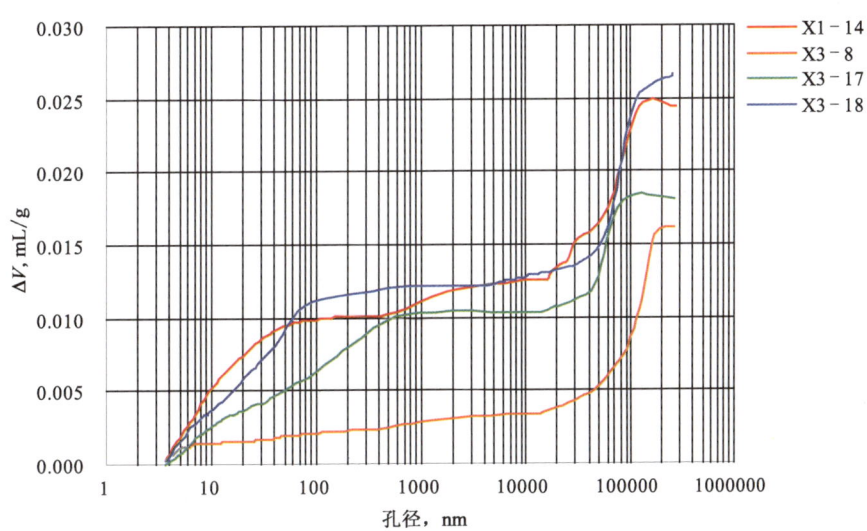

图3.26 四川盆地龙马溪组泥页岩孔隙直径累积分布图——基于高压压汞法

图3.26是图3.25对应的孔径累积分布图。从图3.26中可以看出,在10～1000nm和10000～100000nm(10～100μm)范围的孔径累积分布曲线十分陡峭,说明岩样中发育有大量处于该直径区间内的孔隙体积。当孔隙直径大于100000nm(100μm)后,孔径累计分布曲线趋于平缓,说明该区域内的孔径并不发育。

图3.27为基于高压压汞法测得的川南龙马溪组泥页岩孔径分布直方图,从图3.27中可以看出,四川盆地南部地区龙马溪组泥页岩的孔隙体积中,大孔(孔径大于50nm)体积为主,仅次于大孔的是中孔(孔径介于2～50nm),分别平均约占73.17%、26.83%。由于测试仪器的局限性,微孔(孔径小于2nm)比例为0。

此外,从图3.27中还可以观察到,龙马溪组泥页岩中>1000nm的孔隙所占比例非常大,这部分孔隙需要辩证、科学地分析它们是否为泥页岩存在的原始孔隙,需要借助其他分析手段

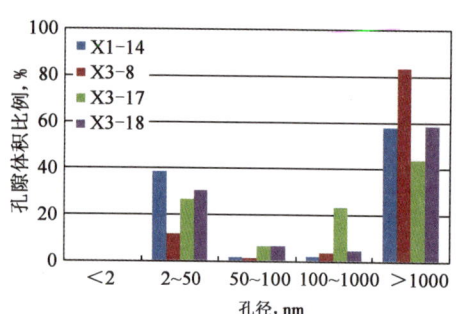

图 3.27 四川盆地龙马溪组泥页岩孔隙直径分布直方图——基于高压压汞法

来综合判断。

3.4.3 核磁共振法测页岩孔径分布

3.4.3.1 核磁共振法测孔径分布原理

由于页岩储层岩性极为致密,具有亚微米、纳米级的孔隙特征及较强的非均质性,常规的岩石物性分析方法在对页岩储层进行测试时会面临较大的问题。近年来,核磁共振技术作为一种新兴的测试技术,在石油勘探开发领域内的岩心分析及测井解释方面得到了广泛应用。

核磁共振测试方法主要利用流体中的氢原子核在外来磁场作用下的弛豫特征,来获取岩样孔隙体积分布,测试过程中对岩样无损伤。在自然状态下,多孔介质内流体的氢原子核是随机取向排列的。当将其放入核磁共振测试仪器中时,仪器的磁场会使这些质子磁化。仪器的永磁铁首先使氢原子核沿着磁场方向的磁化矢量翻转,然后又发射交变电磁场使这些被极化的氢原子核从新的平衡位置翻转。撤销交变磁场后,质子开始回到原来的平衡位置,这一过程称为弛豫。有两个参数可以描述它的弛豫速度快慢:纵向弛豫时间 T_1 和横向弛豫时间 T_2。由于 T_1 弛豫时间很长,因此,一般进行 T_2 弛豫时间的测量。不同大小的孔隙空间内流体的弛豫特征不同,根据测得的流体弛豫时间即可反求岩样孔径分布。其中横向弛豫(T_2)由体相弛豫(T_{2B})、表面弛豫(T_{2S})和扩散弛豫(T_{2D})组成。

根据核磁共振基本原理,多孔介质中流体的横向弛豫时间为:

$$\frac{1}{T_2} = \frac{1}{T_{2B}} + \frac{1}{T_{2D}} + \frac{1}{T_{2S}} \tag{3.19}$$

式中 T_2——孔隙流体总的横向弛豫时间,ms;

T_{2B}——孔隙流体的体弛豫时间,ms;

T_{2D}——孔隙流体的扩散弛豫时间,ms;

T_{2S}——孔隙流体的表面弛豫时间,ms。

由于低磁场核磁共振仪器对实验岩心施加的磁场为均匀磁场,在低磁场和短回波时间条件下,与表面弛豫速率相比,由流体内部磁场非均匀性引起的扩散弛豫速率可以忽略不计,扩散弛豫时间 T_{2D} 的倒数几乎为零;此外,在多孔介质中,体弛豫时间 T_{2B} 远远大于表面弛豫时间 T_{2S},故式(3.19)中的 $1/T_{2D}$ 及 $1/T_{2B}$ 可以忽略掉,可得到:

$$\frac{1}{T_2} \approx \frac{1}{T_{2S}} = \rho_2 \frac{S}{V} = F_s \frac{\rho_2}{r} \tag{3.20}$$

式中 ρ_2——岩石横向表面弛豫强度系数,$\mu m/ms$;

S——岩石孔隙总表面积,μm^2;

V——岩石孔隙体积,μm^3;

F_s——几何形状因子(对球形孔隙,$F_s=3$;圆柱形孔隙,$F_s=2$)。

从式(3.20)可以看出,弛豫时间 T_2 和孔径 r 是一一对应的。

令 $C=F_s\rho_2$,就可以得到如下 T_2 弛豫时间与孔径 r 之间的转换关系式:

$$r = CT_2 \tag{3.21}$$

式(3.21)中的转换系数 C 值的大小具有地区经验性,即不同地区的 C 值往往不同。国内大多数油气田砂岩岩样的转换系数 C 值分布在 $0.01\sim0.1\mu m/ms$。对于孔径较小的泥页岩,转换系数 C 值可以通过做核磁共振得到 T_2 谱,再将同一样品用氮气吸附法求得孔径分布,拟合两种孔径分布曲线,从而求得较合适的转换系数 C。

但需要指出的是,转换系数 C 也不是适用于区块内所有的岩样。其一,由于泥页岩岩石内表面上存在一定量的顺磁矿物(如 Mn^{2+}、Fe^{3+}),这些顺磁矿物与在孔道内流体的核自旋发生很强的相互作用,当存在大量的顺磁矿物时,使得核自旋弛豫得到极大增强,从而使得岩样的弛豫时间大大缩短,甚至不产生信号。其二,泥页岩本身含有较高的有机质,有机质在热演化过程中形成烃类以及有机质孔,但也有部分残留的有机质,当岩心饱和含有氢原子核的溶剂测试核磁共振时,这些残留有机质中的氢原子核与饱和溶剂中的氢原子核相互作用,使得岩样弛豫时间变长。所以针对不同含量的顺磁矿物和有机质,要通过核磁共振标定其 T_2 弛豫时间图谱,选取合适的转换系数 C,才能真实反映岩样的孔径分布。

3.4.3.2 核磁共振法孔径测试结果

通过对取自川南龙马溪组的 11 块泥页岩岩样进行核磁共振测试,通过对测得的 T_2 谱分布进行转换,可得到页岩孔径分布曲线。

从图 3.28 中可以看出,进行测试的 11 块页岩岩样孔径大小分布曲线多呈双峰型或三峰型分布。图 3.29 为对应于图 3.28 中的出现典型双峰分布的岩样 X3-6 和 X3-10 的孔径分布曲线。从图 3.29 中可以看出,左峰峰值对应的孔径大小为 6nm,对应于页岩有机质及黏土矿物内发育的微孔及中孔。该峰具有良好的对称性,且对应的孔隙分量大(分别为 0.05%～0.06%),说明页岩中微孔及中孔极其发育。第二个峰值对应的孔径大小约为 1200nm,对应于页岩中少量发育的大孔隙或微裂缝。另外,从图 3.29 中可以判断,这两块岩样的孔径分布曲线呈双峰,X3-6 号泥页岩的孔径分布具有连续分布性,X3-6 号泥页岩具有相对较宽的孔径分布,储层中不同大小孔隙均有发育,连通性好;X2-10 号泥页岩的左峰与右峰完全分开,两类孔隙连通性差。

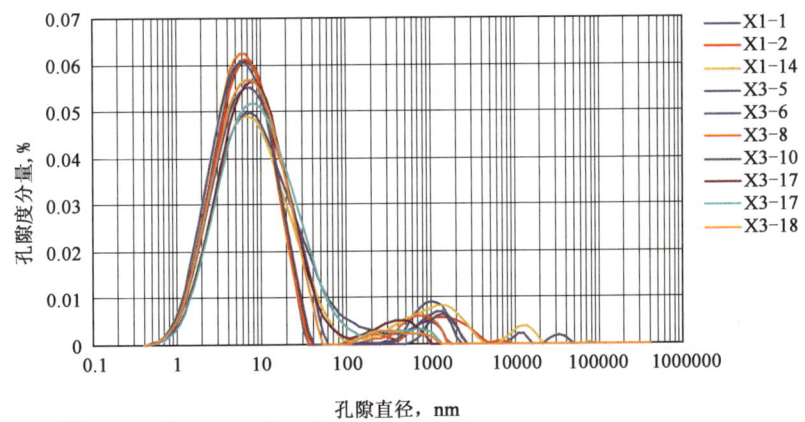

图 3.28 四川盆地龙马溪组泥页岩孔隙直径分布曲线——基于核磁共振法

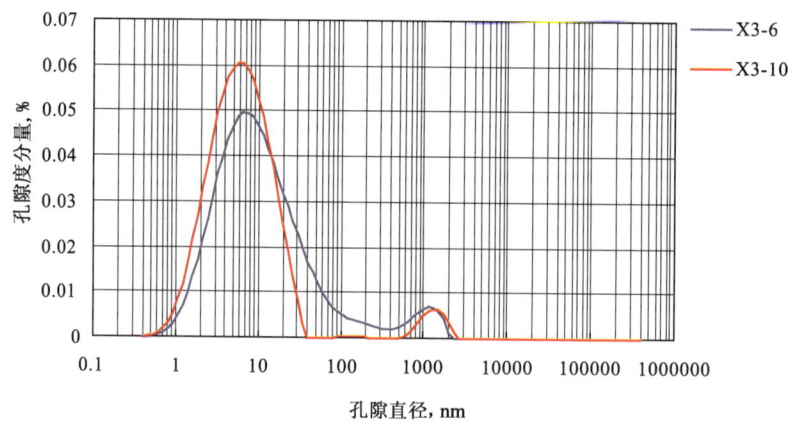

图 3.29 四川盆地龙马溪组页岩双峰型孔隙直径分布曲线——基于核磁共振法

图 3.30 为对应于图 3.28 中的出现典型三峰分布的岩样,X1—1 和 X3—5 的孔径分布呈三峰,从图中可以看出,与呈双峰分布的页岩孔径分布曲线类似,左边的双峰分别对应于页岩有机质和黏土矿物中微孔和中孔、基质中大孔隙。除此之外,上图中还可以观察到第三个孔径分布峰,其对应的孔径大小为 10~40μm,分析认为其对应于泥页岩中的微裂缝。

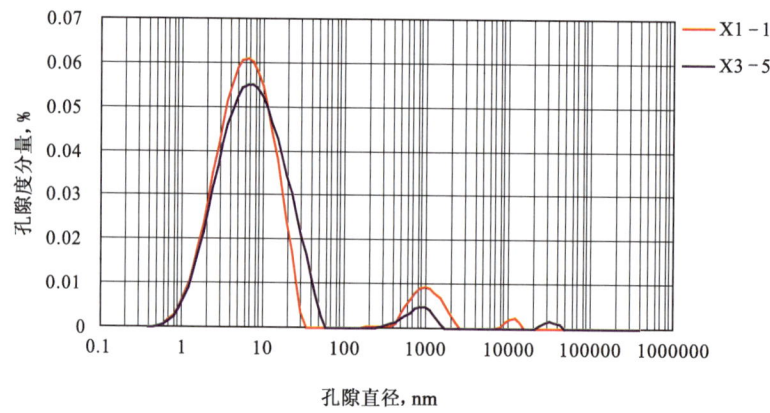

图 3.30 四川盆地龙马溪组页岩三峰型孔隙直径分布曲线——基于核磁共振法

图 3.31 为基于核磁共振法测得的川南龙马溪组泥页岩孔径分布直方图,从图中可以看出,龙马溪组泥页岩中的中孔(孔径在 2~50nm)发育最多,大孔(孔径大于 50nm)次之,微孔(孔径小于 2nm)发育最少。

核磁共振测试孔隙分布与压汞测试孔喉分布相比,>10000nm(10μm) 的孔喉分布明显减小,可能与测试原理或者样品处理有关。

3.4.4 页岩孔径分布综合分析

高压压汞法、核磁共振法和氮气吸附法三种方法都可以测得页岩的孔径大小分布,能有效地反映页岩样品的非均质性。三种方法的探测范围有所不同,氮气吸附法探测下限为 0.35nm,压汞法探测范围为 3.6nm~950μm,核磁共振测试范围为 1nm~5mm。通过对比低

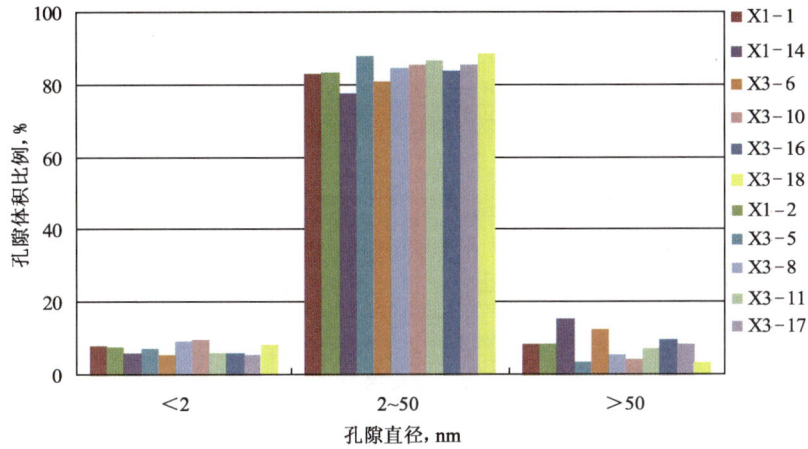

图 3.31　四川盆地龙马溪组泥页岩孔径分布直方图——基于核磁共振法

温氮气吸附、核磁共振和压汞岩心实验分析结果,可发现低温氮气吸附法测得的岩心孔径分布(图 3.24)主要表征了泥页岩中微孔和中孔部分的孔径分布;核磁共振法测得的岩心孔径分布(图 3.31)表征了泥页岩从微孔到中孔,以及部分大孔的孔径分布特征;而高压压汞法测得的岩心孔径分布图(图 3.27)则主要表征了泥页岩大孔及微裂缝的孔径分布特征。

对比低温氮气吸附法和核磁共振法的测量结果,可发现二者在微孔~中孔范围内的孔径分析结果具有较好的一致性,分析得到的页岩中微孔、中孔直径范围及大体变化趋势一致。但氮气吸附法测得的孔径分布曲线中两个峰值对应的微孔、中孔直径比核磁共振法测得的微孔、中孔直径略小(氮气吸附法测得微孔对应直径为 2~5nm,核磁共振法测得微孔对应直径为 6nm),这主要是由于核磁共振测试时,样品需用植物油饱和,而植物油分子直径过大,无法进入泥页岩中微孔部分,从而导致核磁共振法测得的微孔孔径偏大。总的来说,将核磁共振用于泥页岩孔径分析的技术还不成熟。相对而言,氮气分子直径为 0.304nm(10^{-10}m),比油分子小一个数量级(油分子为 10^{-9}m),更容易进入微孔和中孔,因此氮气吸附法测试结果更加偏向于真实数据。

低温氮气吸附法能准确表征页岩微孔和中孔发育,高压压汞法可较准确地表征泥页岩中大孔及微裂缝发育。因此,将低温氮气吸附法和高压压汞法相结合,可以更好地表征泥页岩中微孔到大孔范围的孔径分布情况。根据两种方法探测范围的不同,可选取如下方法对泥页岩孔径分布进行分析:对于页岩中的非大孔(孔径<50nm)分布,应用氮气吸附法测定;页岩中的大孔(孔径>50nm)分布则应用高压压汞法测定。

图 3.32 和图 3.33 为综合氮气吸附法和高压压汞法测试结果所得到的四川盆地龙马溪组泥页岩孔径分布,其中孔径<50nm 的部分主要采用氮气吸附法实验数据,孔径>50nm 的部分主要采用高压压汞实验数据。

从图 3.33 所示的孔径分布直方图可以看出,龙马溪组泥页岩的孔隙体积以中孔(孔径在 2~50nm)和宏孔(孔径大于 50nm,包括制样过程中产生的人工缝)体积为主,其次为微孔(孔径小于 2nm),微孔、中孔和宏孔分别平均约占 44.25%、51.13%、4.62%。

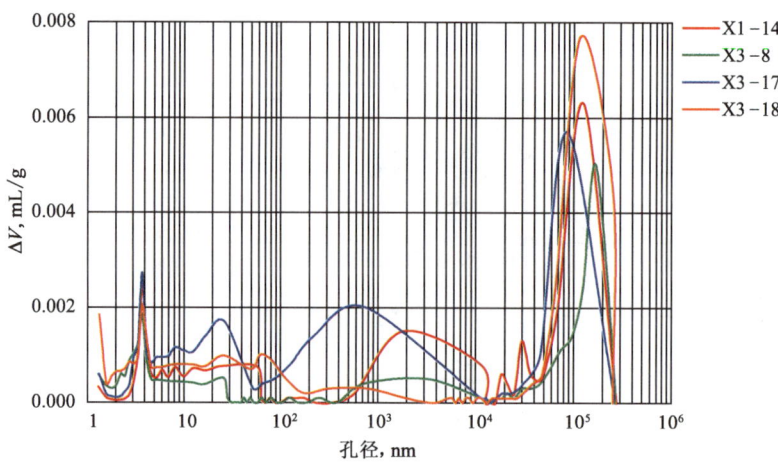

图3.32 四川盆地龙马溪组泥页岩孔隙直径分布图(氮气吸附+高压压汞)

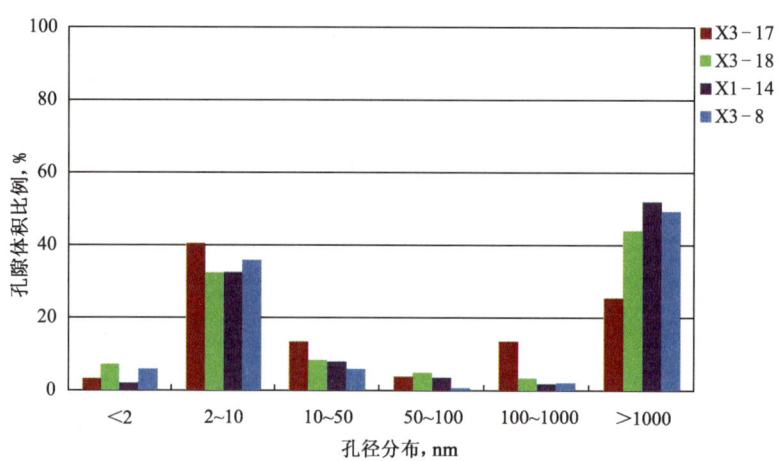

图3.33 四川盆地龙马溪组泥页岩孔隙直径分布直方图(氮气吸附+高压压汞)

3.4.5 页岩孔径分布影响因素

3.4.5.1 黏土矿物含量及类型

根据第2章对四川盆地南部地区龙马溪组泥页岩岩样的矿物成分分析结果,该区样品的矿物成分以石英和黏土矿物为主。其中石英平均含量为31.80%;黏土矿物含量平均为37.63%。而在黏土矿物中又主要为伊利石和伊/蒙混层矿物为主。泥页岩中黏土矿物类型及含量对其孔径分布有一定的影响。

根据核磁共振实验和氮气吸附实验结果,可得到黏土矿物含量与微孔、中孔体积关系图(图3.34、图3.35),从这两个图中可以看出,四川盆地南部地区龙马溪组泥页岩岩样的黏土矿物含量与微孔孔隙体积之间具有较好的正相关性,与中孔孔隙体积间也存在较弱的正相关性,这主要是由于黏土矿物是泥页岩中微孔和中孔的主要贡献者。

3 页岩储层微观孔隙结构特征

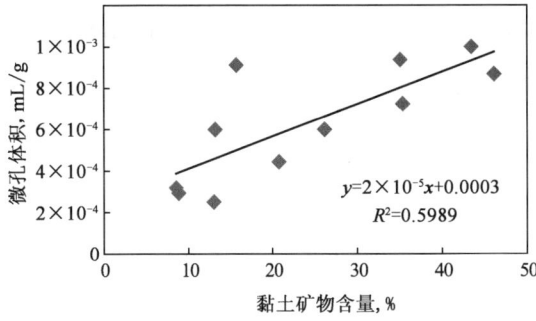

图 3.34 黏土矿物含量与微孔体积关系图　　图 3.35 黏土矿物含量与中孔体积关系图

进一步对四川盆地南部地区龙马溪组泥页岩中伊利石含量、伊/蒙混层含量与孔隙体积的相关性进行研究,发现伊利石含量及伊/蒙混层含量都与微孔体积具有较好的正相关性(图3.36、图 3.37)。蒙脱石向伊利石转化是页岩成岩过程中重要的成岩变化。当孔隙水偏碱性且富钾离子时,随着埋深增加,蒙皂石向伊利石转化,并伴随体积减小而产生微孔隙。

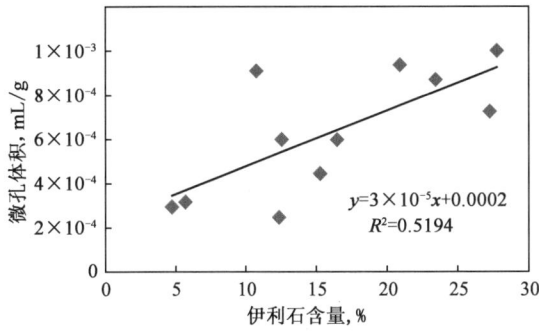

图 3.36 伊利石含量与微孔体积关系图　　图 3.37 伊/蒙混层含量与微孔体积关系图

3.4.5.2 有机碳含量

页岩储层中的纳米级孔隙大都发育在有机质中,有机质含量的多少将直接影响泥页岩孔隙发育。

根据低温氮气吸附法测试结果,四川盆地南部地区龙马溪组泥页岩的孔隙体积发育与有机碳含量 TOC 之间具有很好的正相关性,相关系数达 0.7573(图 3.38),这说明有机碳含量 TOC 是控制泥页岩孔隙发育的主要因素之一。

图 3.39 为低温氮气吸附法测试不同 TOC 样品的孔径分布图,由图 3.39 可知 TOC 值越大,孔径分布范围越大,而且 3~5nm 中孔分布的主峰越高。有机碳含量主要是通过有机碳演化生烃作用影响泥页岩孔隙发育的,

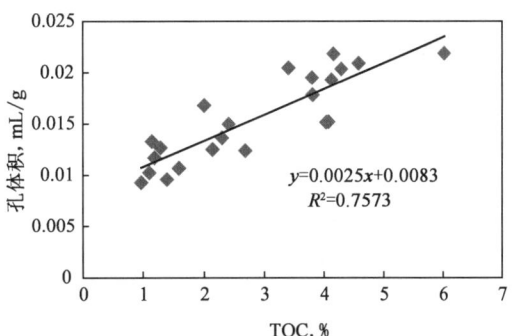

图 3.38 四川盆地南部地区龙马溪组泥页岩孔隙体积与有机碳含量关系图

有机质的消耗对储层孔隙体积增加有重要作用。

图 3.40 反映了页岩有机碳演化生烃过程中,有机质的消耗对储层孔隙体积增加的重要作用。国外学者的研究表明,有机碳含量和有机碳生烃转化率共同影响着有机质孔隙的生成率,有机碳含量越高,有机碳生烃转化率越高,则有机质孔隙的生成率越高。

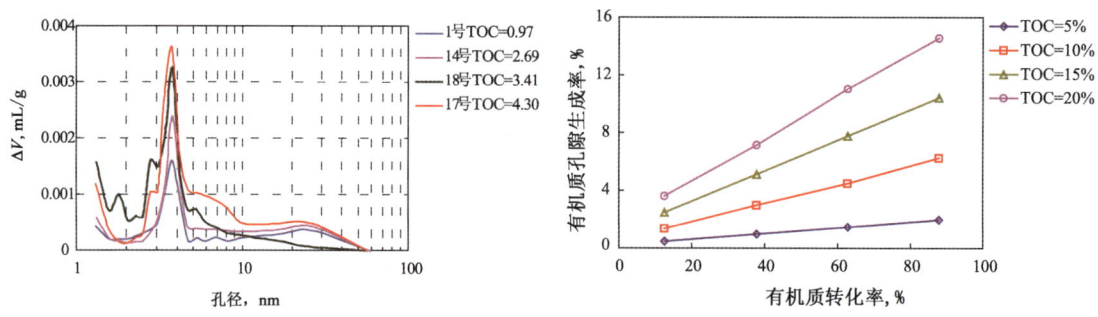

图 3.39 不同 TOC 泥页岩样品孔径分布图　　图 3.40 有机碳含量、有机碳转化率与有机质孔隙生成率的关系图

以图 3.41 所示数据为例,假设页岩有机碳质量百分含量为 7%,则体积百分含量为 14%,如果有机碳体积含量的 35% 发生转化,则根据图 3.40 中所示规律,页岩储层孔隙度会增加 4.9%。

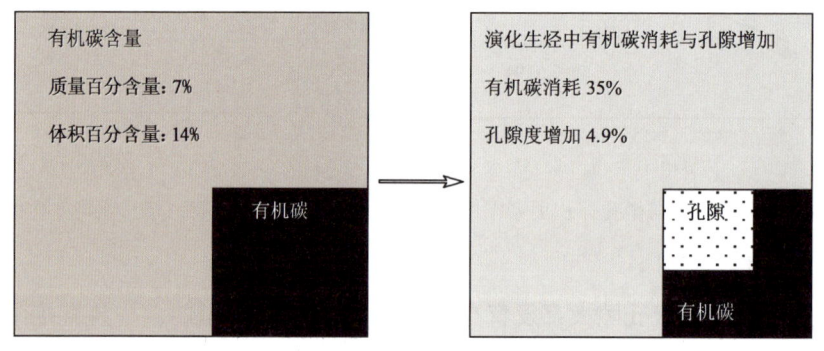

图 3.41　泥页岩有机碳含量与孔隙空间的关系图

根据 3.4.3 节中对龙马溪组泥页岩孔隙直径分布的分析,按照 IUPAC 的分类标准,该区泥页岩的孔隙体积有 7.38% 分布于微孔(孔隙直径小于 2nm),84.52% 分布于中孔(孔隙直径介于 2~50nm 之间)。而大量发育的微孔和中孔正是由于有机碳生烃演化作用生成的,从而使得有机碳含量对龙马溪组泥页岩孔隙体积有着显著影响。

3.4.5.3　热演化程度

页岩的微观孔隙结构与热演化程度之间的关系较为复杂,并不是单纯的正相关或者负相关关系。这是因为热演化程度变化不仅会造成有机质中孔隙结构的变化,同时还会引起页岩中黏土矿物的转化,使得黏土矿物间的微孔隙体积和比表面积发生改变,从而改变了页岩的比表面积和孔体积。

张廷山等对龙马溪组页岩样品的热演化程度与孔隙体积和比表面积之间的关系进行了研究。研究发现,当热演化程度(R_o)小于某一"临界点"时,随着有机质热演化程度(R_o)的增高,页岩中有机质的孔隙结构也会发生变化,表现为微孔数量的逐渐增加,且平均孔径有所减小。这种变化在一定程度上对页岩微观孔隙的发育起到积极的作用,即当热演化程度在一定范围内增加($R_o<2.8\%$)时,页岩微观孔隙的比表面积、孔体积均增加(图3.42、图3.43)。究其主要原因,可能是随着R_o值的增大,大量增加的微孔使得页岩储层中有机质孔隙的结构变得更为复杂,从而增大了有机质孔隙的比表面积和孔体积,导致页岩储层的比表面积和孔体积也大大增大。

当热演化程度(R_o)大于"临界点"后,随着R_o的增大,页岩的成岩作用也相应加强,而黏土矿物中具有很大比表面积的蒙脱石含量将逐渐降低,相继转化为间层矿物,间层矿物含量也会随着热演化程度的增加而由多逐渐减少,最终全部转化为伊利石或绿泥石。在此过程中,黏土矿物的微孔隙比表面积和孔体积将会大大降低。

当热演化程度在"临界点"附近时,页岩微观孔隙的比表面积、孔体积也随之达到最大,此时对页岩气储层最为有利。从图3.42和图3.43可以观察到,龙马溪组泥页岩储层的最佳热演化程度(R_o)的"临界点"大约在2.8%。

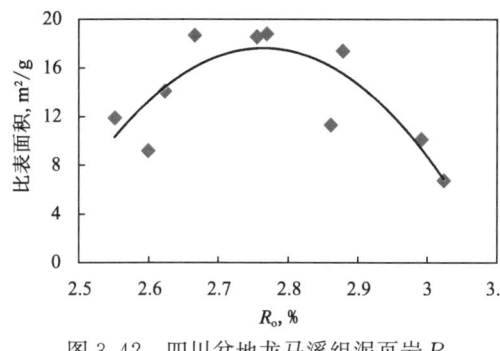
图3.42 四川盆地龙马溪组泥页岩R_o与比表面积关系图

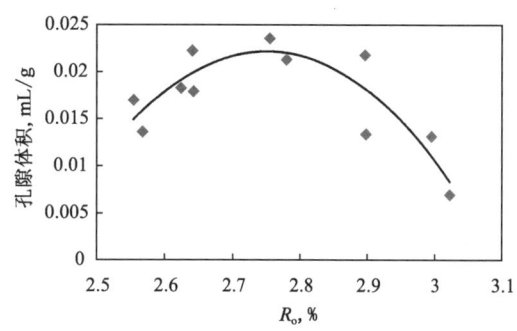
图3.43 四川盆地龙马溪组泥页岩R_o与孔隙体积关系图

虽然页岩的热演化程度(R_o)、TOC含量、黏土矿物类型与含量等因素均不同程度地控制着页岩微观孔隙的发育。但是,当页岩中TOC含量、黏土矿物类型与含量相近时,其比表面积、孔体积均会在热演化程度(R_o)超过一定临界点后急剧减小。页岩的有机质孔的发育、黏土矿物类型与含量、黏土矿物间微孔的发育演化均受到热演化程度(R_o)的控制。因此,综合分析认为页岩的微观孔隙结构受热演化程度(R_o)的影响最大。

3.5 页岩孔隙比表面积特征

泥页岩是一种多孔性介质,具有基质孔隙和裂缝双重孔隙结构。基质孔隙最小可以小到分子间间隙,孔径在不到1nm到数百个nm之间变化。泥页岩孔隙表面对页岩气具有非常强的吸附能力,吸附态页岩气在泥页岩中的储集量依赖于基质孔隙的比表面积和孔体积的大小。因此,搞清楚泥页岩比表面积和特征,并讨论泥页岩比表面积的影响因素,对了解其微观地质特征具有十分重要的意义。

3.5.1 页岩孔隙比表面积分析

测定比表面积和孔体积的方法较多,但目前公认最好的方法为低温氮气吸附法,主要是因为这种方法测试的孔径范围在 1.5~300nm 之间,能对微孔—中孔的发育情况进行详细的描述。另外,利用核磁共振岩心实验也可以测得岩心孔隙的比表面积。

对四川盆地南部地区龙马溪组的 22 个岩样同时采用核磁共振法和低温氮气吸附法对比表面积进行测量,其测试结果见表 3.8。

表 3.8 四川盆地南部地区龙马溪组泥页岩氮气吸附实验及核磁共振比表面积数据

样号	井深 m	氮气吸附质量比表面积 m^2/g	BJH 孔体积 mL/g	氮气吸附体积比表面积 μm^{-1}	核磁共振体积比表面积 μm^{-1}	平均孔径 nm
X1-1	2479	9.61	0.0093	1033.23	848.65	1.92671
X1-2	2480.2	9.64	0.0096	1003.75	825.80	1.98754
X1-4	2485.66	10.34	0.0103	1006.33		1.98696
X1-6	2490.42	14.10	0.0133	1060		1.89308
X1-8	2494.4	19.23	0.0169	1144.35		1.74838
X1-13	2507.4	24.76	0.0219	1133.32		1.76473
X1-14	2510.7	13.78	0.0124	1111.05	682.83	1.80006
X1-17	2521.85	21.93	0.0219	1001.55		1.99476
X3-1	2218	25.083	0.0209	1198.42		1.66872
X3-4	2208.8	16.7	0.0136	1209.90		1.65276
X3-5	2220	24.006	0.0193	1243.83	790.50	1.61017
X3-6	2224	19.526	0.0179	1093.89	676.82	1.82798
X3-7	2174	13.348	0.0127	1051.85		1.90184
X3-8	2159.64	12.751	0.0117	1089.83	913.07	1.83445
X3-9	2212.37	15.47	0.0125	1235.62		1.61856
X3-10	2187.59	12.654	0.0107	1182.62	920.54	1.68406
X3-11	2235.9	16.876	0.0152	1110.26	717.75	1.80149
X3-13	2222.35	23.609	0.0195	1210.72		1.6479
X3-15	2192.4	17.641	0.0703	1176.07		1.70033
X3-17	2231.6	23.132	0.0977	1135.59	677.58	1.76149
X3-18	2216.68	24.557	0.1390	1199.66	820.37	1.66684

从表 3.8 中可以看出,川南龙马溪组泥页岩储层的氮气吸附 BET 比表面积为 9.61~25.08m²/g,平均为 17.61m²/g;BJH 孔体积为 0.046~0.14mL/g,平均为 0.082mL/g。这说明川南龙马溪组泥页岩比表面积和孔体积都较大,有利于页岩气的吸附。

将氮气吸附 BET 比表面积除以 BJH 孔体积,可得到单位孔隙体积的表面积。将该值与核磁共振比表面积相比较,明显核磁共振比表面积所测值普遍更高,但都在同一数量级,测量误差可能是由于测试原理、方法、假设条件的不同造成的。

此外,对龙马溪组泥页岩孔隙体积与比表面积之间的相关性进行研究(图3.44),发现孔隙体积与比表面积之间具有良好的正相关性,即随着比表面积的增大,孔体积增大,反之亦然。

3.5.2 页岩孔隙比表面积影响因素

3.5.2.1 测试样品颗粒大小

利用氮气吸附法对岩样比表面积进行测试前,需要首先将样品粉碎成一定大小的颗粒。为了研究测试样品大小对比表面积测试结果的影响,在进行氮气吸附测试时,将同一岩样分别按照5mm、4mm、3mm、2mm四种规格制成大小基本相同的颗粒,而后对不同规格下的页岩颗粒比表面积进行测试、计算,其计算结果如图3.45所示。从图中可以看出,当测试温度保持一定时,不同大小的页岩样品所测得的比表面积值相差不大,即样品处理粒径(2~5mm)对于比表面积测试结果影响不大。综合分析推荐选用将样品处理成3mm左右规格进行比表面积测试分析。

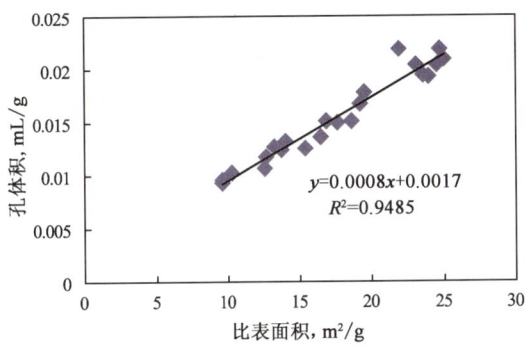

图3.44 四川盆地南部地区龙马溪组泥页岩孔体积与比表面关系图

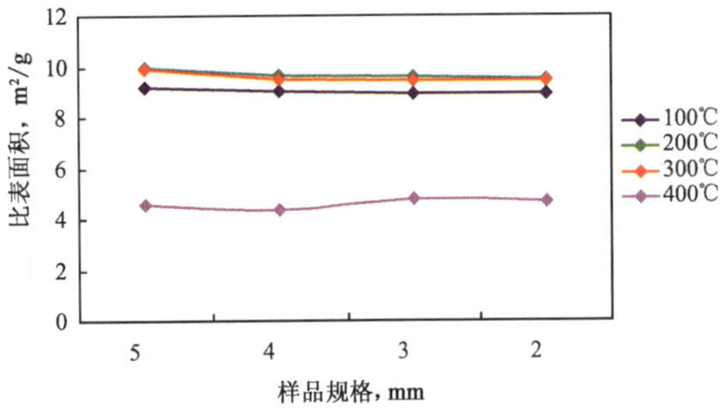

图3.45 测试样品大小对页岩孔隙比表面积的影响

3.5.2.2 温度

利用氮气吸附法对岩样孔径分布及比表面积进行测试前,需要将粉碎后的样品颗粒在一定温度条件下进行烘烤除湿,不同的烘烤处理温度对于比表面积的最终测试结果存在一定影响。

图3.46是样品测试前不同烘烤温度对页岩孔隙比表面积影响的关系图,从该图中可以看出,当烘烤处理温度在室温~100℃之间时,所测得的岩样孔隙比表面积随温度升高而迅速增大;当烘烤处理温度在100~300℃之间时,所测得的岩样孔隙比表面积相对比较稳定,由处理温度变化而引起的比表面积变化很微小;当烘烤处理温度大于300℃时,所测得的岩样孔隙比表面积随温度升高而迅速减小。

以18号样品为例:经室温烘烤处理后测得的样品比表面积为6.19m²/g;100℃下烘烤处理后测得的样品比表面积快速增长至23.06m²/g;200℃处理后测得的样品比表面积为24.56m²/g;300℃处理后测得的样品比表面积为23.09m²/g,样品在100~300℃处理区间内测得的比表面积相对稳定;400℃处理后测得的样品比表面积则下降至17.94m²/g。

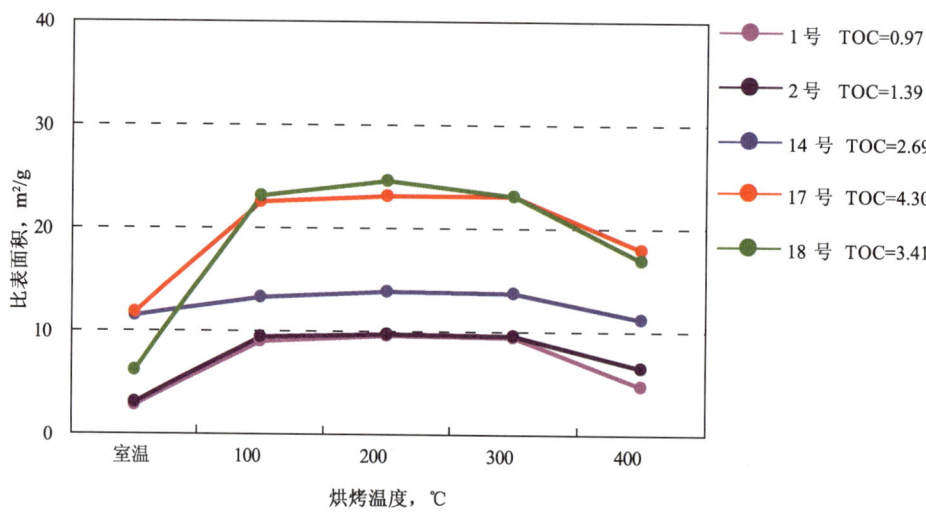

图 3.46 烘烤处理温度对页岩孔隙比表面积的影响

温度对页岩孔隙比表面大小的影响,实质上反映了黏土矿物中所含的水对岩石比表面积的影响。正如第 2 章中分析,黏土矿物是龙马溪组页岩的主要矿物组分。黏土矿物中水的存在方式主要有吸附水、结晶水和结构水。Ross(2007)认为由于水分占据吸附空间,致使干燥条件下岩石的吸附能力大于水分平衡条件下的吸附性。龙马溪组泥页岩的性质可以通过热失重测试结果来进行分析(表 3.9)。

表 3.9 龙马溪组页岩岩样热失重测试结果(18 号样品)

温度 ℃	质量 mg	剩余质量百分数 %	质量损失百分比 %	比表面积 m²/g
室温	8.98	100.00	0.00	6.19
100	8.93	99.41	0.59	23.06
200	8.88	98.82	1.18	24.56
300	8.83	98.34	1.66	23.09
400	8.79	97.86	2.14	17.94

由表 3.9 可判断,常温条件下该岩样的绝对重量为 8.98mg,此时岩样黏土矿物中所存在的三种不同形式的水占据了大量吸附空间,使得微孔和中孔所提供的孔隙体积最小,从而测得的比表面积值最小(6.19m²/g)。当样品经 100℃处理后,岩石重量损失 0.59%,此时大部分吸附水和层状结构硅酸盐矿物的层间水从矿物中逸出,释放出部分微孔,测得的比表面积快速增加(23.06m²/g)。当样品经 200~300℃处理后,岩石矿物中的吸附水和层状结构硅酸盐矿物的层间水全部从矿物中逸出而不破坏晶体结构,微孔体积增加,比表面积进一步增加(24.56m²/g)。但需要注意的是,样品经 400℃处理后重量累计损失 2.14%,但是此时测得的比表面积值反而降低。

为探究不同温度处理泥页岩对样品微观特征的影响,利用场发射扫描电镜对不同温度处理后样品的微观孔隙进行了观察(图 3.47)。结果表明,即使经过 400℃高温处理,页岩中的有机质孔基本保持完好,即有机质孔并未遭到明显破坏。

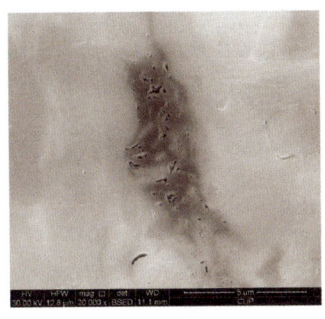 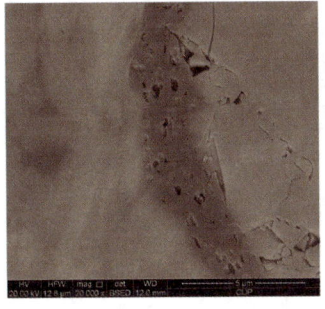 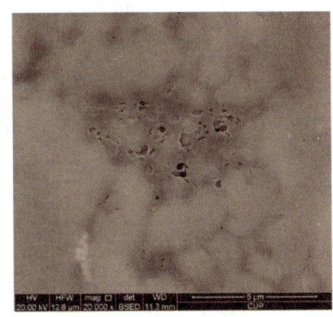

(a) 室温下　　　　　　　　(b) 200℃处理后　　　　　　　(c) 400℃处理后

图 3.47　不同温度处理后样品微孔扫描电镜照片(×20000)

为了进一步研究不同温度处理后样品比表面变化的原因,对不同温度处理后样品的微观孔径分布进行分析,其结果如图 3.48 所示。由此可判断,400℃处理后的样品中小于 20nm 的孔隙体积减小,而 20～50nm 范围内的孔隙体积则明显增加,即 400℃处理后页岩中的部分微孔失水后转变成中孔,从而导致测得的比表面积降低。

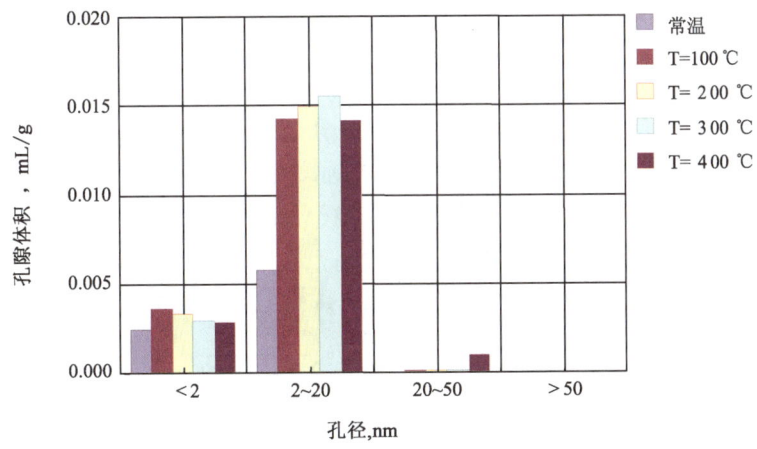

图 3.48　不同温度处理后页岩样品(18 号)孔径分布对比图

综合上述分析可知,常温～300℃处理后的样品中孔隙形态没有发生明显变化,测得的比表面积变化主要是由于黏土矿物中水分含量不同引起的;而 400℃处理后样品中有机质孔隙形态发生了变化。基于以上认识,推荐比表面测试岩样处理温度为 200～300℃。

3.5.2.3　总有机碳含量 TOC

图 3.49 是川南龙马溪组泥页岩岩样总有机碳含量 TOC 与比表面积的关系图,从图中可以看出,随着岩样总有机碳含量 TOC 值的增大,

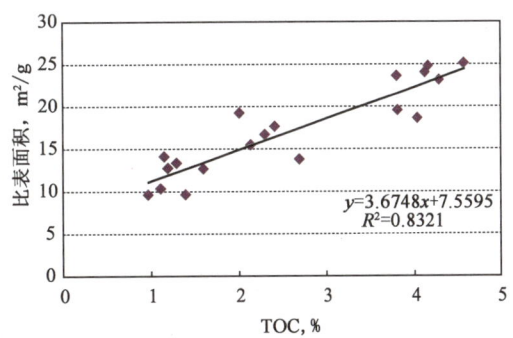

图 3.49　龙马溪组页岩岩样 TOC 含量与比表面积关系图

所测得的比表面积值也增大,二者之间呈现显著的正线性相关关系,相关系数高达 0.83。这是因为 TOC 含量反映了页岩中纳米级有机质孔隙的发育程度,纳米级有机质孔隙为吸附态页岩气提供了充足的存储空间,是控制比表面积的主要因素。对于一个特定的地区来说,可以建立岩样比表面积与 TOC 之间的经验关系式,可适当减少测试 TOC 的工作量。

3.5.2.4 矿物组分

不同矿物组分对页岩的比表面积和吸附能力大小可能存在影响,本节主要对这一点进行定量分析。

龙马溪组页岩主要由黏土矿物,以及石英、长石和方解石等脆性矿物组成,黏土矿物平均含量 31.92%,其中伊利石相对含量为 60.17%,伊/蒙混层相对含量为 13.29%。由于方解石在沉积岩石中以胶结物和矿物组分两种形态出现,两种形态的比例无法准确区分开,所以在实验结果讨论中以石英和长石含量表征脆性矿物含量,重点讨论原生沉积矿物对比表面的影响。

图 3.50 是龙马溪组页岩主要矿物成分与比表面积的关系图,从图 3.50 中可以观察出,龙马溪组页岩中黏土矿物绝对含量、脆性矿物含量与岩样的比表面积之间没有明显的相关性。图 3.51 和图 3.52 分别为龙马溪组泥页岩伊利石含量、伊/蒙混层含量与岩石孔隙比表面积的关系图,从图 3.51 和图 3.52 中可以看出,黏土矿物中伊利石含量与岩样比表面积值也没有显著相关性,而伊/蒙混层含量与岩样比表面积值则呈相对较好的正相关性。

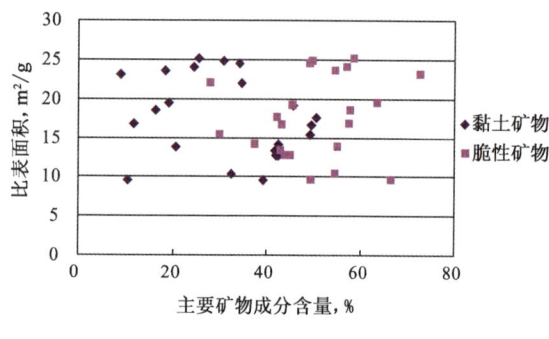

图 3.50 龙马溪组泥页岩主要矿物成分与比表面积关系图

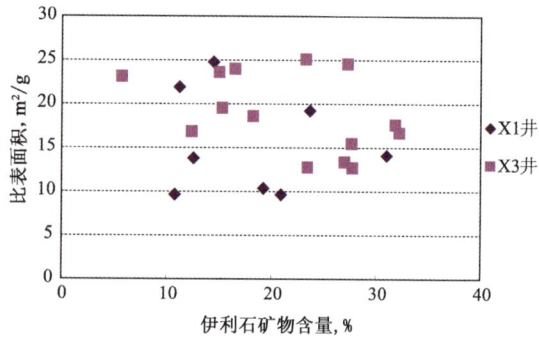

图 3.51 龙马溪组泥页岩伊利石含量与比表面积关系图

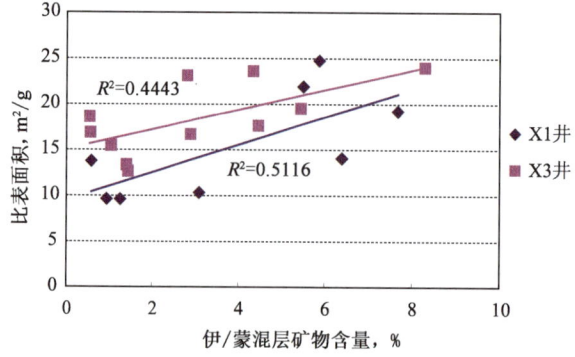

图 3.52 龙马溪组泥页岩伊/蒙混层含量与比表面积关系图

分析认为这主要是由于不同黏土矿物的比表面积不同所造成的。如表 3.10 所示,在常见的黏土矿物中,蒙脱石的比表面积最大(800m²/g),伊利石次之(15～30m²/g),高岭石和绿泥石最小(均为 15m²/g)。伊/蒙混层矿物中富含蒙脱石,而蒙脱石含量对页岩比表面积的贡献最大,从而使得测得的泥页岩比表面积与伊/蒙混层矿物含量之间呈现较好的正相关性。此外,龙马溪组泥页岩黏土矿物平均含量为 31.92%,其中伊利石相对含量最高(60.17%),而伊/蒙混层相对含量较低(13.29%),因此黏土矿物总体含量与比表面积之间的相关性不明显。

表 3.10 部分黏土矿物比表面积值

黏土矿物类型	比表面积,m²/g		
	内表面积	外表面积	总表面积
蒙脱石	750	50	800
伊利石	5	25	30
高岭石	0	15	15
绿泥石	0	15	15

3.5.2.5 微量元素

微量元素在沉积物或沉积岩中的富集程度与沉积时的氧化还原状态关系密切,可以反映沉积环境的氧化还原状况。一般地,V/(V+Ni)>0.45 且 Th/U=0～2 指示缺氧环境。龙马溪组页岩中 U、V、Mo、Ni、Cu 等氧化还原敏感微量元素富集,此处对龙马溪组泥页岩中微量元素分布及其与比表面积之间的关系进行了测试及分析。

表 3.11 是龙马溪组页岩的微量元素测试结果,从表 3.11 中可以看出,在测试的 20 块岩样中,有 17 块岩样的 V/(V+Ni)、Th/U 值均表明龙马溪组页岩沉积环境贫氧的特点。贫氧环境下,氧化还原敏感微量元素 U、V、Mo、Ni、Cu 富集,有利于有机质的沉积和保存,岩样的有机碳含量相对较高。

表 3.11 龙马溪组页岩微量元素表

样号	井深 m	V 10^{-6}	Ni 10^{-6}	Cu 10^{-6}	Sr 10^{-6}	Mo 10^{-6}	Ba 10^{-6}	Th 10^{-6}	U 10^{-6}	V/V+Ni	Th/U
1	2208.80	153.4	97.8	54.7	109.8	14	895.6	11.8	6.3	0.61	1.87
2	2208.80	103.9	120.3	210.3	92	21.3	633.2	15.2	10.9	0.46	1.39
3	2211.82	158.3	63.9	43.8	102.8	12.9	915.2	9.3	4.4	0.71	2.11
4	2212.37	120.5	41.1	47.3	338.9	10.6	1086.9	11.3	5.5	0.75	2.05
5	2214.67	79.7	46.5	27.4	325.8	11	694.9	4.9	3.1	0.63	1.58
6	2216.68	165.7	101.7	66.0	119.4	48.4	788.3	8.1	7.6	0.62	1.07
7	2218.00	187.9	93.1	57.0	131.5	49.9	781.1	6.9	6.2	0.67	1.11
8	2220.00	190.2	98.1	57.4	132.6	56.7	800.2	6.9	7.1	0.66	0.97
9	2221.58	205.7	108.8	36.2	153.7	58.7	679.3	5.0	6.4	0.65	0.78
10	2222.35	186.0	96.8	63.6	162.7	52.1	785.1	7.0	7.5	0.66	0.93

续表

样号	井深 m	V 10⁻⁶	Ni 10⁻⁶	Cu 10⁻⁶	Sr 10⁻⁶	Mo 10⁻⁶	Ba 10⁻⁶	Th 10⁻⁶	U 10⁻⁶	V/V+Ni	Th/U
11	2223.84	143.9	78.3	36.3	115.6	41.7	652.5	4.9	4.7	0.65	1.04
12	2224.00	152.3	85.8	39.0	148.2	47.6	629.1	5.7	4.7	0.64	1.21
13	2227.22	233.9	115.6	39.0	200.2	47.6	554.1	4.3	7.2	0.67	0.60
14	2227.77	188.4	88.7	26.2	149.2	39.1	553.5	1.2	3.0	0.68	0.40
15	2231.60	293.4	132.4	42.9	96.1	62.9	580.5	2.7	6.9	0.69	0.39
16	2233.95	64.8	66.2	36.7	351.4	30.7	228.8	2.9	3.3	0.49	0.88
17	2235.90	309.0	79.7	54.5	164.2	27.1	541.8	5.2	4.5	0.79	1.16
18	2238.30	289.4	69.5	68.0	89.9	17.7	498.7	2.1	1.0	0.81	2.10
19	2242.10	182.8	42.9	76.8	111.9	0.6	1170.1	13.3	6.8	0.81	1.96
20	2247.80	143.3	60.5	44.1	121.4	10.4	913	9.5	5.0	0.70	1.90

3.5.2.3 节的分析表明，页岩总有机碳含量 TOC 值是控制岩样比表面积的重要因素。从图 3.53 可以看出，龙马溪组页岩氧化还原敏感微量元素 U、V、Mo、Ni、Cu 与比表面积和 TOC 之间都呈很好的正相关性，这说明龙马溪组页岩中氧化还原敏感微量元素的富集与否决定了岩样中有机质的富集程度，以及比表面积值的大小。

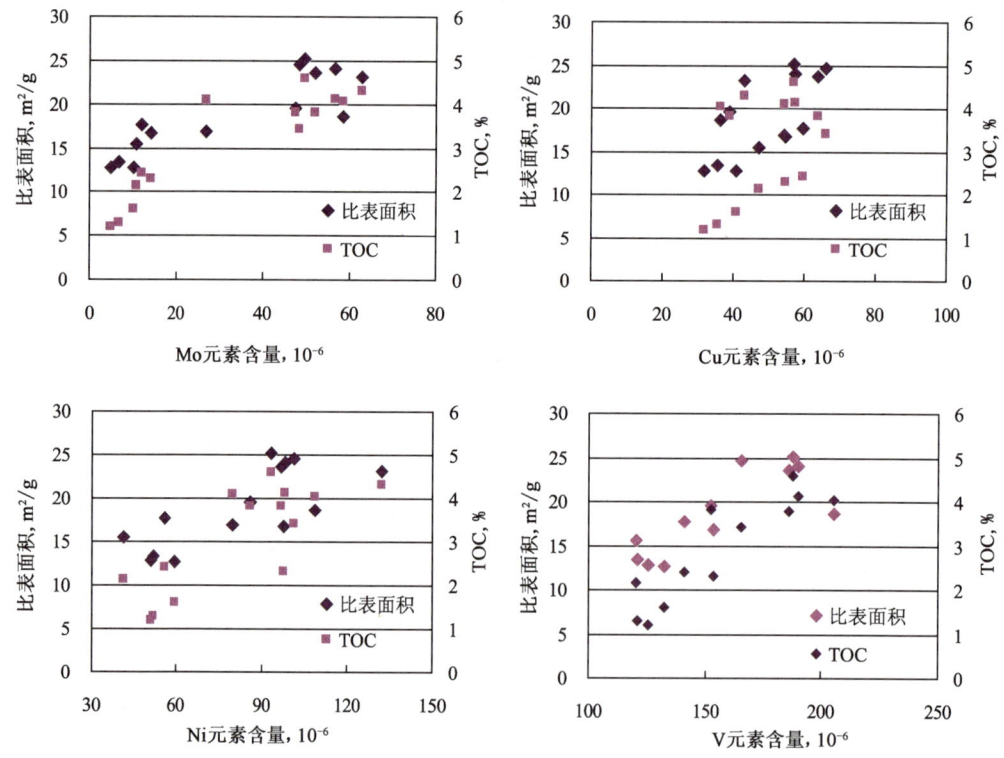

图 3.53

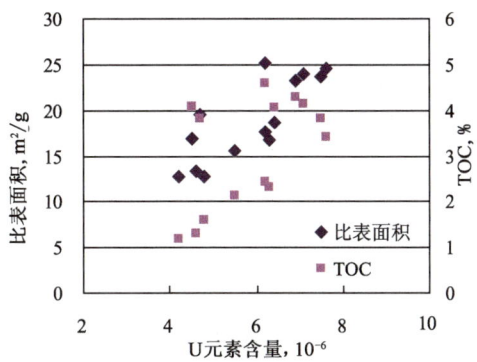

图 3.53 龙马溪组泥微量元素与比表面积、TOC 关系图

综上所述,建议将比表面作为评价泥页岩有机质保存、储集质量的一个新参数。

4 页岩吸附能力及含气性评价

基于3.2节的研究成果可知,页岩基质中含有大量的纳米级有机质微孔。该类孔隙由于孔径极小而具有巨大的比表面积,是页岩气藏中吸附态气体的主要储集空间。据Curtis等的研究成果,页岩气藏中以吸附态存在的页岩气占页岩气总量的20%～85%。页岩气藏纳米级孔隙中的吸附—解吸规律是页岩气藏开发理论中关键的科学问题。研究页岩气的吸附—解吸规律及相关影响因素,对评价页岩的吸附—解吸能力、研究页岩气渗流规律及建立不稳定渗流模型具有重要的意义。

4.1 吸附解吸理论

吸附作用是指各种气体、蒸气及溶液里的溶质被吸附在固体或液体物质表面上的作用。

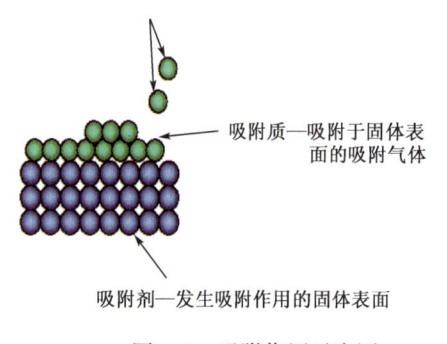

图4.1 吸附作用示意图

具有吸附性的物质称为吸附剂,被吸附的物质称为吸附质。吸附作用实际是吸附剂对吸附质质点的吸引作用。吸附剂之所以具有吸附性质,是因为分布在表面的质点同内部的质点所处的情况不同。吸附剂内部的质点同周围各方向的相邻质点之间的作用力处于互相平衡状态,而表面上的质点由于受力没有达到平衡而保留有自由的力场,借助这种力场,吸附剂物质的表面层就能够把同它接触的液体或气体质点吸住。

吸附作用可分为物理吸附和化学吸附。物理吸附是指吸附剂与吸附质之间是通过分子间引力(即范德华力)而产生的吸附,在吸附过程中物质不改变原来的性质,因此吸附能小,被吸附的物质很容易再脱离,如用活性炭吸附气体,只要升高温度,就可以将被吸附的气体逐出活性炭表面。化学吸附是指吸附剂与吸附质之间发生化学作用,生成化学键引起的吸附。在吸附过程中不仅有分子间引力,还具有化学键间作用力,因此吸附能较大,要逐出被吸附的物质需要较高的温度,而且被吸附的物质即使被逐出,也已经产生了化学变化,不再是原来的物质了,一般催化剂都是以这种吸附方式起作用。物理吸附与化学吸附的具体区别见表4.1。

页岩基质颗粒对页岩气的吸附属于物理吸附类型,其过程是完全可逆的。当页岩气藏压力降低的时候,被吸附的气体分子从孔隙表面上脱离出来转化为游离气,这一过程是吸附的反过程,称之为解吸。通常地,吸附量被用来度量页岩储层对天然气的吸附能力。吸附量是指单位体积的页岩储层所吸附的标准状况下的气体体积,通常用$V(\text{sm}^3/\text{m}^3)$来表示(有时也用单位质量的页岩储层所吸附的标准状况下气体体积来表示,单位为 sm³/kg)。一般来说,吸附气体量随着温度的升高而减少,随着压力的升高而增多。

表 4.1 物理吸附与化学吸附

参 数	物理吸附	化学吸附
吸附力	范德华力	化学键
吸附热	较小,近于液化热	较大,近于化学反应热
选择性	无选择性	有选择性
可逆性	可逆	不可逆
分子层	单分子层或多分子层	单分子层
吸附速度	较快,受温度影响小,一般不需要活化能	较慢,温度升高则速度加快,一般需要活化能

当温度保持一定时,页岩气吸附量与压力之间的关系曲线称之为等温吸附曲线。页岩气藏的等温吸附曲线对于页岩气藏的开采有着重要的作用,利用等温吸附曲线,可以评价页岩储层的储气能力、确定页岩气开始从基质孔隙表面脱离时的压力及气藏开采过程中某一压力下的解吸页岩气量。

实验室测得的等温吸附曲线按形状通常可以划分为 6 种类型(图 4.2),等温吸附曲线形态上的不同,主要反映了吸附质和吸附剂之间相互作用的差异。为了描述这些等温吸附曲线,人们提出了不同的数学模型,如单分子层吸附理论——Langmuir 方程、多分子层吸附理论——BET 方程、吸附势理论、统计势动力学理论——多相吸附模型等。

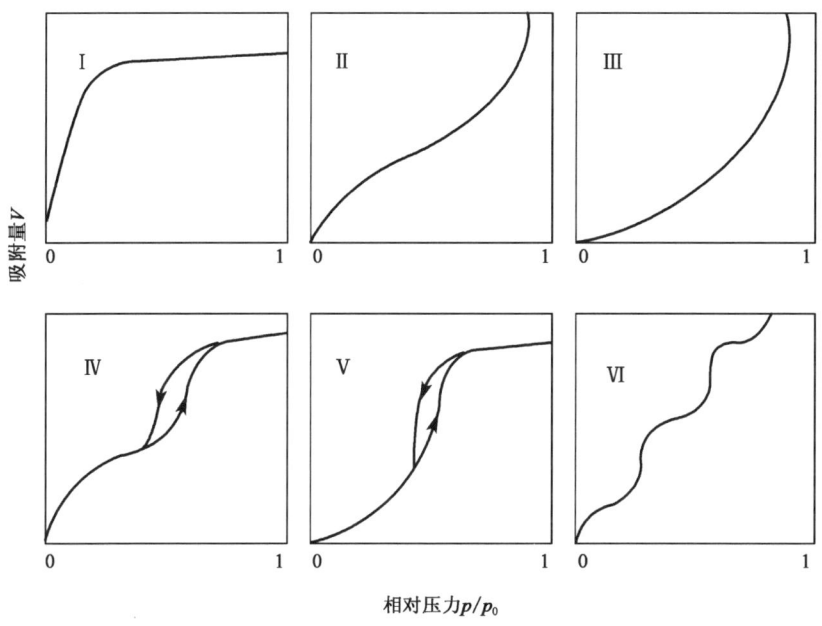

图 4.2 等温吸附曲线基本类型

图 4.2 中所示的类型 I 对应于微孔吸附剂上的吸附情况,其吸附现象可以用 Langmuir 单分子层可逆吸附理论来描述。煤体对煤层气的吸附,以及页岩中的有机质和黏土矿物对页岩

气的吸附都属于单分子层物理吸附,相应的等温吸附曲线为Ⅰ型。

4.2　Langmuir 等温吸附理论

1961年,Langmuir 从动力学的观点出发,建立模型描述了单分子层吸附作用。模型建立过程中涉及如下四点假设:第一,吸附剂表面均匀,表面上所有吸附位的吸附能力相同;第二,被吸附分子间无相互作用;第三,每个分子的吸附动力学机理相同;第四,单层吸附。根据 Langmuir 方程,页岩气吸附量与压力间的关系可用下式来表达:

$$\theta = \frac{V}{V_m} = \frac{bp}{1+bp} \tag{4.1}$$

式中　V——页岩气吸附量,sm^3/kg 或 sm^3/m^3;

　　　V_m——Langmuir 吸附常数,代表单位吸附剂表面覆盖满单分子层时的吸附量,sm^3/kg 或 sm^3/m^3;

　　　θ——被吸附质分子覆盖部分的表面积占总表面积的比例;

　　　b——Langmuir 压力常数,Pa^{-1};

　　　p——气体压力,Pa。

对式(4.1)进行变形,可得到另外一种形式的 Langmuir 方程:

$$V = V_L \frac{p}{p_L + p} \tag{4.2}$$

式中　V_L——Langmuir 体积,代表页岩的极限吸附量,$V_L = V_m$,sm^3/kg 或 sm^3/m^3;

　　　p_L——Langmuir 压力,代表气体吸附量达到极限吸附量 50% 时所对应的压力,$p_L = 1/b$,Pa。

Langmuir 等温吸附模型假定在整个吸附过程中,温度保持恒定。实际上,温度会影响气体的吸附能力,具体来说,温度越高,气体吸附能力越弱。但是由于气藏开采可以被看做等温开采过程,因此 Langmuir 定律是适用的。Langmuir 等温吸附模型中的等温吸附常数可以通过拟合实验数据得到或根据现场测试资料进行反求。

泥页岩的吸附能力通常用 Langmuir 体积(V_L)和 Langmuir 压力(p_L)来进行评价。p_L 代表了泥页岩吸附量达到 V_L 一半时所对应的平衡压力,反映泥页岩吸附气体的难易程度。当 p_L 较小时,等温吸附曲线的曲率较大,说明泥页岩在低压范围对气体的吸附量较大,并且随着压力的增大快速增加,而在高压范围随着压力的增大泥页岩对气体的吸附量增值逐渐减小,直到气体达到饱和。与之相反,当 p_L 较大时,等温吸附曲线的曲率较小,说明泥页岩在低压范围对气体的吸附量较小,而在高压范围随着压力的增大泥页岩对气体的吸附量增值也随之增大。V_L 代表了泥页岩的饱和吸附量,反映泥页岩的最大吸附能力,但这并不表示在某一压力条件下 V_L 越大,泥页岩的吸附量就越大;这是因为当压力一定时,尤其在低压范围时,泥页岩的吸附量不仅与 V_L 的大小有关,更重要的是与 p_L 有关,通常 p_L 越小泥页岩的吸附量就越大。

4.3 泥页岩等温吸附曲线

对取自四川盆地龙马溪组的 7 个泥页岩样品进行等温吸附实验,考虑到页岩气主要成分为甲烷(CH_4),故实验过程中采用高纯度 CH_4(99.99%)对页岩岩样进行了单组分等温吸附测试,测试过程中温度保持恒定为 65℃。

利用测试得到的不同样品的等温吸附数据作图,可得到如图 4.3 所示等温吸附曲线。

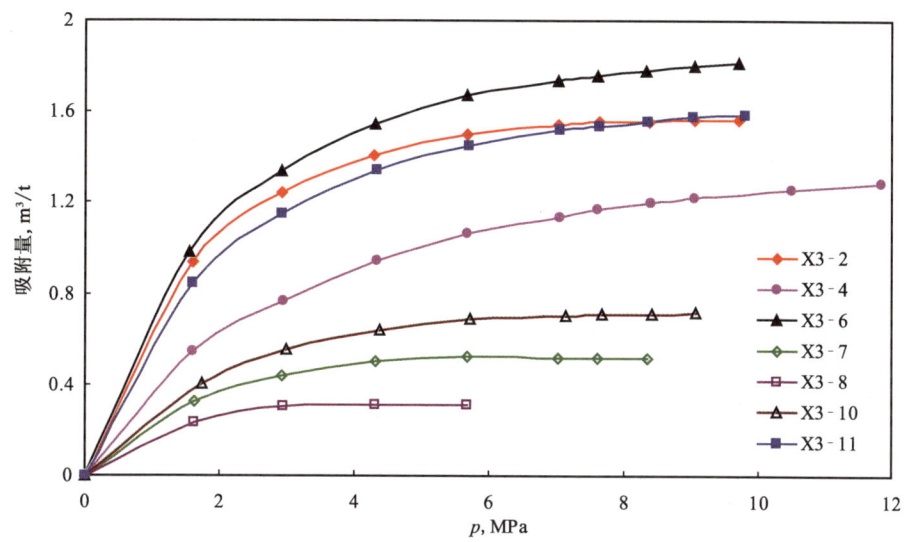

图 4.3 四川盆地龙马溪组 X3 井页岩等温吸附实验结果

从图 4.3 可以看出,龙马溪组页岩岩样的等温吸附曲线呈现三个变化阶段:

(1)当压力小于 2.0MPa 时,随着测试压力的增大,页岩气吸附量急剧增加;

(2)当压力位于 2.0~5.0MPa 时,吸附量随压力增大而增加的速度减慢,进入一个过渡阶段;

(3)当压力大于 5.0MPa 之后,岩样对气体的吸附逐渐达到饱和,当压力增大时,吸附量的增加很小或几近于无。

上述吸附量随压力的变化特征与图 4.2 中 I 型等温吸附曲线变化特征吻合,故可确定页岩储层对天然气的吸附为 I 型等温吸附,其吸附规律可用 Langmuir 等温吸附定律来描述。根据 Langmuir 等温吸附方程,页岩气等温吸附常数可通过对实验数据进行拟合而得到。首先对 Langmuir 等温吸附方程式(4.2)进行变形,可得到下式:

$$\frac{p}{V} = \frac{p}{V_L} + \frac{p_L}{V_L} \tag{4.3}$$

由上式可知,p/V 和 p 在直角坐标中应呈线性关系,故可对实验数据进行拟合,根据拟合直线的斜率和截距可分别计算得到 Langmuir 体积 V_L 和 Langmuir 压力 p_L。

图 4.4~图 4.10 中给出了进行测试的 7 个岩样的 $p/V \sim p$ 拟合曲线,根据拟合结果得到的 Langmuir 等温吸附参数及曲线拟合相关系数 R^2 列于表 4.2 中。

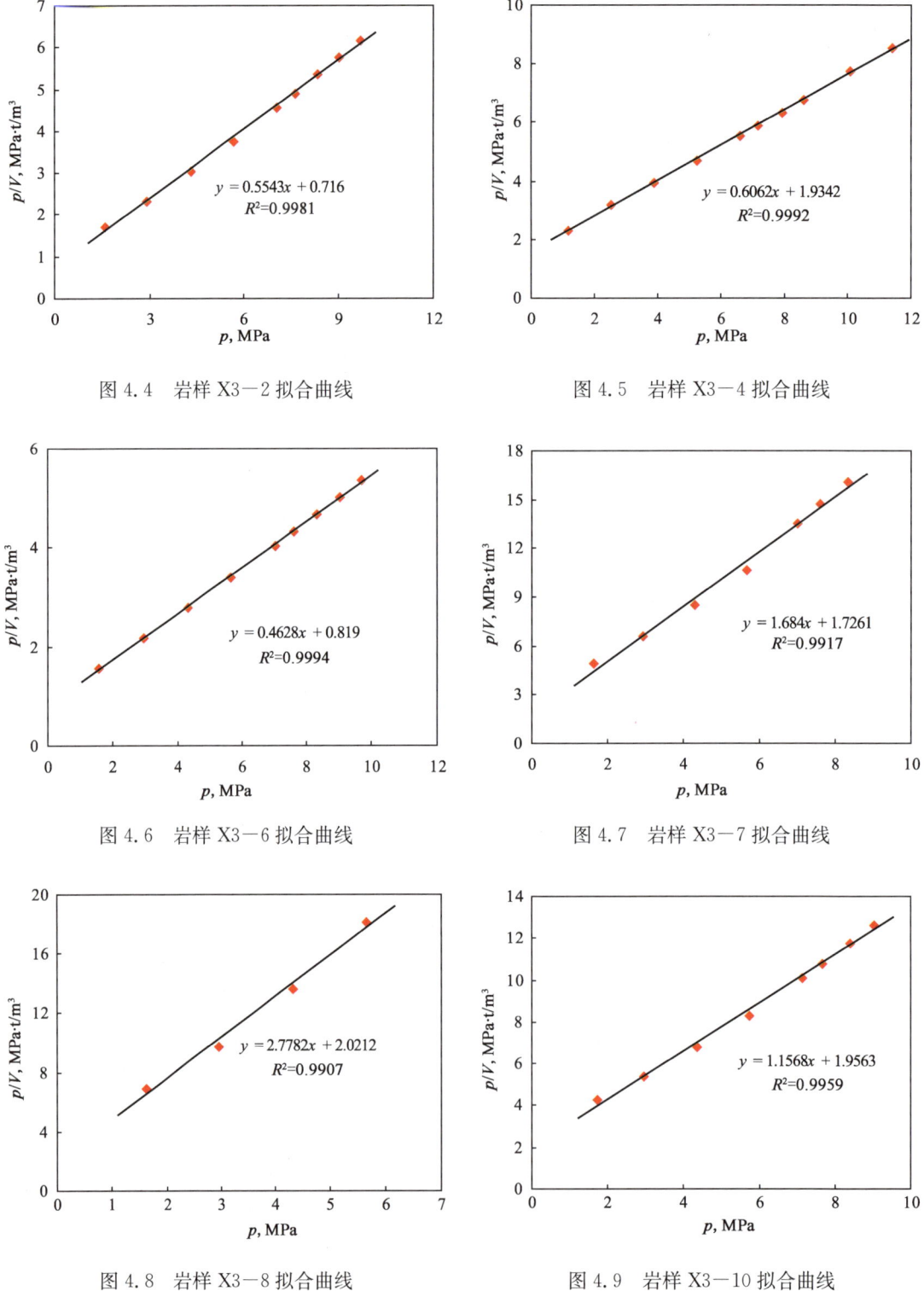

图 4.4　岩样 X3－2 拟合曲线

图 4.5　岩样 X3－4 拟合曲线

图 4.6　岩样 X3－6 拟合曲线

图 4.7　岩样 X3－7 拟合曲线

图 4.8　岩样 X3－8 拟合曲线

图 4.9　岩样 X3－10 拟合曲线

从表 4.2 可看出，采用 Langmuir 等温吸附方程对页岩气等温吸附实验数据进行拟合，拟合结果相关性很高，相关系数均在 0.99 以上，这也再次说明页岩气吸附服从 Langmuir 等温吸附规律，其吸附——解吸过程可用 Langmuir 方程进行描述。对表 4.2 中的 Langmuir 等温吸附常数进行分析，可发现：

（1）龙马溪组泥页岩的 Langmuir 体积 V_L 为 $0.36\sim2.161\mathrm{m^3/t}$，平均为 $1.33\mathrm{m^3/t}$。与北美页岩的 Langmuir 体积十分接近，说明龙马溪组泥页岩的吸附能力较强，在其他配置条件适合的情况下，泥页岩中的页岩气富集程度较高，这有利于页岩气的开发。

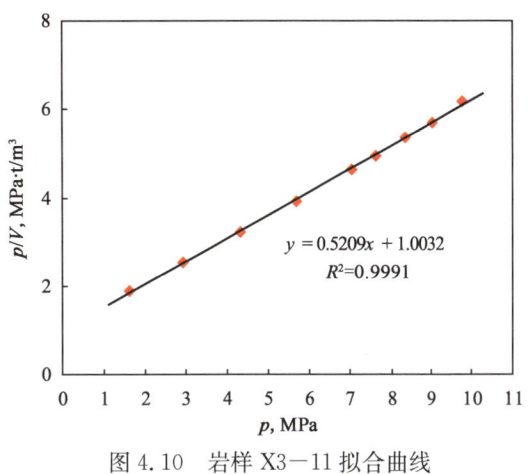

图 4.10　岩样 X3—11 拟合曲线

表 4.2　龙马溪组页岩 Langmuir 参数

岩样编号	取样深度 m	测试温度 ℃	p_L MPa	V_L m³/t	R^2
X3-2	2221	65	1.292	1.804	0.9981
X3-4	2208	65	3.191	1.650	0.9992
X3-6	2224	65	1.770	2.161	0.9994
X3-7	2174	65	1.025	0.594	0.9917
X3-8	2159	65	0.728	0.360	0.9907
X3-10	2187	65	1.691	0.864	0.9959
X3-11	2236	65	1.926	1.920	0.9991

（2）泥页岩的 Langmuir 压力 p_L 为 $0.728\sim3.191\mathrm{MPa}$，平均为 $1.66\mathrm{MPa}$。与北美页岩区块相比，龙马溪组泥页岩的 p_L 总体较小，反映龙马溪组泥页岩的等温吸附曲线的曲率较大，说明泥页岩在低压区对页岩气的吸附气量相对较大，而在高压范围吸附气量相对较小，且随着压力的增大泥页岩对页岩气的吸附量增值逐渐减小。这样的泥页岩储层如果投入开发，页岩气中的吸附气不易被解吸出来，对页岩气的开发不利。

4.4　页岩吸附能力影响因素分析

吸附态页岩气是构成页岩气藏储量的重要组成部分，泥页岩吸附能力的大小除了受自身物理、化学性质的影响外，还要受到压力、温度、TOC 值、比表面积等多种外部因素的影响。本节主要基于等温吸附实验结果，对泥页岩所处的温度和压力、湿度条件、泥页岩的有机碳含量（TOC）、矿物成分、孔隙结构和孔隙体积、比表面积对泥页岩吸附能力的影响进行探讨。

4.4.1　压力对泥页岩吸附能力的影响

由图 4.3 所示的页岩气等温吸附实验结果可知，压力与泥页岩对甲烷的吸附能力呈正相关关系。在一定压力范围内,泥页岩对页岩气的吸附量随着压力的增大以较大的速率增多;当压力增大到一定程度后,泥页岩对页岩气吸附量的增加速度减缓,直到最终达到某一定值,即泥页岩吸附达到饱和状态。

4.4.2 温度对泥页岩吸附能力的影响

当测试温度不同时,同一泥页岩样品在相同压力条件下,所测得的泥页岩对甲烷的吸附量也不同。从图4.11可以看出,温度对泥页岩吸附能力有着较明显的影响。在其他条件相同的情况下,测试时温度越高,页岩对CH_4的吸附量就越小。这主要是因为页岩气吸附过程是一个伴随着放热的物理过程,当温度升高时,CH_4分子运动速度随之加快,对解吸起到活化作用,从而导致泥页岩吸附量降低。

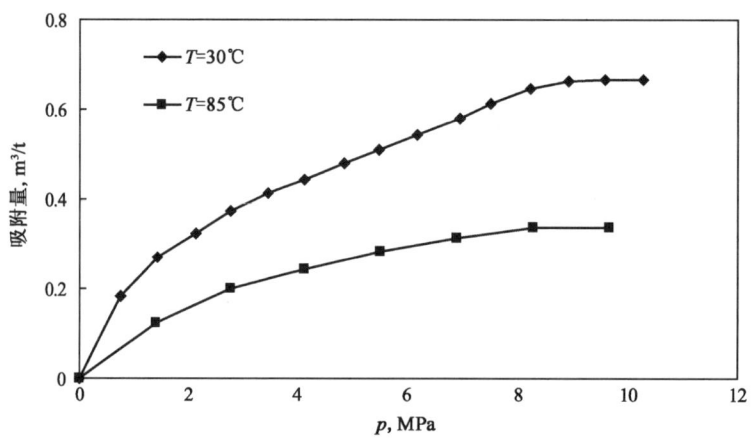

图4.11 不同温度条件下的龙马溪组页岩岩样等温吸附实验结果

4.4.3 湿度对泥页岩吸附能力的影响

国内外相关研究表明,湿度变化会较大地影响页岩吸附等温曲线的形状。

图4.12是国外研究学者对同一泥页岩岩样进行不同湿度处理后,所测得的等温吸附曲线。其中,平衡水含量基是指处于平衡水分湿度状况下的岩样,平衡水分的过程为:首先称重100g样品,再把经过预湿的页岩样品放入装有过饱和K_2SO_4溶液的恒温箱中,该溶液可以使相对湿度保持在96%~97%之间;48h后样品即被全部湿润,间隔一定时间称重一次,直到样品重量不再变化为止。平衡水分含量等于工业分析中空气干燥基水分与页岩岩样水平衡时吸附水分含量之和。收到基为收到岩样不对其作任何湿度处理。而干燥基是指将收到的岩样在室温20℃、相对湿度为60%的条件下进行静置处理,处理后的岩样会失去一些水分,称之为空气干燥基。三者的湿度关系为平衡水分基>收到基>空气干燥基。

从图4.12可以看出,页岩的湿度会明显地影响页岩吸附量大小。页岩湿度越小,在同一压力、温度条件下所测得的泥页岩的吸附量就越大,反之亦然。这主要是由于脱水使黏土暴露了大量的表面积,为气体提供了更多的吸附介质表面积。

图4.13为对取自四川盆地南部地区龙马溪组的泥页岩在不同湿度条件下测得的等温吸附曲线。从该图中可以观察到与图4.12一致的结果。

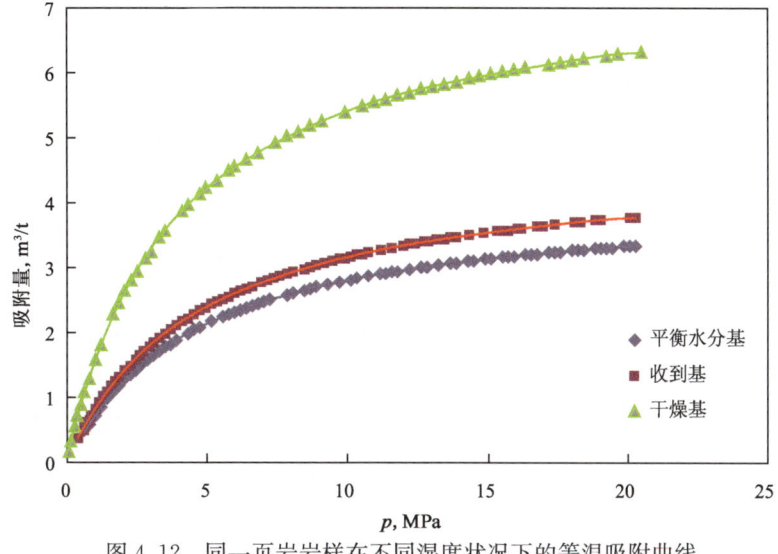

图 4.12　同一页岩岩样在不同湿度状况下的等温吸附曲线

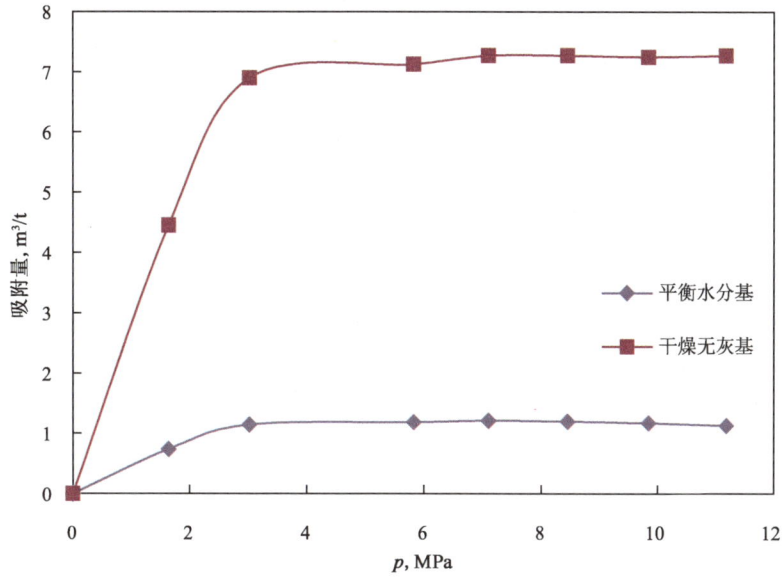

图 4.13　龙马溪组泥页岩在不同湿度处理条件下的 Langmuir 等温吸附曲线

4.4.4　TOC 对泥页岩吸附能力的影响

页岩基质中有机质是吸附态页岩气的主要储集空间,总有机碳含量(TOC)的高低对吸附态页岩气含量有很大影响。国外相关研究表明,TOC 值的变化甚至会导致吸附气量产生数量级的变化。本节结合川南龙马溪组页岩岩样等温吸附实验结果,对四川盆地龙马溪组泥页岩总有机碳含量(TOC)与其吸附能力之间的关系进行定性及定量研究。

从图 4.14 可以看出,无论是北美地区页岩还是川南龙马溪组页岩,其有机碳含量 TOC 和页岩饱和吸附量之间都具有较好的正相关关系。其中,龙马溪组页岩岩样的 TOC 值在

1.19%~4.08%之间变化,总有机碳含量变化较大。从该图中可以观察到,在较大的 TOC 变化范围内,四川盆地龙马溪组泥页岩的 TOC 值与其饱和吸附量之间具有极好的线性关系,拟合直线的相关系数高达 0.8582。随着总有机碳含量(TOC)的增大,泥页岩对页岩气的吸附能力增强。

4.4.5 比面对泥页岩吸附能力的影响

泥页岩比表面积可以说是影响泥页岩吸附能力最直接的一个因素。其他诸如有机碳含量、湿度等因素都是通过影响可供页岩气吸附的比表面积从而影响泥页岩吸附能力的。

图 4.15 中给出了川南龙马溪组页岩岩样的比表面积与页岩气饱和吸附量之间的关系,其中的比表面积是基于低温氮气吸附法测得。从图中可以观察到,泥页岩岩样饱和吸附量与其比表面积之间满足线性关系,直线拟合相关系数高达 0.8936。岩样的比表面积越大,说明基质中纳米级孔隙所占比例越大,相应的吸附态页岩气含量就越高。

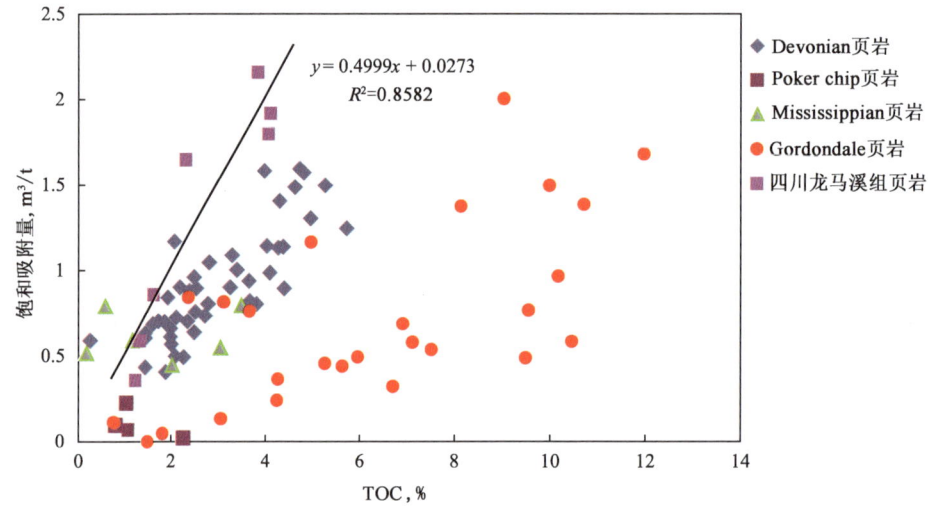

图 4.14 北美及四川龙马溪组泥页岩 TOC—饱和吸附量关系图

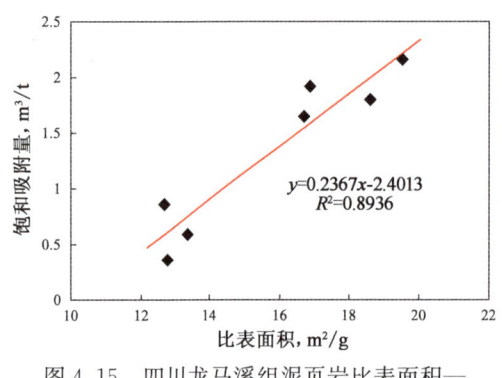

图 4.15 四川龙马溪组页岩比表面积—饱和吸附量关系图

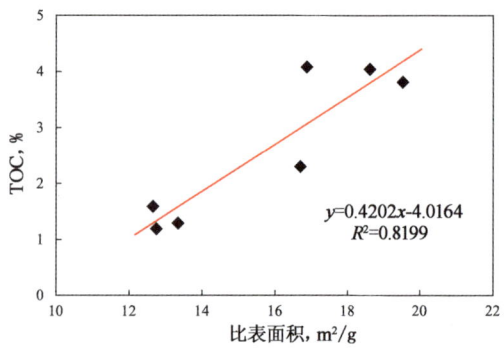

图 4.16 四川龙马溪组泥页岩比表面积—TOC 值关系图

综合图 4.14 和图 4.15 中数据,可得到四川盆地龙马溪组页岩岩样比表面积和总有机碳含量之间的具体关系,具体结果如图 4.16 所示。从图 4.16 中可以看出,该地区页岩的总有机碳含量(TOC)与比表面积之间呈显著的线性关系,直线拟合的相关系数为 0.82。这是因为纳米级孔隙的比表面积值较大,而纳米级孔隙又主要分布在页岩基质有机质物质中,TOC 含量高意味着页岩中有机质含量高,则页岩中会发育有更多的纳米级孔隙,从而导致岩样的比表面积更大。

4.4.6 孔隙结构对泥页岩吸附能力的影响

泥页岩的微观孔隙结构也是影响页岩气吸附能力的关键因素。在岩石颗粒内,孔的形状极不规则,孔隙大小也各不相同。微孔越多,相应的孔隙比表面也大,更有利于吸附质的吸附,泥页岩的吸附能力就越大。

图 4.17~图 4.20 分别给出了泥页岩饱和吸附量与总孔体积、中孔体积、微孔体积、宏孔体积的关系。从这些图中可以看出,泥页岩饱和吸附量与微孔体积不具有相关性,与总孔隙体积具有较好的正相关关系,与中孔体积和宏孔体积具有微弱的正相关关系。

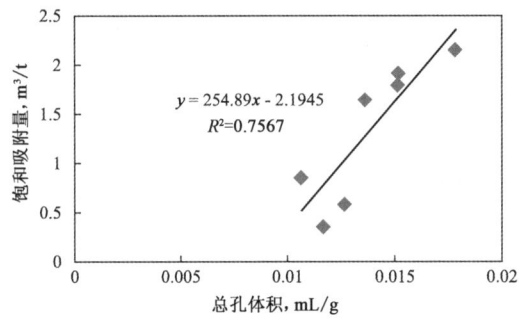

图 4.17 四川盆地龙马溪组泥页岩饱和吸附量与总孔体积的关系图

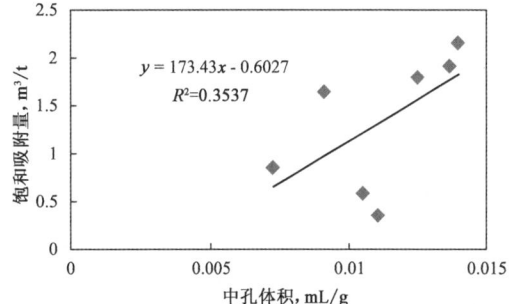

图 4.18 四川盆地龙马溪组泥页岩饱和吸附量与中孔体积的关系图

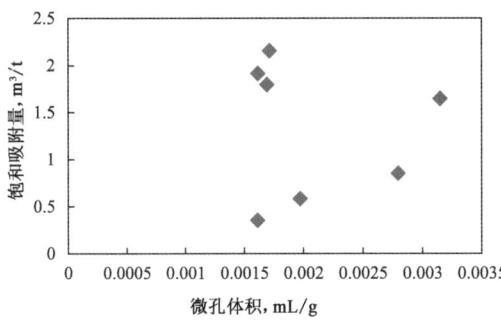

图 4.19 四川盆地龙马溪组泥页岩饱和吸附量与微孔体积的关系图

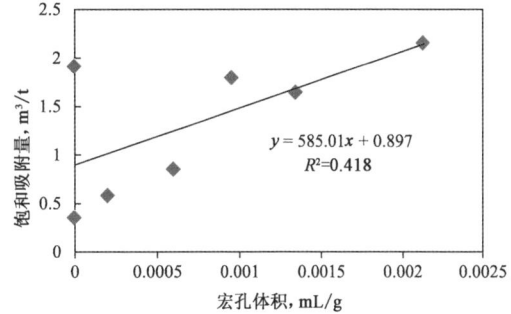

图 4.20 四川盆地龙马溪组泥页岩饱和吸附量与宏孔体积的关系图

多孔物质的孔隙网络是由狭窄的收缩毛细管联系在一起的。因此孔隙的可进入性是由孔喉的大小和孔隙直径共同决定的。页岩气能否通过孔喉到达吸附地点还与气体分子本身的运动直径有关。龙马溪组泥页岩饱和吸附量与孔径小于 2nm 的微孔体积不具有相关性,可能是由于微孔的孔喉较小,与甲烷分子的动力学直径大小相当,使得甲烷进入较困难。与微孔相比,中孔和宏孔有相对较大的孔喉和孔隙直径,使得甲烷分子更易进入,故饱和吸附量与中孔和宏孔具有正相关。

4.5 页岩含气性评价

页岩含气量定义为在标准温度和压力条件下(101.325kPa 和 25℃),每吨页岩中所含天然气总量。作为页岩气选区与资源评价的关键系数,页岩气含气量至关重要。泥页岩储层的含气量是页岩气富集的体现,同样也是决定页岩气有无经济开采价值的重要参数。通常含气量越高,页岩气藏的富集程度越高。因此,为了获得具有经济开采价值的页岩气藏,泥页岩中就必须有足够丰富的原始含气量。

页岩含气量的测定主要是借鉴煤层气的测试方法,包括间接法和直接法。间接法是指通过页岩气吸附等温曲线、测井解释等资料推测页岩气含量;直接法是利用现场钻井获取的岩心和有代表性的岩屑通过罐解吸测定其实际含气量。

本章前几节详细讨论了如何利用等温吸附法确定页岩吸附气体的能力,本节将着重讨论如何利用罐解吸法和测井资料解释法来评价页岩的含气性。目前在页岩气研究及开采中广泛应用的罐解吸法是指将钻井过程中所取得的页岩样品密闭保存于金属解吸罐中,在钻井现场利用水浴加热到储层温度,对岩心进行解吸测试分析,以得到页岩的含气量。利用该方法测定的页岩含气量由散失气量、解吸气量和残余气量三部分组成。

散失气量,即损失气量,是指岩心从井底取出到装入解吸罐之前散失的气量。这部分气体无法直接计量,必须根据散失时间的长短及实测解吸气量的变化速率进行理论计算。目前常用的对损失气量估算的方法有 USBM 直接法、Smith & Williams 方法、Amoco 方法和下降曲线法。其中,应用最广泛的是 USBM 直接法,其原理是损失气量与解吸时间的平方根成正比,利用解吸过程前 4h 的数据,可以计算得到损失气量。

解吸气量是指岩心装入解吸罐之后解吸出的气体总量。一般延续两周至四个月,根据解吸气量的大小而定。一般在一周内平均解吸速度小于 $10cm^3/d$ 时可终止解吸测试。

残余气量是指终止解吸后仍留在岩心中的那部分气体。残余气量的确定方法是将岩样装入球磨罐中密封、破碎后,放入恒温装置中,待恢复到储层温度后按规定的时间间隔反复进行气体解吸,直至连续 7 天解吸的气体量平均小于或等于 $10cm^3/d$,测定其残余气量。

从上述讨论可以看出,要准确测量页岩的含气量,应尽量避免岩心从井底到解吸罐内的气体损失,这对岩心取心过程提出了很高的要求。目前,保压取心和密闭取心都可以很好地避免气体损失。但国外研究人员普遍认为保压取心测定页岩含气量的方法不但价格昂贵,而且准确度不高,不建议使用。通过密闭液覆盖可保存大部吸附气和部分游离气。

通过测井资料综合解释确定富有机质页岩含气量,已经在北美页岩气勘探开发中得到普遍应用。通过测井资料确定富有机质页岩的含气量,首先要建立岩电关系,包括岩石密度与有机质含量的关系、放射性物质含量与有机质含量的关系、有机质含量与含气量的关系等。在岩电关系的基础上,通过测井资料解释吸附气含量、游离气含量和总含气量。

4 页岩吸附能力及含气性评价

表4.3 川南龙马溪组泥页岩含气量与美国主要盆地页岩含气量对比

地 区	总气量,m³/t		
	最大值	最小值	平均值
阿巴拉契亚 Ohio 页岩	2.83	1.70	2.27
密执安 Antrim 页岩	2.83	1.13	1.98
伊利诺伊州 New Albany 页岩	2.64	1.13	1.89
福特沃斯 Barnett 页岩	9.91	8.49	9.20
圣胡安 Lewis 页岩	1.47	0.37	0.92
川南龙马溪组页岩	3.28	1.73	2.51

表4.3和图4.21给出了川南龙马溪组泥页岩含气量与美国主要盆地含气量的对比数据。观察可发现,川南龙马溪组页岩含气量与北美地区大部分页岩含气量相差不大(Barnett页岩除外),其含气量在1.73～3.28m³/t之间变化,达到了页岩气商业开发的下限(北美地区商业性开发的页岩含气量最低约为1.1m³/t)。

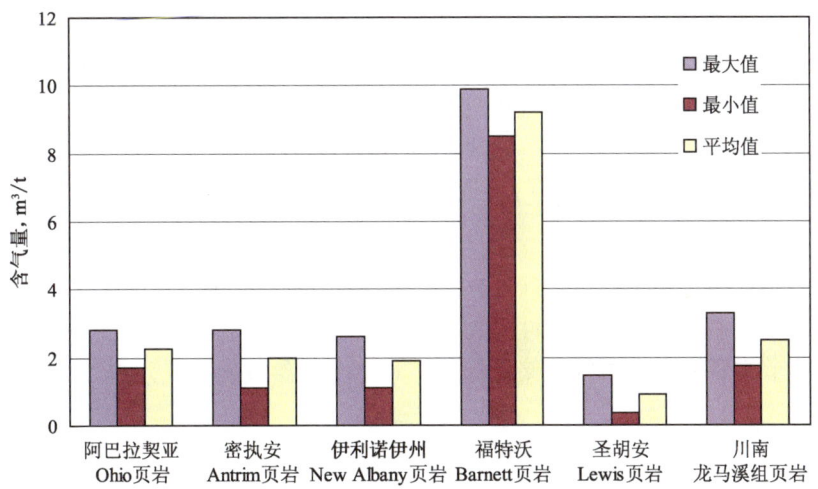

图4.21 川南龙马溪组泥页岩含气量与美国主要盆地页岩含气量对比直方图

5 页岩气藏储量计算

原始天然气地质储量(OGIP)是页岩气藏勘探开发过程中所涉及的一个关键参数,它是油气储量评价的基础和储量预测的关键所在。目前,国内外形成了多种页岩气储量计算的方法,总体上可以归为静态法和动态法两大类,包括类比法、容积法、测井分析法、物质平衡法、生产动态法等。一般地,在勘探初期主要用类比法及容积法计算油气储量;在钻井评价和开发早期,可使用以钻井、录井、测井资料为基础的测井分析方法;在开发中后期,物质平衡法、产量递减曲线法及油气藏模拟法计算油气储量较为适宜。

本章以前文对页岩储层微观结构特征及页岩吸附特性的研究为基础,对页岩气藏储量计算进行研究。基于对有机质孔隙的认识,改进了现有容积法储量计算公式,并在考虑单组分气体储量计算方法的基础上研究了考虑多组分气体吸附的页岩气储量的计算方法。此外,考虑到页岩气藏中有机质孔隙和微裂缝的大量发育,著者分别考虑基质系统和裂缝系统的储层、流体物性,对现有的物质平衡储量计算法提出了改进。

5.1 页岩气藏储量计算中关键参数的确定

无论是使用容积法还是物质平衡法来进行页岩气藏储量评价,都必须已知诸如含水饱和度、孔隙度、地层压缩系数和流体物性等关键参数,这些参数通常由岩心评估、测井数据或试井分析获得。本节主要探讨页岩气藏储量计算中几个主要参数的获取方法。

5.1.1 孔隙度

孔隙度决定着游离气储集空间的大小。评价页岩气藏的地质储量,无论是使用静态法还是动态法,孔隙度都是最为关键的一个参数。目前测定孔隙度的方法主要有实验室岩心分析和根据测井资料计算。

由于页岩气藏储集空间不仅有基质孔隙还有裂缝,而压力对裂缝的张开度影响较大,裂缝孔隙度会在岩心的采集过程中随压力的变化而变化。因此,最好分别测量基质孔隙度和裂缝孔隙度。

实验室岩心分析测量孔隙度是较为传统的测量方法。北美地区页岩岩心综合评价采用的是美国天然气研究院提出的 GRI 岩心分析方法,但国内目前尚不具备此项技术。具体来说,GRI 页岩分析方法的主要步骤如下:

(1)称重 300g 新鲜页岩岩样并将其粉碎处理;
(2)测量汞浸后的体积密度;
(3)利用 Dean-Stark 分析法测算总孔隙度、充气孔隙度和颗粒密度。

GRI 法通过将页岩样粉碎,使得用于孔隙度测定的氦气可以更充分地扩散至岩样孔隙中,测量得到的基质孔隙度更为准确。如果在测试期间的氦气扩散不够充分,测得的孔隙度和颗粒密度都将偏小。

此外,对于页岩基质孔隙度的测定,也有学者根据声波、中子和密度之间的补偿关系,建立了三孔隙度回归模型,该模型可使孔隙度测量误差得到大幅度降低。对于裂缝孔隙度,双侧向测井是当前较成熟的技术,通过在裂缝层段采用深、浅侧向测井,利用孔隙度与深浅侧向电阻率的关系求得裂缝孔隙度。

压汞毛细管压力(MICP)和核磁共振(NMR)技术也可用于测量页岩储层孔隙度。

5.1.2 含水饱和度

GRI岩心分析方法中通过破碎岩样再由甲苯萃取的水和油的体积以测得含水饱和度。如同常规油气藏,地层水矿化度对这一分析有着很大的影响,常常会使得分析结果十分不准确。国外学者的研究表明,地层水矿化度导致的含水饱和度差异可高达3.5%。

另外,也可应用基于孔隙度和电阻率测井的阿尔奇模型来获取岩样的含水饱和度值,具体计算公式如下:

$$S_w = \sqrt[n]{\frac{abR_w}{\phi_T^m R_t}} \tag{5.1}$$

式中 ϕ_T——总孔隙度;

R_t——岩石电阻率,$\Omega \cdot m$;

R_w——地层水电阻率,$\Omega \cdot m$;

a——与岩性有关的岩性系数;

b——与岩性有关的常数;

m——胶结指数;

n——饱和度指数。

近年来,也有研究学者利用核磁共振测井或岩心测量提供的 T_2 谱,根据 T_2 时间截止值 $T_{2cutoff}$ 确定岩石中束缚水和自由水的界限,再用 T_2 谱束缚水部分面积与 T_2 谱曲线总包络面积的比值来确定束缚水饱和度。利用该方法计算束缚水饱和度时,T_2 时间截止值 $T_{2cutoff}$ 的确定是关键所在。

5.1.3 储层厚度

确定有生产能力的页岩气层段厚度要考虑多种因素的影响,包括页岩骨架矿物成分、黏土矿物含量、总有机碳含量、孔隙度、流体饱和度和渗透率等。其中,总有机碳含量、孔隙度和流体饱和度对于确定页岩层是否具有开采价值非常重要。北美多个页岩气盆地的开采经验表明,要想实现经济开采,页岩气层必须满足以下条件:总有机碳含量TOC>2%、孔隙度>4%、含水饱和度>45%以及渗透率>100nD。利用以上标准可确定有效页岩气层厚度。

5.2 容积法计算页岩气藏储量

容积法是目前在实际储量计算中较实用、有效的方法,但页岩气藏储量计算的容积法与常规天然气藏储量计算的容积法是有区别的。页岩气藏储量计算时,不仅要计算页岩孔隙、裂缝空间内的游离气储量,而且要计算黏土颗粒表面的吸附气储量。目前游离页岩气的储量普遍按照常规天然气储量的方法来计算,吸附气则主要参考目前已有的相对成熟的煤层气地质储量的计算方法。

5.2.1 孔隙体积模型

图 5.1 为页岩基质的定容孔隙体积模型。从该图中可以看出,页岩基质由无机部分和有机部分组成。其中,无机基质主要由黏土和其他矿物颗粒组成,有机基质部分主要包括干酪根和相关的沥青或石油。通常认为水相被束缚于黏土颗粒间或残留在孔隙空间,吸附态页岩气则主要与有机质部分有关。

常规页岩孔隙体积模型[图 5.1(a)]认为有机质部分的孔隙体积很小,在计算游离页岩气储量时,可以不用考虑除去有机质内被吸附态页岩气占据的孔隙体积。

国外学者 Ambrose 等使用聚焦离子束/扫描电子显微镜成像技术(FIB/SEM)获得了页岩的 3D 孔隙网络模型(图 5.2)。该孔隙网络模型中存在大量相互连通的干酪根,干酪根的总体积大约占总模型体积的 7.7%。图 5.2 中被黄色线条包围的区域为干酪根网络,被红色线条包围的体积为孔隙。分析发现几乎所有的孔隙都发育于干酪根网络体系中。因此,在计算游离页岩气储量时,如果包括有机质内被吸附态页岩气占据的孔隙体积的话,可能会带来不小的误差。

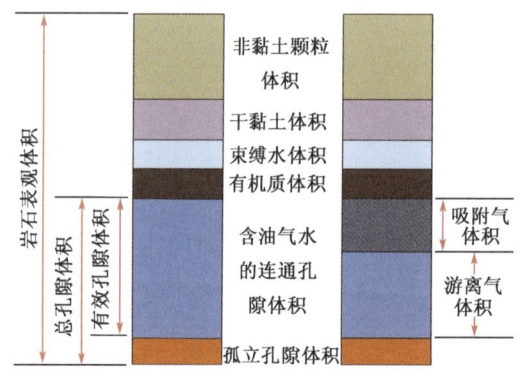

(a) 常规页岩孔隙体积模型　　(b) 修正页岩孔隙体积模型

图 5.1　页岩孔隙体积模型　　　　图 5.2　北美 Barnett 页岩 3D 孔隙网络模型

鉴于此,国内外研究学者提出了修正的页岩孔隙体积模型[图 5.1(b)],该模型认为游离气和吸附气含量百分数相互影响,在计算游离气储量时,需要考虑吸附态页岩气占据的孔隙体积的影响。与常规页岩孔隙体积模型相比,该模型有两点明显不同:首先,连通孔隙空间与有机质有关;第二,游离气占据的孔隙空间大小受吸附相存在的影响,吸附气占据了一部分游离气原本占据的孔隙空间。在该模型的假设条件下,为了正确地计算总的页岩气储量和游离气量,必须确定吸附气所占据的有机质孔隙体积并将其从原有游离气体积计算方法中扣除。

5.2.2 考虑单组分气体吸附的页岩气藏地质储量计算公式

目前常用的页岩气藏容积法储量计算公式为：

$$G_t = G_{free} + G_{asc} + G_{so} + G_{sw} \tag{5.2}$$

式中 G_t——页岩气总地质储量，m^3；

G_{free}——孔隙空间内的游离态页岩气储量，m^3；

G_{asc}——以物理吸附方式吸附于微孔、中孔的大量孔隙表面的吸附气储量，通常根据实验室内测得的甲烷等温吸附曲线求取，m^3；

G_{so}——溶解于液态烃类的页岩气，m^3；

G_{sw}——溶解于地层水的页岩气，m^3。

通常地，烃类中的溶解气和水里的溶解气量很小可忽略不计，则式(5.2)可简化为：

$$G_t = G_{free} + G_{asc} \tag{5.3}$$

基于常规页岩孔隙体积模型，式(5.3)等式右端的两项可分别由下面两式求取：

$$G_{free} = \frac{Ah\phi(1-S_{wi})}{B_{gi}} \tag{5.4}$$

$$G_{asc} = Ah\rho_b \left(V_L \frac{p_i}{p_i + p_L} \right) \tag{5.5}$$

式中 A——含气面积，m^2；

h——储层平均有效厚度，m；

ϕ——页岩储层有效孔隙度，%；

S_{wi}——束缚水饱和度，%；

ρ_b——岩石表观密度，g/cm^3；

V_L——岩石饱和吸附量，sm^3/t。

需要注意的是，利用式(5.4)计算游离态页岩气储量时，并未除去有机质内被吸附态页岩气所占据的孔隙体积，从而会导致计算得到的游离态页岩气储量偏高，与实际存在一定误差。因此，有必要基于修正的页岩孔隙体积模型对游离态页岩气体积计算方法做出相应的修正，具体处理方法如下。

已知吸附气在地面标准状态下的体积如式(5.5)所示，则气藏条件下吸附态页岩气占据的孔隙体积可表示为：

$$G_a = Ah\rho_b \left(V_L \frac{p_i}{p_i + p_L} \right) B_g = Ah\rho_b \left(V_L \frac{p_i}{p_i + p_L} \right) \frac{\rho_{gsc}}{\rho_{ga}} \tag{5.6}$$

式中 G_a——吸附态页岩气在气藏条件下的所占据的体积，m^3；

ρ_{ga}——气藏条件下吸附态天然气密度，g/cm^3；

ρ_{gsc}——标况下天然气密度，g/cm^3。

基于修正的孔隙体积模型，游离气的真实体积应该为式(5.4)计算的体积减去被吸附相所占据的有机质孔隙体积，即：

$$G_{free} = \frac{Ah\rho_b}{B_{gi}} \left[\frac{\phi(1-S_{wi})}{\rho_b} - \left(V_L \frac{p_i}{p_i + p_L} \right) \frac{\rho_{gsc}}{\rho_{ga}} \right] \tag{5.7}$$

因此，基于新的孔隙体积模型的页岩气地质储量应该表示为：

$$G_{t} = \frac{Ah\rho_{b}}{B_{gi}} \left[\frac{\phi(1-S_{wi})}{\rho_{b}} - \left(V_{L} \frac{p_{i}}{p_{i}+p_{L}} \right) \frac{\rho_{gsc}}{\rho_{ga}} \right] + Ah\rho_{b} \left(V_{L} \frac{p_{i}}{p_{i}+p_{L}} \right) \tag{5.8}$$

5.2.3 考虑多组分气体吸附的页岩气藏地质储量计算公式

在5.2.2节中,页岩气的吸附和解吸均由单组分Langmuir等温吸附模型来描述。但实际上天然气是一种多组分气体,它包含有大量具有不同吸附亲和力和相密度的化学组分。页岩储层内的流体具有不同的组成和相态,从成分十分简单的干气到液态烃类。因此,使用多组分吸附模型来计算吸附气体积应该更符合实际情况。目前普遍应用的多组分等温吸附模型为扩展Langmuir模型:

$$V = \sum_{i=1}^{n} V_{Li} \frac{y_{i}p}{p_{Li}\left(1+\sum_{i=1}^{n} y_{i} \frac{p}{p_{Li}}\right)} \tag{5.9}$$

式中 V_{Li}——每种组分的Langmuir吸附体积,m^3/t;

p_{Li}——每种组分的Langmuir压力,MPa;

y_i——每种组分的摩尔分数。

类似地,对于考虑多组分气体吸附的页岩气储量计算来说,游离态页岩气体积计算时也应减去由吸附态页岩气占据的有机质孔隙体积,则游离态和吸附态页岩气体积应该分别表示为:

$$G_{free} = \frac{Ah\rho_b}{B_{gi}} \left\{ \frac{\phi(1-S_{wi})}{\rho_b} - \frac{\rho_{gsc,mix}}{\rho_{ga,mix}} \sum_{i=1}^{n} \left[V_{Li} \frac{y_i p}{p_{Li}\left(1+\sum_{j=1}^{n} y_j \frac{p}{p_{Lj}}\right)} \right] \right\} \tag{5.10}$$

$$G_{asc} = Ah\rho_b \sum_{i=1}^{n} \left[V_{Li} \frac{y_i p}{p_{Li}\left(1+\sum_{j=1}^{n} y_j \frac{p}{p_{Lj}}\right)} \right] \tag{5.11}$$

在上述各式中,天然气标况下混合密度$\rho_{gsc,mix}$和混合吸附态页岩气密度$\rho_{ga,mix}$都需要使用混合规则计算。其中,吸附态页岩气密度可借助范德华方程进行计算:

$$\left(p + \frac{a}{V^2} \right)(V-b) = RT \tag{5.12}$$

式中 V——真实气体的摩尔体积,cm^3/mol;

R——通用气体常数,$8.314 J/mol \cdot K$;

T——气藏温度,K;

a——范德华常数,与分子间作用力有关,$m^3 \cdot MPa \cdot mol$;

b——综合体积常数,cm^3/mol。

在式(5.12)中,体积常数b主要用于表征实际气体分子体积的影响。吸附态页岩气密度与该体积常数之间存在一定的关系,可据此来计算页岩气藏中的吸附态气体密度。

由实验可知,纯物质在临界点(p_c, T_c)的气体压力对摩尔体积的一阶和二阶导数等于零:

$$\left(\frac{\partial p}{\partial V} \right)_{T_c} = 0 \tag{5.13}$$

$$\left(\frac{\partial^2 p}{\partial^2 V} \right)_{T_c} = 0 \tag{5.14}$$

式中 T_c——临界温度,K;

p_c——临界压力,MPa。

上述两式联立求解可得到:

$$a = \frac{27R^2 T_c^2}{64 p_c} \quad (5.15)$$

$$b = \frac{RT_c}{8 p_c} \quad (5.16)$$

得到体积常数 b 的值之后,即可根据下式计算吸附相密度:

$$\rho_s = \frac{M}{b} \quad (5.17)$$

得到吸附相密度后,即可代入式(5.10)和式(5.11)对页岩气藏储量进行计算。

另外需要指出的一点是,组分 i 的 Langmuir 体积 V_{Li} 和 Langmuir 压力 p_{Li} 通常是通过对相应的纯组分气体进行等温吸附实验得到的。然而,对于 C_{4+} 烃类,由于其露点非常低,很难测得其等温吸附曲线。通常的做法是,对 C_1、C_2、C_3 烃类进行等温吸附实验测试,获得其 Langmuir 体积 V_{Li} 和 Langmuir 压力 p_{Li},而后建立 Langmuir 常数与碳原子数的相关趋势线,再利用此趋势线获取 C_{4+} 烃类的 Langmuir 参数,以用于多组分吸附模型的计算。

图 5.3 为基于 C_1、C_2、C_3 类烃类的等温吸附实验结果作出的 Langmuir 常数与碳原子数回归曲线图。表 5.1 给出了准确测得的 C_1、C_2、C_3 类烃类的 Langmuir 常数,以及据图 5.3 中的回归关系计算得到的 C_{4+} 烃类和 CO_2 的 Langmuir 常数。

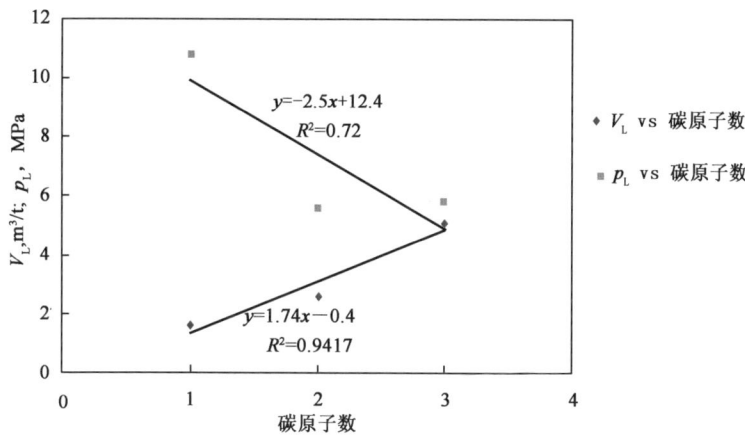

图 5.3 Langmuir 常数与碳原子数的相关性趋势图

表 5.1 各碳原子数的 Langmuir 常数

参数	C_1	C_2	C_3	C_{4+}	CO_2
V_L, m³/t	1.59	2.58	5.07	6.57	4.11
p_L, MPa	10.8	5.6	5.8	2.4	5.8

5.2.4 实例计算

该小节利用 5.2.2 节和 5.2.3 节中所述的储量计算公式对某一实际页岩气藏的储量进行计算及对比分析。表 5.2～表 5.4 给出了该页岩气藏的相关物性参数及热力学参数。

表 5.2 纯组分热力学参数和吸附参数

组分	p_c MPa	T_c ℃	a m³·MPa·mol	b cm³/mol	M g/mol	ρ_{ga} g/cm³
CH_4	4.59	−82.60	35.20	0.6911	16.000	0.371
C_2H_6	4.87	32.18	85.19	1.0442	30.000	0.460
C_3H_8	4.24	96.17	143.34	1.4506	44.000	0.486
C_4+	3.80	152.00	211.88	1.8654	58.000	0.498
CO_2	7.38	31.06	55.78	0.6863	44.000	1.027
混合物	4.62	−13.44	75.64	0.9630	26.956	0.434

表 5.3 页岩气藏物性参数

参数	S_w	ϕ	p, MPa	T, K	B_g	ρ_b, g/cm³
数值	0.35	0.055	27.856	355.35	0.0042	2.5

表 5.4 气体混合物组成参数

组成	C_1	C_2	C_3	C_4	CO_2	混合物
y_i	0.86	0.10	0.02	0.03	0.01	1
x_i	0.5654	0.2058	0.0776	0.1195	0.0317	1

分别利用 5.2.2 和 5.2.3 节中的容积法储量计算公式,对该页岩气藏储量进行计算,计算结果见表 5.5。

表 5.5 不同方法储量计算结果

	单组分等温吸附模型	多组分等温吸附模型
基于常规页岩孔隙体积模型		
单位质量(1t)岩石内游离气储量 G_{free}	1.23	1.66
单位质量(1t)岩石内吸附气储量 G_{asc}	2.64	2.31
单位质量(1t)岩石内页岩气总储量 G_t	3.87	3.97
基于修正页岩孔隙体积模型		
单位质量(1t)岩石内游离气储量 G_{free}	1.14	1.568
单位质量(1t)岩石内吸附气储量 G_{asc}	2.595	2.112
单位质量(1t)岩石内页岩气总储量 G_t	3.735	3.680
误差		
游离气储量	−6.57%	−5.8%
总储量	−5.77%	−6.9%

由表 5.5 可以看出,常规页岩孔隙体积模型和修正页岩孔隙体积模型相比,基于常规页岩孔隙模型计算得到的页岩气藏储量值较高,这主要是由于计算游离气储量时未去除吸附相所占据的孔隙体积所导致的。此外,基于多组分吸附模型和单组分吸附模型计算得到的页岩气藏储量值相差也较大。在利用容积法计算页岩气藏储量时,需要考虑吸附气占据孔隙体积和多组分吸附的影响。

5.3 物质平衡法计算页岩气藏储量

物质平衡法是动态法储量计算方法的一种,在气藏储量评价中具有广泛的应用。针对非常规页岩气藏,著者建立了考虑裂缝—基质系统差异、吸附气和游离气之间吸附—解吸动态平衡,以及考虑吸附相体积随地层压力变化的页岩气藏物质平衡方程。

5.3.1 物质平衡方程的建立

建立页岩气藏物质平衡方程时,需做如下假设:
(1)页岩气藏的开发过程为等温过程;
(2)同一时间气藏内各点压力和采出程度相同;
(3)忽略地层水中的溶解气;
(4)裂缝系统和岩石基质系统均可压缩,但具有不同的压缩系数;
(5)裂缝系统和岩块基质系统束缚水饱和度不同;
(6)不存在水侵和忽略地层产水。

在页岩气藏中,裂缝不仅是气体的储集空间,也是页岩气的生产运移通道。在页岩气藏开发过程中,裂缝系统内的游离气首先被采出地层。随着地层压力的降低和部分游离气的采出,以吸附形式储集在有机质及矿物黏土表面的吸附气从基质内表面解吸成为游离气,然后随基质系统内原始游离气运移到裂缝系统中,最后经天然裂缝和诱导裂缝进入井底。

页岩气的解吸过程可使用 Langmuir 等温线来表征,在通过实验室测试得到页岩的 Langmuir 体积和 Langmuir 压力两个参数的情况下,地面条件下的吸附态页岩气气体积可表示为:

$$G_{asc} = \frac{G_m B_{gi} \rho_b}{(1-S_{mwi})\phi_m} \cdot \frac{V_L p_i}{p_L + p_i} \quad (5.18)$$

相应地,地层条件下的吸附气体积为:

$$G_a = \frac{G_{ii} B_{gi} \rho_b}{(1-S_{mwi})\phi_m} \cdot \frac{V_L p_i}{p_L + p_i} \cdot \frac{\rho_{gsc}}{\rho_{ga}} \quad (5.19)$$

随着地层压力下降,由于岩石颗粒和地层束缚水的弹性膨胀,基质系统和裂缝系统的孔隙体积均会减少,减少值为:

$$\Delta G_m = \frac{G_m B_{gi}}{1-S_{mwi}}(c_m + c_w S_{mwi})(p_i - p) \quad (5.20)$$

$$\Delta G_f = \frac{G_f B_{gi}}{1-S_{fwi}}(c_f + c_w S_{fwi})(p_i - p) \quad (5.21)$$

另外,随着地层压力下降,吸附态页岩气会发生解吸。当地层压力下降到 p 时,在地层条件下的解吸气体积为：

$$G_d = \frac{G_m B_{gi} \rho_b}{(1-S_{mwi})\phi_m} \cdot \left(\frac{V_L p_i}{p_L + p_i} - \frac{V_L p}{p_L + p}\right) B_g \tag{5.22}$$

页岩气藏开发过程中，地下储集空间应满足如下体积平衡原理：

基质系统原始游离气体积＋裂缝系统原始游离气体积＋原始吸附气体积＝剩余游离气体积＋剩余吸附气体积＋基质孔隙体积减少值＋裂缝孔隙体积减少值

其中，剩余游离气体积由剩余的原始游离气及目前状况下的解吸气组成。

根据上述物质平衡关系，可得到：

$$G_f B_{gi} + G_m B_{gi} + \frac{G_m B_{gi} \rho_b}{(1-S_{mwi})\phi_m} \cdot \frac{V_L p_i}{p_L + p_i} \cdot \frac{\rho_{gsc}}{\rho_{ga}}$$

$$= \left[G_f + G_m + \frac{G_m B_{gi} \rho_b}{(1-S_{mwi})\phi_m}\left(\frac{V_L p_i}{p_L + p_i} - \frac{V_L p}{p_L + p}\right) - G_p\right] B_g$$

$$+ \frac{G_m B_{gi} \rho_b}{(1-S_{mwi})\phi_m} \cdot \frac{V_L p}{p_L + p} \cdot \frac{\rho_{gsc}}{\rho_{ga}}$$

$$+ \frac{G_m B_{gi}}{1-S_{mwi}}(c_m + c_w S_{mwi})(p_i - p) + \frac{G_f B_{gi}}{1-S_{fwi}}(c_f + c_w S_{fwi})(p_i - p) \tag{5.23}$$

定义如下参数：

基质综合压缩系数 $\qquad c_{cm} = \dfrac{c_m + c_w S_{mwi}}{1-S_{mwi}} \tag{5.24}$

裂缝综合压缩系数 $\qquad c_{cf} = \dfrac{c_f + c_w S_{fwi}}{1-S_{fwi}} \tag{5.25}$

$$\Delta p' = \frac{p_i}{p_L + p_i} - \frac{p}{p_L + p} \tag{5.26}$$

将式(5.24)~式(5.26)代入式(5.23)整理得：

$$G_p B_g = G_f[B_g - B_{gi} + B_{gi} c_{cf} \Delta p] + G_m\left[B_g - B_{gi} + B_{gi} c_{cm} \Delta p + \frac{B_{gi} \rho_b V_L \Delta p'}{(1-S_{mwi})\phi_m}\left(B_g - \frac{\rho_{gsc}}{\rho_{ga}}\right)\right]$$
(5.27)

式中 G_t——页岩气总地质储量，m^3；

G_m——基质系统游离气储量，m^3；

G_f——裂缝系统游离气储量，m^3；

G_{asc}——标况下吸附气体积，m^3；

G_a——地层条件下吸附气体积，m^3；

S_{mwi}——基质系统束缚水饱和度，无因次；

S_{fwi}——裂缝系统束缚水饱和度，无因次；

G_p——累积产气量，m^3；

c_f——裂缝系统压缩系数，MPa^{-1}；

c_m——基质系统压缩系数，MPa^{-1}；

c_w——地层水压缩系数，MPa^{-1}。

5.3.2 模型求解

令：

$$F = G_p B_g \tag{5.28}$$

$$E_1 = B_g - B_{gi} + B_{gi} c_{cf} \Delta p \tag{5.29}$$

$$E_2 = B_g - B_{gi} + B_{gi} c_{cm} \Delta p + \frac{B_{gi} \rho_b V_L \Delta p'}{(1 - S_{mwi}) \phi_m} \left(B_g - \frac{\rho_{gsc}}{\rho_{ga}} \right) \tag{5.30}$$

若不考虑吸附相体积随地层压力的变化,则：

$$E_2 = B_g - B_{gi} + B_{gi} c_{cm} \Delta p + \frac{B_{gi} \rho_b V_L \Delta p'}{(1 - S_{mwi}) \phi_m} B_g \tag{5.31}$$

则式(5.27)可表达为如下形式：

$$F = E_1 G_f + E_2 G_m \tag{5.32}$$

式(5.32)两边同时除以 E_1，可得到：

$$\frac{F}{E_1} = G_f + \frac{E_2}{E_1} G_m \tag{5.33}$$

观察式(5.33)可看出，$E_2/E_1 \sim F/E_1$ 满足直线关系,直线的截距为裂缝游离气的储量 (G_f),斜率为基质游离气的储量 (G_m)。

页岩气藏的总地质储量为：

$$G_t = G_f + G_m + \frac{G_m B_{gi} \rho_b}{(1 - S_{mwi}) \phi_m} \cdot \frac{V_L p_i}{p_L + p_i} \tag{5.34}$$

5.3.3 实例计算

已知某页岩气藏的基本参数为：$T=366.48K$, $\gamma_g=0.69$, $p_i=24.138MPa$, $B_{gi}=0.00478$, $c_m=4.35\times10^{-4}MPa^{-1}$, $c_w=4.35\times10^{-4}MPa^{-1}$, $c_f=8.7\times10^{-3}MPa^{-1}$, $\phi=0.021$, $S_{mwi}=0.2$, $S_{fwi}=0.05$, $\rho_b=2.47g/cm^3$, $\rho_{ga}=0.37g/cm^3$, $\rho_{gsc}=0.00077g/cm^3$, $V_L=2.76m^3/t$, $p_L=3.69MPa$,生产数据见表5.6。

表5.6 某页岩气藏生产动态数据

储层压力,MPa	24.138	7.807	5.759	4.455	3.731	3.276
累积产量,$10^8 m^3$	0	0.888	1.059	1.193	1.290	1.336

根据上述给定的数据,根据式(5.28)~式(5.30)分别计算出 F、E_1、E_2，从而可作出 $E_2/E_1 \sim F/E_1$ 关系曲线(图5.4)。

由图5.4可知：考虑吸附相体积变化的 $E_2/E_1 \sim F/E_1$ 关系曲线的斜率更小,基质系统游离气储量为 $6767.6\times10^8 m^3$,裂缝系统游离气储量为 $3017.8\times10^8 m^3$,气藏总储量为 $9785.4\times10^8 m^3$。而未考虑吸附相体积变化计算所得的基质系统游离气储量更大 ($7136.7\times10^8 m^3$),裂缝系统游离气储量更小 ($1960.6\times10^8 m^3$)。

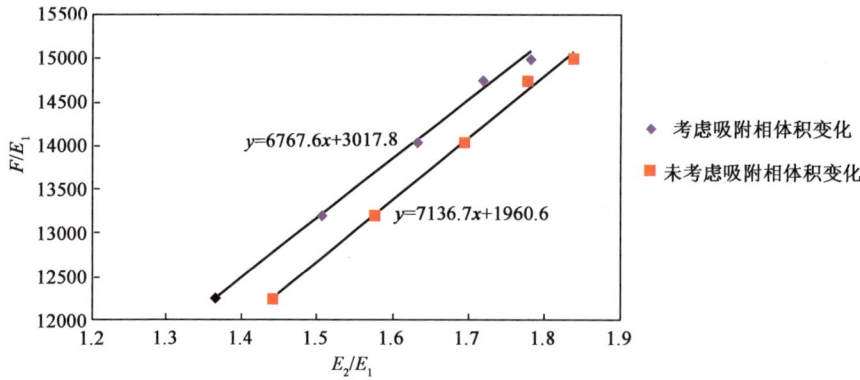

图 5.4　$E_2/E_1 \sim F/E_1$ 关系曲线图

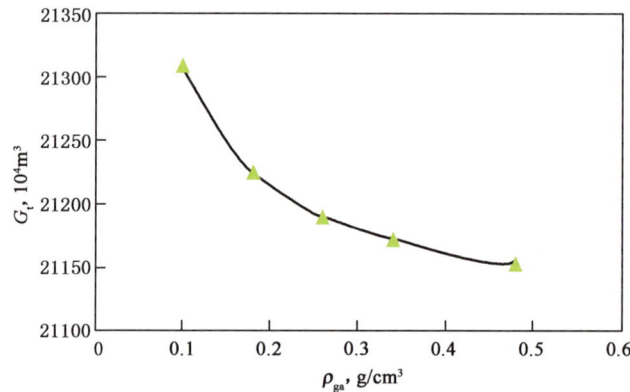

图 5.5　不同吸附相密度对页岩气藏天然气总储量(G_t)的影响

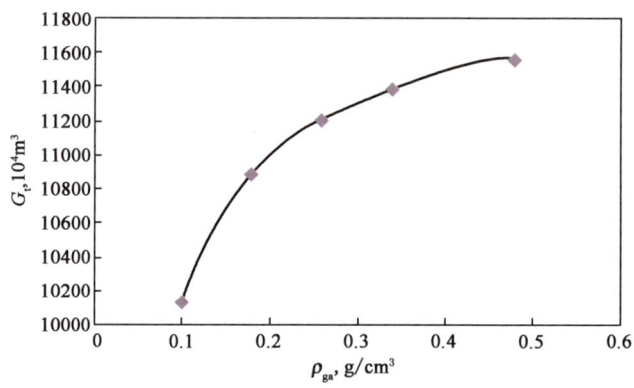

图 5.6　不同吸附相密度对页岩气藏吸附气储量(G_{asc})的影响

此外,吸附相密度的取值对最终预测储量也会有影响,而不同的方法获得的吸附相密度会有一定差异。由图 5.5 和图 5.6 可知:吸附相密度增大,由考虑吸附相体积随地层压力变化的页岩气物质平衡方程所计算得到的吸附气储量随之增加,天然气总储量随之减小,但减小量相对较小。

6 页岩气藏基本渗流模型及其点源解

本章从页岩气在多尺度储集空间内的储存机理和多重运移采出机理出发,考虑页岩气吸附—解吸和扩散效应的影响,建立了页岩气藏的基本渗流模型。并利用源函数的思想,结合 δ 函数、Laplace 变换、叠加原理等数学方法,推导得到了无限大页岩气藏和有界页岩气藏中的瞬时点源解和连续点源解,为页岩气藏中不同井型渗流问题的研究奠定了理论基础。

第 6 章至第 8 章所有的理论推导中的物理量都采用的是 SI 单位制,在该单位制下进行公式推导不会出现由于单位制而产生的系数,便于公式推导。如果实际应用时需要采用其他单位制,可对照有关单位换算表进行转换。

6.1 页岩气储存机理

页岩气藏特殊的孔隙类型决定了页岩气赋存状态的多样性。目前国内外关于页岩气赋存状态比较一致的认识是:在页岩气藏中,除了极少量的页岩气以溶解态存在外(少量溶解于干酪根、沥青质、液态烃类及残留水中),大部分的页岩气主要是以吸附态和游离态两种形式存在(即以游离态存在于页岩基质微孔隙和裂缝中,以吸附态吸附在页岩基质有机质表面)。游离态、吸附态和溶解态的天然气在页岩气藏中处于一个动平衡过程中,其机理如图 6.1 所示。

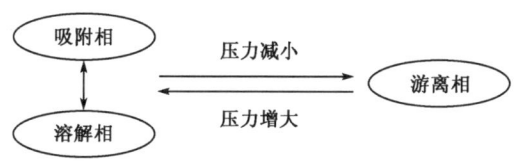

图 6.1 页岩气赋存状态间的动平衡

具体来说,页岩气在储层中以何种赋存状态存在,主要和它在流体体系中溶解度有关。当气藏处于未饱和状态,即气体总量小于其在流体体系中的溶解度时,气藏中只存在吸附态和溶解态的天然气;当气藏达到饱和后,才会出现游离态的天然气。在页岩气藏生烃演化过程中,生成的页岩气会首先满足页岩储层有机质表面吸附的需要,直到吸附气量与溶解气量达到饱和之后,多余的天然气才会以游离态进行储存。

6.1.1 游离态页岩气

在页岩气藏天然裂缝、人工压裂裂缝及页岩储层基质微孔隙中存在一部分以游离态存在的天然气,称之为游离态页岩气。游离态页岩气含量的高低与构造保存条件密切相关。与常规天然气一样,游离态页岩气属于易被压缩流体,可用真实气体状态方程进行描述:

$$pV_{mol} = ZRT \tag{6.1}$$

上式也可写成以气体密度表达的形式:

$$\rho = \frac{pM}{ZRT} \qquad (6.2)$$

式中 ρ——气体密度,kg/m³;

p——气体压力,Pa;

V_{mol}——气体摩尔体积,m³/mol;

Z——气体偏差系数,无因次,对于理想气体 $Z=1$;

R——气体常数,8.314Pa·m³/(mol·K);

T——气体绝对温度,K;

M——气体 kmol 质量,kg。

6.1.2 吸附态页岩气

页岩基质中存在有巨大比表面积的有机质孔隙,是吸附态页岩气的主要储集空间。从吸附气含量来看,页岩气藏介于常规气藏(吸附气含量通常被认为是零)和煤层气藏(吸附气含量一般在 85% 以上)之间。吸附态页岩气含量的多少主要受岩石组成、有机质含量、地层压力、温度等因素的影响。

根据第 4 章对页岩气吸附—解吸规律的研究结果,可知吸附态页岩气的解吸规律可用 Langmuir 等温吸附方程来描述。

6.1.3 溶解态页岩气

页岩气藏中的天然气以游离态和吸附态为主,仅有极少量的天然气以溶解气的形式存在于固体有机质及液态烃类中。由于溶解气在页岩总含气量的构成中所占的比例很小,在计算含气量以及建立渗流模型时可忽略不计。

6.2 页岩气运移和产出机理

页岩气藏复杂的孔隙结构决定了页岩气特殊的渗流方式,同时页岩储层孔隙结构的多尺度性使得页岩储层中气体的产出方式也具有多尺度性,从分子尺度到宏观尺度都有页岩气流动的发生。

如图 6.2 所示,从宏观到微观来说,页岩气产出过程中涉及的过程有:页岩气在人工压裂裂缝及天然裂缝中的流动;页岩气在基质微孔隙中的渗流;页岩气在纳米级孔隙中的扩散以及页岩气从有机质颗粒表面的解吸。

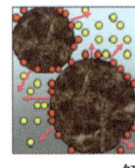
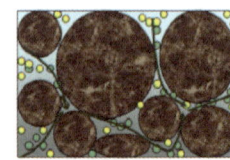
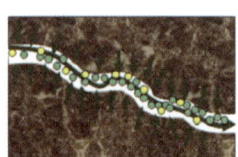

解吸　　　　　　基质中流动　　　　　裂缝中流动

● 吸附气　● 游离气　● 解吸气　→ 解吸

图 6.2　页岩气产出机理示意图

6.2.1 裂缝及微孔隙中渗流

综合国内外文献调研可知,页岩气在天然裂缝、人工压裂裂缝及页岩储层基质较大孔隙中的流动与常规气藏中的渗流相似,即在压力差的作用下沿着压力降低的方向进行层流流动。Darcy 公式可以用来描述该过程,即:

$$v = -\frac{K}{\mu}\nabla p \tag{6.3}$$

式中　v——气体渗流速度,m/s;
　　　μ——气体黏度,Pa·s;
　　　K——渗透率,m^2。

6.2.2 纳米级孔隙中扩散

根据第 3 章对页岩储层微观孔隙结构特征的研究结果,页岩基质中的孔隙大小多在几个纳米到几个微米间变化,渗透率也比常规气藏要小得多,导致气体在页岩纳米级孔隙中的流动不同于 Darcy 流动。一般来说,气体在纳米级孔隙中的流动可用分子动力学或连续介质方法来进行描述。连续介质方法被广泛应用于流体流动分析中,该方法认为流体性质是空间坐标的函数。但是随着所研究物理系统尺度的减小,该方法的适用性也随之降低。通常人们用无因次参数 Knudsen 数(克努森数)来判断连续介质方法是否适用,其定义如下:

$$K_n = \frac{\lambda}{d} \tag{6.4}$$

式中　K_n——克努森数,无因次;
　　　λ——分子平均自由程,m;
　　　d——孔隙直径,m。

Knudsen 数是对气体通过小孔隙时发生碰撞程度的一种度量。Knudsen 数随着压力的增大而减小,随着孔隙直径的增大而减小。当 Knudsen 数较小时($K_n<0.001$),连续介质方法中的非滑脱边界的假设成立,可用连续介质方法来描述流体流动;当 Knudsen 数较大时($K_n>0.001$),连续介质方法不再适用,可以采用分子动力学模型来描述流体的流动。分子动力学模型是基于玻尔兹曼(Boltzmann)对单一分子的动力学进行描述。从理论上来说,分子动力学模型适合于描述微小尺度下的分子间相互作用,但由于目前计算机发展的限制,用其来模拟页岩气在页岩储层纳米孔隙中的流动也不太现实。

Fick 扩散定律可用来描述页岩气在纳米级孔隙中以及干酪根内部和表面的运移。在浓度差的作用下,解吸后的页岩气由浓度较高的区域向浓度较低的区域运移,当各处浓度相等时,扩散现象停止。

页岩气在储层基质中的扩散可以用拟稳态扩散和不稳态扩散两种不同的方式来描述,相对应的数学方程分别为 Fick 第一定律和 Fick 第二定律。

6.2.2.1 页岩气拟稳态扩散

页岩气在基质中的拟稳态扩散可以用 Fick 第一定律来描述。根据拟稳态扩散理论,基质中页岩气总浓度 V_m 对时间的变化率与基质和裂缝间的浓度差成正比,即:

$$\frac{dV_m}{dt} = DF_s[V_E(p_f) - V_m] \tag{6.5}$$

在体积为$(\Delta x \Delta y \Delta z)m^3$的页岩储层中,从基质到裂缝系统的页岩气扩散量为:

$$q = F_G \frac{dV_m}{dt} \cdot \Delta x \Delta y \Delta z \tag{6.6}$$

式中 V_m——拟稳态扩散条件下,基质内页岩气体积浓度,m^3/m^3;

t——时间,s;

D——扩散系数,m^2/s;

F_s——基质块形状因子,m^{-2};

V_E——基质岩块与裂缝系统交界面处页岩气体积浓度,该浓度与裂缝中压力相平衡,m^3/m^3;

p_f——裂缝系统压力,Pa;

q——基质与裂缝间的窜流量,m^3/s;

F_G——几何因子,无因次。

当基质块形状不同时(图 6.3),式(6.5)和式(6.6)中形状因子F_s和几何因子F_G的取值也不同,具体取值标准见表 6.1。

表 6.1 页岩基质岩块形状因子和几何因子取值

基质块形状	特征参数	形状因子 F_s	几何因子 F_G
块状	半厚度 h	2	$\left(\frac{\pi}{2h}\right)^2 = \frac{2.4674}{h^2}$
圆柱体	圆柱体半径 R	4	$\left(\frac{2.4082}{R}\right)^2 = \frac{5.7832}{R^2}$
球体	球体半径 R	6	$\left(\frac{\pi}{R}\right)^2 = \frac{9.8696}{R^2}$

6.2.2.2 页岩气非稳态扩散

页岩气在基质中的非稳态扩散可以用 Fick 第二定律来描述。根据不稳态扩散理论,页岩基质中的气体浓度C_m是时间和空间位置的函数,即在某一时间段,从基质岩块中心到边缘的页岩气浓度是不断变化的。

以圆球形基质岩块为例[图 6.3(c)],假设基质块中页岩气浓度呈球对称分布。另外,假设基质岩块中心处页岩气浓度变化率为零,且基质岩块外表面气体浓度与裂缝系统中的游离气体压力处于平衡状态,则可以得到如下描述基质中浓度变化规律的方程组:

$$\frac{\partial C_m}{\partial t} = \frac{1}{r_m^2}\frac{\partial}{\partial r_m}\left(Dr_m^2\frac{\partial C_m}{\partial r_m}\right) \tag{6.7}$$

初始条件为:

$$C_m\big|_{t=0} = C_i(p_i) \tag{6.8}$$

内边界条件为:

$$\frac{\partial C_m}{\partial r_m}\bigg|_{r_m=0} = 0 \tag{6.9}$$

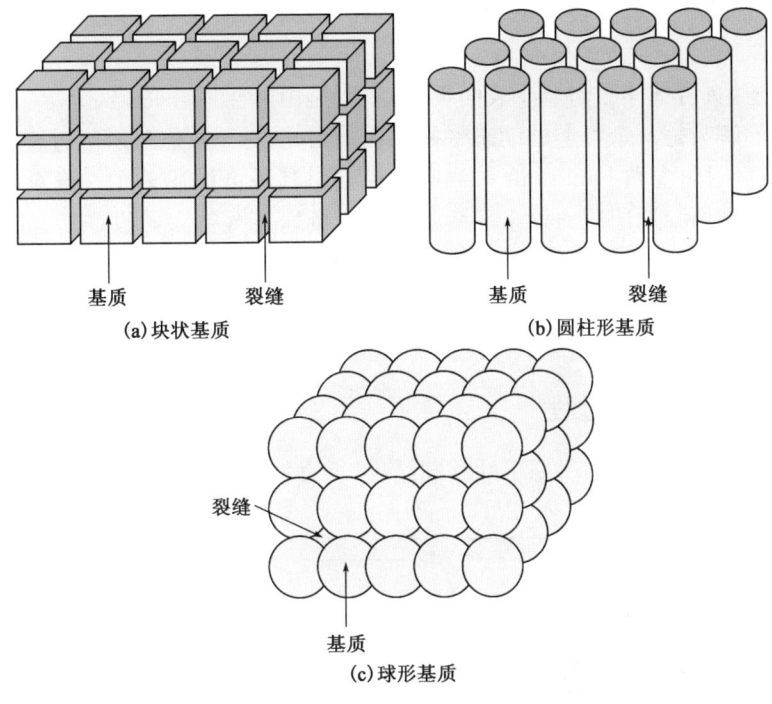

图 6.3 页岩基质不同形状示意图

外边界条件为:

$$C_{\mathrm{m}}\mid_{r_{\mathrm{m}}=R} = C(p_{\mathrm{f}}) \tag{6.10}$$

式中 C_{m}——不稳态扩散条件下,基质内页岩气体积浓度,$\mathrm{m}^3/\mathrm{m}^3$;

r_{m}——基质单元内径向坐标,m;

C_{i}——气藏原始状态下,基质内页岩气体积浓度,$\mathrm{m}^3/\mathrm{m}^3$;

p_{i}——气藏原始地层压力,Pa;

R——基质岩块半径,m。

对上述模型求解后,可得到基质岩块内页岩气浓度分布规律。之后在基质与裂缝交界面处再利用 Fick 第一扩散定律,即可得到通过基质岩块表面向裂缝系统扩散的页岩气量。

通过对比拟稳态扩散模型和不稳态扩散模型可看出,不稳态模型能够较为准确地描述基质中页岩气浓度随时间和空间的变化过程,但是不稳态模型所涉及的计算量较大,计算速度较慢。拟稳态模型在数学描述上不如非稳态模型那么严格,所需要的计算量小,计算速度较快,不会占用过多的计算时间和空间。此外,不稳态模型和拟稳态模型在后期的计算结果基本一致,二者的差别主要表现在开采前期。在开采前期,页岩基质表面的浓度变化比较大,即浓度梯度较大,而拟稳态模型中的平均浓度对时间的梯度较小,因而会与不稳态模型的预测结果出现偏差。当需要对长时压力动态进行预测时,可采用拟稳定扩散模型,因为其计算效率更高;但如果需要对早期压力动态进行分析时,建议采用不稳定扩散模型。

6.2.3 有机质表面解吸

页岩气藏中附着于有机质孔隙表面的吸附气在生产过程中的解吸会显著影响气井/气藏

生产动态。解吸是页岩气的一种重要产出机理,在对页岩气渗流规律进行研究时,应当将解吸作用考虑进去。

如前面所述,页岩气体吸附属于表面现象,主要是由分子间作用力(范德华力)所引起的,页岩气的吸附—解吸是一个可逆的动态平衡过程。因此,对于页岩气解吸过程,同样可以利用 Langmuir 等温吸附曲线和 Langmuir 等温吸附模型对其进行描述。在气藏原始状态下,页岩中的吸附气与气藏原始地层压力处于平衡状态。当页岩气藏钻完井投产后,储层压力随着生产的进行逐渐降低,地层中原有的平衡被打破,吸附在页岩基质有机质孔隙表面的页岩气逐渐开始解吸,转换为游离态页岩气存储在微孔隙空间内,直到吸附态页岩气和游离态页岩气达到再次平衡。

6.2.4 页岩气综合产出过程

页岩气的产出是多重机制作用下的共同结果,页岩气的产出过程如图 6.4 所示。

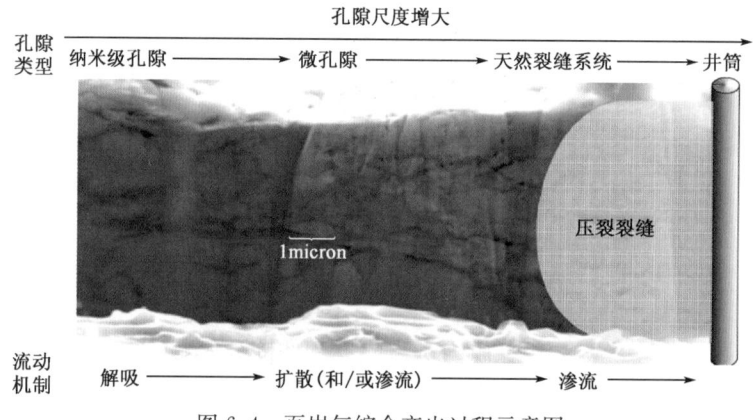

图 6.4 页岩气综合产出过程示意图

(1)随着井筒压力的降低,压裂裂缝及天然裂缝系统的游离气首先产出;

(2)当裂缝系统中游离气产出到一定程度时,裂缝系统和基质系统之间会形成浓度差及压力差,基质大孔隙中页岩气在压力差及浓度差的作用下向裂缝系统运移,同时使基质岩块内页岩气浓度及压力降低;

(3)页岩基质内压力的降低使得基质中的吸附气逐渐解吸并进入基质大孔道中成为游离气,并在压力差及/或浓度差的作用下运移到裂缝系统,而后流至井筒产出。

上述各个过程是连续不断进行的,各过程之间存在着相互影响作用。

6.3 页岩气藏基本渗流模型

页岩气藏中普遍发育有天然裂缝,故在最初建立渗流模型时,国内外学者普遍采用双重孔隙介质模型来描述页岩气藏。基于第 4 章的研究成果可知,页岩气藏中有很大一部分气体是以吸附态存在的。基于这一点,近年来国外一些研究学者提出"三孔"模型来描述页岩气藏。在"三孔"模型中,除了常规双孔介质模型中的页岩基质和天然裂缝外,吸附态页岩气被视作第三种"储集空间"。其中,自由气和解吸后的页岩气赋存于天然裂缝及页岩基质孔隙中,而吸附态页岩气则主要赋存于"第三类孔隙空间"。

本书中的所有页岩气藏渗流模型正是基于该"三孔"模型假设所建立的。其中,页岩气在天然裂缝中的流动普遍被认为是黏性流,但目前石油工业对于页岩气在储层基质孔隙中的流动机理仍存在争议,部分研究学者认为由于页岩基质渗透率太低,页岩气在基质中运移时为单个的分子通过孔隙,而并非连续的介质通过孔隙,即基质中的页岩气运移机理以解吸和扩散为主,不存在由压差所引起的气体渗流;另外一部分研究学者则认为基质中同时存在页岩气的渗流和扩散。本书针对上述两种不同的观点,基于不同的页岩基质中气体流动机理假设,推导得到了不同类型的页岩气藏基本渗流模型。

6.3.1 页岩气藏渗流—扩散模型

本小节中主要考虑页岩气在基质中的流动机理为解吸作用和扩散作用,不存在由于压力差所引起的渗流。

6.3.1.1 物理模型假设

在对页岩气藏基本渗流模型进行推导前,需要进行如下假设:

(1) 无限大页岩储层由基质系统和裂缝系统组成,其中裂缝系统水平方向和垂直方向具有各向异性,即 $K_{fh} \neq K_{fv}$;

(2) 与气体压缩性相比,页岩储层的压缩性可忽略不计;

(3) 裂缝系统中气体为游离态页岩气,其流动遵循 Darcy 定律;

(4) 基质块形状为球形,基质中页岩气同时以吸附态和游离态两种状态存在;

(5) 不考虑页岩气在基质中由压差所引起的渗流,基质中页岩气解吸后以非稳态扩散或拟稳态扩散方式向裂缝系统流动,相对应的渗流模型分别被称为非稳态模型和拟稳态模型;

(6) 基质中吸附态页岩气的解吸规律可用 Langmuir 等温吸附定律描述;

(7) 整个气藏在开采前处于平衡状态,吸附态和游离态页岩气也处于动态平衡;

(8) 气井以定产量生产,标况下气井产量为 q_{sc};

(9) 单相气体等温渗流,忽略重力效应影响。

6.3.1.2 拟稳态模型

在拟稳态模型中,假设页岩气在基质中的流动机理为解吸和拟稳态扩散。

1) 裂缝系统渗流微分方程

根据上述渗流物理模型的假设条件,再结合 Darcy 定律、气体状态方程和质量守恒定律,可得到三维无限大空间中页岩储层裂缝系统的渗流微分方程如下:

$$\frac{\partial}{\partial x}\left(K_{fh}\frac{p_f}{\mu Z}\frac{\partial p_f}{\partial x}\right)+\frac{\partial}{\partial y}\left(K_{fh}\frac{p_f}{\mu Z}\frac{\partial p_f}{\partial y}\right)+\frac{\partial}{\partial z}\left(K_{fv}\frac{p_f}{\mu Z}\frac{\partial p_f}{\partial z}\right)=\phi_f c_{gf}\frac{p_f}{Z}\frac{\partial p_f}{\partial t}+\frac{p_{sc}T}{T_{sc}}\frac{\partial V}{\partial t} \quad (6.11)$$

上式中气体黏度 μ 和偏差因子 Z 都是裂缝系统压力的函数,故上式为非线性偏微分方程。可以通过引入拟压力函数的概念,将上式进行线性化。拟压力的定义为:

$$\psi_f(p_f) = 2\int_{p_0}^{p_f}\frac{p}{\mu Z}dp \quad (6.12)$$

将式(6.12)代入式(6.11),则式(6.11)变为:

$$\frac{\partial}{\partial x}\left(K_{\mathrm{fh}}\frac{\partial \psi_{\mathrm{f}}}{\partial x}\right)+\frac{\partial}{\partial y}\left(K_{\mathrm{fh}}\frac{\partial \psi_{\mathrm{f}}}{\partial y}\right)+\frac{\partial}{\partial z}\left(K_{\mathrm{fv}}\frac{\partial \psi_{\mathrm{f}}}{\partial z}\right) = \phi_{\mathrm{f}}\mu c_{\mathrm{gf}}\frac{\partial \psi_{\mathrm{f}}}{\partial t}+\frac{2p_{\mathrm{sc}}T}{T_{\mathrm{sc}}}\frac{\partial V}{\partial t} \qquad (6.13)$$

式中 p_{f}——裂缝系统压力,Pa;

ψ_{f}——裂缝系统拟压力,Pa/s;

p_0——参考压力,Pa;

V——基质中页岩气平均浓度,sm^3/m^3;

K_{fh}——裂缝系统水平方向渗透率,m^2;

K_{fv}——裂缝系统垂直方向渗透率,m^2;

ϕ_{f}——裂缝系统孔隙度,小数;

c_{gf}——裂缝系统中气体压缩系数,Pa^{-1};

p_{sc}——标况下压力,Pa;

T_{sc}——标况下温度,K;

T——气藏温度,K;

x,y,z——笛卡儿坐标系中空间坐标,m。

式(6.13)右端的 μ 和 c_{gf} 是压力的函数,因此它仍然是非线性的。通常地,对于以拟压力形式表示的气体渗流微分方程,可取 μ 和 c_{gf} 为气藏初始状态下的值对其进行线性化处理,则可得到:

$$\frac{\partial}{\partial x}\left(K_{\mathrm{fh}}\frac{\partial \psi_{\mathrm{f}}}{\partial x}\right)+\frac{\partial}{\partial y}\left(K_{\mathrm{fh}}\frac{\partial \psi_{\mathrm{f}}}{\partial y}\right)+\frac{\partial}{\partial z}\left(K_{\mathrm{fv}}\frac{\partial \psi_{\mathrm{f}}}{\partial z}\right) = \phi_{\mathrm{f}}\mu_{\mathrm{i}} c_{\mathrm{gfi}}\frac{\partial \psi_{\mathrm{f}}}{\partial t}+\frac{2p_{\mathrm{sc}}T}{T_{\mathrm{sc}}}\frac{\partial V}{\partial t} \qquad (6.14)$$

式(6.14)右端第二项代表基质中页岩气向裂缝系统拟稳态扩散的影响。

在试井分析中,为了模型推导和求解的方便,以及不同气藏之间的对比,往往要对渗流微分模型进行无因次化。对式(6.14)进行无因次变化,可得到:

$$\frac{\partial^2 \psi_{\mathrm{fD}}}{\partial x_{\mathrm{D}}^2}+\frac{\partial^2 \psi_{\mathrm{fD}}}{\partial y_{\mathrm{D}}^2}+\frac{\partial^2 \psi_{\mathrm{fD}}}{\partial z_{\mathrm{D}}^2} = \omega \frac{\partial \psi_{\mathrm{fD}}}{\partial t_{\mathrm{D}}}-(1-\omega)\frac{\partial V_{\mathrm{D}}}{\partial t_{\mathrm{D}}} \qquad (6.15)$$

上式即为页岩储层裂缝系统的无因次渗流微分方程。

式中 ψ_{fD}——裂缝系统无因次拟压力;

t_{D}——无因次时间;

V_{D}——无因次浓度;

ω——储容比,无因次;

$x_{\mathrm{D}},y_{\mathrm{D}},z_{\mathrm{D}}$——无因次坐标。

上述无因次化过程中所涉及的无因次变量定义如下:

$$x_{\mathrm{D}} = \frac{x}{L},\, y_{\mathrm{D}} = \frac{y}{L},\, z_{\mathrm{D}} = \frac{z}{L}\sqrt{\frac{K_{\mathrm{fh}}}{K_{\mathrm{fv}}}},\, t_{\mathrm{D}} = \frac{K_{\mathrm{fh}}t}{\Lambda L^2},\, V_{\mathrm{D}} = V - V_{\mathrm{i}}$$

$$\psi_{\mathrm{fD}} = \frac{\pi K_{\mathrm{fh}} h T_{\mathrm{sc}}}{p_{\mathrm{sc}} q_{\mathrm{sc}} T}(\psi_{\mathrm{i}}-\psi_{\mathrm{f}}),\, \omega = \frac{\phi_{\mathrm{f}}\mu_{\mathrm{i}} c_{\mathrm{gfi}}}{\Lambda},\, \Lambda = \phi_{\mathrm{f}}\mu_{\mathrm{i}} c_{\mathrm{gfi}}+\frac{2\pi K_{\mathrm{fh}} h}{q_{\mathrm{sc}}}$$

式中 L——无因次定义参考长度,可任意选取,m;

q_{sc}——标况下气井产量,m^3/s;

ψ_{i}——气藏原始压力 p_{i} 所对应的拟压力,Pa/s;

V_i——原始状态下气藏中页岩气浓度,sm^3/m^3;

μ_i——原始状态下气体黏度,$Pa \cdot s$;

c_{gfi}——气藏原始状态下裂缝系统中气体压缩系数,Pa^{-1};

ω——储容比,无因次。

2)基质系统拟稳态扩散方程

假设基质块形状为球形,根据Fick第一扩散定律,可得到拟稳态扩散条件下单位时间内通过单位体积球形基质块的扩散量为:

$$\frac{\partial V}{\partial t} = \frac{6D\pi^2}{R^2}[V_E(\psi_f) - V] \tag{6.16}$$

式中 D——扩散系数,m^2/s;

R——圆球形基质岩块半径,m;

V_E——基质岩块外表面与裂缝中自由气体相平衡的页岩气浓度,sm^3/m^3。

对式(6.16)进行无因次化可得到:

$$\frac{\partial V_D}{\partial t_D} = \lambda[V_{ED}(\psi_{fD}) - V_D] \tag{6.17}$$

式中 λ——窜流系数,无因次;

V_{ED}——无因次平衡浓度。

上式即为页岩储层基质系统无因次拟稳态扩散方程。

上述无因次化过程中所涉及的无因次变量定义如下:

$$V_{ED} = V_E - V_i, \lambda = 6\pi^2 \frac{D\lambda}{K_{fh}} \frac{L^2}{R^2}$$

其余无因次量定义与前面相同。

3)系统综合微分方程

该小节将联立裂缝系统渗流微分方程和基质系统扩散方程,以得到页岩气藏的综合微分方程。

首先对裂缝系统无因次渗流微分方程式(6.15)进行基于t_D的Laplce变换,可得到:

$$\frac{\partial^2 \bar{\psi}_{fD}}{\partial x_D^2} + \frac{\partial^2 \bar{\psi}_{fD}}{\partial y_D^2} + \frac{\partial^2 \bar{\psi}_{fD}}{\partial z_D^2} = \omega u \bar{\psi}_{fD} - (1-\omega)u\bar{V}_D \tag{6.18}$$

式中 u——Laplace变量;

$^-$——代表Laplace空间中变量。

类似地,对基质系统扩散方程式(6.17)也进行基于t_D的Laplce变换,可得到:

$$u\bar{V}_D = \lambda[\bar{V}_{ED}(\psi_{fD}) - \bar{V}_D] \tag{6.19}$$

对上式进行变形,可得到基质中页岩气浓度与裂缝系统压力间的关系:

$$\bar{V}_D = \frac{\lambda}{u+\lambda}\bar{V}_{ED}(\psi_{fD}) \tag{6.20}$$

根据无因次变量定义以及Langmuir等温吸附定律,式(6.20)中的$\bar{V}_{ED}$可表示为:

$$\overline{V}_{ED}(\psi_{fD}) = L[V_E - V_i] = L\left[\frac{V_L p_f}{p_L + p_f} - \frac{V_L p_i}{p_L + p_i}\right] \quad (6.21)$$

式中　$L[\ ]$——Laplace 变换符号；

　　　V_L——Langmuir 常数，sm^3/m^3；

　　　p_L——Langmuir 压力，Pa。

对式(6.21)进行变换化简，可得到：

$$\overline{V}_{ED}(\psi_{fD}) = -L\left[\frac{V_L p_L}{(p_L + p_f)(p_L + p_i)} \frac{p_{sc} q_{sc} T}{\pi K_{fh} h T_{sc}} \frac{\mu_i Z_i}{2 p_i}\right]\overline{\psi}_{fD} \quad (6.22)$$

式(6.22)中等号右端中括号内的参数团与页岩气的等温吸附参数 V_L、p_L 有关，主要反映了吸附态页岩气解吸对页岩气运移的影响，则可将其定义为吸附解吸常数 $\alpha = \frac{V_L p_L}{(p_L + p_f)(p_L + p_i)} \frac{p_{sc} q_{sc} T}{\pi K_{fh} h T_{sc}} \frac{\mu_i Z_i}{2 p_i}$。

从 α 的定义式可以看出 α 为一与压力有关的变量，但出于解析求解的考虑，可假定 α 在所讨论的压力范围内为常数，且等于在气藏初始状态下的值，则式(6.22)变为：

$$\overline{V}_{ED}(\psi_{fD}) = -\alpha \overline{\psi}_{fD} \quad (6.23)$$

将式(6.23)代入式(6.20)，可得到：

$$\overline{V}_D = -\frac{\alpha \lambda}{u + \lambda}\overline{\psi}_{fD} \quad (6.24)$$

将式(6.24)代入式(6.18)，可得到：

$$\frac{\partial^2 \overline{\psi}_{fD}}{\partial x_D^2} + \frac{\partial^2 \overline{\psi}_{fD}}{\partial y_D^2} + \frac{\partial^2 \overline{\psi}_{fD}}{\partial z_D^2} = \left[\omega u + \frac{\alpha u \lambda (1-\omega)}{u + \lambda}\right]\overline{\psi}_{fD} \quad (6.25)$$

令 $f_1(u) = \omega u + \frac{\alpha u \lambda (1-\omega)}{u + \lambda}$，则式(6.25)可简化为：

$$\frac{\partial^2 \overline{\psi}_{fD}}{\partial x_D^2} + \frac{\partial^2 \overline{\psi}_{fD}}{\partial y_D^2} + \frac{\partial^2 \overline{\psi}_{fD}}{\partial z_D^2} = f_1(u)\overline{\psi}_{fD} \quad (6.26)$$

将上式转换到球坐标系中，可得到：

$$\frac{1}{r_D^2}\frac{\partial}{\partial r_D}\left(r_D^2 \frac{\partial \overline{\psi}_{fD}}{\partial r_D}\right) = f_1(u)\overline{\psi}_{fD} \quad (6.27)$$

式中　r_D——球坐标系中，无因次径向距离，$r_D = \sqrt{x_D^2 + y_D^2 + z_D^2}$。

上式即为考虑基质中页岩气流动机理为解吸和拟稳态扩散时，最终所得到的三维无限大页岩气藏的综合微分方程。利用上式，并结合源函数方法，便可对页岩气藏中不同井型所对应的渗流数学模型进行求解。

6.3.1.3　非稳态模型

在非稳态模型中，假设页岩气在基质中的流动机理为解吸和非稳态扩散。

1) 裂缝系统渗流微分方程

由于页岩气在裂缝系统中的流动机理不变，则在非稳态模型中，裂缝系统中的无因次渗流微分方程与 6.3.1.2 节的拟稳态模型中一样，即式(6.14)。不同的是，当基质中页岩气为非稳态扩散时，式(6.14)右端第二项中 $\frac{\partial V}{\partial t}$ 与基质中页岩气浓度之间存在如下关系：

$$\frac{\partial V}{\partial t} = \frac{3D}{R} \frac{\partial C_m}{\partial r_m}\bigg|_{r_m=R} \tag{6.28}$$

将式(6.28)代入式(6.14)中，并进行无因次化，可得到：

$$\frac{\partial \psi_{fD}}{\partial x_D^2} + \frac{\partial \psi_{fD}}{\partial y_D^2} + \frac{\partial \psi_{fD}}{\partial z_D^2} = \omega \frac{\partial \psi_{fD}}{\partial t_D} - (1-\omega)\lambda \frac{\partial C_{mD}}{\partial r_{mD}}\bigg|_{r_{mD}=1} \tag{6.29}$$

上述无因次化过程中所涉及的无因次变量定义如下：

$$\omega = \frac{\phi_f \mu_i c_{gfi}}{\Lambda}, \Lambda = \phi_f \mu_i c_{gfi} + \frac{6\pi K_{fh} h}{q_{sc}}, \lambda = \frac{D\Lambda}{K_{fh}} \frac{L^2}{R^2}, r_{mD} = \frac{r_m}{R}, C_{mD} = C_m - C_{mi}$$

式中 C_m——非稳态扩散条件下，基质中页岩气浓度，sm^3/m^3；

C_{mi}——非稳态扩散条件下，基质中页岩气初始浓度，sm^3/m^3；

C_{mD}——非稳态扩散条件下，基质中页岩气无因次浓度；

r_m——基质单元内径向距离，m；

r_{mD}——基质单元内无因次径向距离。

其余无因次量定义与前面相同。需要注意的是，其中 ω、Λ 和 λ 的定义与 6.3.1.2 节有所不同。

2) 基质系统非稳态扩散方程

假设基质块形状为球形，且基质中页岩气扩散方式为非稳态扩散，基质中页岩气浓度为距离 r_m 和时间 t 的函数。根据 Fick 第二扩散定律，可得到基质中的非稳态扩散方程为：

$$\frac{\partial C_m}{\partial t} = \frac{1}{r_m^2} \frac{\partial}{\partial r_m}\left(D r_m^2 \frac{\partial C_m}{\partial r_m}\right) \tag{6.30}$$

初始条件为：

$$C_m(r_m, 0) = C_{mi} \tag{6.31}$$

假设基质球体中页岩气扩散具有对称性，则在基质球体中心处的页岩气浓度保持不变，可得到内边界条件为：

$$\frac{\partial C_m}{\partial r_m}\bigg|_{r_m=0} = 0 \tag{6.32}$$

在球体基质外表面处的页岩气浓度与裂缝系统中的游离态页岩气处于平衡状态，则可得到外边界条件为：

$$C_m\big|_{r_m=R} = C_m(\psi_f) \tag{6.33}$$

对式(6.30)~式(6.33)无因次化，可得到页岩基质中无因次非稳态扩散方程组如下：

$$\frac{1}{r_{mD}^2} \frac{\partial}{\partial r_{mD}}\left(r_{mD}^2 \frac{\partial C_{mD}}{\partial r_{mD}}\right) = \frac{1}{\lambda} \frac{\partial C_{mD}}{\partial t_D} \tag{6.34}$$

$$C_{mD}(r_{mD}, 0) = 0 \tag{6.35}$$

$$\left.\frac{\partial C_{mD}}{\partial r_{mD}}\right|_{r_{mD}=0} = 0 \tag{6.36}$$

$$C_{mD}|_{r_{mD}=1} = C_{mD}(\psi_{fD}) \tag{6.37}$$

上述无因次化过程中所涉及的无因次变量定义与前面相同。

下面对基质中无因次非稳态扩散方程组式(6.34)~式(6.37)进行求解。首先令 $r_{mD}C_{mD}=M$，对基质系统扩散方程式(6.34)进行变形可得到：

$$\frac{\partial^2 M}{\partial r_{mD}^2} = \frac{1}{\lambda}\frac{\partial M}{\partial t_D} \tag{6.38}$$

利用初始条件式(6.35)，对上式取基于 t_D 的 Laplace 变换，可得到：

$$\frac{\partial^2 \overline{M}}{\partial r_{mD}^2} - \frac{u}{\lambda}\overline{M} = 0 \tag{6.39}$$

根据高等数学知识，可得到上式的通解为：

$$\overline{M} = A\text{sh}\left(\sqrt{\frac{u}{\lambda}}r_{mD}\right) + B\text{ch}\left(\sqrt{\frac{u}{\lambda}}r_{mD}\right) \tag{6.40}$$

式中 A,B——系数，由边界条件确定。

由内边界条件式(6.36)可知：

$$\overline{M}|_{r_{mD}\to 0} = 0 \tag{6.41}$$

则在通解式(6.40)中，可得到 $B=0$，此时基质系统的通解变为：

$$\overline{M} = A\text{sh}\left(\sqrt{\frac{u}{\lambda}}r_{mD}\right) \tag{6.42}$$

再根据外边界条件式(6.37)，可得到：

$$\overline{M}|_{r_{mD}=1} = \overline{C}_{mD}|_{r_{mD}=1} \tag{6.43}$$

根据 Langmuir 等温吸附定律，式(6.43)可进一步写成如下形式：

$$\overline{M}|_{r_{mD}=1} = L\left[\frac{V_L p_f}{p_L + p_f} - \frac{V_L p_i}{p_L + p_i}\right] \tag{6.44}$$

对式(6.44)进行变换化简并结合 α 的定义，可得到：

$$\overline{M}|_{r_{mD}=1} = -\alpha\overline{\psi}_{fD} \tag{6.45}$$

联立式(6.42)和式(6.45)可得：

$$A = -\frac{\alpha}{\text{sh}\left(\sqrt{\frac{u}{\lambda}}\right)}\overline{\psi}_{fD} \tag{6.46}$$

则可得到 Laplace 空间内，基质中页岩气浓度表达式如下：

$$\overline{C}_{mD} = -\frac{\alpha\text{sh}\left(\sqrt{\frac{u}{\lambda}}r_{mD}\right)}{\text{sh}\left(\sqrt{\frac{u}{\lambda}}\right)r_{mD}}\overline{\psi}_{fD} \tag{6.47}$$

3) 系统综合微分方程

该小节将联立裂缝系统渗流微分方程和基质中浓度表达式，以得到页岩气藏的综合微分方程。

首先对裂缝系统无因次渗流微分方程式(6.29)进行基于 t_D 的 Laplce 变换,可得到:

$$\frac{\partial \bar{\psi}_{fD}}{\partial x_D^2} + \frac{\partial \bar{\psi}_{fD}}{\partial y_D^2} + \frac{\partial \bar{\psi}_{fD}}{\partial z_D^2} = \omega u \bar{\psi}_{fD} - (1-\omega)\lambda \left.\frac{\partial \bar{C}_{mD}}{\partial r_{mD}}\right|_{r_{mD}=1} \quad (6.48)$$

前面已求得了 $\bar{C}_{mD}$ 的表达式,可对其进行求导后代入式(6.48)进行求解。对式(6.47)进行求导,可得到:

$$\left.\frac{\partial \bar{C}_{mD}}{\partial r_{mD}}\right|_{r_{mD}=1} = -\alpha\left[\sqrt{\frac{u}{\lambda}}\coth\left(\sqrt{\frac{u}{\lambda}}\right) - 1\right]\bar{\psi}_{fD} \quad (6.49)$$

将式(6.49)代入式(6.48)中,可得到:

$$\frac{\partial \bar{\psi}_{fD}}{\partial x_D^2} + \frac{\partial \bar{\psi}_{fD}}{\partial y_D^2} + \frac{\partial \bar{\psi}_{fD}}{\partial z_D^2} = \left\{\omega u + (1-\omega)\lambda\alpha\left[\sqrt{\frac{u}{\lambda}}\coth\left(\sqrt{\frac{u}{\lambda}}\right) - 1\right]\right\}\bar{\psi}_{fD} \quad (6.50)$$

令 $f_2(u) = \omega u + (1-\omega)\lambda\alpha\left[\sqrt{\frac{u}{\lambda}}\coth\left(\sqrt{\frac{u}{\lambda}}\right) - 1\right]$,则式(6.50)可简化为:

$$\frac{\partial^2 \bar{\psi}_{fD}}{\partial x_D^2} + \frac{\partial^2 \bar{\psi}_{fD}}{\partial y_D^2} + \frac{\partial^2 \bar{\psi}_{fD}}{\partial z_D^2} = f_2(u)\bar{\psi}_{fD} \quad (6.51)$$

将上式转换为球坐标系中,可得到:

$$\frac{1}{r_D^2}\frac{\partial}{\partial r_D}\left(r_D^2 \frac{\partial \bar{\psi}_{fD}}{\partial r_D}\right) = f_2(u)\bar{\psi}_{fD} \quad (6.52)$$

上式即为考虑基质中页岩气为非稳态扩散时,最终所得到的三维无限大页岩气藏的综合微分方程。利用上式,并结合源函数方法,便可对页岩气藏中不同井型所对应的渗流数学模型进行求解。

对比拟稳态模型和非稳态模型可知,二者的系统综合微分方程形式类似,如式(6.27)和式(6.52)。若定义如下 $f(u)$:

$$f(u) = \begin{cases} \omega u + \dfrac{\alpha u \lambda (1-\omega)}{u + \lambda} & \text{拟稳态} \\ \omega u + (1-\omega)\lambda\alpha\left[\sqrt{\dfrac{u}{\lambda}}\coth\left(\sqrt{\dfrac{u}{\lambda}}\right) - 1\right] & \text{非稳态} \end{cases} \quad (6.53)$$

则拟稳态模型和非稳态模型的综合微分方程可统一写成如下形式:

$$\frac{1}{r_D^2}\frac{\partial}{\partial r_D}\left(r_D^2 \frac{\partial \bar{\psi}_{fD}}{\partial r_D}\right) = f(u)\bar{\psi}_{fD} \quad (6.54)$$

经过上述定义后,非稳态模型和拟稳态模型具有统一的综合微分方程形式,便于之后利用源函数方法对页岩气藏不同井型渗流模型进行求解。在应用时需要注意的是,非稳态模型和拟稳态模型中 ω、Λ 和 λ 的定义有所不同。

6.3.2 页岩气藏渗流—渗流/扩散模型

与 6.3.1 节相比,该节推导的页岩气藏基本渗流模型假设页岩基质中同时存在渗流及扩散机制。页岩气在基质中的流动为由压力差所引起的渗流及由浓度差引起的扩散。该小节建立的渗流模型中通过修正基质系统总压缩系数来考虑页岩气藏中第三种"孔隙"——吸附气的影响,并通过定义基质视渗透率来考虑基质中同时存在的气体扩散和渗流的影响。

6.3.2.1 物理模型假设

在对基本渗流模型进行推导前,需要进行如下假设:

(1)无限大页岩储层由基质系统和裂缝系统组成,其中裂缝系统水平方向和垂直方向具有各向异性,即 $K_{fh} \neq K_{fv}$。

(2)与气体压缩性相比,页岩储层的压缩性可忽略不计。

(3)裂缝系统中气体为游离态页岩气,其流动遵循 Darcy 定律。

(4)基质块形状为球形,基质中页岩气同时以吸附态和游离态两种状态存在。

(5)页岩气在基质中的流动是压力差和浓度差共同作用下的结果,即同时存在 Darcy 渗流和气体扩散。基质中页岩气在压力差的作用下以拟稳态或非稳态方式向裂缝系统窜流,且同时在浓度差的作用下以拟稳态或非稳态方式向裂缝系统扩散,相对应的渗流模型分别被称为非稳态模型和拟稳态模型。

(6)基质中吸附态页岩气的解吸规律可用 Langmuir 等温吸附定律描述。

(7)整个气藏在开采前处于平衡状态,吸附态和游离态页岩气也处于动态平衡。

(8)气井以定产量生产,标况下气井产量为 q_{sc}。

(9)单相气体等温渗流,忽略重力影响。

6.3.2.2 非稳态模型

非稳态模型中假设基质系统与裂缝系统之间的气体交换为压力差所引起的非稳态渗流和浓度差所引起的非稳态扩散,基质系统有其独立的流动微分方程和定解条件,同一时刻基质中不同位置处的压力和浓度都不同。

1)基质系统非稳态流动方程

假设基质块形状为球形,基质中页岩气的流动为压力差和浓度差所引起的非稳态渗流和非稳态扩散,并考虑吸附气解吸的影响,可得到基质系统的渗流微分方程如下:

$$\frac{1}{r_m^2}\frac{\partial}{\partial r_m}(r_m^2 \rho_m v_m) = \frac{\partial(\rho_m \phi_m)}{\partial t} + \rho_{sc}\frac{\partial}{\partial t}\left(\frac{V_L p_m}{p_L + p_m}\right) \tag{6.55}$$

上式中等号右端第二项代表当压力降低时,基质中吸附态页岩气解吸的影响。

式中 ρ_{sc}——标况下气体密度,kg/m^3;

ρ_m——基质中气体密度,kg/m^3;

ϕ_m——基质系统孔隙度,小数;

p_m——基质系统压力,Pa。

式(6.55)中的气体流动速度 v_m 为压力差和浓度差共同作用下的气体总速度。压力场和浓度场为两个平行的动力学场,由压力差和浓度差所引起的气体速度可以相互叠加。其中,压力差所引起的气体渗流可用 Darcy 定律描述,浓度差所引起的气体扩散可以用 Fick 扩散定律描述,则式(6.55)中的气体速度 v_m 可写成如下形式:

$$v_m = v_m^p + v_m^c \tag{6.56}$$

式中 v_m^p——由压力差所引起的气体流动速度,m/s;

v_m^c——由浓度差所引起的气体流动速度,m/s。

如前所述,由压力差所引起的气体速度可由 Darcy 定律获得:

$$v_m^p = \frac{K_m}{\mu} \frac{\partial p_m}{\partial r_m} \quad (6.57)$$

由浓度差所引起的气体速度可由 Fick 扩散定律获得：

$$v_m^c = \frac{D}{\rho_m} \frac{\partial \rho_m}{\partial r_m} \quad (6.58)$$

将气体状态方程、式(6.57)和式(6.58)代入连续性方程(6.55)，可得到：

$$\frac{1}{r_m^2} \frac{\partial}{\partial r_m} \left[r_m^2 \frac{p_m}{Z} \frac{K_m}{\mu} \frac{\partial p_m}{\partial r_m} + r_m^2 D \frac{\partial}{\partial r_m} \left(\frac{p_m}{Z} \right) \right] = \phi_m \frac{\partial}{\partial t} \left(\frac{p_m}{Z} \right) + \rho_{sc} \frac{RT}{M} \frac{\partial}{\partial t} \left(\frac{V_L p_m}{p_L + p_m} \right) \quad (6.59)$$

式中 K_m——基质渗透率，m^2。

对上式进行化简，可得到：

$$\frac{1}{r_m^2} \frac{\partial}{\partial r_m} \left[r_m^2 \frac{p_m}{\mu Z} (K_m + D\mu c_{gm}) \frac{\partial p_m}{\partial r_m} \right] = \frac{\phi_m p_m}{Z} \left\{ c_{gm} + \frac{\rho_{sc}}{\rho_m \phi_m} \frac{V_L p_L}{(p_L + p_m)^2} \right\} \frac{\partial p_m}{\partial t} \quad (6.60)$$

式中 c_{gm}——基质系统中气体压缩系数，Pa^{-1}。

参照气体滑脱因子的定义方法，定义如下参数：

$$b_m = \frac{D c_{gm} \mu p_m}{K_m} \quad (6.61)$$

则式(6.60)变为：

$$\frac{1}{r_m^2} \frac{\partial}{\partial r_m} \left[r_m^2 K_m \frac{p_m}{\mu Z} \left(1 + \frac{b_m}{p_m} \right) \frac{\partial p_m}{\partial r_m} \right] = \frac{\phi_m p_m}{Z} \left\{ c_{gm} + \frac{\rho_{sc}}{\rho_m \phi_m} \frac{V_L p_L}{(p_L + p_m)^2} \right\} \frac{\partial p_m}{\partial t} \quad (6.62)$$

可采用类似于 Klinkenberg 研究气体滑脱效应时的方法，定义页岩基质的视渗透率如下：

$$K_m^a = K_m \left(1 + \frac{b_m}{p_m} \right) \quad (6.63)$$

上式中 $\left(1 + \frac{b_m}{p_m}\right)$ 表征了页岩基质 Darcy 渗透率与视渗透率之间的差值，若定义无因次变量 $\beta_m = 1 + \frac{b_m}{p_m}$，则式(6.63)可写为：

$$K_m^a = K_m \beta_m \quad (6.64)$$

根据式(6.64)的定义，则式(6.62)可写为：

$$\frac{1}{r_m^2} \frac{\partial}{\partial r_m} \left[r_m^2 K_m \beta_m \frac{p_m}{\mu Z} \frac{\partial p_m}{\partial r_m} \right] = \frac{\phi_m p_m}{Z} \left\{ c_{gm} + \frac{\rho_{sc}}{\rho_m \phi_m} \frac{V_L p_L}{(p_L + p_m)^2} \right\} \frac{\partial p_m}{\partial t} \quad (6.65)$$

取 μ 和 c_{gm} 为气藏初始状态下的值对上式进行线性化处理，可得到：

$$\frac{1}{r_m^2} \frac{\partial}{\partial r_m} \left[r_m^2 K_m \beta_m \frac{p_m}{\mu Z} \frac{\partial p_m}{\partial r_m} \right] = \frac{\phi_m p_m}{Z} \left\{ c_{gmi} + \frac{\rho_{sc}}{\rho_m \phi_m} \frac{V_L p_L}{(p_L + p_m)^2} \right\} \frac{\partial p_m}{\partial t} \quad (6.66)$$

由 β_m 的定义可知，式(6.66)中 $\beta_m \geq 1$。当 $\beta_m = 1$ 时，代表基质中气体流动仅由压力差驱动，不存在由浓度差引起的扩散；当 $\beta_m > 1$ 时，表示基质中的气体流动是压力差和浓度差共同作用的结果。从 β_m 的定义及取值范围可看出，由于基质中页岩气扩散作用的贡献，页岩基质的视渗透率大于其 Darcy 渗透率。

图 6.5 给出了不同压力条件下，页岩基质视渗透率 K_m^a 与其 Darcy 渗透率 K_m 之间的关系曲线。用于计算的气体相对密度为 0.8，温度为 322K。

从图 6.5 中可以看出，当考虑气体扩散的影响时，页岩基质视渗透率明显大于其 Darcy 渗透率,且基质中页岩气的扩散对于基质视渗透率的贡献在低压时更明显。此外,基质本身的 Darcy 渗透率越低,扩散作用对基质视渗透率的贡献就越大。例如图 6.5 中的 $K_m=1\times10^{-8}$ mD 情况,页岩基质视渗透率与其 Darcy 渗透率甚至出现了数量级的差别。从图 6.5 可看出,基质孔隙中页岩气扩散的影响不可忽略,尤其是对于基质渗透率极低的情况。

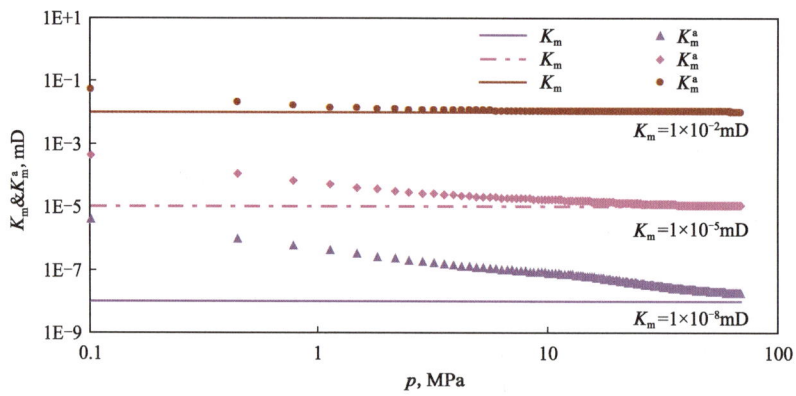

图 6.5 基质视渗透率 K_m^a 与 Darcy 渗透率 K_m 关系曲线

从 β_m 的定义式可看出,其与气藏压力有关,故式(6.66)仍为非线性偏微分方程。但在页岩气藏压力变化范围内,可近似认为其为常数。因此可采用 β_m 在初始压力条件下的值对式(6.66)进行线性化处理,并结合拟压力的定义,可得到:

$$\frac{1}{r_m^2}\frac{\partial}{\partial r_m}\left(r_m^2\frac{\partial \psi_m}{\partial r_m}\right)=\frac{\phi_m\mu_i}{K_m\beta_m}\left\{c_{gmi}+\frac{\rho_{sc}}{\rho_m\phi_m}\frac{V_Lp_L}{(p_L+p_m)^2}\right\}\frac{\partial \psi_m}{\partial t} \quad (6.67)$$

观察式(6.67)右端中括号内参数组合,可发现第一项为基质中气体压缩系数,第二项与页岩气等温吸附常数 V_L、p_L 有关,反映了页岩基质中吸附气解吸的影响。此外,通过量纲分析可发现,第二项具有与气体压缩系数相同的量纲 Pa^{-1},故可将其定义为由于吸附气解吸所产生的附加气体压缩系数 c_{ads},即:

$$c_{ads}=\frac{\rho_{sc}}{\rho_m\phi_m}\frac{V_Lp_L}{(p_L+p_m)^2} \quad (6.68)$$

从上式可以看出,c_{ads} 为拟压力的函数,即式(6.67)仍为非线性偏微分方程。与常规气藏渗流方程线性化类似,可取 c_{ads} 在气藏初始状态下的值,这样处理所引起的误差在工程允许的范围内。则式(6.67)变为:

$$\frac{1}{r_m^2}\frac{\partial}{\partial r_m}\left(r_m^2\frac{\partial \psi_m}{\partial r_m}\right)=\frac{\phi_m\mu_i}{K_m\beta_m}(c_{gmi}+c_{adsi})\frac{\partial \psi_m}{\partial t} \quad (6.69)$$

定义考虑吸附气解吸影响的基质系统总压缩系数如下:

$$c_{tmi}=c_{gmi}+c_{adsi} \quad (6.70)$$

则式(6.69)变为:

$$\frac{1}{r_m^2}\frac{\partial}{\partial r_m}\left(r_m^2\frac{\partial \psi_m}{\partial r_m}\right)=\frac{\phi_m\mu_i c_{tmi}}{K_m\beta_m}\frac{\partial \psi_m}{\partial t} \quad (6.71)$$

式(6.71)即为综合考虑解吸、非稳态扩散和非稳态渗流多重机制作用的基质系统微分方程。

基质系统的初始条件为:

$$\psi_{\mathrm{m}}(r_{\mathrm{m}},0) = \psi_{\mathrm{i}} \tag{6.72}$$

假设页岩气在球形基质单元内的扩散和渗流都具有对称性,则在球形基质中心处,满足如下内边界条件:

$$\left.\frac{\partial \psi_{\mathrm{m}}}{\partial r_{\mathrm{m}}}\right|_{r_{\mathrm{m}}=0} = 0 \tag{6.73}$$

在基质与裂缝交界面处,基质球体表面的压力应该与裂缝系统中压力相等,可得到基质系统外边界条件为:

$$\psi_{\mathrm{m}}|_{r_{\mathrm{m}}=R} = \psi_{\mathrm{f}} \tag{6.74}$$

对上述基质系统渗流微分方程组式(6.71)~式(6.74)进行无因次化,可得到如下无因次化模型:

$$\frac{1}{r_{\mathrm{mD}}^2}\frac{\partial}{\partial r_{\mathrm{mD}}}\left(r_{\mathrm{mD}}^2\frac{\partial \psi_{\mathrm{mD}}}{\partial r_{\mathrm{mD}}}\right) = \frac{15(1-\omega\gamma)}{\lambda\gamma\beta_{\mathrm{m}}}\frac{\partial \psi_{\mathrm{mD}}}{\partial t_{\mathrm{D}}} \tag{6.75}$$

$$\psi_{\mathrm{mD}}(r_{\mathrm{mD}},0) = 0 \tag{6.76}$$

$$\left.\frac{\partial \psi_{\mathrm{mD}}}{\partial r_{\mathrm{mD}}}\right|_{r_{\mathrm{mD}}=0} = 0 \tag{6.77}$$

$$\psi_{\mathrm{mD}}|_{r_{\mathrm{mD}}=1} = \psi_{\mathrm{fD}} \tag{6.78}$$

上述无因次化过程中所涉及的无因次变量定义如下:

$$r_{\mathrm{mD}} = \frac{r}{R}, t_{\mathrm{D}} = \frac{K_{\mathrm{fh}}t}{\Lambda L^2}, \Lambda = \mu_{\mathrm{i}}(\phi_{\mathrm{m}}c_{\mathrm{gmi}}+\phi_{\mathrm{f}}c_{\mathrm{gfi}}), \omega = \frac{\phi_{\mathrm{f}}\mu_{\mathrm{i}}c_{\mathrm{gfi}}}{\Lambda}$$

$$\psi_{\mathrm{fD}} = \frac{\pi K_{\mathrm{fh}}hT_{\mathrm{sc}}}{p_{\mathrm{sc}}q_{\mathrm{sc}}T}(\psi_{\mathrm{i}}-\psi_{\mathrm{f}}), \psi_{\mathrm{mD}} = \frac{\pi K_{\mathrm{fh}}hT_{\mathrm{sc}}}{p_{\mathrm{sc}}q_{\mathrm{sc}}T}(\psi_{\mathrm{i}}-\psi_{\mathrm{m}})$$

$$\gamma = \frac{\phi_{\mathrm{m}}c_{\mathrm{gmi}}+\phi_{\mathrm{f}}c_{\mathrm{gfi}}}{\phi_{\mathrm{m}}c_{\mathrm{tmi}}+\phi_{\mathrm{f}}c_{\mathrm{gfi}}} = \frac{\Lambda}{\mu_{\mathrm{i}}(\phi_{\mathrm{m}}c_{\mathrm{tmi}}+\phi_{\mathrm{f}}c_{\mathrm{gfi}})}, \lambda = 15\frac{K_{\mathrm{m}}}{K_{\mathrm{fh}}}\frac{L^2}{R^2}$$

其中 ψ_{mD} ——基质系统无因次拟压力,无因次;

c_{gmi} ——气藏原始状态下基质系统中气体压缩系数,Pa^{-1};

γ ——不考虑吸附气与考虑吸附气影响时的总系统储容能力比,无因次。

下面对基质中无因次渗流微分方程组式(6.75)~式(6.78)进行求解。首先令 $r_{\mathrm{mD}}\psi_{\mathrm{mD}} = M$,对式(6.75)进行变形可得到:

$$\frac{\partial^2 M}{\partial r_{\mathrm{mD}}^2} - \frac{15(1-\omega\gamma)}{\lambda\gamma\beta_{\mathrm{m}}}\frac{\partial M}{\partial t_{\mathrm{D}}} = 0 \tag{6.79}$$

结合式(6.76),对式(6.79)进行基于 t_{D} 的 Laplace 变换,可得到:

$$\frac{\partial^2 \overline{M}}{\partial r_{\mathrm{mD}}^2} - \frac{15(1-\omega\gamma)u}{\lambda\gamma\beta_{\mathrm{m}}}\overline{M} = 0 \tag{6.80}$$

根据高等数学知识,可得到上式的通解为:

$$\overline{M} = A\text{sh}\left(r_{mD}\sqrt{\frac{15(1-\omega\gamma)u}{\lambda\gamma\beta_m}}\right) + B\text{ch}\left(r_{mD}\sqrt{\frac{15(1-\omega\gamma)u}{\lambda\gamma\beta_m}}\right) \quad (6.81)$$

由内边界条件式(6.77)可知：

$$\overline{M}\Big|_{r_{mD}\to 0} = 0 \quad (6.82)$$

则在通解式(6.81)中，可得到 $B=0$，此时通解变为：

$$\overline{M} = A\text{sh}\left(r_{mD}\sqrt{\frac{15(1-\omega\gamma)u}{\lambda\gamma\beta_m}}\right) \quad (6.83)$$

再根据外边界条件式(6.78)，可得到：

$$\overline{M}\Big|_{r_{mD}=1} = \overline{\psi}_{fD} \quad (6.84)$$

联立式(6.83)和式(6.84)，可得到通解中的系数 A 为：

$$A = \frac{\overline{\psi}_{fD}}{\text{sh}\left(\sqrt{\frac{15(1-\omega\gamma)u}{\lambda\gamma\beta_m}}\right)} \quad (6.85)$$

将系数 A 的取值代入式(6.83)，则可得到 Laplace 空间内基质中的压力表达式如下：

$$\overline{\psi}_{mD} = \frac{\text{sh}\left(r_{mD}\sqrt{\frac{15(1-\omega\gamma)u}{\lambda\gamma\beta_m}}\right)}{r_{mD}\text{sh}\left(\sqrt{\frac{15(1-\omega\gamma)u}{\lambda\gamma\beta_m}}\right)}\overline{\psi}_{fD} \quad (6.86)$$

从式(6.86)可看出，基质中压力与裂缝系统压力有关，需要联立裂缝系统渗流微分方程进行求解。

2) 裂缝系统渗流微分方程

假设页岩气在裂缝中的流动为 Darcy 渗流，基质中页岩气向裂缝同时进行非稳态窜流和非稳态扩散，再结合质量守恒定律，可得到裂缝系统的渗流微分方程如下：

$$\frac{\partial}{\partial x}\left(\rho_f\frac{K_{fh}}{\mu}\frac{\partial p_f}{\partial x}\right) + \frac{\partial}{\partial y}\left(\rho_f\frac{K_{fh}}{\mu}\frac{\partial p_f}{\partial y}\right) + \frac{\partial}{\partial z}\left(\rho_f\frac{K_{fv}}{\mu}\frac{\partial p_f}{\partial z}\right) - \frac{3\rho_f}{R}\frac{K_m\beta_m}{\mu}\frac{\partial p_m}{\partial r_m}\Big|_{r_m=R} = \frac{\partial(\rho_f\phi_f)}{\partial t}$$

$$(6.87)$$

将气体状态方程代入式(6.87)并化简，可得到：

$$\frac{\partial}{\partial x}\left(K_{fh}\frac{p_f}{\mu Z}\frac{\partial p_f}{\partial x}\right) + \frac{\partial}{\partial y}\left(K_{fh}\frac{p_f}{\mu Z}\frac{\partial p_f}{\partial y}\right) + \frac{\partial}{\partial z}\left(K_{fv}\frac{p_f}{\mu Z}\frac{\partial p_f}{\partial z}\right) - \frac{3K_m\beta_m}{R}\frac{p_f}{\mu Z}\frac{\partial p_m}{\partial r_m}\Big|_{r_m=R} = \phi_f c_{gf}\frac{p_f}{Z}\frac{\partial p_f}{\partial t}$$

$$(6.88)$$

利用拟压力定义式(6.12)，上式可化为：

$$\frac{\partial^2\psi_f}{\partial x^2} + \frac{\partial^2\psi_f}{\partial y^2} + \frac{\partial}{\partial z}\left(\frac{K_{fv}}{K_{fh}}\frac{\partial\psi_f}{\partial z}\right) - \frac{K_m\beta_m}{K_{fh}}\frac{3}{R}\frac{\partial\psi_m}{\partial r_m}\Big|_{r_m=R} = \frac{\phi_f\mu c_{gf}}{K_{fh}}\frac{\partial\psi_f}{\partial t} \quad (6.89)$$

取 μ 和 c_{gf} 为气藏初始状态下的值对上式进行线性化处理，可得到：

$$\frac{\partial^2\psi_f}{\partial x^2} + \frac{\partial^2\psi_f}{\partial y^2} + \frac{\partial}{\partial z}\left(\frac{K_{fv}}{K_{fh}}\frac{\partial\psi_f}{\partial z}\right) - \frac{K_m\beta_m}{K_{fh}}\frac{3}{R}\frac{\partial\psi_m}{\partial r_m}\Big|_{r_m=R} = \frac{\phi_f\mu_i c_{gfi}}{K_{fh}}\frac{\partial\psi_f}{\partial t} \quad (6.90)$$

式(6.90)左端第四项代表基质中页岩气向裂缝系统不稳态窜流和不稳态扩散的影响。对式(6.90)进行无因次化，可得到：

$$\frac{\partial^2 \psi_{fD}}{\partial x_D^2} + \frac{\partial^2 \psi_{fD}}{\partial y_D^2} + \frac{\partial^2 \psi_{fD}}{\partial z_D^2} = \omega \frac{\partial \psi_{fD}}{\partial t_D} + \frac{\lambda \beta_m}{5} \frac{\partial \psi_{mD}}{\partial r_{mD}}\bigg|_{r_{mD}=1} \quad (6.91)$$

上述无因次化中所涉及的无因次变量定义如下:

$$x_D = \frac{x}{L}, y_D = \frac{y}{L}, z_D = \frac{z}{L}\sqrt{\frac{K_{fh}}{K_{fv}}}$$

其余无因次变量定义同前。

3) 系统综合渗流微分方程

该小节将利用基质系统压力和裂缝系统压力的关系,对裂缝系统渗流微分方程进行化简,以得到页岩气藏最终的综合微分方程。

首先对裂缝系统无因次渗流微分方程式(6.91)进行基于 t_D 的 Laplce 变换,可得到:

$$\frac{\partial^2 \bar{\psi}_{fD}}{\partial x_D^2} + \frac{\partial^2 \bar{\psi}_{fD}}{\partial y_D^2} + \frac{\partial^2 \bar{\psi}_{fD}}{\partial z_D^2} = \omega u \bar{\psi}_{fD} + \frac{\lambda \beta_m}{5} \frac{\partial \bar{\psi}_{mD}}{\partial r_{mD}}\bigg|_{r_{mD}=1} \quad (6.92)$$

前面已求得了 $\bar{\psi}_{mD}$ 的表达式,故可对其进行求导后代入式(6.92)进行求解。对式(6.86)进行求导,可得到:

$$\frac{\partial \bar{\psi}_{mD}}{\partial r_{mD}}\bigg|_{r_{mD}=1} = \bar{\psi}_{fD}\left[\sqrt{\frac{15(1-\omega\gamma)u}{\lambda\gamma\beta_m}}\coth\left(\sqrt{\frac{15(1-\omega\gamma)u}{\lambda\gamma\beta_m}}\right) - 1\right] \quad (6.93)$$

将式(6.93)代入式(6.92),可得到:

$$\frac{\partial^2 \bar{\psi}_{fD}}{\partial x_D^2} + \frac{\partial^2 \bar{\psi}_{fD}}{\partial y_D^2} + \frac{\partial^2 \bar{\psi}_{fD}}{\partial z_D^2} = \left\{\omega u + \frac{\lambda\beta_m}{5}\left[\sqrt{\frac{15(1-\omega\gamma)u}{\lambda\gamma\beta_m}}\coth\left(\sqrt{\frac{15(1-\omega\gamma)u}{\lambda\gamma\beta_m}}\right) - 1\right]\right\}\bar{\psi}_{fD}$$

(6.94)

令 $f_1(u) = \omega u + \frac{\lambda\beta_m}{5}\left[\sqrt{\frac{15(1-\omega\gamma)u}{\lambda\gamma\beta_m}}\coth\left(\sqrt{\frac{15(1-\omega\gamma)u}{\lambda\gamma\beta_m}}\right) - 1\right]$,则式(6.94)可变为:

$$\frac{\partial^2 \bar{\psi}_{fD}}{\partial x_D^2} + \frac{\partial^2 \bar{\psi}_{fD}}{\partial y_D^2} + \frac{\partial^2 \bar{\psi}_{fD}}{\partial z_D^2} = f_1(u)\bar{\psi}_{fD} \quad (6.95)$$

将上式转换到球坐标系中,可得到:

$$\frac{1}{r_D^2}\frac{\partial}{\partial r_D}\left(r_D^2 \frac{\partial \bar{\psi}_{fD}}{\partial r_D}\right) = f_1(u)\bar{\psi}_{fD} \quad (6.96)$$

上式即为考虑基质中页岩气为非稳态窜流和非稳态扩散时,最终所得到的三维无限大页岩气藏的综合微分方程。利用上式,并结合源函数方法,便可对页岩气藏中不同井型所对应的渗流数学模型进行求解。

6.3.2.3 拟稳态模型

拟稳态模型中假设页岩基质系统与裂缝系统间的气体交换为压力差引起的拟稳态窜流和浓度差引起的拟稳态扩散,即在某一确定的时刻,整个基质的压力和浓度一样。

1) 基质系统拟稳态流动方程

考虑页岩基质中流动为压力差引起的拟稳态渗流和浓度差引起的拟稳态扩散之和,根据 6.3.2.2 节中页岩基质视渗透率的定义以及质量守恒定律,并考虑吸附气解吸的影响,可得到基质系统中的页岩气流动微分方程如下:

$$-\frac{15}{R^2}\frac{K_m\beta_m}{\mu}\rho_0(p_m-p_f)=\frac{\partial(\rho_m\phi_m)}{\partial t}+\rho_{sc}\frac{\partial}{\partial t}\left(\frac{V_L p_m}{p_L+p_m}\right) \quad (6.97)$$

将真实气体状态方程代入式(6.97)并化简,可得到:

$$-\frac{15K_m\beta_m}{R^2}\frac{p_0}{\mu Z}(p_m-p_f)=\phi_m c_{gm}\frac{p_m}{Z}\frac{\partial p_m}{\partial t}+\frac{p_{sc}T}{T_{sc}}\frac{V_L p_L}{(p_L+p_m)^2}\frac{\partial p_m}{\partial t} \quad (6.98)$$

式(6.98)中最后一项代表页岩气藏中吸附态页岩气解吸的影响。

对上式进行变形,并引入拟压力的定义,可得到:

$$-\frac{15}{R^2}(\psi_m-\psi_f)=\frac{\phi_m\mu}{K_m\beta_m}\left[c_{gm}+\frac{\rho_{sc}}{\rho_m\phi_m}\frac{V_L p_L}{(p_L+p_m)^2}\right]\frac{\partial \psi_m}{\partial t} \quad (6.99)$$

取 μ 和 c_{gm} 为气藏初始状态下的值对上式进行线性化处理,可得到:

$$-\frac{15}{R^2}(\psi_m-\psi_f)=\frac{\phi_m\mu_i}{K_m\beta_m}\left[c_{gmi}+\frac{\rho_{sc}}{\rho_m\phi_m}\frac{V_L p_L}{(p_L+p_m)^2}\right]\frac{\partial \psi_m}{\partial t} \quad (6.100)$$

根据6.3.2.2节中由吸附气所引起的附加气体压缩系数 c_{ads} 的定义,式(6.100)可写为:

$$-\frac{15}{R^2}(\psi_m-\psi_f)=\frac{\phi_m\mu_i}{K_m\beta_m}(c_{gmi}+c_{ads})\frac{\partial \psi_m}{\partial t} \quad (6.101)$$

取 c_{ads} 在气藏初始状态下的值对其进行线性化处理,式(6.101)可变为:

$$-\frac{15}{R^2}(\psi_m-\psi_f)=\frac{\phi_m\mu_i}{K_m\beta_m}(c_{gmi}+c_{adsi})\frac{\partial \psi_m}{\partial t} \quad (6.102)$$

又 $c_{tmi}=c_{gmi}+c_{adsi}$,则上式可写为:

$$-\frac{15}{R^2}(\psi_m-\psi_f)=\frac{\phi_m\mu_i c_{tmi}}{K_m\beta_m}\frac{\partial \psi_m}{\partial t} \quad (6.103)$$

对上式进行无因次化,可得到:

$$\frac{(1-\omega\gamma)}{\gamma\beta_m}\frac{\partial \psi_{mD}}{\partial t_D}+\lambda(\psi_{mD}-\psi_{fD})=0 \quad (6.104)$$

上述无因次化过程中涉及的无因次变量定义同前。

2)裂缝系统渗流微分方程

假设页岩气在裂缝中的流动符合Darcy定律,再结合质量守恒定律,考虑到基质中页岩气向裂缝的拟稳态窜流和拟稳态扩散,可得到裂缝系统渗流微分方程如下:

$$\frac{\partial}{\partial x}\left(\rho_f\frac{K_{fh}}{\mu}\frac{\partial p_f}{\partial x}\right)+\frac{\partial}{\partial y}\left(\rho_f\frac{K_{fh}}{\mu}\frac{\partial p_f}{\partial y}\right)+\frac{\partial}{\partial z}\left(\rho_f\frac{K_{fv}}{\mu}\frac{\partial p_f}{\partial z}\right)+\frac{15}{R^2}\frac{K_m\beta_m}{\mu}\rho_0(p_m-p_f)=\frac{\partial(\rho_f\phi_f)}{\partial t}$$
$$(6.105)$$

将气体状态方程代入式(6.105)并利用拟压力定义对其进行化简,可得到:

$$\frac{\partial}{\partial x}\left(K_{fh}\frac{\partial \psi_f}{\partial x}\right)+\frac{\partial}{\partial y}\left(K_{fh}\frac{\partial \psi_f}{\partial y}\right)+\frac{\partial}{\partial z}\left(K_{fv}\frac{\partial \psi_f}{\partial z}\right)+\frac{15K_m\beta_m}{R^2}(\psi_m-\psi_f)=\phi_f\mu c_{gf}\frac{\partial \psi_f}{\partial t} \quad (6.106)$$

取 μ 和 c_{gf} 为气藏初始状态下的值对上式进行线性化处理,可得到:

$$\frac{\partial^2 \psi_f}{\partial x^2}+\frac{\partial^2 \psi_f}{\partial y^2}+\frac{\partial}{\partial z}\left(\frac{K_{fv}}{K_{fh}}\frac{\partial \psi_f}{\partial z}\right)+\frac{15K_m\beta_m}{K_{fh}R^2}(\psi_m-\psi_f)=\frac{\phi_f\mu_i c_{gfi}}{K_{fh}}\frac{\partial \psi_f}{\partial t} \quad (6.107)$$

式(6.107)左端第四项代表基质中页岩气向裂缝系统拟稳态窜流和拟稳态扩散的影响。对式(6.107)进行无因次化,可得到:

$$\frac{\partial^2 \psi_{\mathrm{fD}}}{\partial x_{\mathrm{D}}^2} + \frac{\partial^2 \psi_{\mathrm{fD}}}{\partial y_{\mathrm{D}}^2} + \frac{\partial^2 \psi_{\mathrm{fD}}}{\partial z_{\mathrm{D}}^2} - \lambda \beta_m (\psi_{\mathrm{fD}} - \psi_{\mathrm{mD}}) = \omega \frac{\partial \psi_{\mathrm{fD}}}{\partial t_{\mathrm{D}}} \tag{6.108}$$

上述无因次化中所涉及的无因次变量定义同前。

3) 系统综合微分方程

该小节将对裂缝系统渗流微分方程和基质系统渗流微分方程进行联立求解。首先对式(6.104)和式(6.108)取基于 t_{D} 的 Laplace 变换,可得到:

$$\frac{(1-\omega\gamma)u}{\gamma\beta_m}\overline{\psi}_{\mathrm{mD}} + \lambda(\overline{\psi}_{\mathrm{mD}} - \overline{\psi}_{\mathrm{fD}}) = 0 \tag{6.109}$$

$$\frac{\partial^2 \overline{\psi}_{\mathrm{fD}}}{\partial x_{\mathrm{D}}^2} + \frac{\partial^2 \overline{\psi}_{\mathrm{fD}}}{\partial y_{\mathrm{D}}^2} + \frac{\partial^2 \overline{\psi}_{\mathrm{fD}}}{\partial z_{\mathrm{D}}^2} - \lambda \beta_m (\overline{\psi}_{\mathrm{fD}} - \overline{\psi}_{\mathrm{mD}}) = \omega u \overline{\psi}_{\mathrm{fD}} \tag{6.110}$$

联立式(6.109)和式(6.110)并化简可得到:

$$\frac{\partial^2 \overline{\psi}_{\mathrm{fD}}}{\partial x_{\mathrm{D}}^2} + \frac{\partial^2 \overline{\psi}_{\mathrm{fD}}}{\partial y_{\mathrm{D}}^2} + \frac{\partial^2 \overline{\psi}_{\mathrm{fD}}}{\partial z_{\mathrm{D}}^2} = u\left[\frac{\lambda\beta_m + \omega(1-\omega\gamma)u}{\lambda\gamma\beta_m + (1-\omega\gamma)u}\right]\overline{\psi}_{\mathrm{fD}} \tag{6.111}$$

令 $f_2(u) = u\left[\dfrac{\lambda\beta_m + \omega(1-\omega\gamma)u}{\lambda\gamma\beta_m + (1-\omega\gamma)u}\right]$,则式(6.111)可变为:

$$\frac{\partial^2 \overline{\psi}_{\mathrm{fD}}}{\partial x_{\mathrm{D}}^2} + \frac{\partial^2 \overline{\psi}_{\mathrm{fD}}}{\partial y_{\mathrm{D}}^2} + \frac{\partial^2 \overline{\psi}_{\mathrm{fD}}}{\partial z_{\mathrm{D}}^2} = f_2(u)\overline{\psi}_{\mathrm{fD}} \tag{6.112}$$

将上式转换到球坐标系中,可得到:

$$\frac{1}{r_{\mathrm{D}}^2}\frac{\partial}{\partial r_{\mathrm{D}}}\left(r_{\mathrm{D}}^2 \frac{\partial \overline{\psi}_{\mathrm{fD}}}{\partial r_{\mathrm{D}}}\right) = f_2(u)\overline{\psi}_{\mathrm{fD}} \tag{6.113}$$

上式即为考虑基质中页岩气为拟稳态渗流和拟稳态扩散时,最终所得到的三维无限大页岩气藏的综合微分方程。利用上式,并结合源函数方法,便可对页岩气藏中不同井型所对应的渗流数学模型进行求解。

对比拟稳态模型和非稳态模型可知,二者的系统综合微分方程形式类似,如式(6.96)和(6.113)。$f(u)$ 定义如下:

$$f(u) = \begin{cases} u\left[\dfrac{\lambda\beta_m + \omega(1-\omega\gamma)u}{\gamma\lambda\beta_m + (1-\omega\gamma)u}\right] & \text{拟稳态} \\ \omega u + \dfrac{\lambda\beta_m}{5}\left[\sqrt{\dfrac{15(1-\omega\gamma)u}{\lambda\gamma\beta_m}}\coth\left(\sqrt{\dfrac{15(1-\omega\psi)u}{\lambda\gamma\beta_m}}\right) - 1\right] & \text{非稳态} \end{cases} \tag{6.114}$$

则拟稳态模型和非稳态模型的综合微分方程可统一写成如下形式:

$$\frac{1}{r_{\mathrm{D}}^2}\frac{\partial}{\partial r_{\mathrm{D}}}\left(r_{\mathrm{D}}^2 \frac{\partial \overline{\psi}_{\mathrm{fD}}}{\partial r_{\mathrm{D}}}\right) = f(u)\overline{\psi}_{\mathrm{fD}} \tag{6.115}$$

经过上述定义后,非稳态模型和拟稳态模型具有统一的综合微分方程形式,便于之后利用源函数方法对页岩气藏不同井型渗流模型进行求解。

6.4 页岩气藏点源基本解

本节对均质各向异性页岩气藏中的点源所引起的压力响应进行简单推导,并给出了页岩气藏在不同顶底边界及侧向边界条件下的瞬时点源解和连续点源解。

6.4.1 无限大页岩气藏瞬时点源解

如图 6.6 所示,各向异性无限大页岩气藏中存在一瞬时点源,点源位置位于原点 O 处。

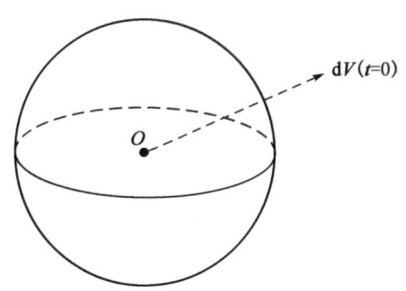

图 6.6 各向异性无限大气藏瞬时点源示意图

假设在 $t=0$ 时刻,体积为 dV(标况下体积)的页岩气从点源被采出。虽然气体的采出是瞬时完成的,但气体的采出势必会引起整个气藏中气体的流动,气体会从气藏中其他部位流至点源处,故气体在以点源为中心的无限小球面上的流量必须等于从点源处被瞬时采出的气体量。此外,假设页岩气藏中只有天然裂缝系统与井筒连通,则上述瞬时点源提取过程用数学语言可表达如下:

$$\int_0^t \lim_{\xi \to 0} \left(\frac{p_f T_{sc}}{p_{sc} ZT} \frac{K_f}{\mu} \frac{\partial p_f}{\partial r} 4\pi r^2 \right)_{r=\xi} dt = \int_0^t dV \delta(t) dt \quad (6.116)$$

式中 ξ——以点源为中心的无限小球体半径,m;

dV——瞬时点源采出量,sm^3;

K_f——各向异性气藏等效空间渗透率,$K_f = \sqrt{K_{fh} K_{fv}}$,$m^2$。

式(6.116)中 $\delta()$ 为 δ 函数,它同时满足以下条件:

$$\delta(t) = \begin{cases} 0 & t \neq 0 \\ \infty & t = 0 \end{cases} \quad (6.117)$$

以及

$$\int_{-\infty}^{+\infty} \delta(t) dt = 1 \quad (6.118)$$

根据拟压力的定义,并定义 $r_D = \dfrac{r}{L}$ 及 $\Delta \psi_f = \psi_i - \psi_f$,则式(6.116)可写为:

$$\lim_{\xi \to 0} \left(2\pi K_f L r_D^2 \frac{\partial \Delta \psi_f}{\partial r_D} \right)_{r_D = \xi_D} = -\frac{p_{sc} T}{T_{sc}} dV \delta(t) \quad (6.119)$$

根据无因次时间 t_D 的定义,即 $t_D = \dfrac{K_{fh} t}{\Lambda L^2}$,式(6.119)可进一步无因次化为:

$$\lim_{\xi \to 0} 2\pi K_f L \left(r_D^2 \frac{\partial \Delta \psi_f}{\partial r_D} \right)_{r_D = \xi_D} = -\frac{p_{sc} T}{T_{sc}} \frac{K_{fh}}{\Lambda L^2} \delta(t_D) dV \quad (6.120)$$

需要注意的是,上式中 Λ 对于不同的模型具有不同的定义。对上式取基于 t_D 的 Laplace 变换,可得到:

$$\lim_{\xi \to 0} 4\pi L^3 \left(r_D^2 \frac{\partial \Delta \overline{\psi}_f}{\partial r_D} \right)_{r_D = \xi_D} = -\sqrt{\frac{K_{fh}}{K_{fv}}} \frac{2p_{sc}T}{T_{sc}\Lambda} dV \quad (6.121)$$

定义 $\sqrt{\dfrac{K_{fh}}{K_{fv}}} \dfrac{2p_{sc}T}{T_{sc}\Lambda} dV$ 为源强度,为求解方便,此处首先推导单位源强度的压力响应。即:

$$\lim_{\xi \to 0} 4\pi L^3 \left(r_D^2 \frac{\partial \Delta \overline{\psi}_f}{\partial r_D} \right)_{r_D = \xi_D} = -1 \quad (6.122)$$

由于此处考虑的是三维无限大页岩气藏情况,故应具有如下外边界条件:

$$\Delta \overline{\psi}_f \big|_{r_D \to \infty} = 0 \quad (6.123)$$

又基于6.3.1和6.3.2节的推导,可知页岩气藏的综合渗流微分方程最终可统一在Laplace空间内写为:

$$\frac{1}{r_D^2} \frac{\partial}{\partial r_D} \left(r_D^2 \frac{\partial \Delta \overline{\psi}_f}{\partial r_D} \right) = f(u) \Delta \overline{\psi}_f \quad (6.124)$$

联立式(6.122)~式(6.124),可求得单位强度源所引起的拟压力差响应为:

$$\Delta \overline{\psi}_f = \frac{e^{-r_D \sqrt{f(u)}}}{4\pi L^3 r_D} \quad (6.125)$$

上式为处于原点O处的点源所对应的瞬时点源解,如若点源位置不在坐标原点处,而是处于空间中任意一点(x_{wD}, y_{wD}, z_{wD})处,则其对应的瞬时点源解可相应地写为:

$$\Delta \overline{\psi}_f = \frac{e^{-R_D \sqrt{f(u)}}}{4\pi L^3 R_D} \quad (6.126)$$

其中, $R_D = \sqrt{(x_D - x_{wD})^2 + (y_D - y_{wD})^2 + (z_D - z_{wD})^2}$。

当点源强度不是单位强度时,其对应的瞬时点源解为:

$$\Delta \overline{\psi}_f = \sqrt{\frac{K_{fh}}{K_{fv}}} \frac{2p_{sc}T}{T_{sc}\Lambda} dV \cdot \frac{e^{-R_D \sqrt{f(u)}}}{4\pi L^3 R_D} \quad (6.127)$$

若令 $\overline{S}_c = \dfrac{e^{-R_D \sqrt{f(u)}}}{4\pi L^3 R_D}$ 代表单位强度点源在Laplace空间内对应的瞬时点源解,则式(6.127)可写为:

$$\Delta \overline{\psi}_f = \sqrt{\frac{K_{fh}}{K_{fv}}} \frac{2p_{sc}T}{T_{sc}\Lambda} dV \cdot \overline{S}_c \quad (6.128)$$

6.4.2 无限大页岩气藏连续点源解

6.4.1节对无限大页岩气藏瞬时点源解进行了推导,当气体连续产出时,其对应的连续点源解可通过对瞬时点源解进行褶积得到。由于褶积是在实空间内进行的,故首先对式(6.128)进行Laplace逆变换,将其转换至实空间,可得到:

$$\Delta \psi_f = \sqrt{\frac{K_{fh}}{K_{fv}}} \frac{2p_{sc}T}{T_{sc}\Lambda} dV \cdot S_c \quad (6.129)$$

式中 S_c ——单位强度点源所对应的实空间内的瞬时点源解。

假设页岩气藏中(x_{wD}, y_{wD}, z_{wD})处有一连续点源,其对应的地面产量为$\tilde{q}(t)$,则该连续点源在气藏中所引起的拟压力响应可以通过对瞬时点源响应式(6.129)进行褶积获得:

$$\Delta\psi_f = \sqrt{\frac{K_{fh}}{K_{fv}}}\frac{2p_{sc}T}{T_{sc}\Lambda}\int_0^t \tilde{q}(\tau)S_c(t_D-\tau)d\tau$$

$$= \frac{2p_{sc}TL^2}{K_f T_{sc}}\int_0^{t_D}\tilde{q}(\tau_D)S_c(t_D-\tau_D)d\tau_D \qquad (6.130)$$

对上式进行基于 t_D 的 Laplace 变换，可得到：

$$\Delta\bar{\psi}_f = \frac{2p_{sc}TL^2}{K_f T_{sc}}\bar{\tilde{q}}\,\overline{S}_c$$

$$= \frac{p_{sc}T}{T_{sc}}\frac{\bar{\tilde{q}}}{2\pi K_f L}\frac{e^{-\sqrt{(x_D-x_{wD})^2+(y_D-y_{wD})^2+(z_D-z_{wD})^2}\sqrt{f(u)}}}{\sqrt{(x_D-x_{wD})^2+(y_D-y_{wD})^2+(z_D-z_{wD})^2}} \qquad (6.131)$$

式中，$\bar{\tilde{q}}$ 为 $\tilde{q}(t)$ Laplace 变换后的结果。上式即为 Laplace 空间内三维无限大页岩气藏中连续点源 $\tilde{q}(t)$ 所引起的拟压力响应。

若连续点源为以定产量采出，即 $\tilde{q}$ 不随时间变化，则式(6.131)可简化为：

$$\Delta\bar{\psi}_f = \frac{p_{sc}T}{T_{sc}}\frac{\tilde{q}}{2\pi K_f uL}\frac{e^{-\sqrt{(x_D-x_{wD})^2+(y_D-y_{wD})^2+(z_D-z_{wD})^2}\sqrt{f(u)}}}{\sqrt{(x_D-x_{wD})^2+(y_D-y_{wD})^2+(z_D-z_{wD})^2}} \qquad (6.132)$$

6.4.3 顶底封闭无限大页岩气藏连续点源解

前面两小节所得到的点源解都是针对三维无限大页岩气藏情况推导得到的，但实际页岩气藏顶底有盖层或夹/隔层，在渗流模型中可用顶底封闭边界来描述。本节主要推导具有顶底封闭边界的页岩气藏中的连续点源解。

假设气藏厚度为 h，气藏顶底边界($z=0$ 和 $z=h$ 处)都为封闭边界，即 $\left.\frac{\partial\psi_f}{\partial z}\right|_{z=0}=\left.\frac{\partial\psi_f}{\partial z}\right|_{z=h}=0$，侧向上则具有无限大边界。气藏中位于 (x_{wD},y_{wD},z_{wD}) 处有一连续点源，点源处气体以定产量 $\tilde{q}$ 连续采出。根据镜像反映原理和叠加原理，该点源对应的拟压力响应为：

$$\Delta\bar{\psi}_f = \frac{p_{sc}T}{T_{sc}}\frac{\tilde{q}}{2\pi K_f uL}\left\{\sum_{n=-\infty}^{+\infty}\left[\frac{e^{-\sqrt{f(u)}\sqrt{r_D^2+(z_D-z_{wD}-2nh_D)^2}}}{\sqrt{r_D^2+(z_D-z_{wD}-2nh_D)^2}}+\frac{e^{-\sqrt{f(u)}\sqrt{r_D^2+(z_D+z_{wD}-2nh_D)^2}}}{\sqrt{r_D^2+(z_D+z_{wD}-2nh_D)^2}}\right]\right\}$$

$$(6.133)$$

其中，$r_D^2=(x_D-x_{wD})^2+(y_D-y_{wD})^2$，$h_D=\frac{h}{L}\sqrt{\frac{K_{fh}}{K_{fv}}}$，$z_{wD}=\frac{z_w}{L}\sqrt{\frac{K_{fh}}{K_{fv}}}$。

利用 Poisson 求和公式对上式进行化简，最终可得到：

$$\Delta\bar{\psi}_f = \frac{p_{sc}T}{T_{sc}}\frac{\tilde{q}}{\pi K_f uLh_D}\left\{K_0(r_D\sqrt{f(u)})+2\sum_{n=1}^{+\infty}K_0\left(r_D\sqrt{f(u)+\frac{n^2\pi^2}{h_D^2}}\right)\cos n\pi\frac{z_D}{h_D}\cos n\pi\frac{z_{wD}}{h_D}\right\}$$

$$(6.134)$$

上式即为顶底封闭、侧向无限大页岩气藏中强度为 $\tilde{q}$ 的连续点源所引起的拟压力响应。

6.4.4 考虑侧向外边界的顶底封闭页岩气藏连续点源解

6.4.3 节中对考虑顶底封闭边界、侧向无限大页岩气藏中的连续点源解进行了推导，本节将在上节推导结果的基础上，推导考虑侧向气藏边界的页岩气藏连续点源解。

6.4.4.1 侧向圆形封闭外边界

假设页岩气藏在侧向上具有圆形封闭外边界,则其用数学语言可表示为:

$$\left.\frac{\partial \Delta \psi_f}{\partial r_D}\right|_{r_D=r_{eD}} = 0 \tag{6.135}$$

式中 r_{eD}——页岩气藏无因次侧向外边界,$r_{eD}=\dfrac{r_e}{L}$。

将上式变换至 Laplace 空间内,可得:

$$\left.\frac{\partial \Delta \bar{\psi}_f}{\partial r_D}\right|_{r_D=r_{eD}} = 0 \tag{6.136}$$

假设顶底封闭且侧向上具有圆形封闭外边界的页岩气藏中拟压力响应可以表示为:

$$\Delta \bar{\psi}_f = \Delta \bar{\psi}_f^{\text{inf}} + \Delta \bar{\psi}_f^{\text{bnd}} \tag{6.137}$$

上式中,$\Delta \bar{\psi}_f^{\text{inf}}$ 为 6.4.3 节中求得的满足渗流微分方程式(6.124)、气藏顶底封闭边界条件(即 $\left.\dfrac{\partial \Delta \bar{\psi}_f^{\text{inf}}}{\partial z}\right|_{z=0} = \left.\dfrac{\partial \Delta \bar{\psi}_f^{\text{inf}}}{\partial z}\right|_{z=h} = 0$)及连续点源内边界条件的解,即式(6.134)。$\Delta \bar{\psi}_f^{\text{bnd}}$ 则应该不仅满足渗流控制方程、顶底封闭边界条件,还应该使得 $\Delta \bar{\psi}_f^{\text{inf}} + \Delta \bar{\psi}_f^{\text{bnd}}$ 满足气藏侧向封闭外边界条件式(6.136)及内边界条件。此外,由于 $\Delta \bar{\psi}_f^{\text{inf}}$ 已经满足内边界的流量条件,故 $\Delta \bar{\psi}_f^{\text{bnd}}$ 在 $r_D \to 0$ 时的流量应该为 0。

综合以上考虑,并根据变形 Bessel 函数的性质,可选取如下形式的 $\Delta \bar{\psi}_f^{\text{bnd}}$:

$$\Delta \bar{\psi}_f^{\text{bnd}} = C I_0(r_D\sqrt{f(u)}) + \sum_{n=1}^{+\infty} D_n I_0\left(r_D\sqrt{f(u)+\frac{n^2\pi^2}{h_D^2}}\right)\cos n\pi\frac{z_D}{h_D}\cos n\pi\frac{z_{wD}}{h_D} \tag{6.138}$$

则:

$$\Delta \bar{\psi}_f = \frac{p_{sc}T}{T_{sc}}\frac{\tilde{q}}{\pi K_f u L h_D}\left\{K_0(r_D\sqrt{f(u)}) + 2\sum_{n=1}^{+\infty}K_0\left(r_D\sqrt{f(u)+\frac{n^2\pi^2}{h_D^2}}\right)\cos n\pi\frac{z_D}{h_D}\cos n\pi\frac{z_{wD}}{h_D}\right\}$$

$$+ C I_0(r_D\sqrt{f(u)}) + \sum_{n=1}^{+\infty} D_n I_0\left(r_D\sqrt{f(u)+\frac{n^2\pi^2}{h_D^2}}\right)\cos n\pi\frac{z_D}{h_D}\cos n\pi\frac{z_{wD}}{h_D} \tag{6.139}$$

根据上述叙述和式(6.136)可确定式(6.138)中的系数 C 和 D_n,从而可得到:

$$\Delta \bar{\psi}_f^{\text{bnd}} = \frac{p_{sc}T}{T_{sc}}\frac{\tilde{q}}{\pi K_f u L h_D}\left\{\frac{K_1(r_{eD}\sqrt{f(u)})}{I_1(r_{eD}\sqrt{f(u)})}I_0(r_D\sqrt{f(u)})\right.$$

$$\left. + 2\sum_{n=1}^{+\infty}\frac{K_1\left(r_{eD}\sqrt{f(u)+\frac{n^2\pi^2}{h_D^2}}\right)}{I_1\left(r_{eD}\sqrt{f(u)+\frac{n^2\pi^2}{h_D^2}}\right)}I_0\left(r_D\sqrt{f(u)+\frac{n^2\pi^2}{h_D^2}}\right)\cos n\pi\frac{z_D}{h_D}\cos n\pi\frac{z_{wD}}{h_D}\right\} \tag{6.140}$$

则可得到顶底封闭、侧向上具有圆形封闭外边界的页岩气藏中拟压力响应为:

$$\Delta \bar{\psi}_f = \frac{p_{sc}T}{T_{sc}}\frac{\tilde{q}}{\pi K_f u L h_D}\left\{K_0(r_D\sqrt{f(u)}) + \frac{K_1(r_{eD}\sqrt{f(u)})}{I_1(r_{eD}\sqrt{f(u)})}I_0(r_D\sqrt{f(u)})\right.$$

$$+ 2\sum_{n=1}^{+\infty}\cos n\pi\frac{z_D}{h_D}\cos n\pi\frac{z_{wD}}{h_D} \cdot$$

$$\left[K_0\left(r_D\sqrt{f(u)+\frac{n^2\pi^2}{h_D^2}}\right) + \frac{K_1\left(r_{eD}\sqrt{f(u)+\frac{n^2\pi^2}{h_D^2}}\right)}{I_1\left(r_{eD}\sqrt{f(u)+\frac{n^2\pi^2}{h_D^2}}\right)} I_0\left(r_D\sqrt{f(u)+\frac{n^2\pi^2}{h_D^2}}\right) \right] \right\} \quad (6.141)$$

6.4.4.2 侧向圆形定压外边界

假设页岩气藏在侧向上具有圆形定压外边界,则其用数学语言可表示为:

$$\Delta\psi_f\big|_{r_D=r_{eD}} = 0 \quad (6.142)$$

将上式变换至 Laplace 空间内,可得:

$$\Delta\overline{\psi}_f\big|_{r_D=r_{eD}} = 0 \quad (6.143)$$

类似地,可假设顶底封闭且侧向上具有圆形定压外边界的页岩气藏中拟压力响应为:

$$\Delta\overline{\psi}_f = \Delta\overline{\psi}_f^{inf} + \Delta\overline{\psi}_f^{bnd} \quad (6.144)$$

其中 $\Delta\overline{\psi}_f^{inf}$ 即为式(6.134),采用与 6.4.4.1 节类似的分析与方法,可假设满足渗流控制方程、顶底封闭边界条件以及内边界流量条件的 $\Delta\overline{\psi}_f^{bnd}$ 为:

$$\Delta\overline{\psi}_f^{bnd} = C' I_0(r_D\sqrt{f(u)}) + \sum_{n=1}^{+\infty} D'_n I_0\left(r_D\sqrt{f(u)+\frac{n^2\pi^2}{h_D^2}}\right)\cos n\pi\frac{z_D}{h_D}\cos n\pi\frac{z_{wD}}{h_D} \quad (6.145)$$

则:

$$\Delta\overline{\psi}_f = \frac{p_{sc}T}{T_{sc}}\frac{\widetilde{q}}{\pi K_f u L h_D}\left\{ K_0(r_D\sqrt{f(u)}) + 2\sum_{n=1}^{+\infty} K_0\left(r_D\sqrt{f(u)+\frac{n^2\pi^2}{h_D^2}}\right)\cos n\pi\frac{z_D}{h_D}\cos n\pi\frac{z_{wD}}{h_D} \right\}$$

$$+ C' I_0(r_D\sqrt{f(u)}) + \sum_{n=1}^{+\infty} D'_n I_0\left(r_D\sqrt{f(u)+\frac{n^2\pi^2}{h_D^2}}\right)\cos n\pi\frac{z_D}{h_D}\cos n\pi\frac{z_{wD}}{h_D} \quad (6.146)$$

类似地,由式(6.143)可确定式(6.145)中的系数 C' 和 D'_n,从而可得到:

$$\Delta\overline{\psi}_f = \frac{p_{sc}T}{T_{sc}}\frac{\widetilde{q}}{\pi K_f u L h_D}\left\{ K_0\left(r_D\sqrt{f(u)}\right) - \frac{K_0\left(r_{eD}\sqrt{f(u)}\right)}{I_0\left(r_{eD}\sqrt{f(u)}\right)} I_0\left(r_D\sqrt{f(u)}\right) \right.$$

$$+ 2\sum_{n=1}^{+\infty}\cos n\pi\frac{z_D}{h_D}\cos n\pi\frac{z_{wD}}{h_D} \cdot$$

$$\left[K_0\left(r_D\sqrt{f(u)+\frac{n^2\pi^2}{h_D^2}}\right) - \frac{K_0\left(r_{eD}\sqrt{f(u)+\frac{n^2\pi^2}{h_D^2}}\right)}{I_0\left(r_{eD}\sqrt{f(u)+\frac{n^2\pi^2}{h_D^2}}\right)} I_0\left(r_D\sqrt{f(u)+\frac{n^2\pi^2}{h_D^2}}\right) \right] \right\}$$

$$(6.147)$$

上式即为顶底封闭、侧向上具有圆形定压外边界的页岩气藏中的拟压力响应。

本章针对页岩气藏中的多重气体运移机制,建立了不同的基本渗流模型。渗流模型中考虑裂缝系统中页岩气流动机理为渗流,基质中页岩气流动机理则可为:(1)解吸和扩散;(2)解吸和渗流;(3)解吸、渗流和扩散。并基于源函数思想,结合页岩气藏综合渗流微分方程,推导得到了具有不同边界的页岩气藏中的连续点源解,利用这些点源解,可对页岩气藏中各种不同井型(普通直井、压裂直井、水平井、多级压裂水平井)所对应的井底压力动态进行计算,并绘制试井典型曲线对井底压力动态进行分析。

7 页岩气藏中不同井型的试井理论模型

本章在第 6 章推导得到的不同边界条件下页岩气藏点源解的基础之上,针对第 6 章中提出的两种不同的页岩气藏基本渗流物理模型,对页岩气藏中不同井型(直井、压裂直井、水平井、多级压裂水平井)的不稳定试井模型进行了求解,并基于求解结果绘制了试井典型曲线并对曲线特点及影响因素进行了分析。

7.1 页岩气藏中直井试井模型

本节主要对具有不同侧向外边界的顶底封闭页岩气藏中直井的压力响应进行推导,并绘制典型曲线进行敏感性分析。

从渗流力学的观点来看,页岩气藏中的完全射开直井可以被看作线源井,根据不同的页岩气藏侧向外边界,选取第 6 章中推导得到的合适的点源解,并将其沿井眼轨迹进行积分,即可得到页岩气藏中完全射开直井的压力响应。

7.1.1 井底压力响应推导

如图 7.1 所示,顶底封闭页岩气藏中有一直井以恒定产量 q_{sc} 生产,气藏厚度为 h,页岩气井完全射开,即射开厚度等于储层厚度。气藏侧向边界半径为无限大或 r_e,裂缝系统水平方向和垂直方向具有各向异性,即 $K_{fh} \neq K_{fv}$,其余页岩气藏有关假设条件参见第 6 章中相应的模型假设条件。

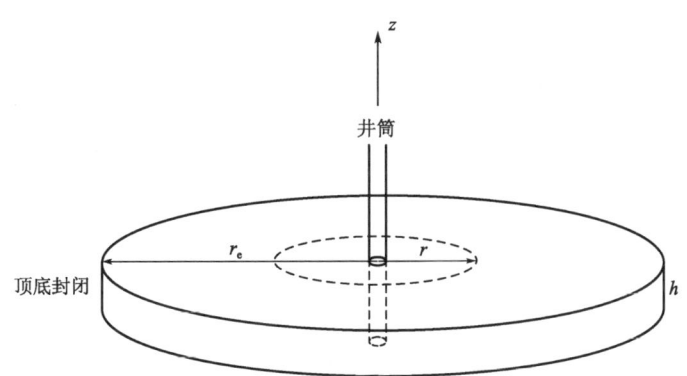

图 7.1 页岩气藏中完全射开直井渗流物理模型

7.1.1.1 无限大侧向外边界

如前所述,页岩气藏中直井可当作线源处理,其压力响应可由相应的点源解沿井筒方向(图 7.1 所示坐标系中 z 方向)进行积分所得。则无限大页岩气藏中直井的压力响应可通过对

式(6.134)关于 z_w 从 0 到 h 进行积分获得:

$$\Delta\bar{\psi}_f = \frac{p_{sc}T}{T_{sc}} \frac{\tilde{q}}{\pi K_f u L h_D} \int_0^h \left\{ K_0\left(r_D\sqrt{f(u)}\right) + 2\sum_{n=1}^{+\infty} K_0\left(r_D\sqrt{f(u)+\frac{n^2\pi^2}{h_D^2}}\right) \cos n\pi \frac{z_D}{h_D} \cos n\pi \frac{z_{wD}}{h_D} \right\} dz_w$$

(7.1)

对上式进行积分,最终可得到:

$$\Delta\bar{\psi}_f = \frac{p_{sc}T}{T_{sc}} \frac{\tilde{q}h}{\pi K_f u L h_D} K_0\left(r_D\sqrt{f(u)}\right) \tag{7.2}$$

代入点源强度 $\tilde{q}$ 与页岩气井产量 q_{sc} 之间的关系式,可得到:

$$\Delta\bar{\psi}_f = \frac{p_{sc}T}{T_{sc}} \frac{q_{sc}}{\pi K_f u L h_D} K_0\left(r_D\sqrt{f(u)}\right) \tag{7.3}$$

结合第 6 章中的无因次拟压力定义,式(7.3)可写为如下无因次形式:

$$\bar{\psi}_{fD} = \frac{1}{u} K_0\left(r_D\sqrt{f(u)}\right) \tag{7.4}$$

上式即为顶底封闭、侧向无限大页岩气藏中完全射开直井的压力响应。

对于直井来说,用于无因次变量定义的参考长度 L 一般选取为井眼半径 r_w,则当式(7.4)中 $r_D = 1$ 时,对应的压力响应即为井底压力:

$$\bar{\psi}_{wD} = \frac{1}{u} K_0\left(\sqrt{f(u)}\right) \tag{7.5}$$

式(7.5)为顶底封闭、侧向无限大页岩气藏中完全射开直井的井底压力响应,利用上式即可编程对井底压力动态进行计算和分析。值得指出的是,式(7.5)中 $f(u)$ 的表达式根据所选择的页岩气藏基本渗流模型不同而不同,不同渗流模型对应的 $f(u)$ 具体表达式参见第 6 章。

7.1.1.2 圆形封闭侧向外边界

类似地,顶底封闭、侧向圆形封闭页岩气藏中直井的压力响应可通过对式(6.141)关于 z_w 从 0 到 h 进行积分获得:

$$\Delta\bar{\psi}_f = \frac{p_{sc}T}{T_{sc}} \frac{\tilde{q}}{\pi K_f u L h_D} \left\{ \int_0^h \left[K_0\left(r_D\sqrt{f(u)}\right) + \frac{K_1\left(r_{eD}\sqrt{f(u)}\right)}{I_1\left(r_{eD}\sqrt{f(u)}\right)} I_0\left(r_D\sqrt{f(u)}\right) \right] dz_w \right.$$

$$+ 2\sum_{n=1}^{+\infty} \left[K_0\left(r_D\sqrt{f(u)+\frac{n^2\pi^2}{h_D^2}}\right) + \frac{K_1\left(r_{eD}\sqrt{f(u)+\frac{n^2\pi^2}{h_D^2}}\right)}{I_1\left(r_{eD}\sqrt{f(u)+\frac{n^2\pi^2}{h_D^2}}\right)} I_0\left(r_D\sqrt{f(u)+\frac{n^2\pi^2}{h_D^2}}\right) \right] \cdot$$

$$\left. \cos n\pi \frac{z_D}{h_D} \int_0^h \cos n\pi \frac{z_{wD}}{h_D} dz_w \right\}$$

(7.6)

对上式进行积分并对拟压力进行无因次化,最终可得到:

$$\bar{\psi}_{fD} = \frac{1}{u}\left[K_0\left(r_D\sqrt{f(u)}\right) + \frac{K_1\left(r_{eD}\sqrt{f(u)}\right)}{I_1\left(r_{eD}\sqrt{f(u)}\right)} I_0\left(r_D\sqrt{f(u)}\right) \right] \tag{7.7}$$

上式即为顶底封闭、侧向圆形封闭页岩气藏中完全射开直井的压力响应。当上式中的 $r_D = 1$ 时,对应的压力表达式即为井底压力:

$$\bar{\psi}_{wD} = \frac{1}{u}\left[K_0\left(\sqrt{f(u)}\right) + \frac{K_1\left(r_{eD}\sqrt{f(u)}\right)}{I_1\left(r_{eD}\sqrt{f(u)}\right)} I_0\left(\sqrt{f(u)}\right) \right] \tag{7.8}$$

式(7.8)为顶底封闭、侧向圆形封闭页岩气藏中完全射开直井的井底压力响应,利用上式即可编程对井底压力动态进行计算和分析。其中,$f(u)$ 的表达式根据所选择的页岩气藏基本渗流模型不同而不同,不同渗流模型所对应的 $f(u)$ 具体表达式参见第 6 章。

7.1.1.3　圆形定压侧向外边界

类似地,顶底封闭、侧向圆形定压页岩气藏中直井的压力响应可通过对式(6.147)关于 z_w 从 0 到 h 进行积分获得：

$$\Delta \bar{\psi}_f = \frac{p_{sc} T}{T_{sc}} \frac{\tilde{q}}{\pi K_f u L h_D} \left\{ \int_0^h \left[K_0 \left(r_D \sqrt{f(u)} \right) - \frac{K_0 \left(r_{eD} \sqrt{f(u)} \right)}{I_0 \left(r_{eD} \sqrt{f(u)} \right)} I_0 \left(r_D \sqrt{f(u)} \right) \right] dz_w \right.$$

$$+ 2 \sum_{n=1}^{+\infty} \left[K_0 \left(r_D \sqrt{f(u) + \frac{n^2 \pi^2}{h_D^2}} \right) - \frac{K_0 \left(r_{eD} \sqrt{f(u) + \frac{n^2 \pi^2}{h_D^2}} \right)}{I_0 \left(r_{eD} \sqrt{f(u) + \frac{n^2 \pi^2}{h_D^2}} \right)} I_0 \left(r_D \sqrt{f(u) + \frac{n^2 \pi^2}{h_D^2}} \right) \right] \cdot$$

$$\left. \cos n\pi \frac{z_D}{h_D} \int_0^h \cos n\pi \frac{z_{wD}}{h_D} dz_w \right\} \tag{7.9}$$

对上式进行积分并对拟压力进行无因次化,最终可得到：

$$\bar{\psi}_{fD} = \frac{1}{u} \left[K_0 \left(r_D \sqrt{f(u)} \right) - \frac{K_0 \left(r_{eD} \sqrt{f(u)} \right)}{I_0 \left(r_{eD} \sqrt{f(u)} \right)} I_0 \left(r_D \sqrt{f(u)} \right) \right] \tag{7.10}$$

上式即为顶底封闭、侧向圆形定压页岩气藏中完全射开直井的压力响应。当上式中的 $r_D = 1$ 时,对应的压力表达式即为井底压力：

$$\bar{\psi}_{wD} = \frac{1}{u} \left[K_0 \left(\sqrt{f(u)} \right) - \frac{K_0 \left(r_{eD} \sqrt{f(u)} \right)}{I_0 \left(r_{eD} \sqrt{f(u)} \right)} I_0 \left(\sqrt{f(u)} \right) \right] \tag{7.11}$$

式(7.11)为顶底封闭、侧向圆形定压页岩气藏中完全射开直井的井底压力响应,利用上式可对井底压力动态进行分析。其中,$f(u)$ 的表达式根据所选择的页岩气藏基本渗流模型的不同而不同,不同渗流模型对应的 $f(u)$ 具体表达式参见第 6 章。

7.1.2　井筒储集和表皮效应的叠加

7.1.1 节中推导页岩气藏中完全射开直井的井底压力表达式时,并未考虑井筒储集效应和表皮污染的影响,而这两者在气井生产过程中都是实际存在的,且对井底压力变化存在影响。由于上述压力响应都是在 Laplace 空间内求得,故可根据 Duhamel 原理,很容易地将井储和表皮效应的影响叠加到井底压力响应中去,如下式所示：

$$\bar{\psi}_{wD} = \frac{u \bar{\psi}'_{wD} + S}{u + u^2 C_D (u \bar{\psi}'_{wD} + S)} \tag{7.12}$$

式中　$\bar{\psi}'_{wD}$——不考虑井储和表皮效应影响的 Laplace 空间内无因次井底拟压力；

$\bar{\psi}_{wD}$——考虑井储和表皮效应影响的 Laplace 空间内无因次井底拟压力；

S——表皮因子,无因次；

C_D——无因次井筒储集常数。

式(7.12)中,表皮因子 S 的定义为由于表皮污染所引起的无因次附加拟压力降,即：

$$S = \frac{\pi K_{\text{fh}} h T_{\text{sc}}}{p_{\text{sc}} q_{\text{sc}} T} \Delta \psi_{\text{s}} \quad (7.13)$$

无因次井筒储集常数定义为:

$$C_{\text{D}} = \frac{C}{2\pi h \Lambda L^2 / \mu_{\text{i}}} \quad (7.14)$$

式中　$\Delta\psi_{\text{s}}$——由于表皮污染在井底附近引起的附加拟压力降,Pa/s;

　　　C——井筒储集常数,m³/Pa。

7.1.3　Stehfest 数值反演方法

前面推导所得到的井底压力响应都是在 Laplace 空间内的表达式,而通常对井底压力动态进行分析的话,用到的是实空间内井底压力随时间的变化关系,因此需要对上述压力响应表达式进行 Laplace 反演,将其转换到实空间内进行计算和分析。

常用的 Laplace 反演方法有解析法和数值法两种。解析反演主要是利用 Laplace 变换性质和变换表或围道积分方法进行反演,其中,利用已有的 Laplace 变换表进行解析反演具有很大的局限性;而围道积分反演计算起来又极其麻烦。试井分析中所涉及的 Laplace 空间内的表达式往往又是相当复杂的,用解析反演的方法很难求得其原函数。目前,试井分析中最常用的反演方法是基于函数概率密度理论的 Stehfest 数值反演方法。

设 $\psi(t)$ 基于 t 的拉氏变换为 $\bar{\psi}(u)$,则 Stehfest 数值反演公式为:

$$\psi(t) = \frac{\ln 2}{t} \sum_{i=1}^{N} V_i \bar{\psi}\left(\frac{\ln 2}{t} i\right) \quad (7.15)$$

对于给定的时刻 t,只需将 Laplace 空间内的压力响应解 $\bar{\psi}(u)$ 中的 u 用 $\frac{\ln 2}{t} i$ 代替,利用式(7.15)就可以得到在 t 时刻对应的实空间内拟压力 $\psi(t)$ 的数值。其中,V_i 的值可由下式进行计算:

$$V_i = (-1)^{\frac{N}{2}+i} \sum_{k=\left[\frac{i+1}{2}\right]}^{\min(i,\frac{N}{2})} \frac{k^{N/2}(2k+1)!}{(k+1)!k!\left(\frac{N}{2}-k+1\right)!(i-k+1)!(2k-i+1)!} \quad (7.16)$$

7.1.4　试井典型曲线及影响因素分析

该节基于 7.1.1 节推导得到的不同侧向外边界条件下的顶底封闭页岩气藏中完全射开直井压力响应表达式,针对第 6 章中针对页岩气藏提出的两种基本渗流物理模型,利用 Stehfest 数值反演方法,用计算机编程方法获得了实空间内的试井典型曲线,并对典型曲线特征及相关影响因素进行了分析。

7.1.4.1　页岩气藏渗流—扩散模型

图 7.2 为基于页岩气藏渗流—扩散模型计算得到的无限大页岩气藏中完全射开直井无因次拟压力及压力导数曲线,根据典型曲线特征,可将无限大页岩气藏中完全射开直井的流动划分为如下几个阶段:

Ⅰ——早期井筒储集效应阶段,该阶段的无因次拟压力及压力导数在双对数图中呈斜率为1的直线,且二者相互重合。

Ⅱ——井储后过渡段,该阶段的无因次拟压力导数曲线上出现一明显的"驼峰",该"驼峰"的高低与持续时间的长短取决于无因次井筒储集系数 C_D 和表皮因子 S 的组合。

Ⅲ——天然裂缝系统径向流阶段,压力导数曲线呈现"0.5"水平线,若井筒储集系数 C_D 或者窜流系数 λ 太大的话,典型曲线上有可能观察不到该阶段的流动特征。

Ⅳ——窜流段,随着裂缝系统压力的降低,最靠近裂缝系统的基质内吸附态页岩气首先发生解吸并向裂缝系统扩散,从而在基质内部引起浓度差,页岩气在浓度差的作用下在基质球体内部以及向裂缝系统扩散,该阶段在拟压力导数曲线上表现为一个明显的"凹子","凹子"的深浅和宽度与吸附解吸常数 α 和储容比 ω 有关,而其出现的时间早晚则与窜流系数 λ 有关。

Ⅴ——晚期总系统径向流阶段,此时天然裂缝系统与基质系统的压力达到平衡,压力导数曲线上出现第二个"0.5"水平线。

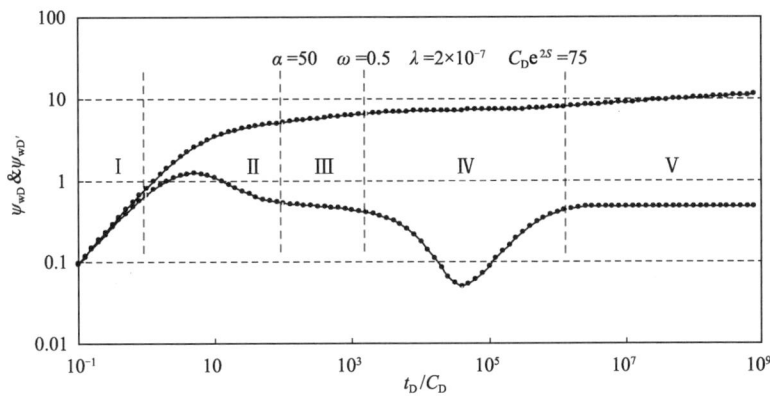

图 7.2 无限大页岩气藏中完全射开直井试井典型曲线

页岩气藏中完全射开直井的试井典型曲线形态会受到一系列气藏和页岩气物性参数的影响,下面将对影响典型曲线形态的各种相关参数进行敏感性分析。由于井筒储集系数 C_D 和表皮系数 S 对典型曲线的影响与常规气藏相同,此处不再讨论。

1)Langmuir 等温吸附常数的影响

图 7.3 和图 7.4 分别为页岩气 Langmuir 等温吸附常数 V_L 和 p_L 对无限大页岩气藏中完全射开直井无因次拟压力及拟压力导数曲线形态的影响。观察这两个图中典型曲线变化趋势可知,页岩气等温吸附参数 V_L 和 p_L 主要影响拟压力导数曲线上对应窜流段的"凹子"形状。随着饱和吸附量 V_L 和 Langmuir 压力 p_L 的增大,"凹子"的形状变得更深更宽,反映出页岩基质中页岩气向裂缝系统扩散的时间更长且扩散量更大。

结合第 4 章中对页岩气吸附规律的研究可知,Langmuir 体积 V_L 越大,代表泥页岩对页岩气的极限吸附量越大,则随着气藏开采的进行和地层压力的降低,解吸出来的页岩气量就更多,解吸后的页岩气向裂缝系统扩散以补偿地层中压力损失的能力就更强,反映到拟压力导数曲线上即为"凹子"对应的拟压力降更小且持续时间更长。

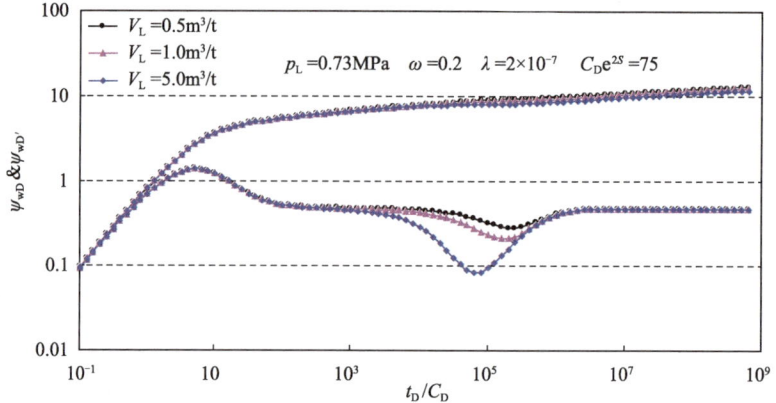

图 7.3 页岩饱和吸附量 V_L 对无限大页岩气藏中完全射开直井试井典型曲线的影响

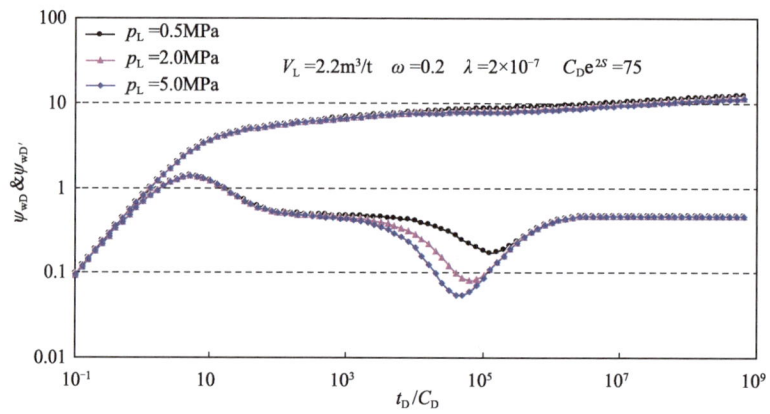

图 7.4 等温吸附常数 p_L 对无限大页岩气藏中完全射开直井试井典型曲线的影响

此外,当页岩极限吸附量 V_L 保持一定时,Langmuir 常数 p_L 越大,达到极限吸附量之前的等温吸附/解吸曲线斜率就更小(图 7.5),相同压力下对应的吸附页岩气量就更少,则当气藏压力下降相同值时,对应的页岩基质中解吸页岩气量就更多,解吸后的页岩气向裂缝系统扩散以补偿地层中压力损失的能力就更强,反映到拟压力导数曲线上即为"凹子"对应的拟压力降更小且持续时间更长。

2) 页岩总有机碳含量(TOC)的影响

根据第 4 章中页岩等温吸附实验结果可知,页岩总有机碳含量(TOC 值)会显著影响页岩气的极限吸附量,而页岩气的极限吸附量又会影响气井的井底压力动态变化,故 TOC 值也会进而影响页岩气井的压力动态。下面以无限大页岩气藏为例,对页岩总有机碳含量 TOC 值对完全射开页岩直井井底压力动态的影响进行分析。

从图 7.6 中可以看出,页岩中总有机碳含量 TOC 值的大小主要影响拟压力导数曲线上"凹子"的深浅。随着页岩中总有机碳含量 TOC 的增大,基质中有机质含量就更多,储层中纳米级孔隙就更发育,气藏中吸附气含量也随之增多。当气藏压力降低时,吸附态页岩气解吸量就更大,解吸后的页岩气向天然裂缝系统扩散以平衡压力损失的能力就更强,拟压力导数曲线上对应于扩散段的压降就更小。

7 页岩气藏中不同井型的试井理论模型

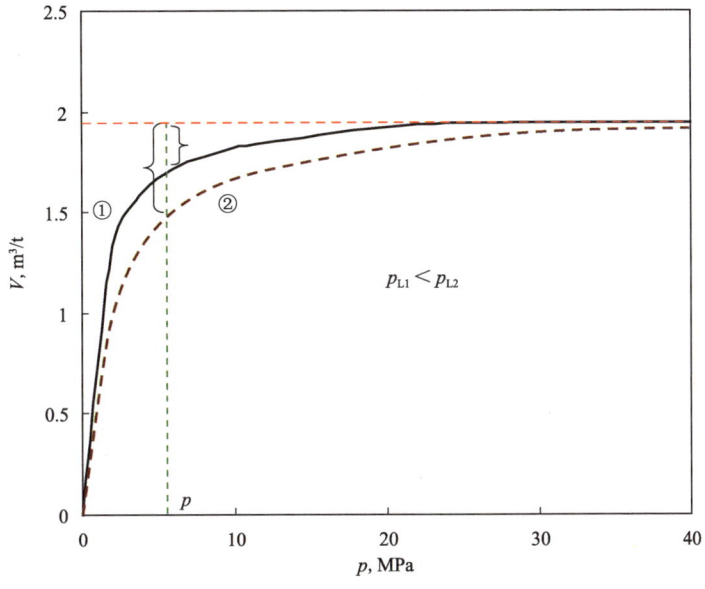

图 7.5 p_L 对页岩气等温吸附规律的影响

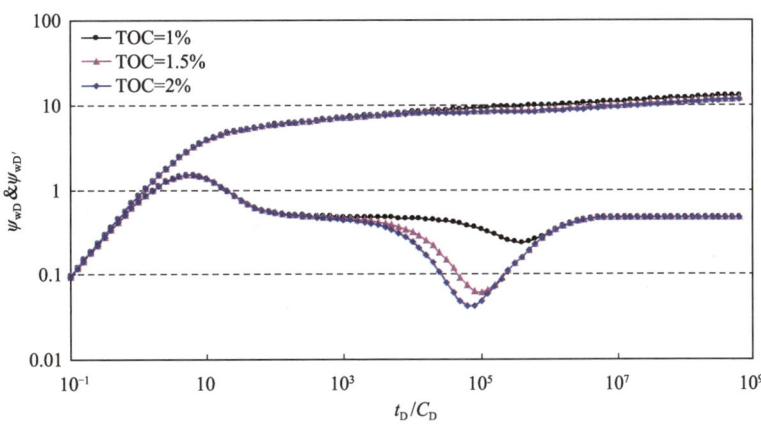

图 7.6 总有机碳含量 TOC 对无限大页岩气藏中完全射开直井试井典型曲线的影响

综合上述敏感性分析可知,页岩气等温吸附常数 V_L、p_L 及页岩总有机碳含量 TOC 值主要是通过影响页岩气吸附—解吸规律进而对页岩气井压力动态产生影响。结合第 6 章中页岩气藏渗流—扩散基本模型的推导过程可知,上述等温吸附常数 V_L、p_L 以及 TOC 值的影响可统一反映到模型中的吸附解吸常数 α 上。

由第 6 章中 α 的定义式可直观地得到 α 与等温吸附常数 V_L 和 p_L 之间的关系,α 与总有机碳含量 TOC 之间的相关关系则可通过对某一地区的泥页岩等温吸附实验结果拟合得到。本节基于四川盆地龙马溪组某页岩气井的基础资料和等温吸附实验结果,对页岩气藏渗流—扩散模型中的吸附解吸常数 α 和 TOC 值之间的函数关系进行了拟合,拟合结果如图 7.7 所示。

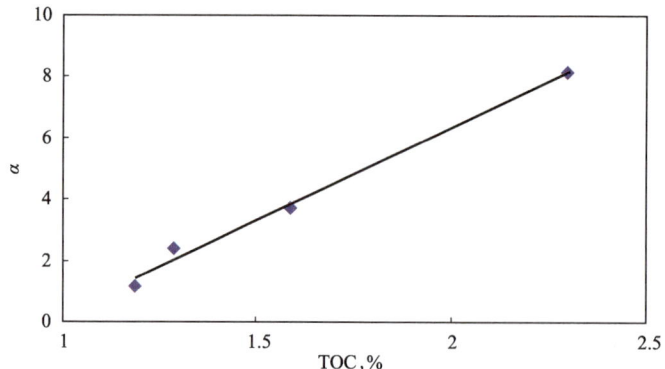

图7.7 吸附解吸常数 α 与川南龙马溪组页岩总有机碳含量(TOC)关系曲线

从图7.7中可以看出,在储层温度条件下,页岩气藏渗流—扩散模型中的吸附解吸常数 α 与该地区的泥页岩总有机碳含量(TOC)之间有着很好的线性相关关系。随着 TOC 值的增大,渗流模型中的吸附解吸常数 α 也随之增大,故 TOC 值对试井典型曲线的影响也可耦合到页岩气藏渗流—扩散模型中的吸附解吸常数 α 中去。

为简洁起见,之后的章节在对于吸附气解吸对基于页岩气藏渗流—扩散模型计算得到的页岩气井压力动态的影响进行讨论时,均直接讨论吸附解吸常数 α 对试井典型曲线的影响。V_L、p_L 及 TOC 都与 α 有着很好的正相关性,对于典型曲线形态的影响与 α 类似。

3) 储容比的影响

图7.8为页岩气藏渗流—扩散模型中储容比 ω 对完全射开直井无因次拟压力及拟压力导数曲线形态的影响。从该图中可以看出,不同 ω 值对应的拟稳态扩散模型拟压力导数曲线上"凹子"的形状不同。ω 值越大,压力导数曲线上"凹子"形态就越窄越浅,反之亦然。这是因为 ω 越小,裂缝系统的储集能力相对就越差,则基质系统通过扩散方式向裂缝系统补充气体的能力就越强,系统间窜流段持续时间就越长,对应到压力导数曲线上表现为"凹子"的形态越宽越深。

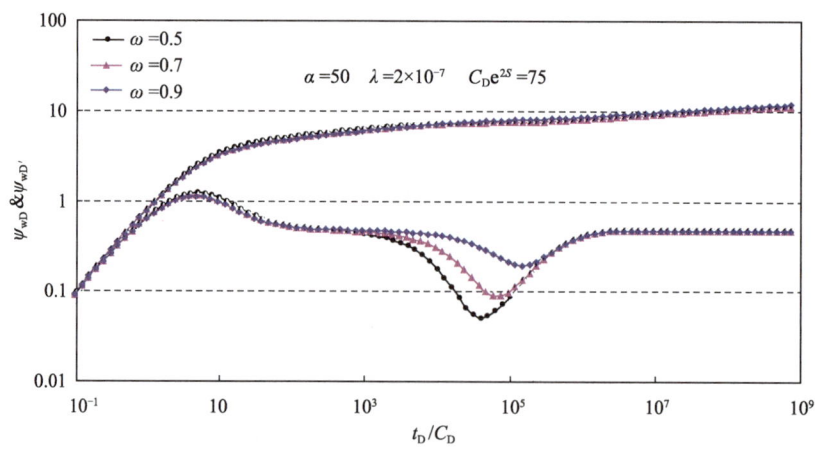

图7.8 储容比 ω 对无限大页岩气藏中完全射开直井试井典型曲线的影响

4)窜流系数的影响

图 7.9 显示了页岩气藏渗流-扩散模型中窜流系数 λ 对完全射开直井无因次拟压力及拟压力导数曲线形态的影响。从图 7.9 可看出,当其他参数保持不变时,页岩基质和天然裂缝系统间的窜流系数 λ 主要决定导数曲线上"凹子"出现时间的早晚。窜流系数 λ 越大,基质系统中页岩气向裂缝系统进行扩散的时间就越早,压力导数曲线上"凹子"出现的时间就越早,反之亦然。当窜流系数 λ 足够大时,有可能会掩盖早期裂缝系统径向流特征,如图 7.9 中所示 λ=1×10⁻⁶ 所对应的情况。

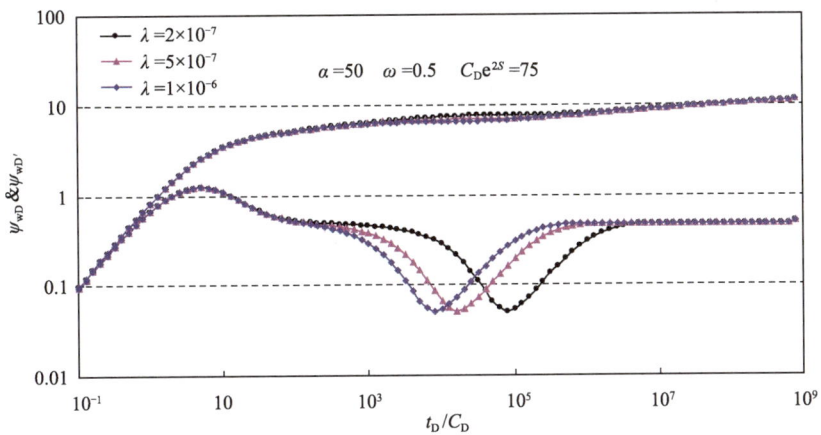

图 7.9 窜流系数 λ 对无限大页岩气藏中完全射开直井试井典型曲线的影响

5)外边界的影响

图 7.10 中给出了页岩气藏不同侧向外边界对完全射开直井试井典型曲线的影响。从该图中可观察到,与无限大页岩气藏完全射开直井的典型曲线相比,有界页岩气藏的试井典型曲线多了一个晚期的边界反映阶段。当页岩气藏侧向外边界为封闭边界时,拟压力及拟压力导数曲线在晚期会出现上翘甚至相交,且二者均表现为斜率为 1 的直线,这是封闭外边界气藏的

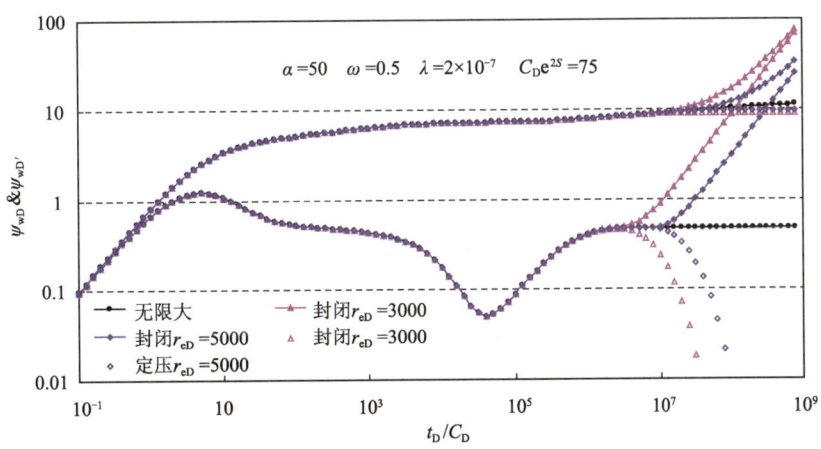

图 7.10 不同外边界对页岩气藏中完全射开直井试井典型曲线的影响

典型特征；当页岩气藏侧向外边界为定压边界时，拟压力曲线在晚期会逐渐趋近水平线，而拟压力导数曲线会急剧下掉，反映出压力波传播到定压边界之后得到允足的能量补给，地层中压降不再发生变化。另外从图 7.10 中还可以观察到，气藏外边界半径越大，典型曲线上出现边界反映的时间就越晚，反之亦然。

6) 扩散方式的影响

图 7.11 反映了页岩气在基质中以及向裂缝系统的不同扩散方式对无限大页岩气藏中完全射开直井不稳定压力动态的影响。从该图中可以看出，非稳态扩散与拟稳态扩散模型在试井典型曲线上的差别主要反映在窜流阶段。当基质中页岩气扩散方式为拟稳态扩散时，对应于基质和裂缝间的窜流段，拟压力导数曲线上出现一个明显的"凹子"。而当基质中页岩气扩散方式为非稳态扩散时，基质中吸附态和游离态页岩气对裂缝中压力变化更为敏感，基质与裂缝系统间的窜流比拟稳态扩散情况下开始的时间要早，早期裂缝系统径向流阶段的特征基本观察不到。此外，当基质中页岩气为非稳态扩散时，对应于窜流段的压力导数曲线并不呈深圆波谷状，而是呈扁平下凹状，对应的导数值大约为 0.25。

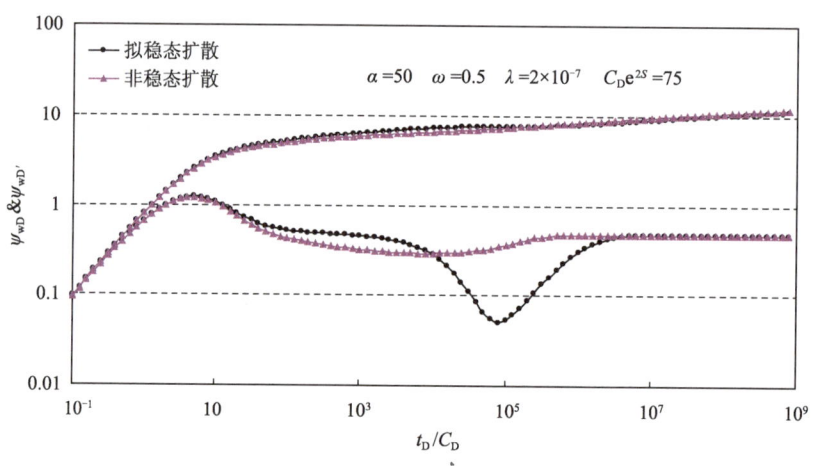

图 7.11 不同扩散方式对无限大页岩气藏中完全射开直井试井典型曲线的影响

7.1.4.2 页岩气藏渗流—渗流/扩散模型

图 7.12 和 7.13 分别为基于页岩气藏渗流—渗流/扩散模型计算得到的拟稳态窜流和非稳态窜流条件下的完全射开直井试井典型曲线，从这两个图中可以观察到与 7.1.4.1 节中类似的曲线特征和流动阶段划分。需要注意的是，在非稳态模型中，基质中的吸附气解吸对于裂缝系统的压力变化更加敏感，故典型曲线上基本观察不到裂缝系统径向流阶段。

下面以拟稳态模型为例，讨论气藏物性参数、井参数、页岩气吸附及扩散特征参数对上述试井典型曲线的影响。

1) Langmuir 等温吸附常数的影响

图 7.14 和图 7.15 分别为页岩气 Langmuir 等温吸附常数 V_L 和 p_L 对基于页岩气藏渗流—渗流/扩散模型计算得到的无限大页岩气藏中完全射开直井无因次拟压力及拟压力导数曲线形态的影响。从这两个图中可以看出，等温吸附参数主要影响窜流段对应的典型曲线动态，

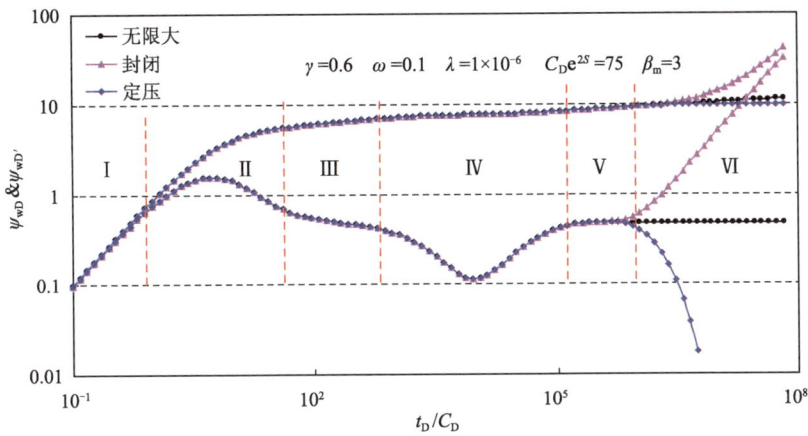

图 7.12 无限大页岩气藏中完全射开直井试井典型曲线——拟稳态模型

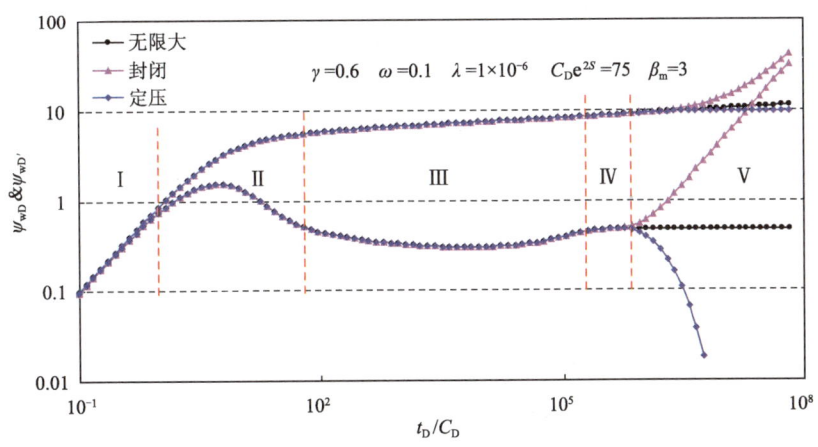

图 7.13 无限大页岩气藏中完全射开直井试井典型曲线——非稳态模型

随着页岩气饱和吸附量 V_L 和 Langmuir 压力 p_L 的增大,"凹子"的形状变得更深更宽。这是因为 V_L 越大,页岩气藏原始状态下的吸附气含量就越多,则气藏开采过程中解吸的页岩气量就越多,解吸后的页岩气向裂缝系统窜流以平衡裂缝中压力损失的能力就更强,则拟压力导数曲线上"凹子"就更深更宽。类似地,p_L 越大,气藏开采过程中相同压力下对应的页岩气解吸量就更大,解吸后页岩气向裂缝系统进行补给,地层中压降速度减缓,则拟压力导数曲线上"凹子"就更深更宽。

2) 页岩总有机碳含量(TOC)的影响

根据第 4 章中页岩等温吸附实验结果可知,页岩总有机碳含量(TOC 值)会显著影响页岩气的吸附—解吸规律,进而影响页岩气井的压力动态。下面以无限大页岩气藏为例,对页岩有机碳含量 TOC 值对基于页岩气藏渗流—渗流/扩散模型计算得到的完全射开页岩直井井底压力动态的影响进行分析。

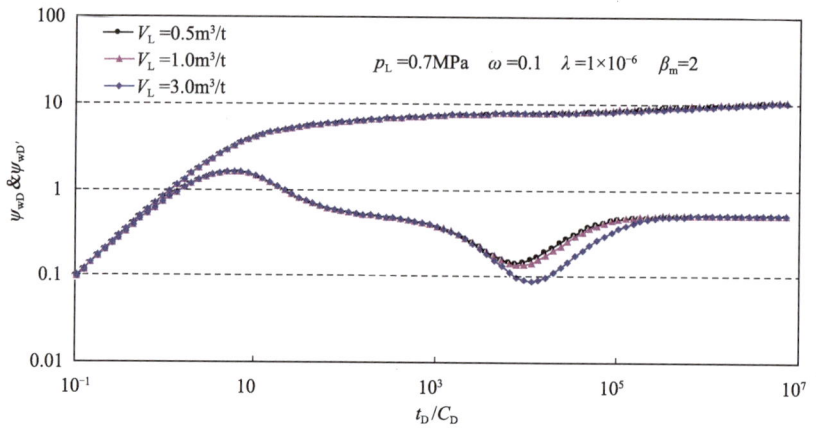

图 7.14 页岩饱和吸附量 V_L 对无限大页岩气藏中完全射开直井试井典型曲线的影响

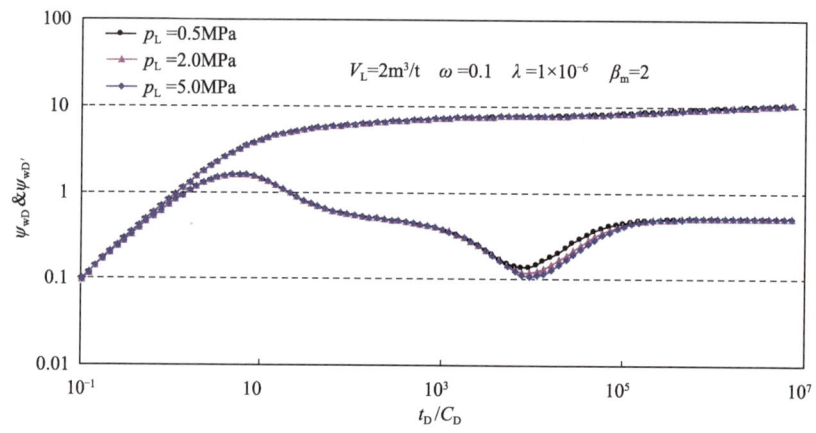

图 7.15 等温吸附常数 p_L 对无限大页岩气藏中完全射开直井试井典型曲线的影响

从图 7.16 中可以看出,页岩中总有机碳含量 TOC 值的大小主要影响拟压力导数曲线上"凹子"的形态。随着页岩中总有机碳含量的增大,吸附态页岩气量就更大,解吸后的页岩气向天然裂缝系统窜流以平衡压力损失的能力就更强,拟压力导数曲线上对应于窜流段的压降就更小。

综合上述敏感性分析可知,页岩气等温吸附常数 V_L、p_L 及页岩总有机碳含量 TOC 值主要是通过影响页岩气吸附—解吸规律进而对页岩气井压力动态产生影响。结合第 6 章中页岩气藏渗流—渗流/扩散基本模型的推导过程可知,上述等温吸附常数 V_L、p_L 及 TOC 值的影响可统一反映到模型中的参数 c_{ads} 和 γ 上。

由第 6 章中 c_{ads} 的定义式可直观地得到 c_{ads} 与等温吸附常数 V_L 和 p_L 之间的关系,进而可得到参数 γ 与等温吸附常数之间的关系。而 γ 与总有机碳含量 TOC 之间的相关关系则可通过对某一地区的泥页岩等温吸附实验结果拟合得到。本节基于四川盆地龙马溪组某页岩气井的基础资料和等温吸附实验结果,对页岩气藏渗流—渗流/扩散模型中的参数 γ 和 TOC 值之间的函数关系进行了拟合,拟合结果如图 7.17 所示。

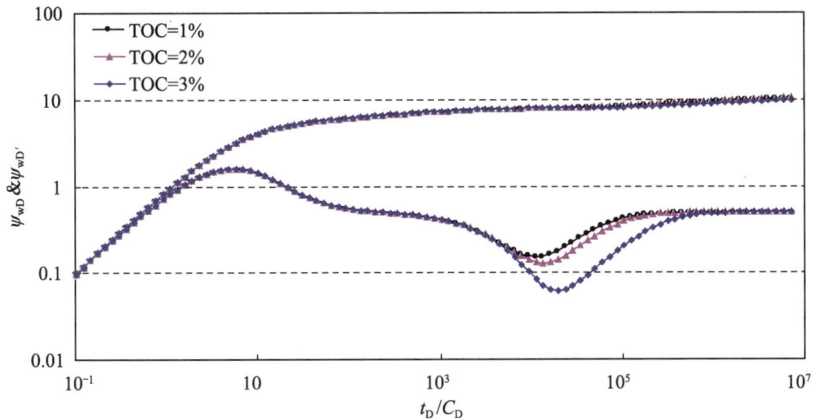

图 7.16 总有机碳含量 TOC 对无限大页岩气藏中完全射开直井试井典型曲线的影响

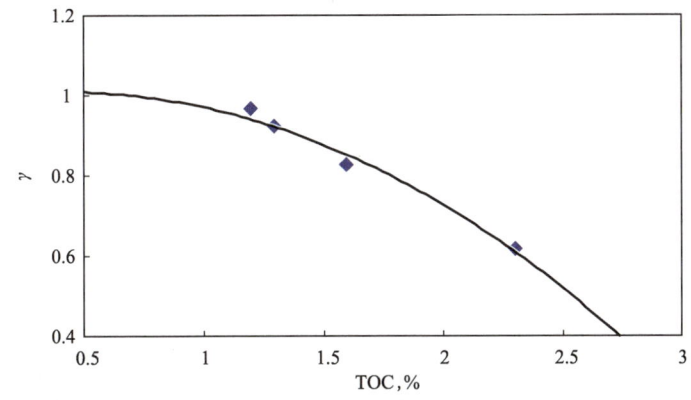

图 7.17 页岩气藏渗流—渗流/扩散模型中 γ 与总有机碳含量 TOC 关系曲线

从图 7.17 中可以看出,在储层温度条件下,随着 TOC 值的增大,页岩气藏基本渗流模型中的反映页岩气解吸影响的参数 γ 减小,TOC 值与 γ 值之间存在负相关关系,故 TOC 值对试井典型曲线的影响也可耦合到页岩气藏渗流—渗流/扩散模型中的参数 γ 中去。

为简洁起见,之后的章节在对于吸附气解吸对基于页岩气藏渗流—渗流/扩散模型计算得到的页岩气井压力动态的影响进行讨论时,均直接讨论参数 γ 对试井典型曲线的影响。V_L、p_L 及 TOC 与 γ 均存在负相关关系,通过分析 γ 对典型曲线形态的影响,便可推知 V_L、p_L 及 TOC 对于典型曲线形态的影响。

3)基质中页岩气运移机制的影响

图 7.18 为基质中页岩气运移机制对无限大页岩气藏中完全射开直井试井典型曲线的影响。其中,$\beta_m=1$ 表示页岩基质中气体流动为由压力差所引起的渗流,$\beta_m>1$ 表示页岩基质中气体流动为压力差和浓度差双重作用的结果。从图 7-18 中可以看出,当其他参数保持一定时,β_m 主要影响拟压力导数曲线上"凹子"出现时间的早晚。β_m 越大,压力导数曲线上"凹子"出现的时间越早。从第 6 章的推导中可以看出,β_m 代表的物理意义是页岩基质视渗透率与其 Darcy 渗透率的比值,β_m 越大,基质中页岩气扩散的贡献越大,页岩基质视渗透率就越大,则气

体由基质向裂缝系统窜流和扩散的时间相应地就越早。

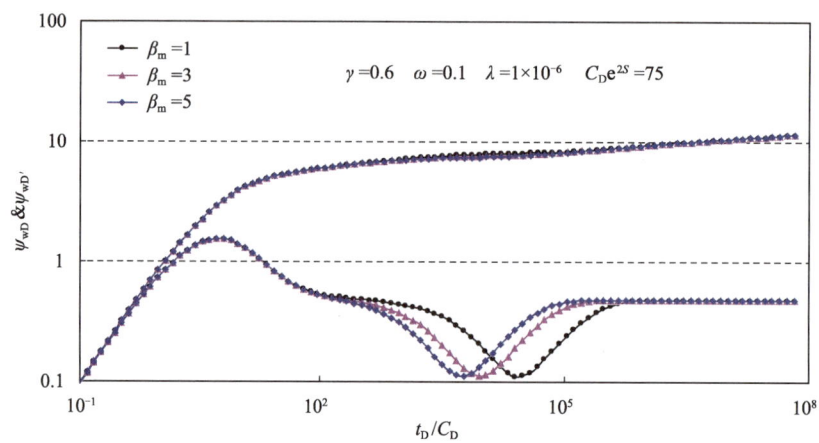

图 7.18　基质中页岩气运移机制对无限大页岩气藏中完全射开直井试井典型曲线的影响

其他参数如储容比 ω、窜流系数 λ、气藏侧向外边界 r_{eD} 和扩散方式对页岩气藏中完全射开直井试井典型曲线的影响与 7.1.4.1 节相同,此处不再赘述。

7.2　页岩气藏中无限导流压裂直井试井模型

页岩气藏由于渗透率极低,在气井投产前往往需要进行压裂等增产改造。压裂所形成的裂缝形态有很多种,但大体上可分为水平裂缝和垂直裂缝两种。研究表明,当压裂深度大于 700m 时,压裂所产生的裂缝主要是垂直裂缝。美国的页岩气层埋深多在 450~2300m 之间,而我国四川盆地页岩气层埋藏深度更大,通常介于 1500~4000m。在该埋深条件下,水力压裂所形成的裂缝多为垂直裂缝,故此处主要考虑压裂形成垂直裂缝的情况。

此外,根据压裂裂缝导流能力(裂缝渗透率与裂缝宽度的乘积)的不同,垂直压裂裂缝又可被分为无限导流和有限导流两种情况,本小节主要针对页岩气藏中无限导流压裂直井的压力动态进行研究。"完全压开无限导流压裂裂缝"指的是压开裂缝穿透整个储层厚度,即压裂裂缝高度与产层厚度相等,此外压裂裂缝具有无限大渗透率,气体在裂缝中流动无压降,裂缝中各处压力相同。实际上并不存在渗透率为无限大的压裂裂缝,但当压裂裂缝较短且压裂裂缝渗透率远高于页岩储层渗透率时,气体在裂缝中渗流所产生的压降与气体在页岩储层中流动所产生的压降相比可忽略,则该类压裂裂缝可被视为"无限导流压裂裂缝"。

直接建立模型求取无限导流压裂直井的压力响应比较复杂,本节从顶底封闭页岩气藏的点源解出发,通过选取合适的点源解沿压裂裂缝面进行积分,可得到不同侧向外边界下的页岩气藏中均匀流量压裂直井的压力响应。而后,通过选取合适的等效压力点,可得到相应的无限导流压裂直井的压力响应。

7.2.1　井底压力响应推导

如图 7.19 所示,顶底封闭页岩气藏中有一无限导流压裂直井以恒定产量 q_{sc} 生产,气藏厚

度为 h,气井完全压开;压裂裂缝呈矩形且关于井筒对称,裂缝高度为 h,裂缝半长为 x_f,压裂裂缝宽度为 0;气藏侧向边界半径为无限大或 r_e,裂缝系统水平方向和垂直方向具有各向异性,即 $K_{fh} \neq K_{fv}$,其余页岩气藏有关假设条件参见第 6 章中相应的模型假设条件。

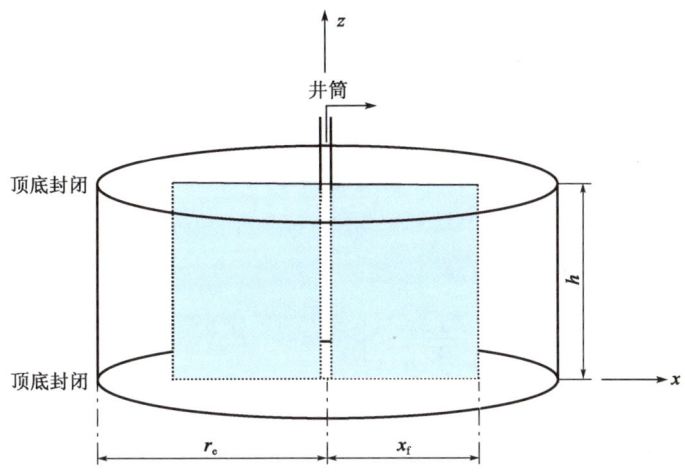

图 7.19 页岩气藏中完全压开无限导流压裂直井渗流物理模型

7.2.1.1 无限大侧向外边界

假设流量沿裂缝长度方向均匀分布,则均匀流量条件下的压裂直井的压力响应可以通过利用顶底封闭、侧向无限大页岩气藏连续点源解式(6.134)首先对 z_w 从 0 到 h 积分,然后再对 x_w 从 $-x_f$ 到 x_f 进行积分获得;也可直接通过利用顶底封闭、侧向无限大页岩气藏中完全射开直井的压力响应式(7.4)关于 x_w 从 $-x_f$ 到 x_f 进行积分获得。本节采用的是后一种做法,即:

$$\Delta \bar{\psi}_f = \frac{p_{sc}T}{T_{sc}} \frac{\tilde{q}h}{\pi K_f u L h_D} \int_{-x_f}^{x_f} K_0(r_D \sqrt{f(u)}) \mathrm{d}x_w \tag{7.17}$$

将 $r_D = \sqrt{(x_D-x_{wD})^2+(y_D-y_{wD})^2}$ 代入上式,并对积分变量进行无因次化(对于压裂直井,参考长度 L 一般取为裂缝半长 x_f),可得到下式:

$$\Delta \bar{\psi}_f = \frac{p_{sc}T}{T_{sc}} \frac{\tilde{q}h}{\pi K_f u h_D} \int_{-1}^{1} K_0\left(\sqrt{(x_D-x_{wD})^2+(y_D-y_{wD})^2}\sqrt{f(u)}\right) \mathrm{d}x_{wD} \tag{7.18}$$

将压裂直井产量 q_{sc} 与源强度 $\tilde{q}$ 之间的关系式代入式(7.18),并注意到在图 7.19 中所示坐标系下 $y_{wD}=0$,则式(7.18)可变为:

$$\Delta \bar{\psi}_f = \frac{p_{sc}T}{2T_{sc}} \frac{q_{sc}}{\pi K_f u x_f h_D} \int_{-1}^{1} K_0\left(\sqrt{(x_D-x_{wD})^2+y_D^2}\sqrt{f(u)}\right) \mathrm{d}x_{wD} \tag{7.19}$$

结合第 6 章中的无因次拟压力定义,则式(7.19)可写为如下无因次形式:

$$\bar{\psi}_{fD} = \frac{1}{2u} \int_{-1}^{1} K_0\left(\sqrt{(x_D-\alpha)^2+y_D^2}\sqrt{f(u)}\right) \mathrm{d}\alpha \tag{7.20}$$

上式即为顶底封闭、侧向无限大页岩气藏中完全压开均匀流量压裂直井的压力响应。当计算井底或裂缝面内压力时，$y_D=0$，则上式变为：

$$\overline{\psi}_{fD}(y_D=0)=\frac{1}{2u}\int_{-1}^{1}K_0\left(|x_D-\alpha|\sqrt{f(u)}\right)d\alpha \tag{7.21}$$

需要指出的一点是，当计算井底或裂缝面中的压力，由于$|x_D|\leqslant 1$，则上式中积分项内会出现$x_D=\alpha$的一点。而根据Bessel函数的性质，可知$K_0(0)=\infty$，即被积函数在$x_D=\alpha$处会出现无穷大取值。但式(7.21)的积分结果对应的是压力响应，故其应该是有界的。对于此问题，可对式(7.21)中的积分项先进行如下变形，而后再进行编程求解：

$$\overline{\psi}_{fD}(|x_D|\leqslant 1,y_D=0)=\frac{1}{2u}\left[\int_{-1}^{x_D}K_0\left((x_D-\alpha)\sqrt{f(u)}\right)d\alpha+\int_{x_D}^{1}K_0\left((\alpha-x_D)\sqrt{f(u)}\right)d\alpha\right] \tag{7.22}$$

对上式中积分形式进行化简，最终可得到：

$$\overline{\psi}_{fD}(|x_D|\leqslant 1,y_D=0)=\frac{1}{2u\sqrt{f(u)}}\left[\int_{0}^{\sqrt{f(u)}(1+x_D)}K_0(v)dv+\int_{0}^{\sqrt{f(u)}(1-x_D)}K_0(v)dv\right] \tag{7.23}$$

式(7.23)为可用于编程计算的顶底封闭、侧向无限大页岩气藏中完全压开均匀流量压裂直井的裂缝面内压力响应。在均匀流量压裂直井模型中，压裂裂缝内的流量处处相等，而在无限导流能力压裂直井模型中则假设压裂裂缝内压力均匀分布。根据Gringarten等人的研究，若想得到完全压开无限导流压裂直井的井底压力响应，只需在式(7.23)中取$x_D=0.732$为等效压力点进行计算即可。

7.2.1.2 圆形封闭侧向外边界

类似地，顶底封闭、侧向圆形封闭页岩气藏中完全压开无限导流压裂直井的压力响应可通过对式(7.8)对应的有因次拟压力表达形式关于x_w从$-x_f$到x_f进行积分获得，即：

$$\Delta\overline{\psi}_f=\frac{p_{sc}T}{T_{sc}}\frac{\widetilde{q}h}{\pi K_f uLh_D}\int_{-x_f}^{x_f}\left[K_0\left(r_D\sqrt{f(u)}\right)+\frac{K_1\left(r_{eD}\sqrt{f(u)}\right)}{I_1\left(r_{eD}\sqrt{f(u)}\right)}I_0\left(r_D\sqrt{f(u)}\right)\right]dx_w \tag{7.24}$$

对上式进行化简并对拟压力进行无因次化，即可得到顶底封闭、侧向圆形封闭页岩气藏中完全压开均匀流量压裂直井的裂缝面内压力响应为：

$$\overline{\psi}_{fD}(y_D=0)=\frac{1}{2u}\int_{-1}^{1}\left[K_0\left(|x_D-\alpha|\sqrt{f(u)}\right)+\frac{K_1\left(r_{eD}\sqrt{f(u)}\right)}{I_1\left(r_{eD}\sqrt{f(u)}\right)}I_0\left(|x_D-\alpha|\sqrt{f(u)}\right)\right]d\alpha \tag{7.25}$$

利用与7.2.1.1节类似的方法，即可将上式变换成便于编程求解的形式。若想得到完全压开无限导流压裂直井的井底压力响应，只需在上式中取$x_D=0.732$为等效压力点进行计算即可。

7.2.1.3 圆形定压侧向外边界

类似地，顶底封闭、圆形定压页岩气藏中完全压开无限导流压裂直井的压力响应可通过对式(7.11)对应的有因次拟压力表达形式关于x_w从$-x_f$到x_f进行积分获得。

$$\Delta\overline{\psi}_{\mathrm{f}} = \frac{p_{\mathrm{sc}}T}{T_{\mathrm{sc}}} \frac{\widetilde{q}h}{\pi K_{\mathrm{f}} u L h_{\mathrm{D}}} \int_{-x_{\mathrm{f}}}^{x_{\mathrm{f}}} \left[K_0\left(r_{\mathrm{D}}\sqrt{f(u)}\right) - \frac{K_0\left(r_{\mathrm{eD}}\sqrt{f(u)}\right)}{I_0\left(r_{\mathrm{eD}}\sqrt{f(u)}\right)} I_0\left(r_{\mathrm{D}}\sqrt{f(u)}\right) \right] \mathrm{d}x_{\mathrm{w}}$$

(7.26)

对上式进行化简并对拟压力进行无因次化,即可得到顶底封闭、侧向圆形定压页岩气藏中完全压开均匀流量压裂直井的裂缝面内压力响应为:

$$\overline{\psi}_{\mathrm{fD}}(y_{\mathrm{D}}=0) = \frac{1}{2u}\int_{-1}^{1} \left[K_0\left(|x_{\mathrm{D}}-\alpha|\sqrt{f(u)}\right) - \frac{K_0\left(r_{\mathrm{eD}}\sqrt{f(u)}\right)}{I_0\left(r_{\mathrm{eD}}\sqrt{f(u)}\right)} I_0\left(|x_{\mathrm{D}}-\alpha|\sqrt{f(u)}\right) \right] \mathrm{d}\alpha$$

(7.27)

采用与 7.2.1.1 节类似的方法,即可将上式变换成便于编程求解的形式。若想得到完全压开无限导流压裂直井的井底压力响应,只需在上式中取 $x_{\mathrm{D}}=0.732$ 为等效压力点进行计算即可。

7.2.2 试井典型曲线及影响因素分析

该节基于 7.2.1 节推导得到的不同边界条件下的顶底封闭页岩气藏中完全压开无限导流压裂直井的压力响应表达式,首先利用 Duhamel 原理将井储系数和表皮效应的影响叠加进去,然后针对第 6 章中提出的两种不同的页岩气藏基本渗流物理模型,利用 Stehfest 数值反演方法,用计算机编程方法获得了实空间内的试井典型曲线,并对典型曲线特征及相关影响因素进行了分析。

7.2.2.1 页岩气藏渗流—扩散模型

图 7.20 为不考虑井储效应和表皮因子的影响时,基于页岩气藏渗流—拟稳态扩散模型计算得到的无限导流压裂直井的试井典型曲线,从曲线特征分析,地层中对应的流动阶段有:

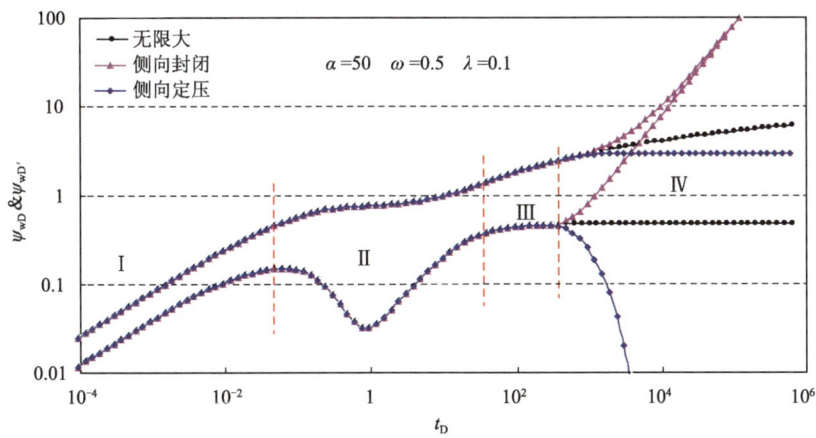

图 7.20 页岩气藏中无限导流压裂直井试井典型曲线(无井储和表皮)

Ⅰ——线性流阶段,该阶段对应于气藏天然裂缝系统中的页岩气向压裂裂缝壁面的线性流[图 7.21(a)],在试井典型曲线上,拟压力及拟压力导数曲线相互平行,均呈斜率为"1/2"的直线,且平行直线间的垂直间距为"lg2"。

Ⅱ——窜流段,基质中页岩气向天然裂缝系统以拟稳态扩散方式进行窜流,拟压力导数曲线上出现特征"凹子"。

Ⅲ——晚期拟径向流动阶段,天然裂缝系统与基质系统中压力达到平衡,且早期压裂裂缝的影响已经结束,气体以拟径向流方式向井筒流动[图7.21(b)],典型曲线上表现为值为"0.5"的水平线。

Ⅳ——边界反映阶段,该阶段对应于压力波传播到气藏侧向边界后的压力响应,对于封闭外边界,拟压力及压力导数曲线呈斜率为1的直线且相交;对于定压外边界,拟压力曲线表现为水平线,而拟压力导数曲线迅速下掉。

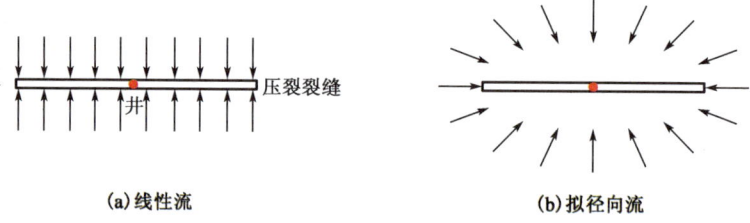

图7.21 页岩气藏中无限导流压裂直井流动阶段示意图

图7.22为考虑井储和表皮效应影响时,基于页岩气藏渗流—扩散模型计算得到的无限导流压裂井的试井典型曲线。与不考虑井储和表皮效应的情况(图7.20)相比,图7.22中多了两个流动阶段的反映:井筒储集阶段(图7.22中阶段Ⅰ)和井储后的过渡段(图7.22中阶段Ⅱ),其余流动阶段的划分及典型曲线特征都与图7.20相同。需要指出的是,如果井储系数或表皮过大,则典型曲线上的早期垂直于压裂裂缝面的线性流阶段(图7.22中阶段Ⅲ)有可能被井储阶段及其过渡段所掩盖。

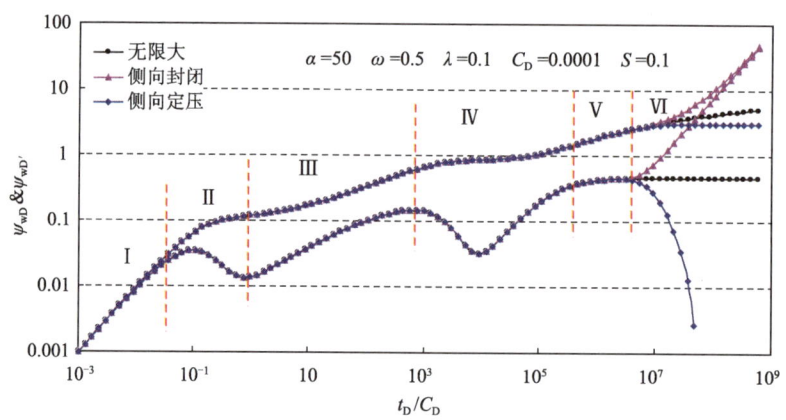

图7.22 页岩气藏中无限导流压裂直井试井典型曲线(考虑井储和表皮)

下面以无限大页岩气藏为例,对页岩气藏渗流—扩散模型中影响无限导流压裂直井典型曲线形态的各种相关参数进行敏感性分析。

1)吸附解吸常数的影响

图7.23为页岩气藏渗流—扩散模型中吸附解吸常数 α 对无限大页岩气藏中无限导流压

裂直井无因次拟压力及拟压力导数曲线形态的影响。从图7.23中可观察到,吸附解吸常数α主要影响页岩基质和天然裂缝系统间窜流段的典型曲线形态,对早期和晚期的典型曲线形态基本无影响。α值越小,拟稳态模型对应的拟压力导数曲线上的"凹子"就越窄越浅;相反地,α值越大,拟稳态模型对应的拟压力导数曲线上的"凹子"就越宽越深。

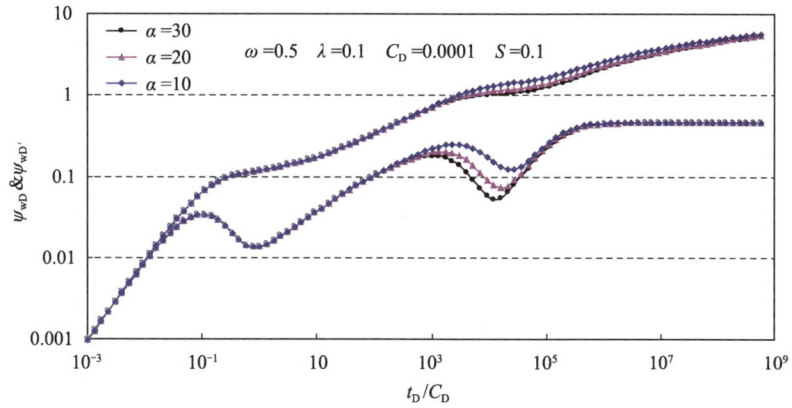

图7.23 吸附解吸常数α对无限大页岩气藏中无限导流压裂直井试井典型曲线的影响

2) 储容比的影响

图7.24为页岩气藏渗流—扩散模型中储容比ω对无限大页岩气藏中无限导流压裂直井无因次拟压力及拟压力导数曲线形态的影响。从图7.24中可以看出,储容比ω不仅影响窜流段的典型曲线形态,还影响早期线性流阶段的典型曲线形态。ω值越小,拟压力导数曲线上反映基质和天然裂缝系统间窜流段的"凹子"就越深越宽,但早期线性流阶段的拟压力及压力导数曲线位置越靠上;当ω值变大时,拟压力导数曲线上反映窜流段的"凹子"就变浅变窄,早期线性流阶段的拟压力及压力导数曲线位置则有所下移。

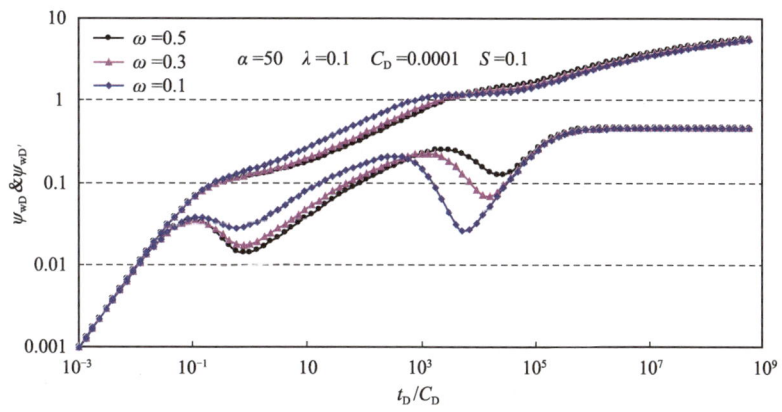

图7.24 储容比ω对无限大页岩气藏中无限导流压裂直井试井典型曲线的影响

3) 窜流系数的影响

图 7.25 为页岩气藏渗流—拟稳态扩散模型中窜流系数 λ 对无限大页岩气藏中无限导流压裂直井无因次拟压力及压力导数曲线的影响。从图 7.25 中可看出，窜流系数 λ 主要影响基质中页岩气向天然裂缝系统扩散的时间。窜流系数 λ 越大，基质中页岩气向裂缝系统窜流发生的时间越早，拟稳态模型对应的拟压力导数曲线上"凹子"出现的时间就越早。

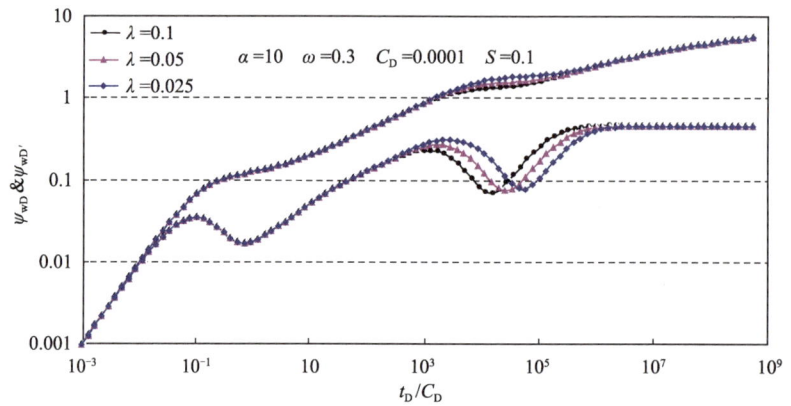

图 7.25 窜流系数 λ 对无限大页岩气藏中无限导流压裂直井试井典型曲线的影响

4) 扩散方式的影响

图 7.26 反映了页岩气在基质中以及向裂缝系统不同的扩散方式对无限大页岩气藏中无限导流压裂直井不稳定压力动态的影响。从图 7.26 中可以看出，基质中页岩气不同扩散方式主要影响窜流段的典型曲线形态。当所有参数相同时，在非稳态扩散条件下，基质中吸附态页岩气对于系统压力的变化更加敏感，非稳态扩散模型对应的典型曲线上对于窜流段的反映更早，因而会对早期线性流阶段的典型曲线形态也有所影响。除此之外，不同扩散方式下的早期井储阶段及晚期拟径向流阶段的典型曲线特征基本一致。

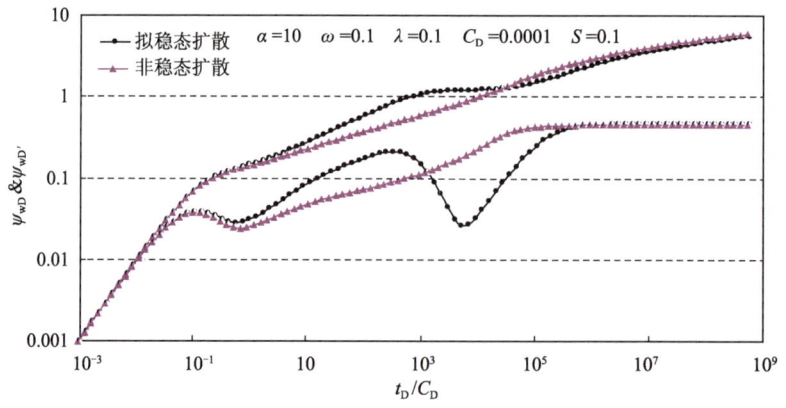

图 7.26 基质中不同扩散方式对无限大页岩气藏中无限导流压裂直井试井典型曲线的影响

7.2.2.2 页岩气藏渗流—渗流/扩散模型

图 7.27 和图 7.28 为基于页岩气藏渗流—渗流/扩散模型计算得到的拟稳态窜流条件下的无限导流压裂直井的试井典型曲线,其中,图 7.27 所示典型曲线未考虑井储和表皮效应的影响,图 7.28 所示典型曲线则考虑了井储和表皮效应的影响。两种不同情况下的气藏中流动阶段划分和典型曲线特征分别与图 7.20 和图 7.22 类似,此处不再重复。

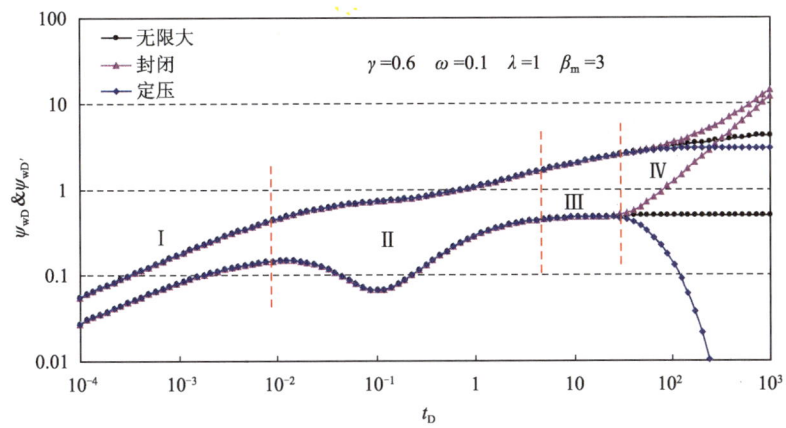

图 7.27　页岩气藏中无限导流压裂直井试井典型曲线(无井储和表皮)—拟稳态模型

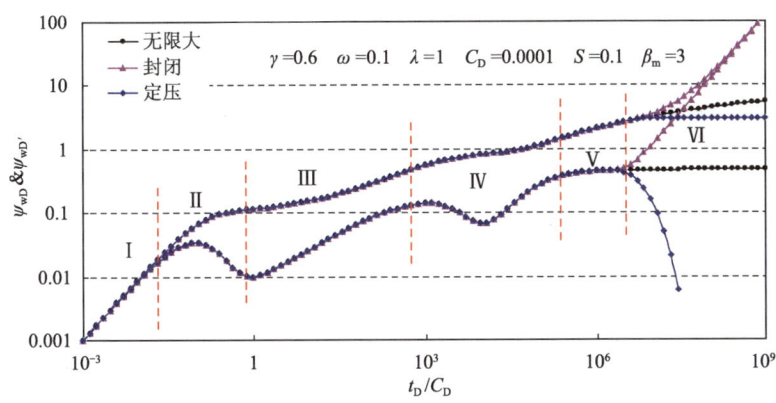

图 7.28　页岩气藏中无限导流压裂直井试井典型曲线(考虑井储和表皮)—拟稳态模型

图 7.29 和图 7.30 为基于页岩气藏渗流—渗流/扩散模型计算得到的非稳态窜流条件下的无限导流压裂直井的试井典型曲线,其中,图 7.29 所示典型曲线未考虑井储和表皮效应的影响,图 7.30 为典型曲线则考虑了井储和表皮效应的影响。与图 7.27 和图 7.28 对比可知,拟稳态模型和非稳态模型对应的典型曲线差别主要体现在窜流段,其余流动阶段对应的典型曲线特征都一致。基于拟稳态模型计算得到的典型曲线中,窜流段对应的拟压力导数曲线上有一明显的"凹子";而基于非稳态模型计算得到的典型曲线中,窜流段对应的拟压力导数曲线

上则出现扁平下凹。

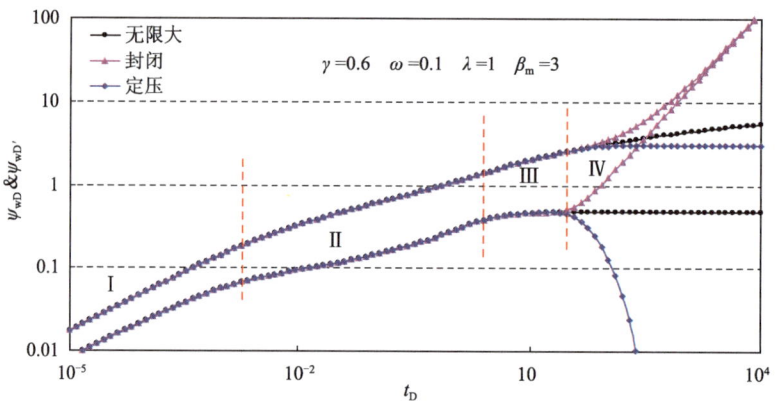

图7.29 页岩气藏中无限导流压裂直井试井典型曲线(无井储和表皮)—非稳态模型

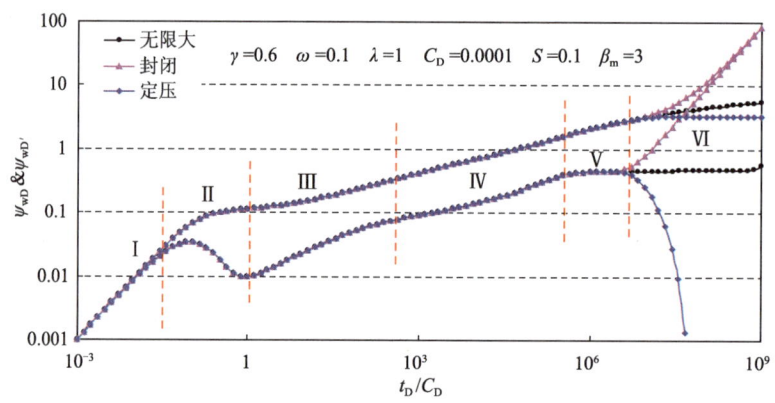

图7.30 页岩气藏中无限导流压裂直井试井典型曲线(考虑井储和表皮)—非稳态模型

下面以无限大页岩气藏为例,对页岩气藏渗流—渗流/扩散模型中影响无限导流压裂直井典型曲线形态的各种相关参数进行敏感性分析。

1)吸附气解吸的影响

图7.31表明了基质中吸附气的存在对无限大页岩气藏中无限导流压裂直井试井典型曲线的影响,其中,$\gamma=1$表示页岩基质中不存在吸附气。从图7.31中可观察到,当考虑吸附气存在时,拟压力导数曲线上的"凹子"变宽变深,且γ值越小,对应的"凹子"越宽越深。这是因为较小的γ值代表基质中有较多的吸附气,则吸附气解吸后补偿气藏中压力损失的能力就越强,基质与天然裂缝系统间的气体交换就更加明显,对应到典型曲线上,则表现为"凹子"更宽更深。

2)基质中页岩气运移机制的影响

图7.32为基质中页岩气运移机制对无限大页岩气藏中无限导流压裂直井试井典型曲线

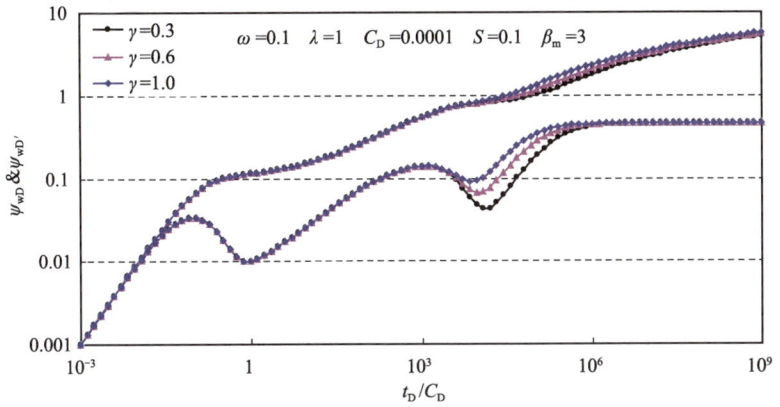

图 7.31 吸附气解吸对无限大页岩气藏中无限导流压裂直井试井典型曲线的影响

的影响。其中,$\beta_m=1$ 表示页岩基质中仅存在气体渗流,$\beta_m>1$ 表示页岩基质中同时存在气体渗流和扩散。从图 7.32 中可以看出,当其他参数保持一定时,β_m 主要影响拟压力导数曲线上"凹子"出现时间的早晚。β_m 越大,基质中页岩气扩散对页岩气总流动的贡献越大,页岩气由基质向裂缝系统窜流和扩散的时间就越早。

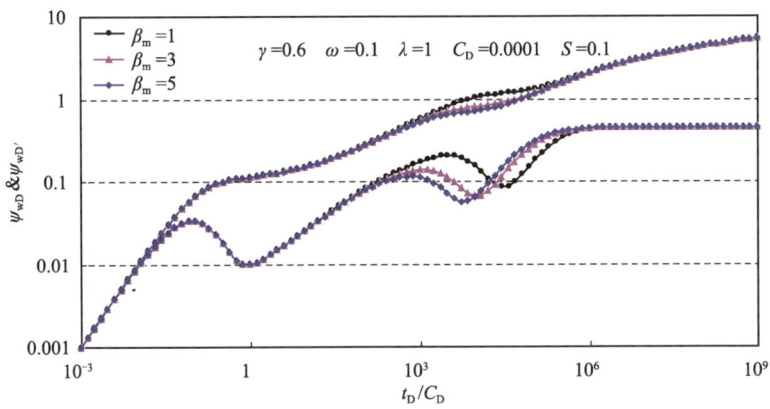

图 7.32 基质中页岩气运移机制对无限大页岩气藏中无限导流压裂直井试井典型曲线的影响

其他参数如储容比 ω、窜流系数 λ 对页岩气藏中无限导流压裂直井试井典型曲线的影响同 7.2.2.1,此处不再重复。

7.3 页岩气藏中有限导流压裂直井试井模型

本节主要针对无限大页岩气藏中有限导流压裂直井的压力动态进行研究。

7.3.1 井底压力响应推导

如图 7.33 所示,顶底封闭无限大页岩气藏中有一具有有限导流能力的压裂直井以恒定产

量 q_{sc} 生产,气藏厚度为 h,压裂裂缝高度也为 h,即气井完全压开整个储层厚度;压裂所形成的垂直裂缝关于井筒对称,压裂裂缝具有一定的渗透率 K_{fl};压裂裂缝半长为 x_f,裂缝宽度为 W_f;气藏侧向边界为无限大,天然裂缝系统水平方向和垂直方向具有各向异性,即 $K_{fh} \neq K_{fv}$;假设气体仅经由压裂裂缝流入井筒,压裂裂缝缝端封闭,即无气体从裂缝缝端流入;其余页岩气藏有关假设条件参见第 6 章中相应的模型假设条件。

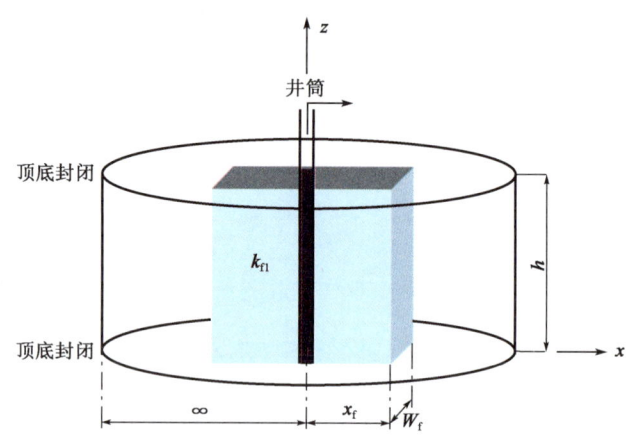

图 7.33　页岩气藏中完全压开有限导流压裂直井渗流物理模型

与无限导流压裂直井不同的是,在有限导流压裂直井模型中,由于人工压裂裂缝的渗透率为有限值,气体在压裂裂缝中流动会产生压降,即压裂裂缝内不同位置处所对应的压力和流量不同。因此,求取有限导流压裂直井的压力响应时,需要分别对针对储层和压裂裂缝建立渗流模型,然后再利用压裂裂缝壁面处的连接条件将二者耦合进行求解。

7.3.1.1　储层渗流模型

对于页岩气在储层内渗流所引起的压力响应,仍然可以借用于源函数方法进行推导。但值得注意的是,由于压裂裂缝内存在有压降,因此压裂裂缝内不同位置处所对应的流量不同,即压裂裂缝内的流量呈非均匀分布。因此,当利用源函数方法求取页岩气在储层内渗流引起的压力响应时,点源函数中的源强度并不是常数,而是时间和位置的函数。

根据源函数思想,储层中的拟压力响应可通过对 7.1 节中推导得到的顶底封闭、侧向无限大页岩气藏中连续线源解式(7.2)关于 x_w 从 $-x_f$ 到 x_f 进行积分即可。需要注意的是,该线源解中的线源强度 q_f 为非均匀流量,与点源在 x 方向的位置 x_{wD} 有关。则储层中的拟压力响应为:

$$\Delta \overline{\psi}_f = \frac{p_{sc}T}{T_{sc}} \frac{1}{\pi K_f L h_D} \int_{-x_f}^{x_f} \overline{q}_f(x_{wD}, u) K_0(r_D \sqrt{f(u)}) dx_w \tag{7.28}$$

式中　q_f——有限导流裂缝内线密度流量,m^2/s。

将 $r_D = \sqrt{(x_D - x_{wD})^2 + (y_D - y_{wD})^2}$ 代入对式(7.28)进行化简,可得到:

$$\Delta \overline{\psi}_f = \frac{p_{sc}T}{T_{sc}} \frac{1}{\pi K_f h_D} \int_{-1}^{1} \overline{q}_f(x_{wD}, u) K_0(\sqrt{(x_D - x_{wD})^2 + y_D^2} \sqrt{f(u)}) dx_{wD} \tag{7.29}$$

其中,无因次变量定义中的参考长度 L 取裂缝半长 x_f。

定义无因次裂缝线密度流量如下：

$$q_{\mathrm{fD}} = \frac{2Lq_{\mathrm{f}}(x_{\mathrm{wD}}, t_{\mathrm{D}})}{q_{\mathrm{sc}}} \tag{7.30}$$

则根据式(7.30)定义的无因次裂缝线密度流量及第 6 章中的无因次拟压力定义，式(7.29)可化为：

$$\overline{\psi}_{\mathrm{fD}} = \frac{1}{2}\int_{-1}^{1}\overline{q}_{\mathrm{fD}}(\alpha, u)K_0\left(\sqrt{(x_{\mathrm{D}}-\alpha)^2 + y_{\mathrm{D}}^2}\sqrt{f(u)}\right)\mathrm{d}\alpha \tag{7.31}$$

上式即为页岩气在储层内渗流所引起的压力响应，其中的 $\overline{q}_{\mathrm{fD}}$ 为未知量，需要结合压裂裂缝渗流模型进行求解。

7.3.1.2 压裂裂缝渗流模型

由于压裂裂缝具有对称性，故可取 1/4 压裂裂缝为研究对象。假设页岩气在有限导流压裂裂缝内的渗流为平面渗流，且压裂裂缝为各向同性介质（即 $K_{\mathrm{fl}x}=K_{\mathrm{fl}y}=K_{\mathrm{fl}}$），则根据质量守恒定律、Darcy 定律及气体状态方程，可得到描述压裂裂缝中页岩气渗流的控制方程如下：

$$\frac{\partial}{\partial x}\left(\frac{p_{\mathrm{fl}}}{\mu Z}\frac{\partial p_{\mathrm{fl}}}{\partial x}\right) + \frac{\partial}{\partial y}\left(\frac{p_{\mathrm{fl}}}{\mu Z}\frac{\partial p_{\mathrm{fl}}}{\partial y}\right) = \frac{\phi_{\mathrm{fl}}}{K_{\mathrm{fl}}}\frac{\partial}{\partial t}\left(\frac{p_{\mathrm{fl}}}{Z}\right)\left(0 < x < x_{\mathrm{f}}, 0 < y < \frac{W_{\mathrm{f}}}{2}\right) \tag{7.32}$$

式中　p_{fl}——压裂裂缝内压力，Pa；

　　　ϕ_{fl}——压裂裂缝孔隙度，小数；

　　　K_{fl}——压裂裂缝渗透率，m^2；

　　　W_{f}——压裂裂缝宽度，m。

由于水力压裂形成的裂缝宽度 W_{f} 一般较小，故在式(7.32)中，可以对等式左端第 2 项取积分平均处理，从而可得到：

$$\frac{\partial}{\partial y}\left(\frac{p_{\mathrm{fl}}}{\mu Z}\frac{\partial p_{\mathrm{fl}}}{\partial y}\right) = \frac{2}{W_{\mathrm{f}}}\left(\frac{p_{\mathrm{fl}}}{\mu Z}\frac{\partial p_{\mathrm{fl}}}{\partial y}\bigg|_{y=\frac{W_{\mathrm{f}}}{2}} - \frac{p_{\mathrm{fl}}}{\mu Z}\frac{\partial p_{\mathrm{fl}}}{\partial y}\bigg|_{y=0}\right) \tag{7.33}$$

将式(7.33)代入式(7.32)，可得到：

$$\frac{\partial}{\partial x}\left(\frac{p_{\mathrm{fl}}}{\mu Z}\frac{\partial p_{\mathrm{fl}}}{\partial x}\right) + \frac{2}{W_{\mathrm{f}}}\left[\frac{p_{\mathrm{fl}}}{\mu Z}\frac{\partial p_{\mathrm{fl}}}{\partial y}\bigg|_{y=\frac{W_{\mathrm{f}}}{2}} - \frac{p_{\mathrm{fl}}}{\mu Z}\frac{\partial p_{\mathrm{fl}}}{\partial y}\bigg|_{y=0}\right] = \frac{\phi_{\mathrm{fl}}}{K_{\mathrm{fl}}}\frac{\partial}{\partial t}\left(\frac{p_{\mathrm{fl}}}{Z}\right) \tag{7.34}$$

又根据压裂裂缝的对称性假设，可得到在压裂裂缝轴线（$y=0$）处无气体流过，则式(7.34)可变为：

$$\frac{\partial}{\partial x}\left(\frac{p_{\mathrm{fl}}}{\mu Z}\frac{\partial p_{\mathrm{fl}}}{\partial x}\right) + \frac{2}{W_{\mathrm{f}}}\frac{p_{\mathrm{fl}}}{\mu Z}\frac{\partial p_{\mathrm{fl}}}{\partial y}\bigg|_{y=\frac{W_{\mathrm{f}}}{2}} = \frac{\phi_{\mathrm{fl}}}{K_{\mathrm{fl}}}\frac{\partial}{\partial t}\left(\frac{p_{\mathrm{fl}}}{Z}\right) \tag{7.35}$$

此外，在压裂裂缝与储层交界处，还应满足如下流量衔接条件：

$$\frac{p_{\mathrm{fl}}T_{\mathrm{sc}}}{p_{\mathrm{sc}}TZ}\frac{K_{\mathrm{fl}}}{\mu}\frac{\partial p_{\mathrm{fl}}}{\partial y}\bigg|_{y=\frac{W_{\mathrm{f}}}{2}} = \frac{p_{\mathrm{f}}T_{\mathrm{sc}}}{p_{\mathrm{sc}}TZ}\frac{K_{\mathrm{fh}}}{\mu}\frac{\partial p_{\mathrm{f}}}{\partial y}\bigg|_{y=\frac{W_{\mathrm{f}}}{2}} \tag{7.36}$$

将式(7.36)代入式(7.35)中并引入拟压力定义式进行线性化，可得到：

$$\frac{\partial^2 \psi_{\mathrm{fl}}}{\partial x^2} + \frac{2}{W_{\mathrm{f}}}\frac{K_{\mathrm{fh}}}{K_{\mathrm{fl}}}\frac{\partial \psi_{\mathrm{f}}}{\partial y}\bigg|_{y=\frac{W_{\mathrm{f}}}{2}} = \frac{\phi_{\mathrm{fl}}\mu c_{\mathrm{gfl}}}{K_{\mathrm{fl}}}\frac{\partial \psi_{\mathrm{fl}}}{\partial t}(0 < x < x_{\mathrm{f}}) \tag{7.37}$$

式中　ψ_{fl}——压裂裂缝中拟压力，Pa/s；

　　　c_{gfl}——压裂裂缝中气体压缩系数，Pa^{-1}。

由于压裂裂缝体积与整个页岩气藏体积相比很小，故压裂裂缝中由于气体弹性膨胀而引

起的流量可忽略不计,则压裂裂缝中渗流微分方程最终可变为:

$$\frac{\partial^2 \psi_{\text{fl}}}{\partial x^2} + \frac{2K_{\text{fh}}}{K_{\text{fl}}W_{\text{f}}} \frac{\partial \psi_{\text{f}}}{\partial y}\bigg|_{y=\frac{W_{\text{f}}}{2}} = 0 \quad (0 < x < x_{\text{f}}) \tag{7.38}$$

另外,有限导流压裂气井以定产量生产,则应满足相应的内边界条件:

$$\frac{p_{\text{fl}} T_{\text{sc}}}{p_{\text{sc}} TZ} \frac{K_{\text{fl}}}{\mu} \frac{\partial p_{\text{fl}}}{\partial x}\bigg|_{x=0} \cdot \frac{W_{\text{f}}h}{2} = \frac{q_{\text{sc}}}{4} \tag{7.39}$$

压裂裂缝缝端封闭条件可用数学语言表达为:

$$\frac{\partial p_{\text{fl}}}{\partial x}\bigg|_{x=x_{\text{f}}} = 0 \tag{7.40}$$

此外,压裂裂缝中线密度流量与储层天然裂缝系统压力之间具有如下关系式:

$$q_{\text{f}} = 2\frac{p_{\text{f}} T_{\text{sc}}}{p_{\text{sc}} TZ}h\frac{K_{\text{fh}}}{\mu}\frac{\partial p_{\text{f}}}{\partial y}\bigg|_{y=\frac{W_{\text{f}}}{2}} \tag{7.41}$$

根据拟压力的定义,将式(7.39)~式(7.41)化为拟压力形式,之后对其和式(7.38)进行无因次化,并进行基于 t_{D} 的 Laplace 变换,最后可得到:

$$\frac{\partial^2 \overline{\psi}_{\text{flD}}}{\partial x_{\text{D}}^2} + \frac{2}{R_{\text{fD}}}\frac{\partial \overline{\psi}_{\text{flD}}}{\partial y_{\text{D}}}\bigg|_{y_{\text{D}}=\frac{W_{\text{fD}}}{2}} = 0 \quad (0 < x_{\text{D}} < 1) \tag{7.42}$$

$$\frac{\partial \overline{\psi}_{\text{flD}}}{\partial x_{\text{D}}}\bigg|_{x_{\text{D}}=0} = -\frac{\pi}{uR_{\text{fD}}} \tag{7.43}$$

$$\frac{\partial \overline{\psi}_{\text{flD}}}{\partial x_{\text{D}}}\bigg|_{x_{\text{D}}=1} = 0 \tag{7.44}$$

$$\overline{q}_{\text{fD}} = -\frac{2}{\pi}\frac{\partial \overline{\psi}_{\text{fD}}}{\partial y_{\text{D}}}\bigg|_{y_{\text{D}}=\frac{W_{\text{fD}}}{2}} \tag{7.45}$$

上述无因次变换过程中涉及的无因次变量定义如下:

$$W_{\text{fD}} = \frac{W_{\text{f}}}{L}, R_{\text{fD}} = \frac{K_{\text{fl}}W_{\text{f}}}{K_{\text{fh}}L}$$

其余无因次变量定义同第6章。

将式(7.45)代入式(7.42),并进行二重积分求解,最终可得到下式:

$$\int_0^{x_{\text{D}}}\int_0^v \frac{\partial^2 \overline{\psi}_{\text{flD}}}{\partial x_{\text{D}}^2}\mathrm{d}x_{\text{D}}\mathrm{d}v - \frac{\pi}{R_{\text{fD}}}\int_0^{x_{\text{D}}}\int_0^v \overline{q}_{\text{fD}}\mathrm{d}x_{\text{D}}\mathrm{d}v = 0 \tag{7.46}$$

利用式(7.43)和式(7.44)对上式进行化简,可得到:

$$\overline{\psi}_{\text{wD}} - \overline{\psi}_{\text{flD}}(x_{\text{D}}, u) = \frac{\pi}{uR_{\text{fD}}}\bigg[x_{\text{D}} - u\int_0^{x_{\text{D}}}\int_0^v \overline{q}_{\text{fD}}\mathrm{d}x_{\text{D}}\mathrm{d}v\bigg] \tag{7.47}$$

上式即为对压裂裂缝渗流模型进行化简求解的最终结果,其中的 $\overline{q}_{\text{fD}}$ 和 $\overline{\psi}_{\text{wD}}$ 为未知量,需要耦合页岩储层渗流模型进行求解。

7.3.1.3 储层与压裂裂缝耦合模型

在压裂裂缝壁面处,储层中压力与压裂裂缝中压力相等。基于上述思想,再结合式(7.31)和式(7.47)可得到:

$$\overline{\psi}_{\text{wD}} - \frac{1}{2}\int_{-1}^{1}\overline{q}_{\text{fD}}(\alpha, u)K_0\bigg(\sqrt{(x_{\text{D}} - \alpha)^2 + \bigg(\frac{W_{\text{f}}}{2}\bigg)^2}\sqrt{f(u)}\bigg)\mathrm{d}\alpha$$

$$= \frac{\pi}{uR_{\text{fD}}} \left[x_{\text{D}} - u \int_0^{x_{\text{D}}} \int_0^v \overline{q}_{\text{fD}} \mathrm{d}x_{\text{D}} \mathrm{d}v \right] \tag{7.48}$$

水力压裂裂缝的缝宽与缝长相比很小,则上式中 $\left(\dfrac{W_\text{f}}{2}\right)^2$ 项可忽略,式(7.48)变为:

$$\overline{\psi}_{\text{wD}} - \frac{1}{2} \int_{-1}^{1} \overline{q}_{\text{fD}}(\alpha, u) K_0(|x_{\text{D}} - \alpha| \sqrt{f(u)}) \mathrm{d}\alpha = \frac{\pi}{uR_{\text{fD}}} \left[x_{\text{D}} - u \int_0^{x_{\text{D}}} \int_0^v \overline{q}_{\text{fD}} \mathrm{d}x_{\text{D}} \mathrm{d}v \right] \tag{7.49}$$

观察上式可以看出,$\overline{q}_{\text{fD}}$ 和 $\overline{\psi}_{\text{wD}}$ 都为未知量。若想成功求解 $\overline{q}_{\text{fD}}$ 和 $\overline{\psi}_{\text{wD}}$ 的表达式,则还需要一个含有未知量的方程。对于定产量生产气井,还存在如下流量关系式:

$$\int_{-x_\text{f}}^{x_\text{f}} q_\text{f}(x,t) \mathrm{d}x = q_{\text{sc}} \tag{7.50}$$

对上式进行无因次化并取基于 t_D 的 Laplace 变换,可得到:

$$\int_0^1 \overline{q}_{\text{fD}} \mathrm{d}x_\text{D} = \frac{1}{u} \tag{7.51}$$

式(7.48)属于 Fredholm 积分方程,难以直接解析求解,可通过数值离散方法对其进行求解。下面将对数值离散方法求取过程做简单介绍。

如图 7.34 所示,将无因次裂缝半长[0,1]区间等分为 n 分,步长为 Δx_D,$\overline{x}_{\text{D}j}$ 为第 j 个裂缝离散单元格的中点,$x_{\text{D}j}$ 为第 j 个离散端点。虽然压裂裂缝中流量是 x 的函数,但当离散步长足够小时,可假设各离散单元中的流量均匀分布。

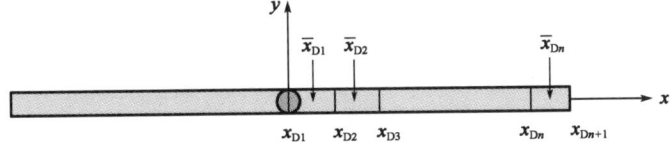

图 7.34 压裂裂缝离散单元示意图

从图 7.34 中可得到裂缝离散单元端点和中点的表达式如下:

$$\begin{cases} x_{\text{D}j} = (j-1)\Delta x_\text{D} \\ \overline{x}_{\text{D}j} = x_{\text{D}j} + \dfrac{\Delta x_\text{D}}{2} = \left(j - \dfrac{1}{2}\right)\Delta x_\text{D} \end{cases} \tag{7.52}$$

根据图 7.34 所示,对于第 j 个离散单元,积分方程式(7.49)等式左端的积分项可写为如下离散形式:

$$\int_{-1}^{1} \overline{q}_{\text{fD}}(\alpha, u) K_0(|x_\text{D} - \alpha| \sqrt{f(u)}) \mathrm{d}\alpha$$
$$= \int_0^1 \overline{q}_{\text{fD}}(\alpha, u) [K_0(|x_\text{D} + \alpha| \sqrt{f(u)}) + K_0(|x_\text{D} - \alpha| \sqrt{f(u)})] \mathrm{d}\alpha \tag{7.53}$$
$$= \sum_{i=1}^{n} \int_{x_{\text{D}i}}^{x_{\text{D}(i+1)}} \overline{q}_{\text{fD}i}(u) [K_0(|\overline{x}_{\text{D}j} + \alpha| \sqrt{f(u)}) + K_0(|\overline{x}_{\text{D}j} - \alpha| \sqrt{f(u)})] \mathrm{d}\alpha$$

类似地,对于第 j 个离散单元,积分方程式(7.49)等式右端的积分项可写为如下离散形式:

$$\int_0^{x_D}\int_0^v \bar{q}_{fD}\,dx_D\,dv = \sum_{i=1}^{j-1} \bar{q}_{fDi}(u)(j-1)\Delta x_D^2 + \bar{q}_{fDj}(u)\frac{\Delta x_D^2}{8} \tag{7.54}$$

则对于第 j 个离散单元,式(7.49)对应的离散形式为:

$$\bar{\psi}_{wD} - \frac{1}{2}\sum_{i=1}^n \int_{x_{Di}}^{x_{D(i+1)}} \bar{q}_{fDi}(u)[K_0(|\bar{x}_{Dj}+\alpha|\sqrt{f(u)}) + K_0(|\bar{x}_{Dj}-\alpha|\sqrt{f(u)})]d\alpha$$

$$= \frac{\pi}{uR_{fD}}\left\{\bar{x}_{Dj} - u\left[\sum_{i=1}^{j-1}\bar{q}_{fDi}(u)(j-1)\Delta x_D^2 + \bar{q}_{fDj}(u)\frac{\Delta x_D^2}{8}\right]\right\} \tag{7.55}$$

此外,流量方程式(7.51)可被离散为:

$$\Delta x_D \sum_{i=1}^n \bar{q}_{fDi}(u) = \frac{1}{u} \tag{7.56}$$

式(7.55)和式(7.56)组成的方程组中共有 $n+1$ 个未知量,即:$\bar{\psi}_{wD}$ 和 $\bar{q}_{fDi}(u)$(其中 $i=1,2,\cdots,n$)。将式(7.55)中的 j 取遍 n 个压裂裂缝离散单元,可得到 n 个含有未知量的方程,再加上式(7.56)的流量条件,共可得到 $n+1$ 个包含未知量的方程,采用 Gauss 消元法或 Gauss-Jordan 消元法对这 $n+1$ 个线性方程组求解即可得到 Laplace 空间内的井底压力 $\bar{\psi}_{wD}$ 和压裂裂缝离散单元的流量分布 $\bar{q}_{fDi}(u)$。

7.3.2 试井典型曲线及影响因素分析

该节基于 7.3.1 节推导得到的顶底封闭、侧向无限大页岩气藏中完全压开有限导流压裂直井压力响应表达式,首先利用 Duhamel 原理将井储系数和表皮效应的影响叠加进去,然后针对第 6 章中提出的两种不同的页岩气藏基本渗流物理模型,利用 Stehfest 数值反演方法,利用计算机编程方法获得了实空间内的试井典型曲线,并对典型曲线特征及相关影响因素进行了分析。

7.3.2.1 页岩气藏渗流－扩散模型

由图 7.35 可看出,当不考虑井储效应和表皮因子的影响时,基于页岩气藏渗流—拟稳态扩散模型计算得到的无限大页岩气藏中有限导流压裂直井对应的地层中流动阶段有:

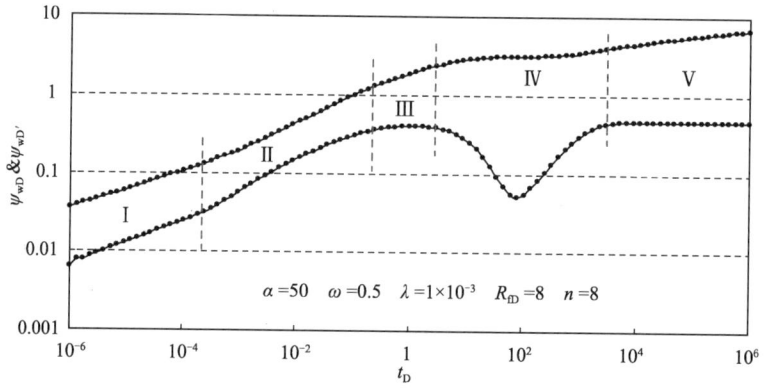

图 7.35 无限大页岩气藏中有限导流压裂直井试井典型曲线(无井储和表皮)——拟稳态模型

Ⅰ——地层—压裂裂缝双线性流阶段,此时地层和压裂裂缝中同时存在线性流[图7.36(a)],拟压力及压力导数曲线呈斜率为"1/4"的平行直线,且二者纵坐标之间的距离为"lg4"。

Ⅱ——地层线性流阶段,此时仅在地层中存在线性流动[图7.36(b)],该阶段对应的典型曲线上出现斜率均为"1/2"的拟压力及压力导数曲线。

Ⅲ——天然裂缝系统拟径向流阶段,此时压裂裂缝的影响已结束,天然裂缝系统中的页岩气以拟径向流方式向压裂裂缝及井流动,拟压力导数曲线表现为一数值为"0.5"的水平线。

Ⅳ——窜流段,此时天然裂缝系统与页岩基质之间的压差已建立,基质中气体向天然裂缝以拟稳态扩散方式进行窜流,拟压力导数曲线上出现"凹子"。

Ⅴ——总系统拟径向流阶段,此时天然裂缝和基质中的压力同步下降,地层中出现向井筒及压裂裂缝的拟径向流,拟压力导数曲线上出现第二个"0.5"水平线。

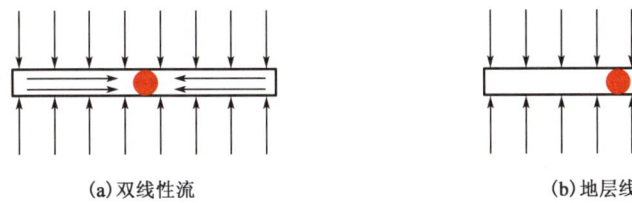

(a)双线性流　　　　　　　(b)地层线性流

图7.36　地层中流动阶段示意图

图7.37为考虑井储效应和表皮因子的影响时,基于页岩气藏渗流—拟稳态扩散模型计算得到的无限大页岩气藏中有限导流压裂直井的试井典型曲线。与图7.35对比可知,图7.37中多了井筒储集流动阶段(阶段Ⅰ)及井储后的过渡段(阶段Ⅱ),其余流动阶段的划分及典型曲线特征都与图7.35相同。当井筒储集常数C_D较大时,井储效应有可能会掩盖早期双线性流阶段的特征。

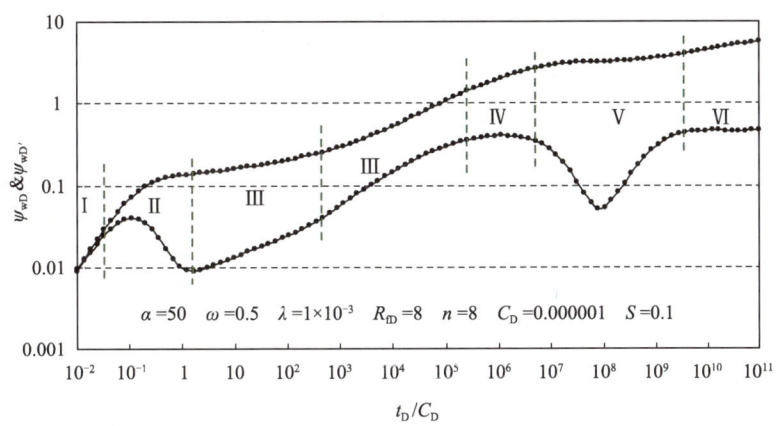

图7.37　无限大页岩气藏中有限导流压裂直井试井典型曲线(考虑井储和表皮)——拟稳态模型

图7.35和图7.37所示典型曲线对应的都是页岩基质中为拟稳态扩散的情形,当基质中页岩气为非稳态扩散时,相应的试井曲线如图7.38和图7.39所示。从这两个图中可以观察到与拟稳态模型类似的流动阶段和流动特征,不同的是,在非稳态模型中,对应于窜流阶段的拟压力导数曲线呈扁平下凹状,而不是深圆"凹子"状。

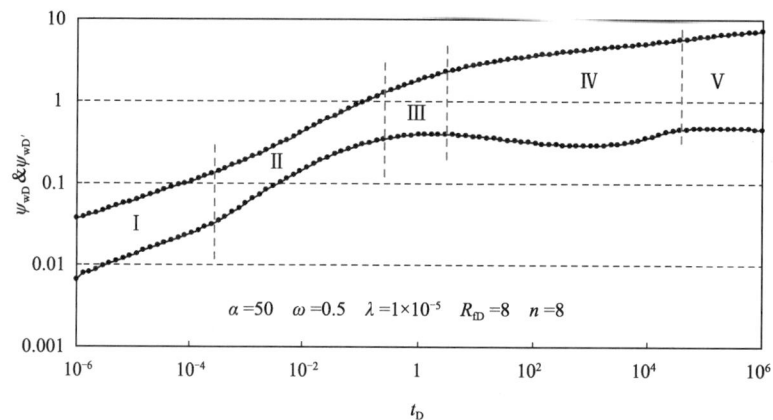

图 7.38　页岩气藏中有限导流压裂直井试井典型曲线(无井储和表皮)—非稳态模型

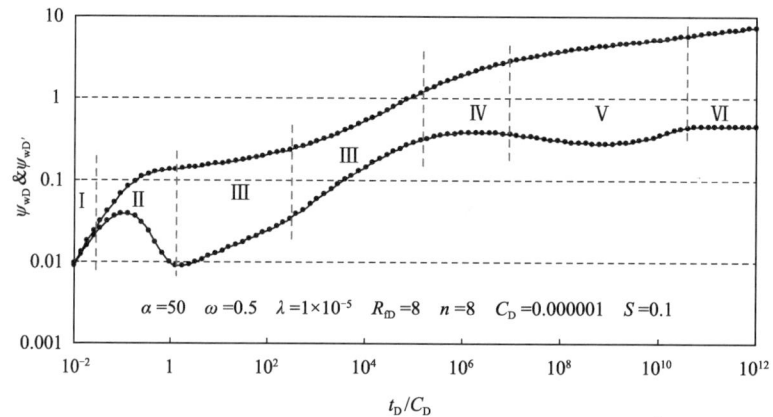

图 7.39　页岩气藏中有限导流压裂直井试井典型曲线(考虑井储和表皮)—非稳态模型

与无限导流压裂直井不同的是,页岩气藏中有限导流压裂直井的试井典型曲线形态要受到压裂裂缝导流能力 R_{fD} 的影响。此外,由于有限导流压裂直井模型求解采用的是离散裂缝单元法,故其典型曲线形态与压裂裂缝离散单元个数 n 也有关系。

本小节主要讨论页岩气吸附特征参数、裂缝导流能力 R_{fD} 和离散裂缝单元数目 n 对页岩气藏中有限导流压裂直井试井典型曲线的影响,其他因素对典型曲线的影响与相应的无限导流压裂直井模型中相同,此处不再讨论。

1) 吸附解吸常数的影响

图 7.40 为页岩气藏渗流—扩散模型中的吸附解吸常数 α 对无限大页岩气藏中有限导流压裂直井试井典型曲线形态的影响。从图 7.40 中可以看出,吸附解吸常数 α 的大小对于早期的井储阶段、双线性流阶段、线性流阶段及晚期的总系统径向流阶段基本无影响。不同的吸附解吸常数 α 值主要影响基质中解吸页岩气向天然裂缝系统扩散阶段的典型曲线形态,α 值越大,基于拟稳态扩散模型计算得到的拟压力导数曲线上"凹子"就更宽更深,反映了吸附气解吸量越大,向天然裂缝系统扩散的特征就越明显。

7 页岩气藏中不同井型的试井理论模型

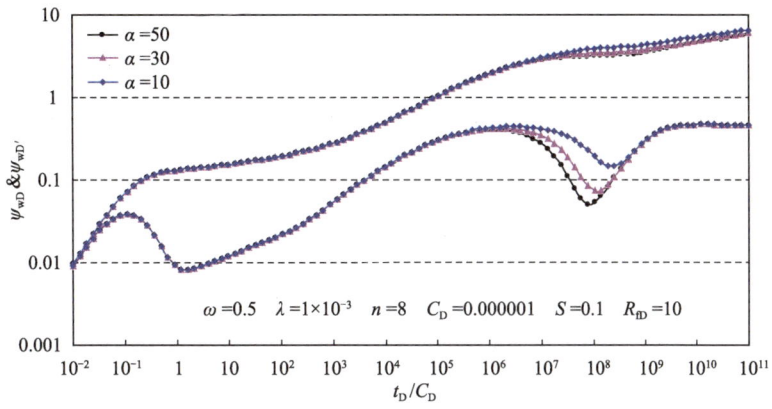

图 7.40　吸附解吸常数 α 对无限大页岩气藏中有限导流压裂直井试井典型曲线的影响

2) 裂缝导流能力的影响

从图 7.41 可以看出，压裂裂缝导流能力 R_{fD} 主要影响地层中的早期双线性流阶段。裂缝导流能力 R_{fD} 越大，早期双线性流阶段的特征就越不明显，持续时间就越短。当 R_{fD} 大到一定程度后，有限导流压裂直井的试井典型曲线就会退化为无限导流压裂直井的试井典型曲线，即典型曲线上观察不到早期双线性流阶段对应的特征。

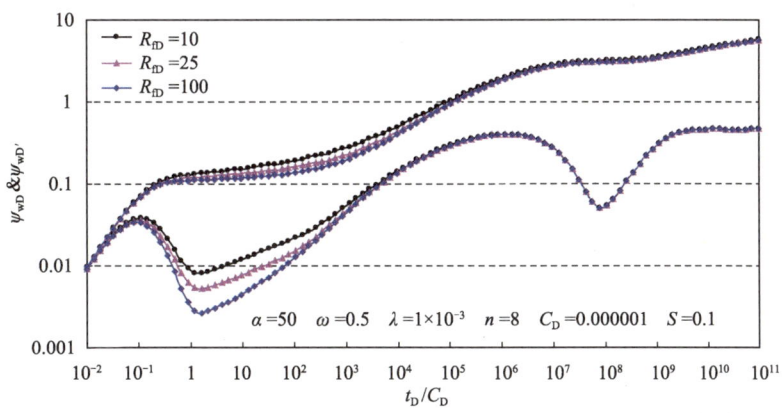

图 7.41　裂缝导流能力 R_{fD} 对无限大页岩气藏中有限导流压裂直井试井典型曲线的影响

3) 裂缝离散单元数的影响

图 7.42 显示了压裂裂缝离散单元数 n 对典型曲线的影响，从图 7.42 中可以看出，$n=5$ 和 $n=7$ 时所绘制的典型曲线完全重合，但与 $n=3$ 时所绘制的典型曲线存在偏差，这说明将裂缝离散为 5 段进行计算即可满足精度要求。此外，结合 7.3.1 节中给出的无限大页岩气藏中有限导流压裂直井响应的表达式可知，n 值越大，在编程进行求解时的系数矩阵阶数就越高，所需要的运算量及计算机存储空间也更大。鉴于 $n \geqslant 5$ 之后的典型曲线形态基本重合，故如果

出于计算效率的考虑,计算时取 $n=5$ 即可满足精度要求。

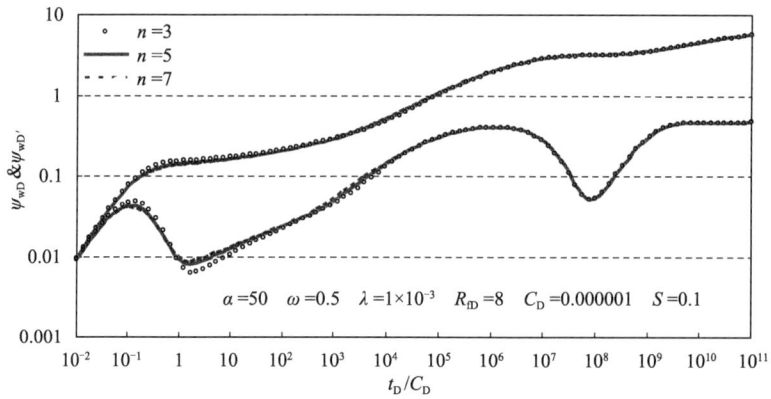

图 7.42　离散单元数 n 对无限大页岩气藏中有限导流压裂直井试井典型曲线的影响

7.3.2.2　页岩气藏渗流—渗流/扩散模型

图 7.43 和图 7.44 为基于页岩气藏渗流—渗流/扩散的拟稳态模型计算得到的无限大页岩气藏中有限导流压裂直井的井底压力响应,其中,图 7.43 中所绘的典型曲线未考虑井储和表皮效应的影响,图 7.44 中的典型曲线则考虑了井储和表皮的影响。这两种情况下的气藏中流动阶段划分和各阶段的典型曲线特征分别与图 7.35 和图 7.37 类似,当井筒储集系数太大时,有限导流压裂直井特有的流动阶段——双线性流阶段(图 7.44 中阶段 III)有可能会被早期井储效应所掩盖。

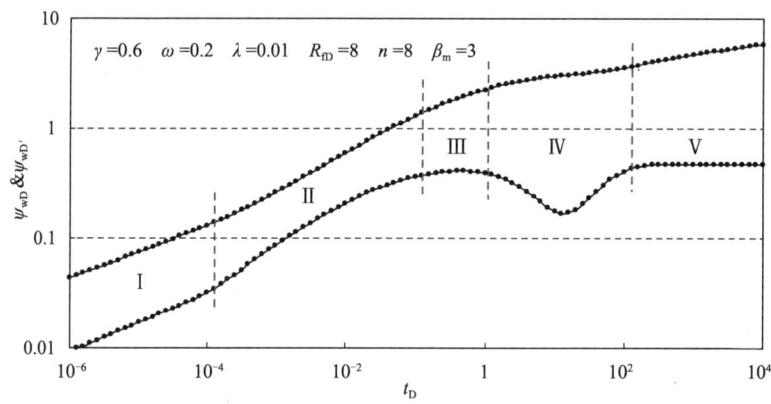

图 7.43　无限大页岩气藏中有限导流压裂直井试井典型曲线(无井储和表皮)——拟稳态模型

图 7.45 和图 7.46 为基于页岩气藏渗流—渗流/扩散的非稳态模型计算得到的无限大页岩气藏中有限导流压裂直井的井底压力响应,其中,图 7.45 中所绘典型曲线未考虑井储和表皮效应的影响,图 7.46 中的典型曲线则考虑了井储和表皮的影响,这两种情况下的气藏中流

7 页岩气藏中不同井型的试井理论模型

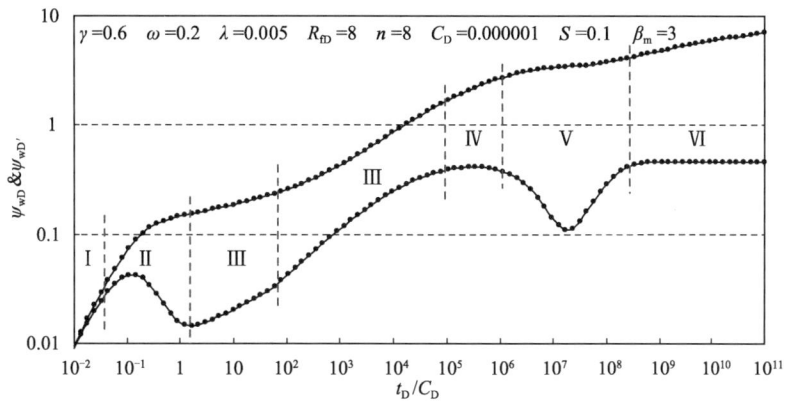

图 7.44　无限大页岩气藏中有限导流压裂直井试井典型曲线(考虑井储和表皮)——拟稳态模型

动阶段划分和典型曲线特征分别与图 7.38 和图 7.39 类似。与拟稳态模型计算结果相比(图 7.43 和图 7.44),可看到二者的差别主要体现在基质和天然裂缝系统的窜流段,其他流动阶段的特征则不受模型选择的影响。这是因为气藏中早期流动主要受井储效应和压裂裂缝的影响,与基质和天然裂缝系统间的窜流模式(拟稳态或非稳态)无关;而晚期流动则反映的是气藏总系统的特性,此时基质和天然裂缝系统间已达到平衡,因此晚期的压力响应也不受基质和天然裂缝系统间的窜流模式影响。

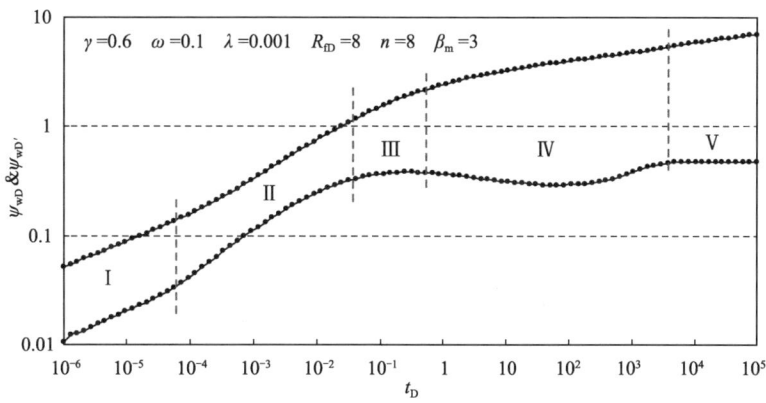

图 7.45　无限大页岩气藏中有限导流压裂直井试井典型曲线(无井储和表皮)——非稳态模型

裂缝导流能力 R_{fD}、裂缝离散单元数 n 对试井典型曲线的影响同 7.3.2.1 节,此处不再重复。本节以拟稳态模型为例,仅分析基质中吸附态页岩气的解吸参数 γ、反映基质中页岩气流动机制的参数 β_m 对试井典型曲线的影响。

1)吸附气解吸的影响

图 7.47 为页岩基质中吸附气解吸对基于页岩气藏渗流—渗流/扩散的拟稳态模型计算得

· 139 ·

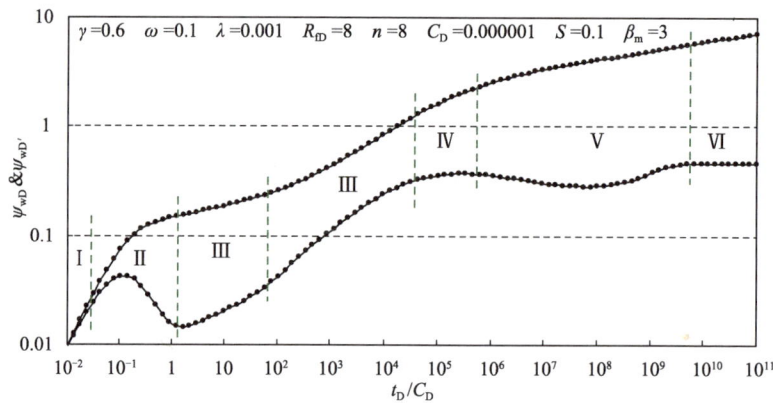

图7.46　无限大页岩气藏中有限导流压裂直井试井典型曲线(考虑井储和表皮)——非稳态模型

到的无限大页岩气藏中有限导流压裂直井井底压力动态的影响。从图7.47中可以观察到，γ值越小，吸附气解吸所引起的附加压缩系数c_{ads}在总压缩系数c_{tm}中所占比例就越大，基于拟稳态模型计算得到的拟压力导数曲线上"凹子"形态就越宽越深。此外，从图7.47中还可以观察到，吸附气解吸对于早期压裂裂缝中流动阶段以及晚期总系统流动阶段的典型曲线形态基本没有影响。

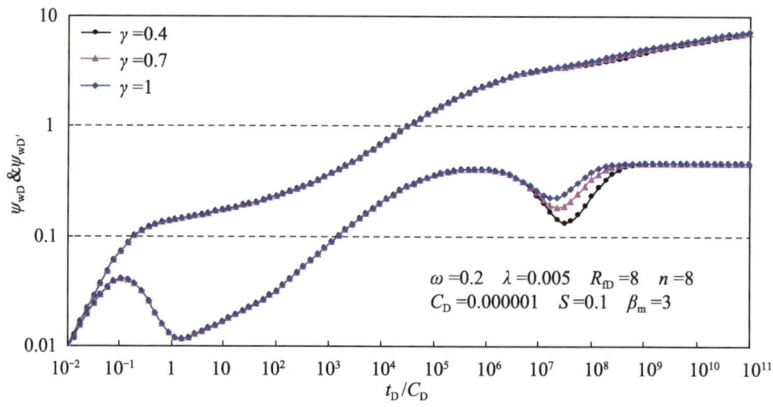

图7.47　吸附气解吸对无限大页岩气藏中有限导流压裂直井试井典型曲线的影响

2) 基质中页岩气运移机制的影响

图7.48为基质中页岩气不同运移机制对无限大页岩气藏中有限导流压裂直井井底压力动态的影响。从图中可以看到，当基质中解吸后的页岩气为单一机制运移时($\beta_m=1$)，页岩基质与天然裂缝系统间的气体窜流发生的时间较晚；当基质中解吸后的页岩气为双重机制运移时($\beta_m>1$)，页岩基质与天然裂缝系统间的气体窜流发生的时间则较早。这是因为页岩气在基质中的双重机制运移相当于增大了基质的视渗透率，从而使得页岩基质与天然裂缝系统间的

窜流发生时间更早。

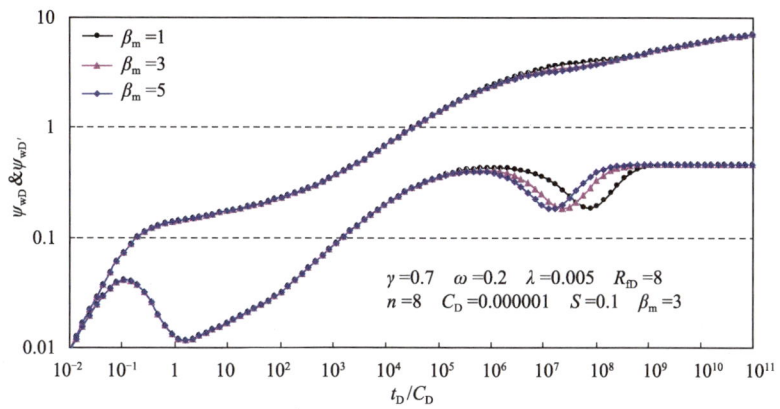

图 7.48 基质中页岩气运移机制对无限大页岩气藏中有限导流直井试井典型曲线的影响

7.4 页岩气藏中水平井试井模型

水平井是目前在世界范围内广泛应用的一种有效开发页岩气藏的重要技术。页岩气藏储层较厚、孔隙度和渗透率又极低，利用水平井技术进行开采可大大提高其单井产量以及最终采收率。与直井相比，水平井与页岩储层的接触面积更大，有效地增大了页岩气渗流入井的面积。另一方面，由于页岩气藏中广泛发育有天然裂缝，而这些天然裂缝大多为垂直缝，采用水平钻井钻遇天然裂缝的机会更大，从而可以起到连通储层天然裂缝系统、改善气体渗流通道以及提高气井产量的作用。据美国 Barnett 页岩气藏开发数据统计，页岩气藏中水平井的日产气量及最终采收率大约是相同条件下直井的 3～5 倍，而水平井的钻井成本仅仅是直井的 1.2 倍。

本节主要针对页岩气藏中水平井的压力动态进行研究。首先在第 6 章推导得到的页岩气藏点源解的基础之上，针对第 6 章中提出的两种不同的页岩气藏基本渗流物理模型，对页岩气藏中的水平井压力动态进行了推导求解，而后编程绘制了试井典型曲线并对曲线影响因素进行了分析。

7.4.1 井底压力响应推导

本节主要对顶底封闭页岩气藏中的水平井压力响应进行推导，并编程绘制试井典型曲线进行分析。与气体在储层中渗流所消耗的压降相比，气体在水平井筒内流动时所消耗的压降由于很小故可以忽略不计，即可假设水平井筒具有无限导流能力，气体在其中渗流不产生压降。本节采取与 7.2 节求解无限导流压裂直井压力响应类似的方法，首先对均匀流量条件下的水平井压力响应进行求解，而后再通过选取合适的等效压力点来近似计算无限导流水平井的井底压力响应。

如图7.49所示,顶底封闭页岩气藏中有一水平井以恒定产量q_{sc}生产,气藏厚度为h,水平井井筒关于z轴对称,水平井筒在z方向的坐标为z_w,水平段总长度为$L_h/2$;气藏侧向边界半径为无限大或r_e,天然裂缝系统水平方向和垂直方向具有各向异性,即$K_{fh}\neq K_{fv}$,其余页岩气藏有关假设条件参见第6章中相应的基本渗流模型假设条件。

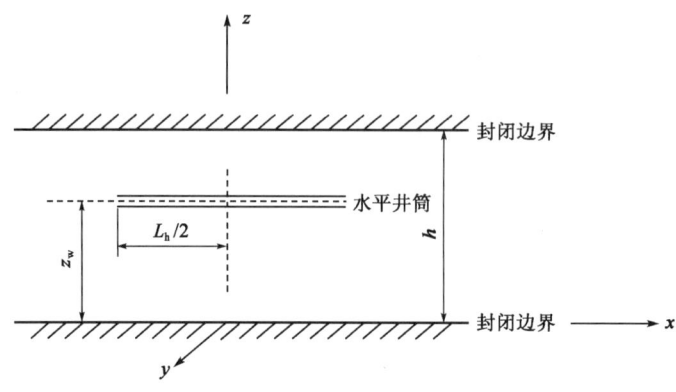

图7.49 顶底封闭页岩气藏中水平井渗流物理模型

7.4.1.1 无限大侧向外边界

从渗流求解的角度看,水平井筒可被看作页岩气藏中一水平线源。假设沿水平井筒长度方向流量均匀分布,则均匀流量条件下的水平井的压力响应可以通过对顶底封闭、侧向无限大页岩气藏连续点源解式(6.134)关于x_w从$-L_h/2$到$L_h/2$进行积分获得,即:

$$\Delta \bar{\psi}_f = \frac{p_{sc}T}{T_{sc}} \frac{\tilde{q}}{\pi K_f u L h_D} \int_{-\frac{L_h}{2}}^{\frac{L_h}{2}} \left\{ K_0(r_D\sqrt{f(u)}) + 2\sum_{n=1}^{+\infty} K_0\left(r_D\sqrt{f(u)+\frac{n^2\pi^2}{h_D^2}}\right) \cos\frac{n\pi z_D}{h_D}\cos\frac{n\pi z_{wD}}{h_D} \right\} dx_w \tag{7.57}$$

上式中,$r_D=\sqrt{(x_D-x_{wD})^2+(y_D-y_{wD})^2}$,根据图7.49中所示坐标系,可得到$y_{wD}=0$。对式(7.57)进行积分,取水平井半长$L_h/2$为无因次变量定义中的参考长度对拟压力响应进行无因次化,最终可得到:

$$\bar{\psi}_{fD} = \frac{1}{2u}\left\{\int_{-1}^{1} K_0\left(\sqrt{(x_D-\alpha)^2+y_D^2}\sqrt{f(u)}\right)d\alpha \right.$$
$$\left. + 2\sum_{n=1}^{+\infty}\cos n\pi z_D \cos n\pi z_{wD}\int_{-1}^{1} K_0\left(\sqrt{(x_D-\alpha)^2+y_D^2}\sqrt{f(u)+n^2\pi^2 L_D^2}\right)d\alpha \right\} \tag{7.58}$$

其中,$z_D=\frac{z}{h}$,$z_{wD}=\frac{z_w}{h}$,$L_D=\frac{1}{h_D}=\frac{L_h}{2h}\sqrt{\frac{K_{fv}}{K_{fh}}}$,其余无因次变量定义同第6章。

式(7.58)即为顶底封闭、侧向无限大页岩气藏中均匀流量水平井的压力响应。若想利用上式计算无限导流水平井的井底压力响应,则需要选取合适的等效压力点进行计算,等效压力点坐标如下:

$$\begin{cases} x_D = 0.732 \\ y_D = 0 \\ z_D = z_{wD} + r_{wD}L_D \end{cases} \tag{7.59}$$

根据式(7.59)选定等效压力点后,将其坐标代入式(7.58)即可得到顶底封闭、侧向无限大页岩气藏中无限导流水平井的井底压力响应并对井底压力动态进行分析。值得指出的是,式(7.58)中 $f(u)$ 的表达式根据所选择的页岩气藏基本渗流模型不同而不同,具体表达式参见第6章。

7.4.1.2 圆形封闭侧向外边界

类似地,顶底封闭、侧向圆形封闭页岩气藏中均匀流量水平井的压力响应可通过对顶底封闭、侧向圆形封闭页岩气藏连续点源解式(6.141)关于 x_w 从 $-L_h/2$ 到 $L_h/2$ 进行积分获得,即:

$$\Delta \bar{\psi}_f = \frac{p_{sc}T}{T_{sc}} \frac{\tilde{q}}{\pi K_f u L h_D} \left\{ \int_{-\frac{L_h}{2}}^{\frac{L_h}{2}} \left[K_0(r_D \sqrt{f(u)}) + \frac{K_1(r_{eD}\sqrt{f(u)})}{I_1(r_{eD}\sqrt{f(u)})} I_0(r_D \sqrt{f(u)}) \right] dx_w \right.$$

$$+ 2\sum_{n=1}^{+\infty} \cos n\pi \frac{z_D}{h_D} \cos n\pi \frac{z_{wD}}{h_D} \cdot \int_{-\frac{L_h}{2}}^{\frac{L_h}{2}} \left[K_0 \left(r_D \sqrt{f(u)+\frac{n^2\pi^2}{h_D^2}} \right) + \frac{K_1\left(r_{eD}\sqrt{f(u)+\frac{n^2\pi^2}{h_D^2}}\right)}{I_1\left(r_{eD}\sqrt{f(u)+\frac{n^2\pi^2}{h_D^2}}\right)} \cdot \right.$$

$$\left. \left. I_0 \left(r_D \sqrt{f(u)+\frac{n^2\pi^2}{h_D^2}} \right) \right] dx_w \right\}$$

(7.60)

上式中, $r_D = \sqrt{(x_D - x_{wD})^2 + (y_D - y_{wD})^2}$,根据图7.49中所示坐标系,可得到 $y_{wD}=0$ 。对式(7.60)进行积分,并取水平井半长 $L_h/2$ 为无因次变量定义中的参考长度对拟压力响应进行无因次化,最终可得到:

$$\bar{\psi}_D = \frac{1}{2u} \left\{ \int_{-1}^{1} \left[K_0\left(\sqrt{(x_D-\alpha)^2+y_D^2}\sqrt{f(u)}\right) + \frac{K_1(r_{eD}\sqrt{f(u)})}{I_1(r_{eD}\sqrt{f(u)})} I_0\left(\sqrt{(x_D-\alpha)^2+y_D^2}\sqrt{f(u)}\right) \right] d\alpha \right.$$

$$+ 2\sum_{n=1}^{+\infty} \cos n\pi z_D \cos n\pi z_{wD} \int_{-1}^{1} \left[K_0\left(\sqrt{(x_D-\alpha)^2+y_D^2}\sqrt{f(u)+n^2\pi^2 L_D^2}\right) \right.$$

$$\left. \left. + \frac{K_1\left(r_{eD}\sqrt{f(u)+n^2\pi^2 L_D^2}\right)}{I_1\left(r_{eD}\sqrt{f(u)+n^2\pi^2 L_D^2}\right)} I_0\left(\sqrt{(x_D-\alpha)^2+y_D^2}\sqrt{f(u)+n^2\pi^2 L_D^2}\right) \right] d\alpha \right\}$$ (7.61)

式中无因次变量定义同前。

式(7.61)即为顶底封闭、侧向圆形封闭页岩气藏中均匀流量水平井的压力响应。若要计算无限导流水平井井底的压力响应,则可按式(7.59)选取等效压力点。得到等效压力点的坐标后,结合式(7.61)即可得到顶底封闭、侧向圆形封闭页岩气藏中无限导流水平井的井底压力响应并对井底压力动态进行分析。值得指出的是,式(7.61)中 $f(u)$ 的表达式根据所选择的页岩气藏基本渗流模型不同而不同,具体表达式参见第6章。

7.4.1.3 圆形定压侧向外边界

类似地,顶底封闭、侧向圆形定压页岩气藏中均匀流量水平井的压力响应可通过对顶底封闭、侧向圆形定压页岩气藏连续点源解式(6.147)关于 x_w 从 $-L_h/2$ 到 $L_h/2$ 进行积分获

得,即:

$$\Delta \bar{\psi}_f = \frac{p_{sc}T}{T_{sc}} \frac{\tilde{q}}{\pi K_f u L h_D} \left\{ \int_{-\frac{L_h}{2}}^{\frac{L_h}{2}} \left[K_0(r_D\sqrt{f(u)}) - \frac{K_0(r_{eD}\sqrt{f(u)})}{I_0(r_{eD}\sqrt{f(u)})} I_0(r_D\sqrt{f(u)}) \right] dx_w \right.$$

$$+ 2\sum_{n=1}^{+\infty} \cos n\pi \frac{z_D}{h_D} \cos n\pi \frac{z_{wD}}{h_D} \cdot \int_{-\frac{L_h}{2}}^{\frac{L_h}{2}} \left[K_0\left(r_D\sqrt{f(u)+\frac{n^2\pi^2}{h_D^2}}\right) - \frac{K_0\left(r_{eD}\sqrt{f(u)+\frac{n^2\pi^2}{h_D^2}}\right)}{I_0\left(r_{eD}\sqrt{f(u)+\frac{n^2\pi^2}{h_D^2}}\right)} \cdot \right.$$

$$\left. \left. I_0\left(r_D\sqrt{f(u)+\frac{n^2\pi^2}{h_D^2}}\right) \right] dx_w \right\}$$

(7.62)

上式中,$r_D = \sqrt{(x_D-x_{wD})^2+(y_D-y_{wD})^2}$,根据图 7.49 中所示坐标系,可得到 $y_{wD}=0$。对式(7.62)进行积分,并取水平井半长 $L_h/2$ 为无因次变量定义中的参考长度对拟压力响应进行无因次化,最终可得到:

$$\bar{\psi}_{fD} = \frac{1}{2u} \left\{ \int_{-1}^{1} \left[K_0\left(\sqrt{(x_D-\alpha)^2+y_D^2}\sqrt{f(u)}\right) - \frac{K_0(r_{eD}\sqrt{f(u)})}{I_0(r_{eD}\sqrt{f(u)})} I_0\left(\sqrt{(x_D-\alpha)^2+y_D^2}\sqrt{f(u)}\right) \right] d\alpha \right.$$

$$+ 2\sum_{n=1}^{+\infty} \cos n\pi z_D \cos n\pi z_{wD} \int_{-1}^{1} \left[K_0\left(\sqrt{(x_D-\alpha)^2+y_D^2}\sqrt{f(u)+n^2\pi^2 L_D^2}\right) \right.$$

$$\left. \left. - \frac{K_0(r_{eD}\sqrt{f(u)+n^2\pi^2 L_D^2})}{I_0(r_{eD}\sqrt{f(u)+n^2\pi^2 L_D^2})} I_0\left(\sqrt{(x_D-\alpha)^2+y_D^2}\sqrt{f(u)+n^2\pi^2 L_D^2}\right) \right] d\alpha \right\}$$

(7.63)

式中无因次变量定义同前。

式(7.63)即为顶底封闭、侧向圆形定压页岩气藏中均匀流量水平井的压力响应。若要计算无限导流水平井井底的压力响应,可按式(7.59)选取等效压力点进行计算。计算得到等效压力点的坐标后,结合式(7.63)即可得到顶底封闭、侧向圆形定压页岩气藏中无限导流水平井的井底压力响应并对井底压力动态进行分析。值得指出的是,式(7.63)中 $f(u)$ 的表达式根据所选择的页岩气藏基本渗流模型不同而不同,具体表达式参见第6章。

7.4.2 试井典型曲线及影响因素分析

该节基于 7.4.1 节推导得到的不同侧向边界条件下的顶底封闭页岩气藏中水平井压力响应表达式,针对第 6 章中提出的两种不同的页岩气藏基本渗流物理模型,利用 Stehfest 数值反演方法和 Duhamel 原理,用计算机编程方法获得了实空间内的试井典型曲线,并对典型曲线特征及相关影响因素进行了分析。

7.4.2.1 页岩气藏渗流-扩散模型

图 7.50 和图 7.51 为基于页岩气藏渗流—扩散模型计算得到的页岩气藏中水平井试井典型曲线,图 7.50 对应于基质中页岩气拟稳态扩散模型,图 7.51 对应于基质中页岩气非稳态扩

散模型。根据典型曲线所表现出来的渗流特征,可知气藏中对应地有如下流动阶段:

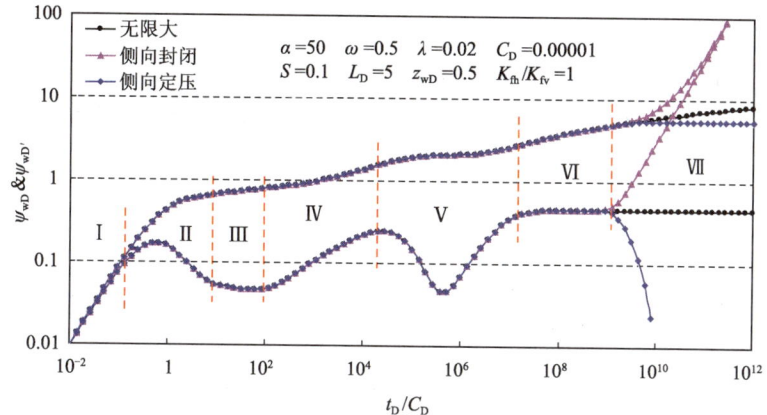

图 7.50　页岩气藏中水平井试井典型曲线－拟稳态模型

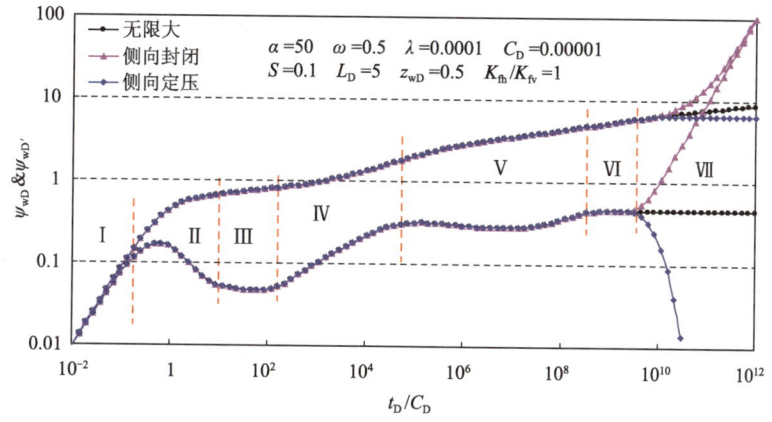

图 7.51　页岩气藏中水平井试井典型曲线——非稳态模型

Ⅰ——井筒储集效应阶段。

Ⅱ——井储后过渡段。

Ⅲ——早期垂向径向流阶段,此时地层内压力波尚未传播到气藏顶底封闭边界,储层中页岩气在垂直平面内向水平井筒流动[图 7.52(a)],该阶段的拟压力导数曲线呈数值为"$1/(4L_D)$"的水平线,该阶段持续时间的长短及拟压力导数曲线位置的高低受气藏厚度、水平井长度及水平井在气藏中所处位置的影响。

Ⅳ——线性流阶段,此时压力波传至气藏顶底边界,在储层内形成了线性流[图 7.52(b)],拟压力及压力导数曲线呈斜率为"1/2"的平行直线,该阶段持续时间长短主要与水平井长度和气藏厚度的相对比值有关。

Ⅴ——窜流段,基质中页岩气以拟稳态或非稳态方式向裂缝系统扩散,对于拟稳态扩散模型,拟压力导数曲线上出现明显的"凹子",对于非稳态扩散模型,拟压力导数曲线呈扁平下凹状。

Ⅵ——总系统拟径向流阶段,该阶段对应于地层中较远处气体在水平平面内以径向流方式向水平井的流动[图 7.52(c)],拟压力导数曲线上出现值为"0.5"的水平线。

Ⅶ——边界反映阶段。

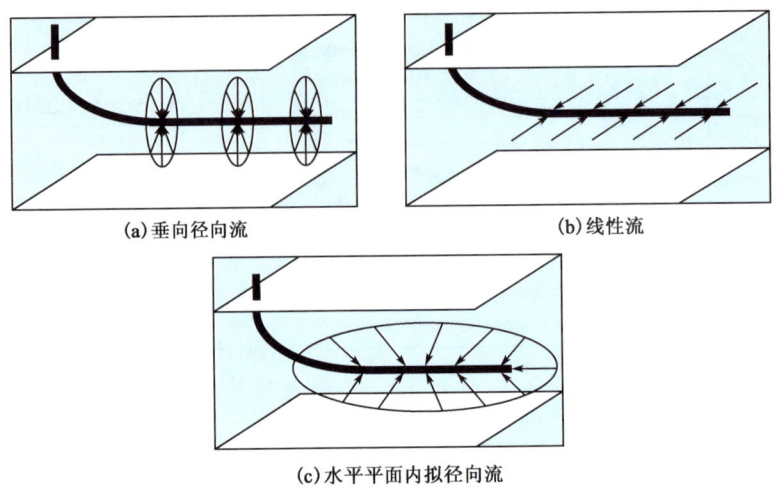

(a)垂向径向流　　(b)线性流

(c)水平平面内拟径向流

图 7.52　地层中流动阶段示意图

页岩气藏中水平井的试井曲线形态要受到一系列气藏参数及水平井参数的影响,下面以无限大页岩气藏为例,对页岩气吸附特征参数及水平井特征参数对试井典型曲线的影响进行分析。

1)吸附解吸常数的影响

图 7.53 为页岩气藏渗流—扩散模型中吸附解吸常数 α 对无限大页岩气藏中水平井拟压力及拟压力导数曲线的影响。从图 7.53 中可以看出,吸附解吸常数 α 主要影响拟压力导数曲线上"凹子"的深浅和大小。吸附解吸常数 α 值越大,拟压力导数曲线上反映基质中解吸后页岩气向天然裂缝系统拟稳态扩散的"凹子"就越宽越深;反之,α 值越小,拟压力导数曲线上反映基质中解吸后页岩气向天然裂缝系统拟稳态扩散的"凹子"就越窄越浅。

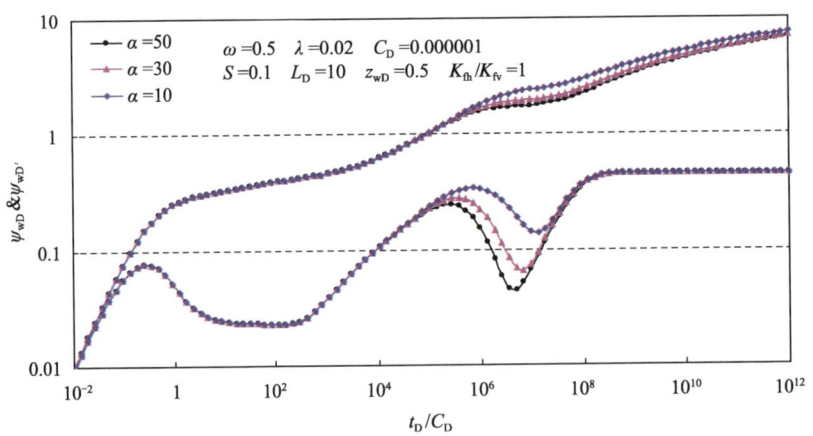

图 7.53　吸附解吸常数 α 对无限大页岩气藏中水平井试井典型曲线的影响

2)水平井长度的影响

从图 7.54 中可以看出,在其他参数一定的情况下,无因次水平井长度 L_D 主要影响早期垂向径向流阶段对应的拟压力导数曲线的高低。无因次水平井长度 L_D 越大,拟压力导数曲线上早期水平段的位置就越靠下。此外,由 7.4.1 节中 L_D 的定义可知,L_D 与无因次气藏厚度 h_D 互为倒数。L_D 越大,对应的无因次气藏厚度 h_D 就越小,压力波传播到气藏顶底边界所需的时间就越短,线性流出现的时间也就越早,这点在图 7.54 中也有所体现。

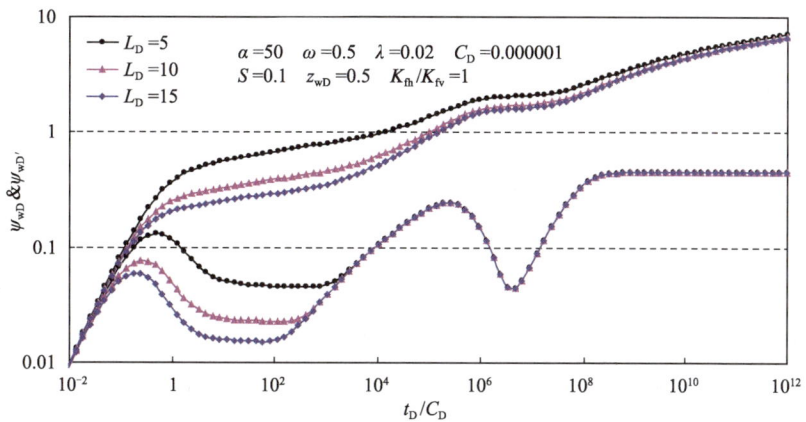

图 7.54 水平井长度 L_D 对无限大页岩气藏中水平井试井典型曲线的影响

3)水平井位置的影响

从图 7.55 可以看出,水平井在储层中所处位置 z_{wD} 主要影响地层中垂直平面内径向流阶段的持续时间。在其他参数一定的情况下,z_{wD} 越偏离 0.5,即水平井距离储层中部越远,相应地早期垂向径向流持续时间就越短。此外,当水平井筒距离气藏顶、底边界的距离差别特别大时(如图 7.55 中 $z_{wD}=0.9$ 所对应的情况),压力波会首先传播到距离较近的一条不渗透边界(对应于图 7.55 中情况,则为 $z_D=1$ 处的边界),此时典型曲线上会出现该不渗透边界的反映,即对应于垂向径向流阶段,拟压力导数曲线上会出现两个水平段:第一个水平段所对应的数值为"$1/(4L_D)$",而第二个水平段对应的数值为第一个水平段对应数值的二倍,即"$1/(2L_D)$"。从图 7.55 中还可以看出,水平井在储层中所处位置 z_{wD} 对于其他流动阶段基本无影响。

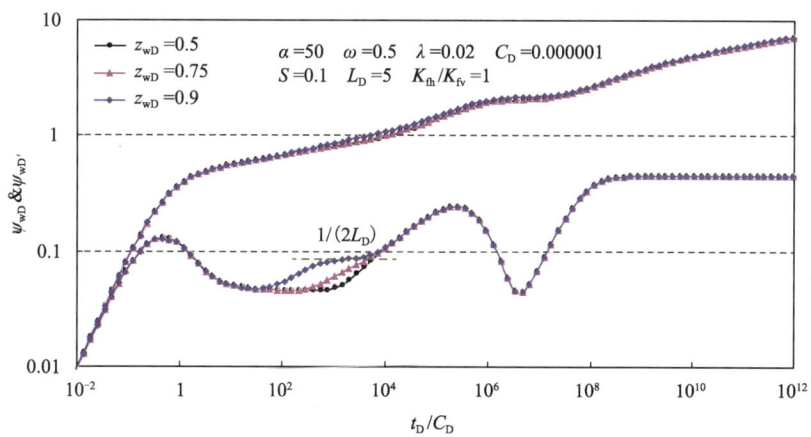

图 7.55 水平井位置 z_{wD} 对无限大页岩气藏中水平井试井典型曲线的影响

4)各向异性的影响

图 7.56 为天然裂缝系统各向异性 K_{fh}/K_{fv} 对无限大页岩气藏中水平井试井曲线形态的影

响,从图 7.56 中可以看出,当其他参数保持不变时,各向异性 K_{fh}/K_{fv} 主要影响井储后过渡段和早期垂向径向流阶段的典型曲线形态。K_{fh}/K_{fv} 值越大,说明页岩气藏垂直方向的渗透率越小,则气体在垂向上的流动阻力就更大,消耗的压降更多,压力波传播到顶底边界所需要的时间就更长。反映到典型曲线上,K_{fh}/K_{fv} 值越大,早期垂向径向流阶段持续时间就更久,相应的拟压力及压力导数曲线位置越靠上。

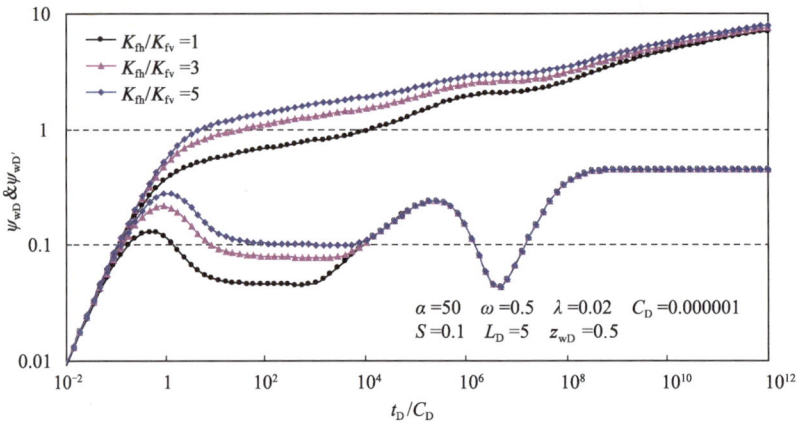

图 7.56　各向异性 K_{fh}/K_{fv} 对无限大页岩气藏中水平井试井典型曲线的影响

其他参数如储容比 ω、窜流系数 λ 等对页岩气藏水平井试井典型曲线形态的影响同前几节。

7.4.2.2　页岩气藏渗流—渗流/扩散模型

图 7.57 和图 7.58 为基于页岩气藏渗流—渗流/扩散模型计算得到的页岩气藏中水平井的试井典型曲线,其中,图 7.57 是基于拟稳态模型计算得到,而图 7.58 则是基于非稳态模型计算得到。观察这两个图中典型曲线特征,可得到与图 7.50 和图 7.51 类似的流动阶段划分。需要说明的是,除了与图 7.50、图 7.51 和图 7.58 相同的流动阶段之外,在图 7.57 中还可观察到天然裂缝系统径向流阶段(阶段Ⅴ),该阶段出现与否与无因次参数的赋值有关。当基质系统和裂缝系统间的窜流发生较早时,该阶段在典型曲线上的反映很容易被掩盖。

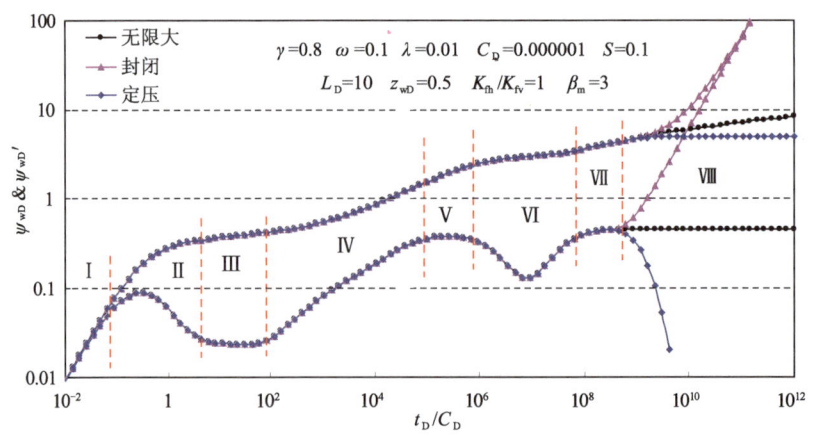

图 7.57　页岩气藏中水平井试井典型曲线——拟稳态模型

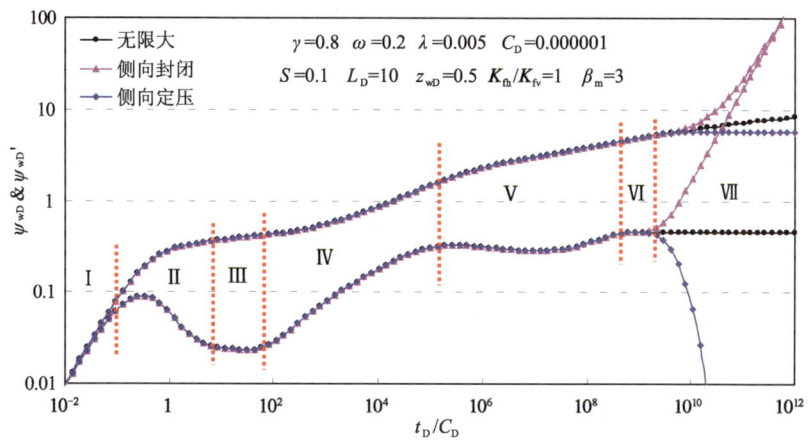

图 7.58　页岩气藏中水平井试井典型曲线——非稳态模型

水平井特征参数如无因次水平段长度 L_D 及水平井在储层中所处位置 z_{wD} 对上述试井典型曲线形态的影响与 7.4.2.1 节类似,其他参数如储容比 ω、窜流系数 λ、气藏外边界对页岩气藏中水平井试井典型曲线形态的影响则同前几节。本节以拟稳态模型为例,仅讨论基质中页岩气解吸以及基质中页岩气运移机制对无限大页岩气藏中水平井试井典型曲线形态的影响。

1) 吸附气解吸的影响

图 7.59 显示了页岩基质中吸附气解吸对于无限大页岩气藏中水平井试井曲线的影响。从图中可以看到,页岩气藏渗流—渗流/扩散模型中的参数 γ 越小,则基于拟稳态窜流模型计算得到的拟压力导数曲线上"凹子"就越深越宽,反之亦然。这是因为 γ 值越小,基质中页岩气的解吸量就越多,则解吸后的页岩气向天然裂缝系统中窜流的特征就越明显。

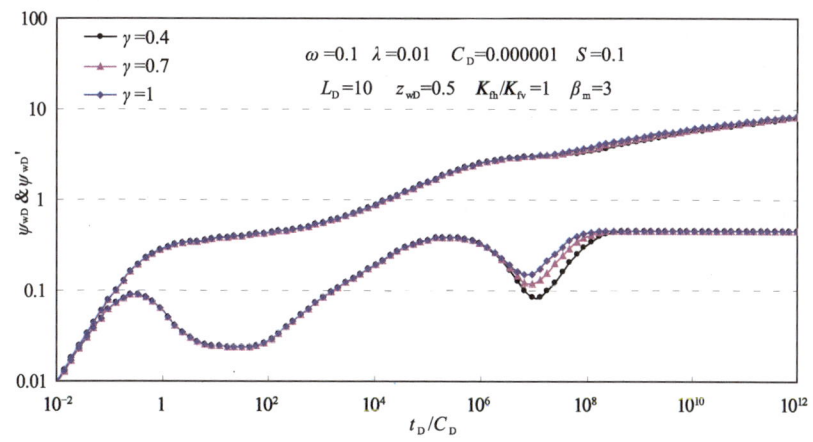

图 7.59　吸附气解吸对无限大页岩气藏中水平井试井典型曲线的影响

2) 基质中页岩气运移机制的影响

图 7.60 表明了基质中页岩气运移机制对无限大页岩气藏中水平井不稳定压力动态的影响。从图中可以看出,当考虑基质中页岩气流动仅为压力差驱动的渗流时,基质与天然裂缝系

统间的气体窜流发生时间较晚,基于拟稳态模型计算得到的拟压力导数曲线上"凹子"出现的时间也就相应的较晚;而当考虑基质中页岩气的流动为压力差和浓度差双重作用下的结果时,基质中页岩气向天然裂缝系统窜流发生较早,相应地拟压力导数曲线上"凹子"出现的时间就较早。

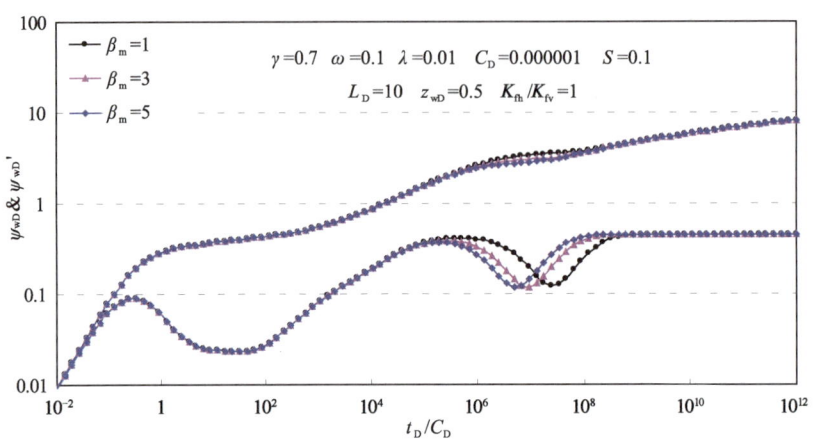

图 7.60　基质中页岩气运移机制对无限大页岩气藏中水平井试井典型曲线的影响

7.5　页岩气藏无限导流多级压裂水平井试井模型

全世界范围内页岩资源很丰富,但在很长一段时间内都未得到有效的勘探与开发,究其原因是页岩基质的渗透率极低,当钻、完井之后,只有极少数天然裂缝特别发育的页岩气井可以直接投产,其余的90%以上的气井都需要经过压裂、酸化等增产措施才能投产。随着水平钻井技术和水力压裂技术的进步,页岩气的产量得到了有效提升。目前多级分段压裂水平井已经被证实是最适合于页岩气藏的开发方式,美国85%的页岩气井都是采用水平井分段压裂方式进行开采并取得了成功。对水平井进行压裂可进一步增大储层接触面积、有效沟通天然裂缝网络,从而达到有效开采页岩气藏的目的。

页岩气本身的运移即是多重机制综合作用下的结果,水平井多级压裂后在地层中形成复杂渗流区域,进一步增加了该渗流问题的复杂性。本节基于前期研究成果,综合考虑解吸、渗流、扩散等多重机制的作用,建立并求解了页岩气藏多级分段压裂水平井不稳定试井模型,对页岩气藏中多级分段压裂水平井压力变化动态、试井典型曲线特征及多条压裂裂缝中流动规律进行了详细分析。

7.5.1　井底压力响应推导

本节考虑顶底封闭、侧向无限大页岩气藏情况,对无限导流多级压裂水平井的压力响应进行推导。气体在水平井筒内流动时所消耗的压降由于很小,可以忽略不计,因此假设水平井井筒也具有无限导流能力。如图7.61所示,假设页岩气藏中水平井多级水力压裂后共产生 m 条垂直裂缝,压裂裂缝穿透整个储层厚度,即压裂裂缝高为 h;压裂裂缝渗透率为无穷大,并忽略压裂裂缝宽度。建立如图7.61中所示坐标系,即水平井井筒方向为y轴方向,x轴方向平行于压裂裂缝面,z轴方向竖直向上。压裂裂缝可呈等距或非等距分布,即压裂裂缝间的间距$\Delta L_i(i=1,2,\cdots,m-1)$可以相等也可以不等。其中,第$i(i=1,2,\cdots,m)$条压裂裂缝与水平井井筒的交点坐标为$(0,y_i,0)$。裂缝的左翼长度和右翼长度可以不等,每条裂缝的长度也可以不同,第$i(i=1,2,\cdots,m)$条压裂裂缝的左翼长度为$L_{\text{fL}i}$,右翼长度为$L_{\text{fR}i}$。

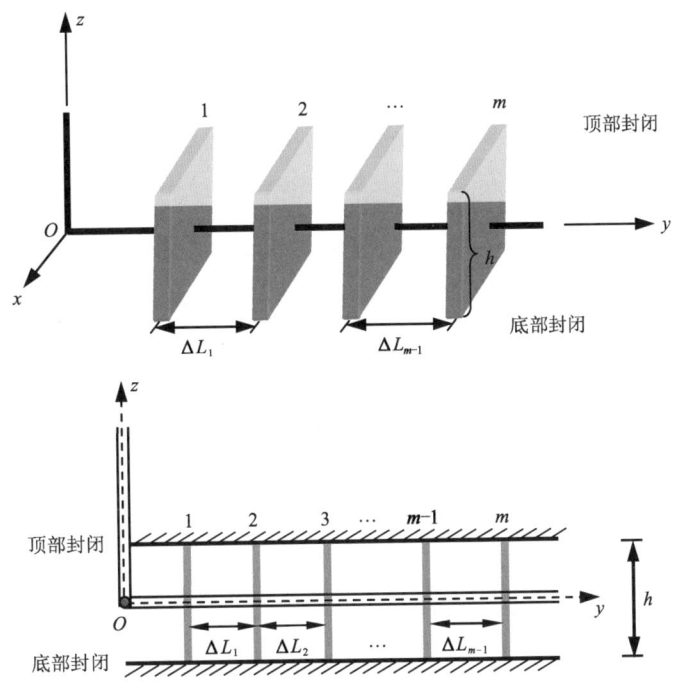

图7.61 顶底封闭页岩气藏中无限导流多级压裂水平井渗流物理模型

由于多级压裂水平井的内边界条件极其复杂,无法直接对渗流模型写出内边界条件并获得解析解,故本节采用解析法与数值离散方法相结合的半解析法来获取多级压裂水平井的压力响应。

首先按图7.62所示对多条压裂裂缝进行离散化,将每条压裂裂缝的左右两翼都等分离散为n个单元,则每条压裂裂缝都被离散为$2n$个单元。在xOy平面内,记第i条压裂裂缝上的第j个离散单元的中点坐标为$(\hat{x}_{i,j},\hat{y}_{i,j})$,记第$i$条压裂裂缝上的第$j$个端点坐标为$(x_{i,j},y_{i,j})$。

根据图7.62中所示的裂缝离散机制,则第$i(i=1,2,\cdots,m)$条裂缝上第$j(j=1,2,\cdots,2n)$个离散单元的中点坐标可表示为:

$$\begin{cases} \hat{x}_{i,j}=-\dfrac{2n-2j+1}{2n}L_{\text{fL}i} \\ \hat{y}_{i,j}=y_i \end{cases} \quad (1\leqslant j\leqslant n) \qquad (7.64)$$

$$\begin{cases} \hat{x}_{i,j}=-\dfrac{2n-2j+1}{2n}L_{\text{fR}i} \\ \hat{y}_{i,j}=y_i \end{cases} \quad (n+1\leqslant j\leqslant 2n) \qquad (7.65)$$

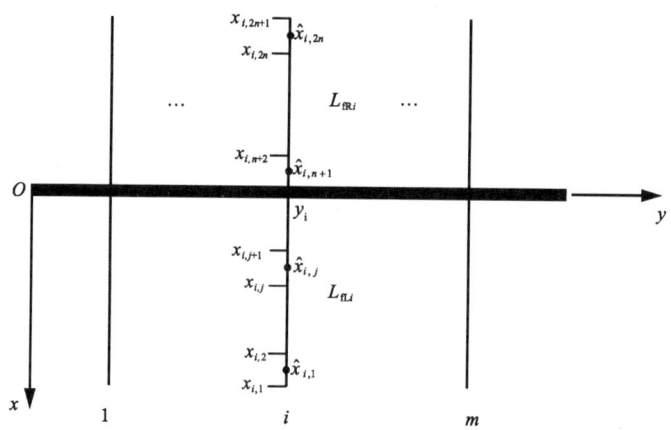

图 7.62 水平井压裂裂缝离散示意图

第 $i(i=1,2,\cdots,m)$ 条裂缝上第 $j(j=1,2,\cdots,2n+1)$ 个离散单元的端点坐标可表示为：

$$\begin{cases} x_{i,j} = -\dfrac{n-j+1}{n}L_{\mathrm{fL}i} \\ y_{i,j} = y_i \end{cases} \quad (1 \leqslant j \leqslant n+1) \tag{7.66}$$

$$\begin{cases} x_{i,j} = -\dfrac{n-j+1}{n}L_{\mathrm{fR}i} \\ y_{i,j} = y_i \end{cases} \quad (n+2 \leqslant j \leqslant 2n+1) \tag{7.67}$$

根据 7.1 节中的推导，顶底封闭无限大页岩气藏中的线源所引起的拟压力响应在 Laplace 空间内可以表示为下式：

$$\Delta\bar{\psi}_{\mathrm{f}} = \frac{p_{\mathrm{sc}}T}{T_{\mathrm{sc}}} \frac{\bar{\tilde{q}}_{\mathrm{l}}(u)}{\pi K_{\mathrm{f}} L h_{\mathrm{D}}} K_0(r_{\mathrm{D}}\sqrt{f(u)}) \tag{7.68}$$

式中 $\bar{\tilde{q}}_{\mathrm{l}}(u)$——Laplace 空间内线密度流量。

按照图 7.62 所示方法对 m 条压裂裂缝进行离散后，虽然不同离散单元处的线密度流量不同，但当离散单元数 n 足够大时，可近似认为同一个离散裂缝单元上任意位置处的线密度流量相等，即对于离散单元 (i,j)，它所对应的线密度流量为 $\tilde{q}_{\mathrm{l}i,j}$，该离散单元内任意位置处的线密度流量都为该值。

根据上述假设以及式(7.68)给出的页岩气藏中连续线源解，可得到第 i 条裂缝上 $(i=1,2,\cdots,m)$ 的第 $j(j=1,2,\cdots,2n)$ 个离散单元在气藏中 (x,y) 处所产生的拟压力响应为：

$$\Delta\bar{\psi}_{\mathrm{f}}^{(i,j)}(x,y) = \int_{x_{i,j}}^{x_{i,j+1}} \frac{p_{\mathrm{sc}}T}{T_{\mathrm{sc}}} \frac{\bar{\tilde{q}}_{\mathrm{l}i,j}(u)}{\pi K_{\mathrm{f}} L h_{\mathrm{D}}} K_0(r_{\mathrm{D}}\sqrt{f(u)}) \mathrm{d}x_{\mathrm{w}} \tag{7.69}$$

对上式进行积分化简及无因次化处理，并注意到 $y_{\mathrm{w}D} = y_{\mathrm{D}i}$，最终可得到：

$$\Delta\bar{\psi}_{\mathrm{fD}}^{(i,j)}(x_{\mathrm{D}},y_{\mathrm{D}}) = \bar{q}_{\mathrm{D}i,j}(u)\int_{x_{\mathrm{D}i,j}}^{x_{\mathrm{D}i,j+1}} K_0\left(\sqrt{f(u)}\sqrt{(x_{\mathrm{D}}-x_{\mathrm{wD}})^2+(y_{\mathrm{D}}-y_{\mathrm{D}i})^2}\right)\mathrm{d}x_{\mathrm{wD}} \tag{7.70}$$

上式中涉及的无因次变量定义如下：

$$x_{\mathrm{D}i,j} = \frac{x_{i,j}}{L}, x_{\mathrm{D}i,j+1} = \frac{x_{i,j+1}}{L}, q_{\mathrm{D}i,j}(t) = \frac{\tilde{q}_{\mathrm{l}i,j}(t)L}{q_{\mathrm{sc}}}, \bar{q}_{\mathrm{D}i,j}(u) = \frac{\bar{\tilde{q}}_{\mathrm{l}i,j}(u)L}{q_{\mathrm{sc}}}$$

其余无因次变量定义同第6章。

根据势的叠加原理，m 条压裂裂缝上的 $(m \times 2n)$ 个离散单元在 (x_D, y_D) 处产生的总响应可写为：

$$\Delta \bar{\psi}_{\text{fD}}(x_D, y_D) = \sum_{i=1}^{m} \sum_{j=1}^{2n} \bar{\psi}_{\text{fD}}^{(i,j)}(x_D, y_D) \tag{7.71}$$

将上式中的 (x_D, y_D) 取为离散裂缝单元的中点 $(\hat{x}_{Dk,v}, \hat{y}_{Dk,v})$，其中 ($k=1,2,\cdots,m; v=1,2,\cdots,2n$)，则 m 条垂直压裂裂缝上的 $(m \times 2n)$ 个离散单元在离散裂缝单元 $(\hat{x}_{Dk,v}, \hat{y}_{Dk,v})$ 处的拟压力响应为：

$$\bar{\psi}_{\text{fD}}(\hat{x}_{Dk,v}, \hat{y}_{Dk,v}) = \sum_{i=1}^{m} \sum_{j=1}^{2n} \bar{\psi}_{\text{fD}}^{(i,j)}(\hat{x}_{Dk,v}, \hat{y}_{Dk,v}) \tag{7.72}$$

又因为压裂裂缝和水平井筒均具有无限导流能力，则离散裂缝单元 $(\hat{x}_{Dk,v}, \hat{y}_{Dk,v})$ 处的拟压力与井底拟压力相等，故式(7.72)又可进一步写为：

$$\bar{\psi}_{\text{wD}} = \sum_{i=1}^{m} \sum_{j=1}^{2n} \bar{\psi}_{\text{fD}}^{(i,j)}(\hat{x}_{Dk,v}, \hat{y}_{Dk,v}) \tag{7.73}$$

将式(7.73)中的 k、v 取遍所有离散裂缝单元 ($k=1,2,\cdots,m; v=1,2,\cdots,2n$)，则共可得到 $(m \times 2n)$ 个线性方程。

观察式(7.73)可知，要求解的未知量共有 $(2n \times m+1)$ 个：$\bar{\psi}_{\text{wD}}$ 和 $\bar{q}_{\text{D}i,j}$ ($i=1,2,\cdots,m; j=1,2,\cdots,2n$)，未知量总数比方程个数要多一个。若要求解出所有未知量，则还需另外一个含未知量的方程。

由于压裂水平井以定产量 q_{sc} 生产，则在 Laplace 空间内还应满足如下流量约束条件：

$$\sum_{i=1}^{m} \sum_{j=1}^{2n} \bar{q}_{\text{D}i,j}(u)(x_{\text{D}i,j+1} - x_{\text{D}i,j}) = \frac{1}{u} \tag{7.74}$$

式(7.73)和式(7.74)刚好构成 $(2n \times m+1)$ 个方程，可以封闭求解 $(2n \times m+1)$ 个未知量，即井底压力响应及各离散裂缝单元中流量分布。

此处需要指出的是，在编程求解时，式(7.70)中的被积函数为特殊函数中的变形 Bessel 函数，难以找到其原函数，故涉及变形 Bessel 函数的积分只能采用数值积分方法进行计算。在图 7.62 所示直角坐标系下，当编程计算离散单元 (k, v) 对自身的中点 $(\hat{x}_{Dk,v}, \hat{y}_{Dk,v})$ 产生的压力响应时，积分变量变化区间为 $(x_{Dk,v}, x_{Dk,v+1})$，则被积变形 Bessel 函数 $K_0(x)$ 必然会经过 $x=0$ 这一点，而根据变形 Bessel 函数的性质，$K_0(x=0) \to \infty$，即 $K_0(x)$ 值在 $x=0$ 附近变化较大，则在 $x=0$ 附近的数值积分精度会受到影响，在此基础上绘制的试井典型曲线有可能不能准确反映地层中流动阶段特征。

为了解决这一问题，著者提出了局部坐标变换的方法。该方法具体做法如下：当计算离散单元 (k, v) 对自身的中点 $(\hat{x}_{Dk,v}, \hat{y}_{Dk,v})$ 产生的压力响应时，需要定义局部坐标系。如图 7.63 所示，新定义的坐标系以该离散单元的中点为坐标原点，沿压裂裂缝壁面方向为 x' 方向，平行于水平井筒的方向为 y' 方向。在该局部坐标系下，再利用 7.2 节中提出的积分化简办法，便可以准确求取无限大页岩气藏中无限导流压裂水平井井底压力响应，基于该方法计算得到的试井典型曲线也证明了该局部坐标变换方法的准确性和计算的高效性。该方法也可用于之后的有限导流压裂水平井井底压力响应计算。

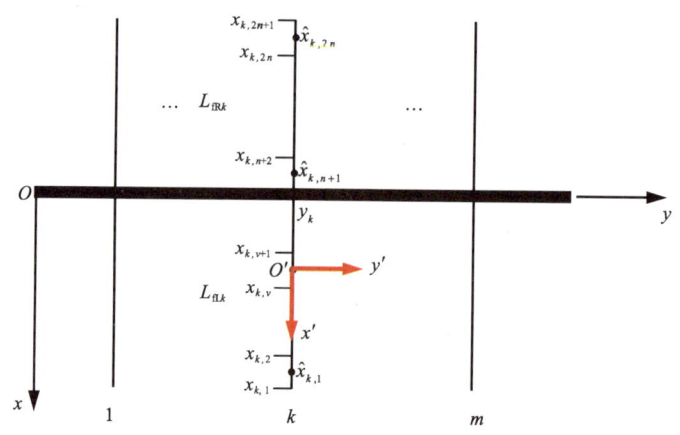

图 7.63 局部坐标变换示意图

7.5.2 试井典型曲线及影响因素分析

该节基于 7.5.1 节推导得到的顶底封闭页岩气藏中无限导流多级压裂水平井的压力响应表达式,针对第 6 章中提出的两种不同的页岩气藏基本渗流物理模型,利用 Stehfest 数值反演方法和 Duhamel 原理,用计算机编程方法获得了实空间内的试井典型曲线以及压裂裂缝内流量分布曲线,并对曲线特征及相关影响因素进行了分析。

7.5.2.1 页岩气藏渗流-扩散模型

图 7.64 为基于页岩气藏渗流—拟稳态扩散模型计算得到的无限大页岩气藏中无限导流压裂水平井的试井典型曲线,从双对数曲线特征可以看出,气藏中存在以下流动阶段:

Ⅰ——井筒储集效应阶段。

Ⅱ——井储后过渡段。

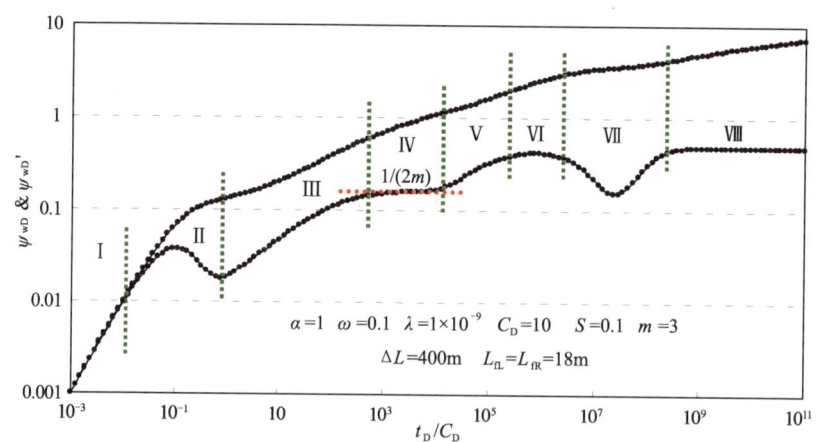

图 7.64 无限大页岩气藏中无限导流压裂水平井试井典型曲线

Ⅲ——早期第一线性流阶段,在早期井筒储集效应影响结束之后,气藏中的页岩气首先垂直于压裂裂缝面进行流动[图 7.65(a)],此时压力波尚未向外传播到相邻压裂裂缝,各条压裂裂缝之间互不干扰,无因次拟压力及压力导数曲线上出现斜率为"1/2"的平行直线。

Ⅳ——早期第一径向流阶段,随着压力波不断向压裂缝端方向传播,在各压裂裂缝周围形成拟径向流[图7.65(b)],但此时压力波仍尚未传到相邻裂缝,各压裂裂缝在地层中独立作用。地层中围绕单条压裂裂缝形成拟径向流动,相应的拟压力导数曲线表现为水平线,且水平线所对应的数值为"$1/(2m)$",该阶段出现与否以及持续时间的长短与压裂裂缝间距与压裂裂缝半长的相对比值有关。

Ⅴ——第二线性流阶段,此时压力波已传播到相邻压裂裂缝,裂缝间产生干扰,裂缝和水平井筒作为一个整体对气藏中流动产生作用,气体流动表现为平行于压裂裂缝面的流动[图7.65(c)],拟压力及压力导数曲线表现为斜率为"1/2"的相互平行的直线,该阶段持续时间长短也与压裂裂缝条数 m 有关。

Ⅵ——天然裂缝系统径向流阶段,此时压裂裂缝的影响已结束,天然裂缝系统中页岩气以拟径向流方式向压裂裂缝及水平井筒流动[图7.65(d)],拟压力导数曲线上出现值为"0.5"的水平线。

Ⅶ——窜流段,此时天然裂缝系统与页岩基质中的压差已建立,基质中页岩气以拟稳态方式向天然裂缝系统扩散,而后经压裂裂缝流至井筒,拟压力导数曲线上出现明显的"凹子"。

Ⅷ——晚期总系统拟径向流段,此时压力波已传播至页岩气藏中离井筒较远处,水平井筒及多条压裂裂缝产生的压力波及范围近似为(椭)圆形,气藏中气体以拟径向流方式向水平井筒及压裂裂缝流动[图7.65(d)],拟压力导数曲线表现为数值为"0.5"的水平段。

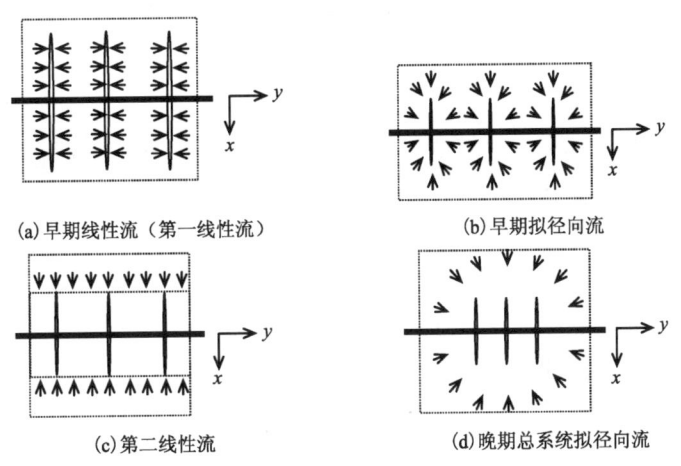

图7.65 无限导流压裂水平井流动阶段示意图

图7.66显示了具有6条无限导流压裂裂缝的水平井在不同时刻所对应的压裂裂缝离散单元流量分布,从第一条压裂裂缝的第一个离散单元开始编号,每条裂缝被离散成6个单元,则共有36个离散单元。从图7.66中可以看出,当压裂裂缝关于井筒对称时(即裂缝左、右翼相等),无论在任何时刻,压裂裂缝中的产量都关于井筒呈对称分布,即裂缝左翼和右翼的流量对称分布。

另外,从图7.66中还可以观察到,在气藏流动早期(图中 $t_D/C_D=1\times10^{-3}$ 时刻),各离散单元上的线密度流量相等,即流量在所有压裂裂缝内均匀分布,此时相邻裂缝间尚未出现干扰,各条裂缝处于独立生产状态。随着流动时间的增大,对于同一条压裂裂缝来讲,裂缝端部离散单元的流量逐渐增大,而裂缝中部的流量则逐渐减小,即裂缝端部流量大于裂缝中部的流量。此外,随着时间的增大,裂缝间干扰的影响也越发明显。对于不同的压裂裂缝,除早期流动阶段之外,位于水平井筒两端的压裂裂缝(编号为1、6)流量总体要高于位于水平井筒中部(编号为2、3、4、5)的压裂裂缝流量,这种差距随着时间的增大而增大。这是因为位于井筒中部的压裂裂缝会受到相邻裂缝的屏蔽干扰作用,导致其有效泄气面积减小;而位于两端的压裂裂缝其压力波可分别向水平井趾端和跟端方向传播,其有效泄气面积远大于位于中间部位的裂缝的泄气面积。不同的裂缝对压裂水平井总产量的贡献不同,在生产中后期,位于水平井筒端部的裂缝流量贡献要远大于中部裂缝的流量贡献,在进行水平井压裂施工设计时,要注意考虑这一点。

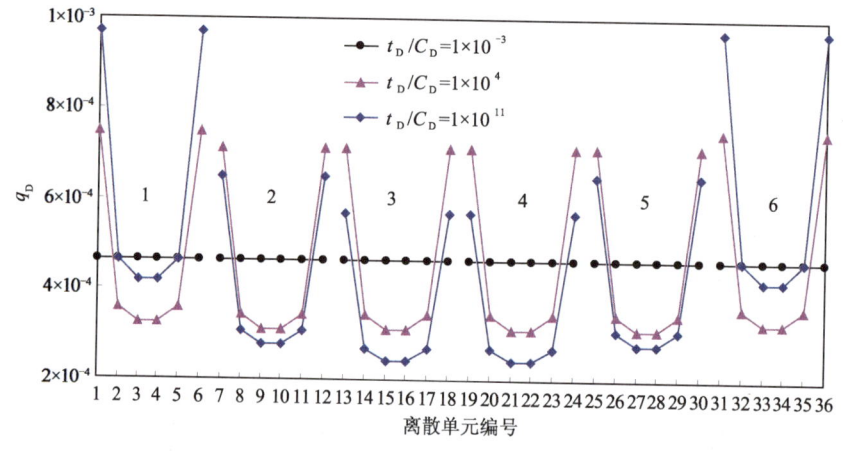

图 7.66 无限大页岩气藏中无限导流压裂水平井离散单元流量分布

图 7.67 显示了无限大页岩气藏中压裂水平井不同位置处的压裂裂缝流量分布,从图中可以得出与图 7.66 一致的结论。当生产时间较短时(图中 $t_D/C_D \leqslant 10^3$ 时),各条压裂裂缝对压裂水平井总流量的贡献相同。随着生产时间的增加,外裂缝与内裂缝产量开始出现差异,外部压裂裂缝对总产量的贡献要明显大于内部压裂裂缝。以图 7.67 中所示 6 条压裂裂缝情况为例,当生产时间较长,各条压裂裂缝的产量相对稳定时,两条外裂缝(编号为 1、6)对总产量的贡献达到 44.5%,而剩余四条内裂缝(编号为 2、3、4、5)对总产量的贡献为 55.5%,其中,最靠近水平井筒中部的两条内裂缝(编号为 3、4)对总产量的贡献仅为 24%。

下面以拟稳态模型为例,对页岩气特征吸附参数以及压裂参数对页岩气藏中无限导流压裂水平井压力动态及裂缝产量分布的影响进行逐一分析。

1) 吸附解吸常数的影响

图 7.68 为页岩气藏渗流-扩散模型中的吸附解吸常数 α 对无限大页岩气藏中无限导流压裂水平井试井典型曲线形态的影响。从图 7.68 中可以观察到,随着吸附解吸常数 α 的增大,基于拟稳态模型计算得到的拟压力导数曲线上"凹子"就越深越宽,反映了页岩基质中吸附气量越大,解吸后的页岩气向天然裂缝系统的扩散就越明显。

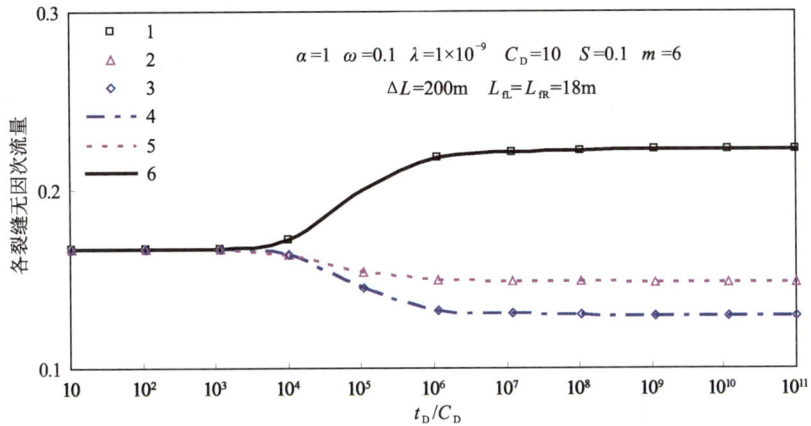

图 7.67　无限大页岩气藏中无限导流压裂水平井不同位置裂缝流量分布

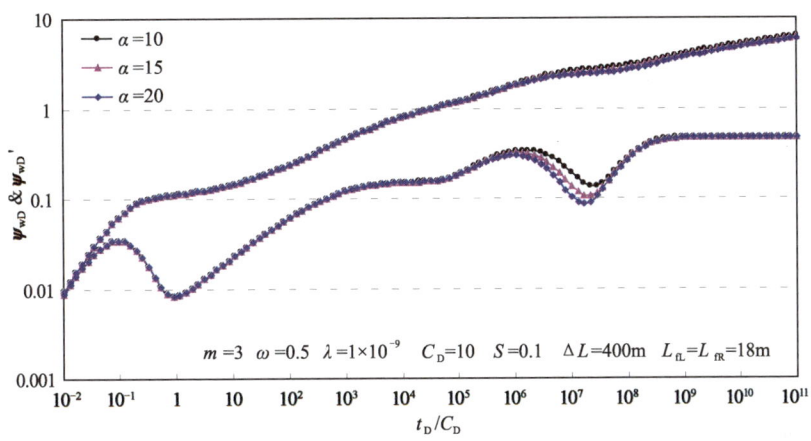

图 7.68　吸附解吸常数 α 对无限大页岩气藏中无限导流压裂水平井试井典型曲线的影响

2) 储容比的影响

图 7.69 为储容比 ω 对无限大页岩气藏中无限导流压裂水平井试井典型曲线的影响。从图 7.69 中可以看出,页岩气藏渗流—扩散模型中的储容比 ω 不仅会影响基质中页岩气向天然裂缝系统扩散段的典型曲线形态,而且还会影响早期垂直于单条压裂裂缝的线性流阶段、围绕单条压裂裂缝的拟径向流阶段及平行于压裂裂缝壁面的第二线性流阶段所对应的拟压力及拟压力导数曲线形态。ω 值越小,基于拟稳态模型计算得到的拟压力导数曲线上反映基质和天然裂缝系统间窜流段的"凹子"就越深越宽,但第一线性流阶段、第一拟径向流阶段以及第二线性流阶段对应的拟压力及压力导数曲线位置越靠上;而当 ω 值变大时,拟压力导数曲线上反映窜流段的"凹子"就变浅变窄,第一线性流阶段、第一拟径向流阶段以及第二线性流阶段对应的拟压力及压力导数曲线位置则有所下移。

3) 窜流系数的影响

图 7.70 为页岩气藏渗流—扩散模型中窜流系数 λ 对无限大页岩气藏中无限导流压裂水平井不稳定拟压力动态的影响。从图 7.70 中可以观察到,窜流系数 λ 的大小主要影响基质和

天然裂缝系统间气体窜流时间的早晚。λ值越大,基质中页岩气向天然裂缝系统的扩散发生地就越早,拟压力导数曲线上"凹子"出现的时间就越早,反之亦然。当窜流系数 λ 太大时,地层中平行于裂缝壁面的线性流阶段在典型曲线上的反映有可能会被窜流段所掩盖。

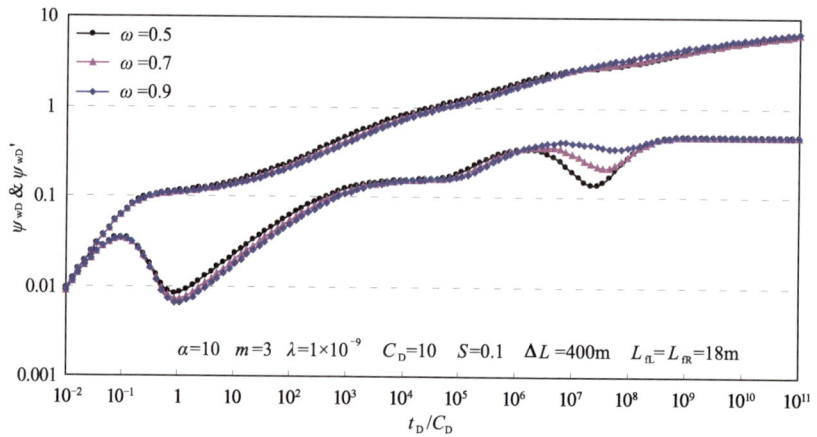

图 7.69　储容比 ω 对无限大页岩气藏中无限导流压裂水平井试井典型曲线的影响

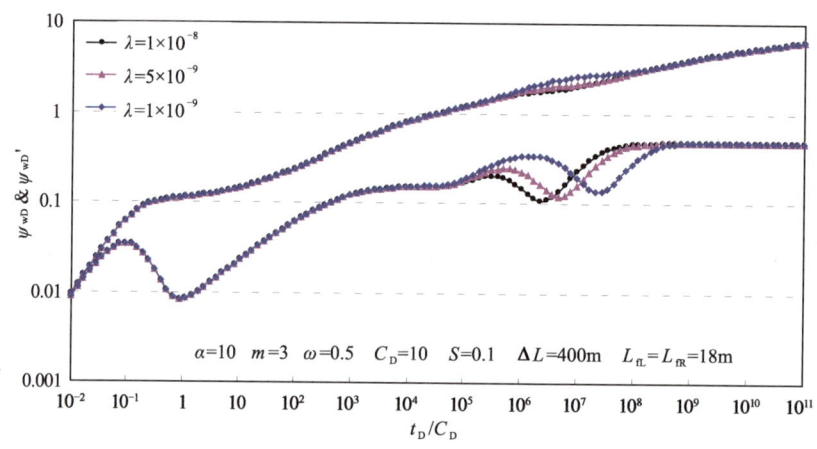

图 7.70　窜流系数 λ 对无限大页岩气藏中无限导流压裂水平井试井典型曲线的影响

4) 压裂裂缝条数的影响

图 7.71 是不同压裂裂缝条数 m 对应的无限大页岩气藏中无限导流压裂水平井拟压力及压力导数动态,从图 7.71 中可以看出,压裂裂缝条数 m 主要影响早期和中期的拟压力动态。压裂裂缝数 m 越大,早期和中期的拟压力及压力导数曲线位置越靠下。这是因为压裂裂缝的增多会显著改善井筒附近地层的渗透率,气体在流经该区域时所消耗的压降更小。

此外,从图 7.71 还可以看出,晚期拟压力动态对于压裂裂缝条数的变化并不敏感,这说明压裂裂缝的作用主要体现在早期,晚期典型曲线主要反映的是距离水平井筒及压裂裂缝较远区域的流动特征。

7 页岩气藏中不同井型的试井理论模型

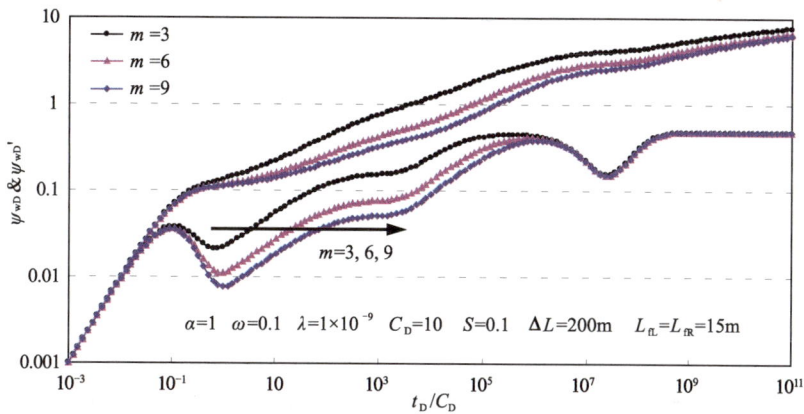

图 7.71 压裂裂缝条数 m 对无限大页岩气藏中无限导流压裂水平井试井典型曲线的影响

图 7.72 表明了在其他参数相同的条件下，压裂裂缝数目 m 对多级压裂水平井不同裂缝流量分布的影响。从图 7.72 中可以观察到，随着压裂裂缝条数 m 的增多，各压裂裂缝对总产量的贡献均减小，但总体趋势仍然是外裂缝对总产量的贡献仍旧远大于内裂缝。

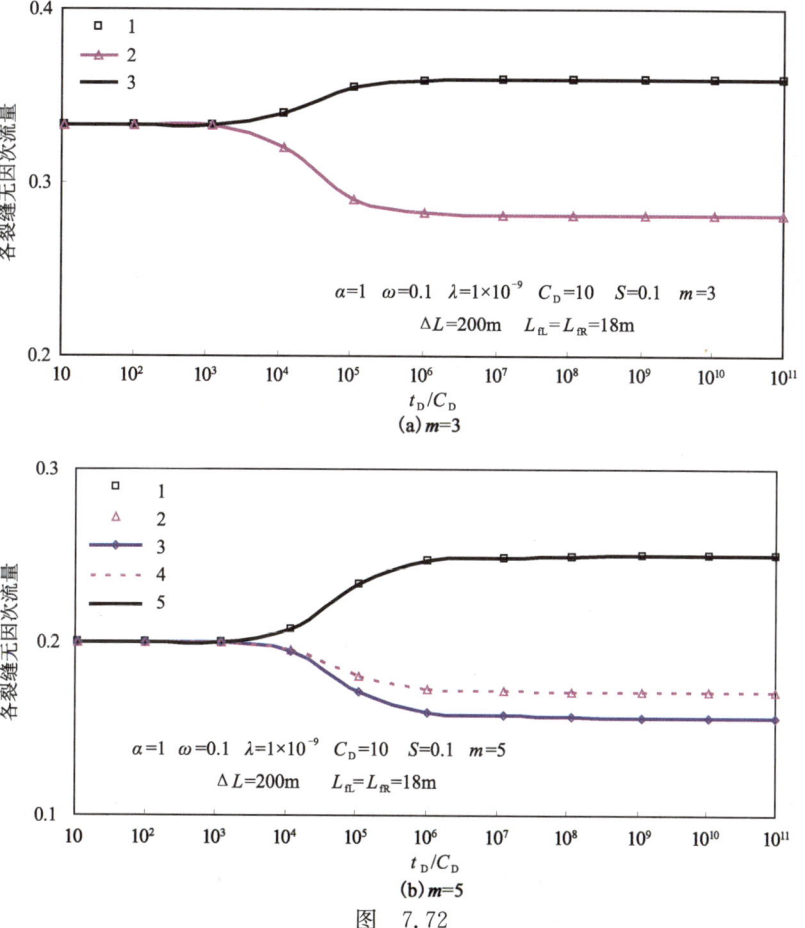

图 7.72

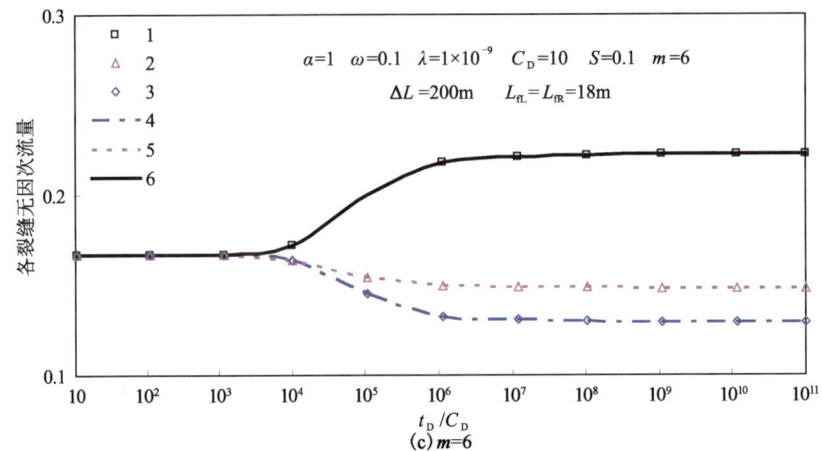

图 7.72 压裂裂缝条数 m 对无限大页岩气藏中无限导流压裂水平井流量分布的影响

5）裂缝间距的影响

图 7.73 为假设压裂裂缝等距分布时，不同裂缝间距 ΔL 对压裂水平井拟压力及压力导数动态的影响。从图 7.73 中可以看出，裂缝间距 ΔL 主要影响早期第一径向流阶段的典型曲线特征。当裂缝半长一定时，裂缝间距 ΔL 越小，压裂裂缝间相互干扰出现的时间就越早，在地层中形成对于单条裂缝的拟径向流就越困难，拟压力导数曲线上对应于第一拟径向流的直线段就越不明显。

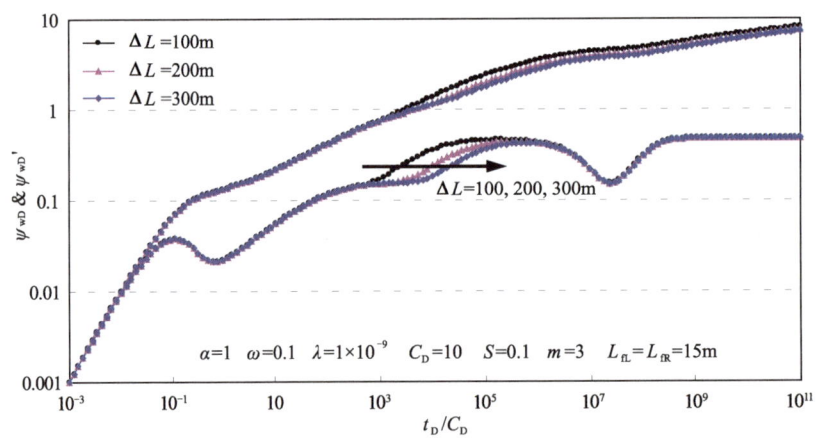

图 7.73 裂缝间距 ΔL 对无限大页岩气藏中无限导流压裂水平井试井典型曲线的影响

6）裂缝半长的影响

图 7.74 为假设压裂裂缝左右翼相等时，不同裂缝半长对压裂水平井拟压力及压力导数动态的影响。从图 7.74 中可以看出，裂缝半长主要影响早期垂直于裂缝壁面的线性流阶段和围绕单条裂缝的拟径向流阶段对应的典型曲线特征。当其他参数一定时，裂缝半长越长，早期垂直于裂缝壁面的线性流持续时间就越久且对应的地层中压降就越小。此外，随着裂缝半长的增加，围绕单条裂缝形成拟径向流就越困难，典型曲线上早期拟径向流阶段的特征就越来越不明显。

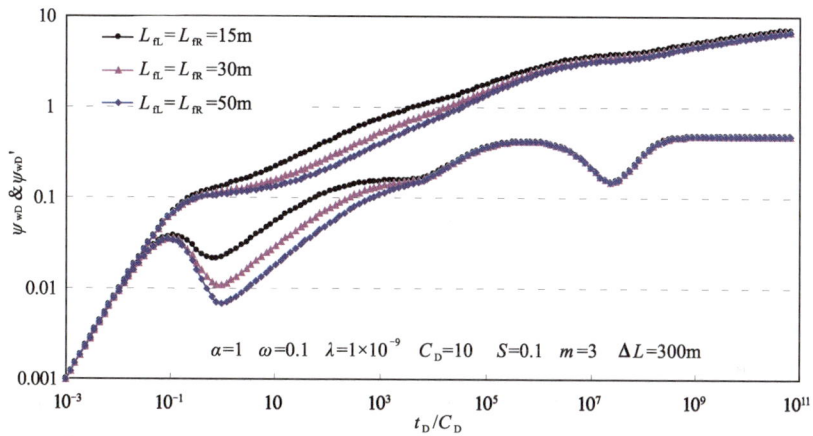

图 7.74　裂缝半长对无限大页岩气藏中无限导流压裂水平井试井典型曲线的影响

7) 裂缝不对称性的影响

图 7.75 为裂缝不对称性对于压裂水平井试井典型曲线的影响，图 7.75 中假设每条压裂裂缝的总长度一定，但裂缝左、右翼长度之比不同。从图 7.75 中可以看出，当裂缝总长度一定时，裂缝左、右翼分布的不对称性对于井底压力动态基本没有影响，这是因为本章模型中考虑的压裂裂缝具有无限导流能力，只要裂缝总长度相等，产生的压降就相等。

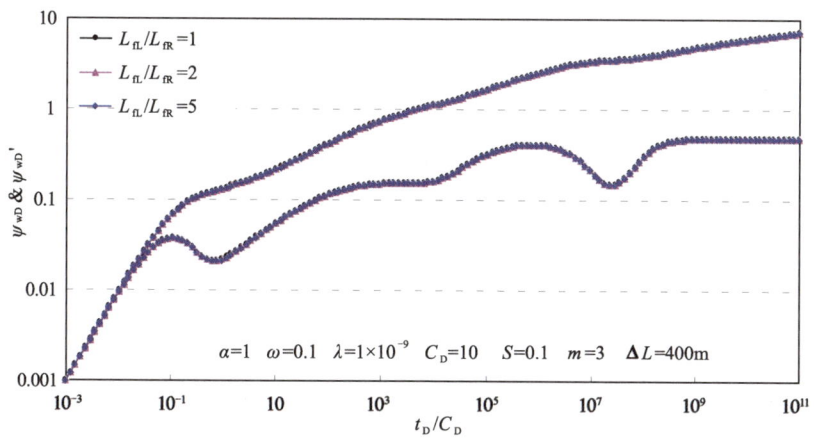

图 7.75　裂缝不对称性对无限大页岩气藏中无限导流压裂水平井试井典型曲线的影响

8) 扩散方式的影响

图 7.76 给出了基质中页岩气不同扩散方式对多级压裂水平井压力动态的影响，从图 7.76 中可看出，不同扩散方式主要影响基质和天然裂缝系统间窜流段的典型曲线形态。对于拟稳态窜流阶段，拟压力导数曲线上出现明显的"凹子"；对于不稳态窜流阶段，拟压力导数曲线呈扁平下凹状。此外，从图 7.76 中还可以观察到，非稳态扩散模型对于气藏压力的变化更加敏感，故在参数相同的情况下，非稳态模型中窜流阶段在典型曲线上的反映时间要更早一些。

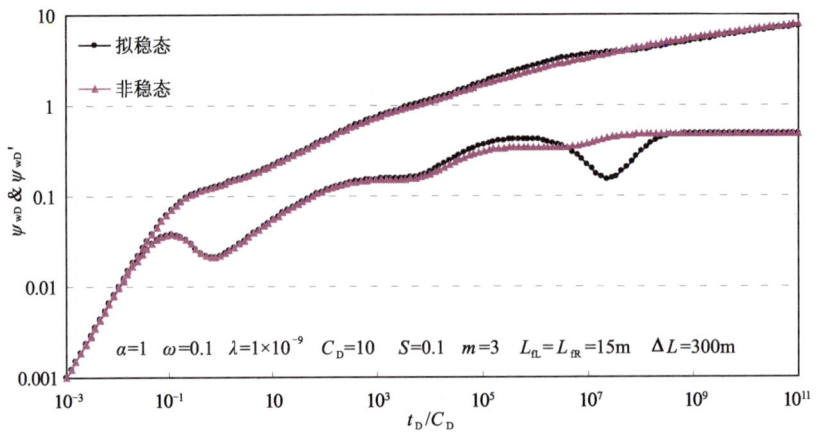

图7.76 扩散方式对无限大页岩气藏中无限导流压裂水平井试井典型曲线的影响

9)压裂裂缝分布方式的影响

图7.77显示了当水平井筒总长度及压裂裂缝数一定时,不同的压裂裂缝分布方式对于试井典型曲线的影响。图7.77中以5条压裂裂缝为例,共给出了三种不同形式的压裂裂缝分布:等距分布(300/300/300/300m)、内疏外密分布(150/450/450/150m)及内密外疏分布(450/150/150/450m)。

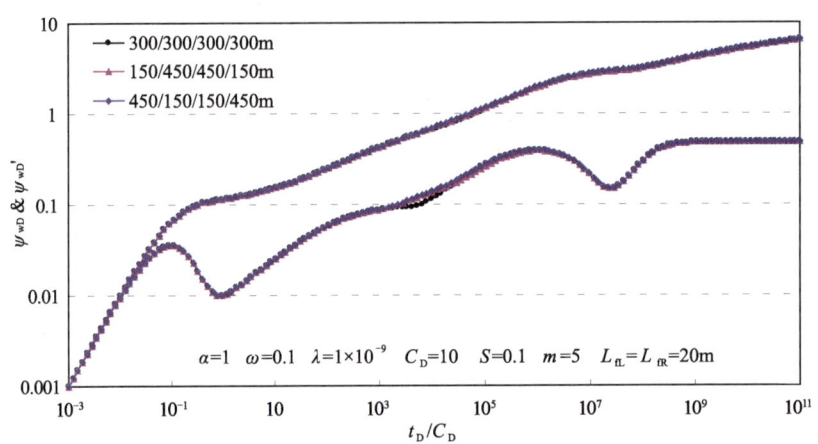

图7.77 压裂裂缝分布方式对无限大页岩气藏中无限导流压裂水平井试井典型曲线的影响

从图7.77所示的拟压力导数曲线上可以看出,不同的压裂裂缝分布主要影响第一拟径向流阶段的流动特征,当裂缝呈均匀分布(300/300/300/300m)时,围绕单条裂缝的拟径向流持续时间最久;当裂缝呈非均匀分布时(内疏外密以及内密外疏型分布),围绕单条裂缝的拟径向流持续时间较短。这是因为当水平井总长度相等时,所有裂缝间距之和就相等,而第一拟径向流的持续时间取决于最小的裂缝间距,故非均匀分布的裂缝对应的第一拟径向流阶段持续时间更短。

图7.78为对应于图7.77的半对数坐标系及直角坐标系中的井底拟压力曲线,从图7.78中可以进一步观察到,当压裂裂缝均匀(300/300/300/300m)分布时,所产生的井底压降值最小;

当压裂裂缝为内密外疏(450/150/150/450m)分布时,气体在地层中流动所产生的压降最大;而内疏外密(150/450/450/150m)分布的压裂裂缝所产生的压降与均匀分布裂缝情况相差不大。这是因为内裂缝的有效泄气面积要受到相邻裂缝的局限,当内裂缝分布较密时,其有效泄气面积更小,气体流动所产生的压降更大;当裂缝呈内疏外密型分布时,内裂缝对应的有效泄气面积增大,气体流动所产生的压降较小。

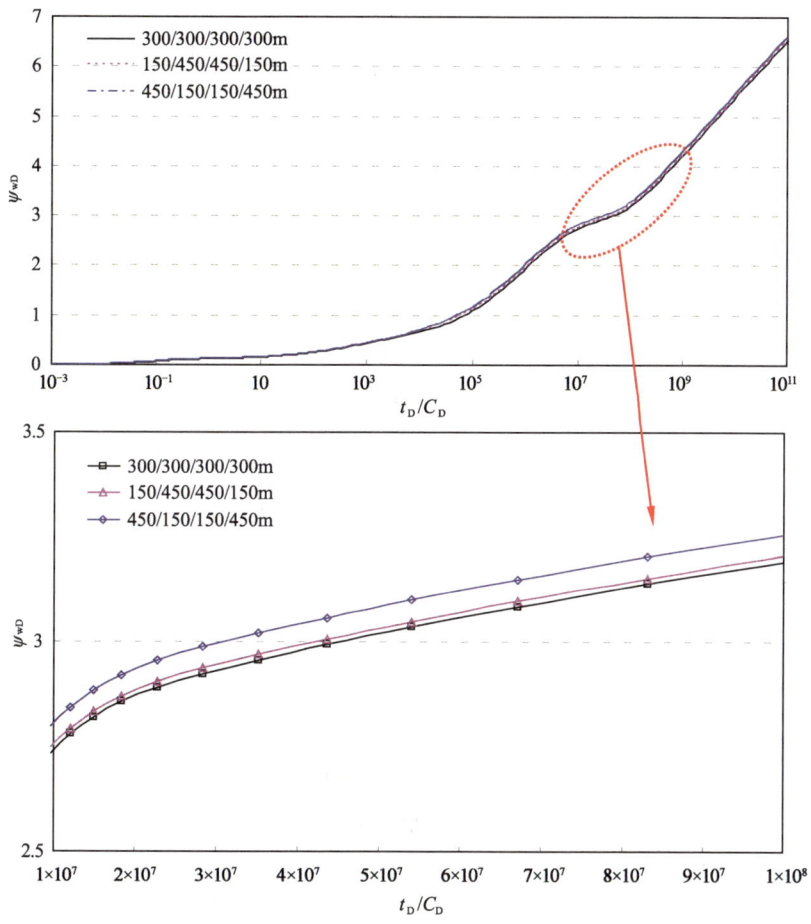

图 7.78 压裂裂缝分布方式对无限大页岩气藏中无限导流压裂水平井拟压力的影响

图 7.79 为对应于图 7.77 的各压裂裂缝流量分布曲线,从图 7.79 中可以看出,当压裂裂缝呈内疏外密(150/450/450/150m)分布时,不同压裂裂缝的流量分布相对来说最均匀,即外裂缝与内裂缝间的流量差异最小;而当压裂裂缝呈内密外疏(450/150/150/450m)分布时,不同压裂裂缝间的流量贡献差异最大,即外裂缝与内裂缝间的流量差异最大;均匀分布(300/300/300/300m)压裂裂缝情况位于两者之间。

上述针对压裂裂缝中流量分布规律的分析可用于指导页岩气藏中水平井压裂设计。

7.5.2.2 页岩气藏渗流—渗流/扩散模型

图 7.80 和图 7.81 为基于页岩气藏渗流—渗流/扩散模型计算得到的无限大页岩气藏中

无限导流多级压裂水平井试井典型曲线,其中,图 7.80 为基于拟稳态模型计算得到,图 7.81 为基于非稳态模型计算得到。观察上述典型曲线,可得到与 7.5.2.1 节类似的流动阶段划分和典型曲线特征。需要指出的是,由于非稳态模型对于气藏压力变化更敏感,非稳态模型中窜流段出现时间更早,故图 7.81 中缺失了天然裂缝系统径向流阶段。

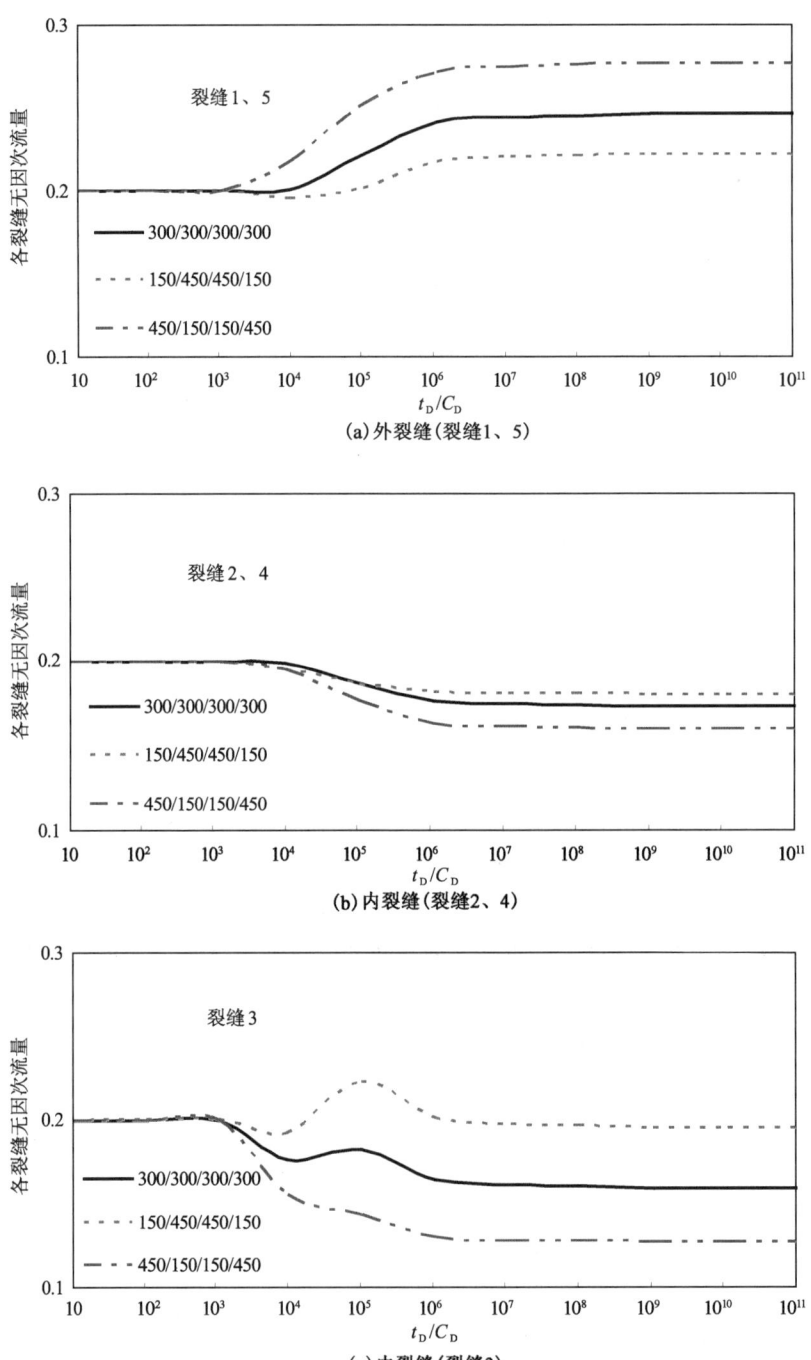

图 7.79　压裂裂缝分布方式对无限大页岩气藏中无限导流压裂水平井流量分布的影响

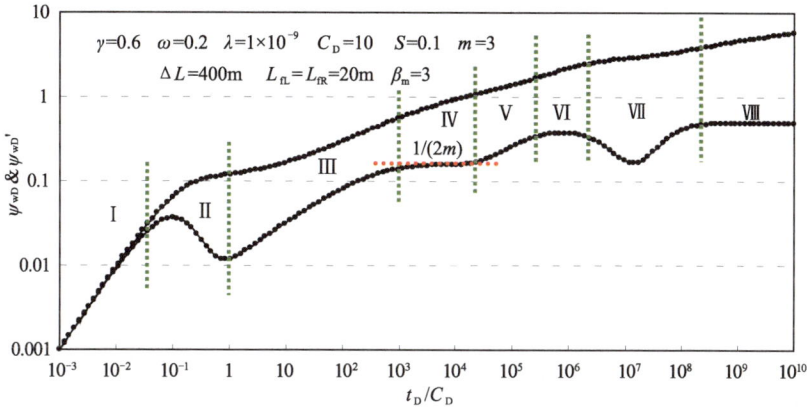

图7.80　无限大页岩气藏中无限导流压裂水平井试井典型曲线——拟稳态模型

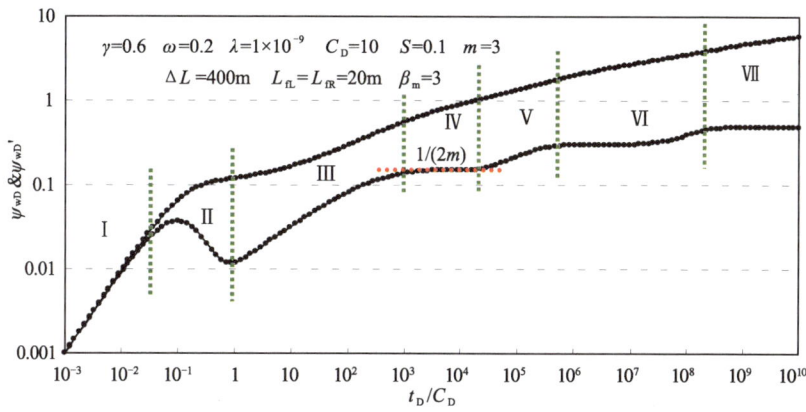

图7.81　无限大页岩气藏中无限导流压裂水平井试井典型曲线——非稳态模型

图7.82为基于页岩气藏渗流—渗流/扩散模型计算得到的无限导流压裂水平井流量分布曲线,从图中可观察到与7.5.2.1节类似的流量分布特征以及流量分布随时间的变化规律。

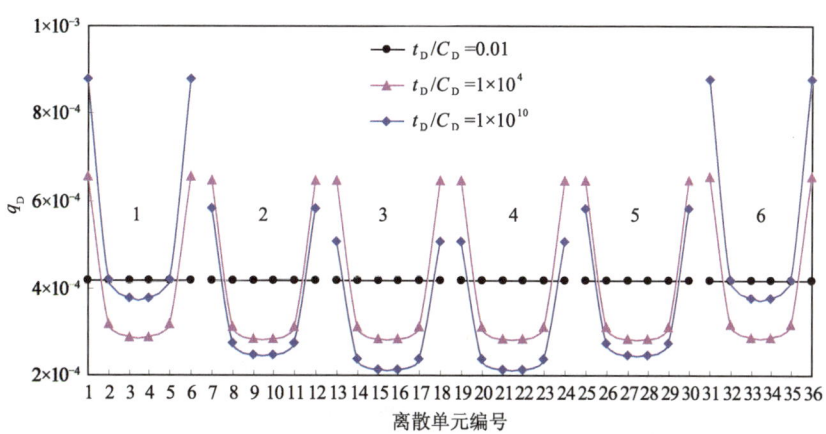

图7.82　无限大页岩气藏中无限导流压裂水平井流量分布

储容比 ω、窜流系数 λ、压裂裂缝条数 m、裂缝间距 ΔL、裂缝半长、裂缝非对称性以及裂缝分布方式对于无限大页岩气藏中无限导流压裂水平井试井典型曲线形态及流量分布的影响同 7.5.2.1 节。本节仅分析页岩基质中吸附气解吸参数 γ、反映页岩基质中气体运移机制的参数 β_m 对试井典型曲线的影响。

1) 吸附气解吸的影响

图 7.83 为基于页岩气藏渗流—渗流/扩散模型计算得到的页岩基质中吸附气解吸对无限大页岩气藏中无限导流压裂水平井井底压力动态的影响。从图 7.83 中可以观察到，基质中吸附气解吸主要影响页岩基质与天然裂缝系统间窜流阶段的压力响应。γ 值越小，代表基质中吸附气含量就越多，则吸附气解吸后向裂缝系统窜流就更明显，反映在拟压力导数曲线上即为"凹子"形态越深越宽。

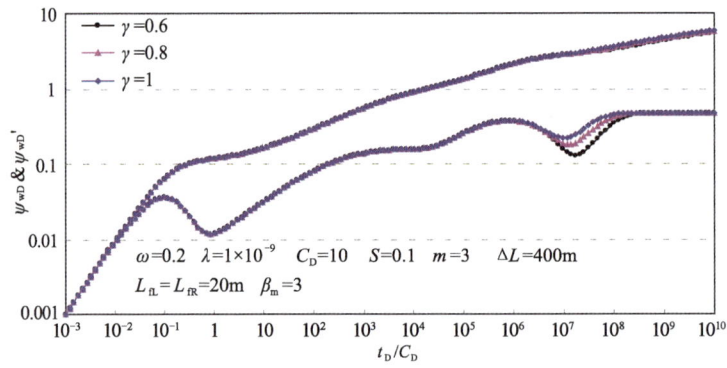

图 7.83　吸附气解吸对无限大页岩气藏中无限导流压裂水平井试井典型曲线的影响

2) 基质中页岩气运移机制的影响

图 7.84 显示了基质中页岩气的不同运移机制对于无限大页岩气藏中无限导流压裂水平井试井典型曲线的影响。从图 7.84 中可以看出，当考虑基质中解吸后的页岩气流动为压力差和浓度差双重作用的结果时（$\beta_m > 1$），拟压力导数曲线上反映基质与天然裂缝系统间气体窜流的"凹子"出现时间更早，这是因为扩散作用的存在导致页岩基质视渗透率增大，从而导致基质中页岩气向天然裂缝系统窜流发生的时间更早。

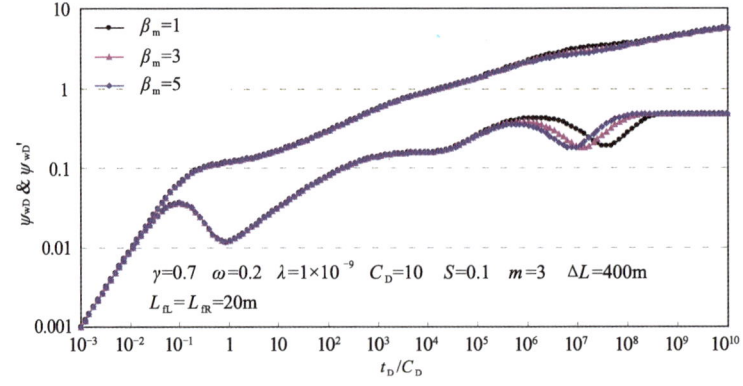

图 7.84　基质中页岩气运移机制对无限大页岩气藏中无限导流压裂水平井试井典型曲线的影响

7.5.3 天然裂缝应力敏感性的影响

页岩中存在有大量的天然裂缝,在原始地应力的作用下,很多天然裂缝处于闭合或半闭合状态。当对页岩储层进行多级水力压裂改造时,一部分原本闭合的天然裂缝会重新开启,增大水平井筒附近的地层渗透率。但随着生产的进行,气藏压力不断降低,储层骨架承受的有效应力不断增大,会导致天然裂缝的闭合,天然裂缝系统的渗透率急剧下降,即所谓的渗透率应力敏感性。

根据现有文献中研究成果,考虑应力敏感作用影响的页岩天然裂缝渗透率可表示为:

$$K_f = K_{f0} e^{-(\psi_i - \psi_f)\gamma} \tag{7.75}$$

式中 K_{f0}——原始状态下裂缝系统渗透率,m^2;

γ——渗透率应力敏感模量,Pa^{-1}。

将式(7.75)代入 6.3 节中的天然裂缝渗流模型,并忽略天然裂缝渗透率的各向异性,即可得到考虑天然裂缝应力敏感性的页岩气藏渗流模型。

7.5.3.1 页岩气藏渗流-扩散模型

1)拟稳态模型

当考虑天然裂缝的应力敏感性时,该模型中的天然裂缝渗流模型变为:

$$\frac{\partial}{\partial x_D}\left(e^{-\psi_{fD}\gamma_D}\frac{\partial \psi_{fD}}{\partial x_D}\right) + \frac{\partial}{\partial y_D}\left(e^{-\psi_{fD}\gamma_D}\frac{\partial \psi_{fD}}{\partial y_D}\right) + \frac{\partial}{\partial z_D}\left(e^{-\psi_{fD}\gamma_D}\frac{\partial \psi_{fD}}{\partial z_D}\right) = \omega \frac{\partial \psi_{fD}}{\partial t_D} - (1-\omega)\frac{\partial V_D}{\partial t_D} \tag{7.76}$$

将上式转换到球坐标系中,可得到:

$$\frac{1}{r_D^2}\frac{\partial}{\partial r_D}\left(r_D^2 e^{-\psi_{fD}\gamma_D}\frac{\partial \psi_{fD}}{\partial r_D}\right) = \omega \frac{\partial \psi_{fD}}{\partial t_D} - (1-\omega)\frac{\partial V_D}{\partial t_D} \tag{7.77}$$

点源内边界条件变为:

$$\lim_{\xi \to 0} 4\pi L^3 \left(r_D^2 e^{-\psi_{fD}\gamma_D}\frac{\partial \psi_{fD}}{\partial r_D}\right)_{r_D=\xi} = \frac{2\pi K_{f0} h}{\Lambda q_{sc}} dV\delta(t_D) \tag{7.78}$$

其中涉及的无因次变量定义为:

$$t_D = \frac{K_{f0} t}{\Lambda L^2}, \psi_{fD} = \frac{\pi K_{f0} h T_{sc}}{p_{sc} q_{sc} T}(\psi_i - \psi_f), \Lambda = \phi_f \mu_i c_{gfi} + \frac{2\pi K_{f0} h}{q_{sc}}, \gamma_D = \frac{p_{sc} q_{sc} T}{\pi K_{f0} h T_{sc}} \gamma$$

其余无因次变量定义同 6.3.1.2 节。

天然裂缝系统的外边界条件及相应的基质渗流模型与 6.3.1.2 节中相同。

由于渗透率应力敏感的影响,式(7.77)和式(7.78)均具有强非线性。引入如下变换:

$$\psi_{fD}(r_D, t_D) = -\frac{1}{\gamma_D}\ln[1 - \gamma_D \xi_D(r_D, t_D)] \tag{7.79}$$

则式(7.77)和式(7.78)变为:

$$\frac{1}{r_D^2}\frac{\partial}{\partial r_D}\left(r_D^2 \frac{\partial \xi_{fD}}{\partial r_D}\right) = \frac{\omega}{1-\gamma_D \xi_D}\frac{\partial \xi_{fD}}{\partial t_D} - (1-\omega)\frac{\partial V_D}{\partial t_D} \tag{7.80}$$

$$\lim_{\varepsilon \to 0} 4\pi L^3 \left(r_D^2 \frac{\partial \xi_{fD}}{\partial r_D}\right)_{r_D = \varepsilon} = \frac{2\pi K_{f0} h}{\Lambda q_{sc}} dV \delta(t_D) \tag{7.81}$$

根据摄动理论,可得到如下展开式:

$$\xi_{fD} = \xi_{fD0} + \gamma_D \xi_{fD1} + \gamma_D^2 \xi_{fD2} + \cdots \tag{7.82a}$$

$$\frac{1}{1-\gamma_D \xi_D} = 1 + \gamma_D \xi_D + \gamma_D^2 \xi_D^2 + \cdots \tag{7.82b}$$

考虑到实际储层的无因次应力敏感系数 γ_D 值往往很小,可取零阶摄动解作为近似,则式(7.80)和式(7.81)变为:

$$\frac{1}{r_D^2}\frac{\partial}{\partial r_D}\left(r_D^2 \frac{\partial \xi_{fD0}}{\partial r_D}\right) = \omega \frac{\partial \xi_{fD0}}{\partial t_D} - (1-\omega)\frac{\partial V_D}{\partial t_D} \tag{7.83}$$

$$\lim_{\varepsilon \to 0} 4\pi L^3 \left(r_D^2 \frac{\partial \xi_{fD0}}{\partial r_D}\right)_{r_D = \varepsilon} = \frac{2\pi K_{f0} h}{\Lambda q_{sc}} dV \delta(t_D) \tag{7.84}$$

利用 6.3.1.2 节中类似的方法,将拟稳态基质渗流模型式(6.16)与式(7.83)联立,进行 Laplace 变换并取零阶摄动解,最终可得到:

$$\frac{1}{r_D^2}\frac{\partial}{\partial r_D}\left(r_D^2 \frac{\partial \bar{\xi}_{fD0}}{\partial r_D}\right) = \left[\omega u + \frac{\alpha u \lambda (1-\omega)}{u+\lambda}\right]\bar{\xi}_{fD0} \tag{7.85}$$

上式即为考虑基质中页岩气流动机理为解吸和拟稳态扩散时,且考虑天然裂缝的应力敏感效应,最终所得到的三维无限大页岩气藏的零阶摄动微分方程。

2) 非稳态模型

采用类似的方法,可得到考虑应力敏感效应影响的非稳态模型的最终零阶摄动微分方程为:

$$\frac{1}{r_D^2}\frac{\partial}{\partial r_D}\left(r_D^2 \frac{\partial \bar{\xi}_{fD0}}{\partial r_D}\right) = \left\{\omega u + (1-\omega)\lambda \alpha \left[\sqrt{\frac{u}{\lambda}}\coth\left(\sqrt{\frac{u}{\lambda}}\right) - 1\right]\right\}\bar{\xi}_{fD0} \tag{7.86}$$

其中涉及的无因次变量定义为:

$$\lambda = \frac{D\Lambda}{K_{f0}}\frac{L^2}{R^2}, \Lambda = \phi_f \mu_i c_{gfi} + \frac{6\pi K_{f0} h}{q_{sc}}, \gamma_D = \frac{p_{sc} q_{sc} T}{\pi K_{f0} h T_{sc}}\gamma$$

其余无因次变量定义同 6.3.1.3 节。

式(7.85)和式(7.86)可统一写成如下形式:

$$\frac{1}{r_D^2}\frac{\partial}{\partial r_D}\left(r_D^2 \frac{\partial \bar{\xi}_{fD0}}{\partial r_D}\right) = f(u)\bar{\xi}_{fD0} \tag{7.87}$$

其中：

$$f(u) = \begin{cases} \omega u + \dfrac{\alpha u \lambda (1-\omega)}{u+\lambda} & \text{拟稳态} \\ \omega u + (1-\omega)\lambda\alpha\left[\sqrt{\dfrac{u}{\lambda}}\coth\left(\sqrt{\dfrac{u}{\lambda}}\right)-1\right] & \text{非稳态} \end{cases} \quad (7.88)$$

上式即为考虑基质中页岩气运移方式为扩散，且考虑天然裂缝系统的应力敏感性时，最终所得到的三维无限大页岩气藏的综合微分方程。对比式(7.88)与式(6.54)，可发现二者具有基本相同的表达形式，即考虑裂缝系统应力敏感的零阶摄动微分方程与未考虑应力敏感的综合渗流微分方程具有相同的形式，则根据 6.3~6.4 节中的推导，可直接写出考虑裂缝应力敏感的点源引起的零阶摄动基本解 $\bar{\xi}_{fD0}$。

7.5.3.2 页岩气藏渗流—渗流/扩散模型

类似地，在页岩气藏渗流—渗流/扩散模型中，当考虑裂缝系统的应力敏感性时，无论是拟稳态模型还是非稳态模型，基质渗流模型都保持不变，只有天然裂缝系统的渗流模型发生变化。将天然裂缝系统的渗透率应力敏感方程式(7.75)代入 6.3.2 节中的天然裂缝渗流模型中，并采用与 7.5.3.1 节类似的方法，最终可得到考虑基质中页岩气运移方式为扩散和黏性流，且考虑天然裂缝系统的应力敏感性时的零阶摄动微分方程：

$$\frac{1}{r_D^2}\frac{\partial}{\partial r_D}\left(r_D^2 \frac{\partial \bar{\xi}_{fD0}}{\partial r_D}\right) = f(u)\bar{\xi}_{fD0} \quad (7.89)$$

其中：

$$f(u) = \begin{cases} u\left[\dfrac{\lambda\beta_m + \omega(1-\omega\gamma)u}{\gamma\lambda\beta_m + (1-\omega\gamma)u}\right] & \text{拟稳态} \\ \omega u + \dfrac{\lambda\beta_m}{5}\left[\sqrt{\dfrac{15(1-\omega\gamma)u}{\lambda\gamma\beta_m}}\coth\left(\sqrt{\dfrac{15(1-\omega\gamma)u}{\lambda\gamma\beta_m}}\right)-1\right] & \text{非稳态} \end{cases} \quad (7.90)$$

对比式(7.89)与式(6.115)，可发现二者具有基本相同的表达形式，即考虑裂缝系统应力敏感的零阶摄动微分方程与未考虑应力敏感的综合渗流微分方程具有相同的形式，则根据 6.3~6.4 节中的推导，可直接写出考虑裂缝应力敏感的点源引起的零阶摄动基本解 $\bar{\xi}_{fD0}$。

7.5.3.3 考虑天然裂缝应力敏感性的井底压力响应

利用点源引起的零阶摄动基本解 $\bar{\xi}_{fD0}$，采用与 7.5.1 节类似的求解方法，对多条压裂裂缝进行离散处理，对于离散单元(k,v)，可写出如下方程：

$$\bar{\xi}_{wD0} = \sum_{i=1}^{m}\sum_{j=1}^{2n}\bar{\xi}_{fD0}^{(i,j)}(\hat{x}_{Dk,v},\hat{y}_{Dk,v}) \quad (7.91)$$

其中：$\bar{\xi}_{fD0}^{(i,j)}(x_D,y_D) = \bar{q}_{Di,j}(u)\int_{x_{Di,j}}^{x_{Di,j+1}} K_0\left(\sqrt{f(u)}\sqrt{(x_D-x_{wD})^2+(y_D-y_{wD})^2}\right)dx_{wD}$，$\bar{\xi}_{wD0}$ 为考虑裂缝系统应力敏感影响时的井底流压零阶摄动解。

将式(7.91)中的 k,v 取遍所有离散裂缝单元$(k=1,2,\cdots,m;v=1,2,\cdots,2n)$，则共可得到

$(m \times 2n)$个线性方程。

同样的,在Laplace空间内仍需满足流量约束条件式(7.74)。

将式(7.74)与(7.91)联立求解,即可获得考虑裂缝系统应力敏感影响时的无限导流多级压裂水平井的井底流压零阶摄动解$\bar{\xi}_{wD0}$及各离散裂缝单元中流量分布。

对求得的Laplace空间内的井底流压零阶摄动解$\bar{\xi}_{wD0}$进行数值反演,可得到实空间内的井底流压零阶摄动解ξ_{wD0},再利用下式即可得到考虑裂缝系统应力敏感影响时的无限导流多级压裂水平井的井底压力响应:

$$\xi_{wD}(t_D) = -\frac{1}{\gamma_D}\ln[1-\gamma_D\xi_{wD0}(t_D)] \tag{7.92}$$

7.5.3.4 应力敏感对试井典型曲线的影响

图7.85为基于考虑裂缝系统应力敏感影响的页岩气藏渗流—扩散模型计算得到的无限导流多级压裂水平井试井典型曲线。从图7.85中可以看出,裂缝系统无因次应力敏感模量主要影响中期及晚期的无因次压力及压力导数曲线形态,对早期井筒储集阶段及第一线性流阶段的典型曲线形态基本无影响。当第一线性流阶段结束后,考虑裂缝应力敏感时的无因次压力及压力导数曲线与不考虑裂缝系统应力敏感时的无因次压力及压力导数曲线开始出现差别,且这种差别随着无因次时间的增大而增大。无因次裂缝系统应力敏感模量越大,相应的无因次压力及压力导数曲线位置就越靠上。尤其是对于晚期总系统径向流阶段,由于裂缝系统应力敏感的影响,该阶段的无因次压力导数曲线不再呈值为"0.5"的水平线,而出现了明显的上翘趋势,表现出了类似于封闭外边界作用的压力导数响应特征。

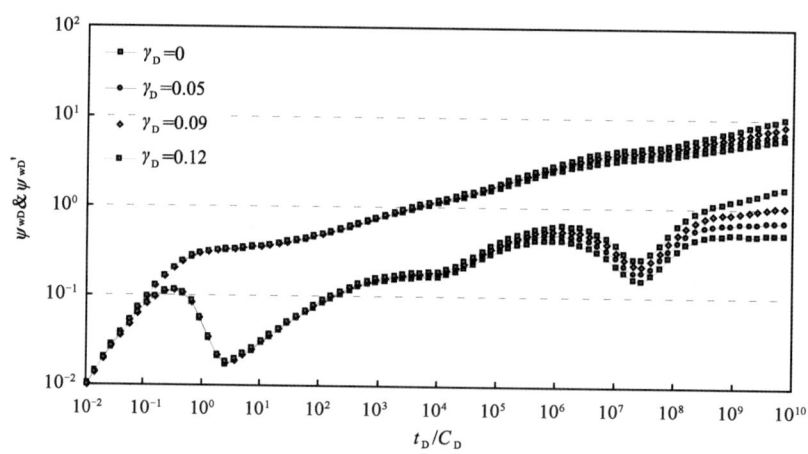

图7.85 裂缝应力敏感性对无限大页岩气藏中无限导流压裂水平井试井典型曲线的影响

裂缝系统应力敏感性对基于页岩气藏渗流—渗流/模型计算得到的无限导流多级压裂水平井试井典型曲线的影响与上述类似。

7.5.4 页岩气藏无限导流多级压裂水平井径向复合试井模型

7.5.1~7.5.3节中建立的页岩气藏多级压裂水平井试井模型考虑了水力压裂形成的主

7 页岩气藏中不同井型的试井理论模型

裂缝及储层中分布相对均匀的天然裂缝网络,但在近井区域天然裂缝发育的情况下,水力压裂不仅会形成主裂缝,压裂液还会沿着储层中天然裂缝扩张,产生次级诱导缝,并在近井区域形成一个压裂改造区(SRV Stimulated Reservoir Volume)。由于次级诱导裂缝的存在,水平井近井区域的储层物性发生明显改变,在储层中形成裂缝发育程度不同的两个区域,如图 7.86 所示。

本节在前几节研究成果的基础上,考虑水平井水力压裂后近井区域和远井区域微裂缝发育程度的不同,建立并求解了顶底封闭、侧向无限大页岩气藏中的多级分段压裂水平井径向复合不稳定试井模型,并对其井底压力变化动态、试井典型曲线特征进行了分析。

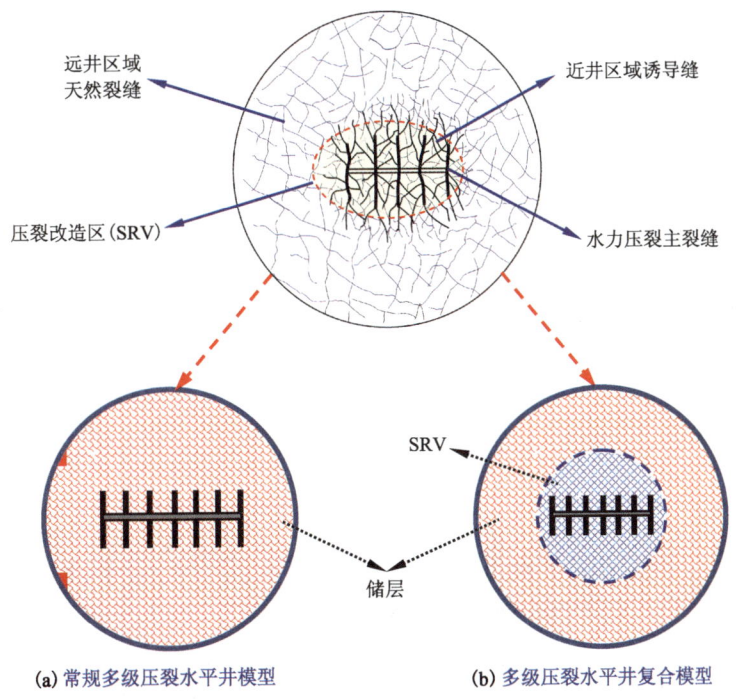

图 7.86 页岩气藏中无限导流多级压裂水平井径向复合渗流物理模型

7.5.4.1 径向复合页岩气藏线源基本解

本节首先利用源函数的方法,求取径向复合页岩气藏中基本线源解,而后采用与 7.5.1 节类似的思路,对径向复合页岩气藏中无限导流多级压裂水平井井底压力响应进行求取。

如图 7.87 所示,考虑径向复合、顶底封闭、侧向无限大页岩气藏中存在一连续线源,线源位置位于原点 O 处,线源强度为 $\tilde{q}(t)$。内区(SRV 区域)半径用 r_1 表示,内区储层相关物性参数用下标 1 表示,外区储层相关物性参数用下标 2 表示。

根据 6.4.1 节及 7.1 节中所述的点源及线源模型求解方法,采用类似的步骤,可得到 Laplace 空间内径向复合页岩气藏中连续线源引起的拟压力响应如下:

$$\Delta \bar{\psi}_{1f} = \frac{\bar{\tilde{q}} p_{sc} T}{\pi K_{1f} h T_{sc}} [A_c I_0(r_D \varepsilon_1) + K_0(r_D \varepsilon_1)] \quad (7.93)$$

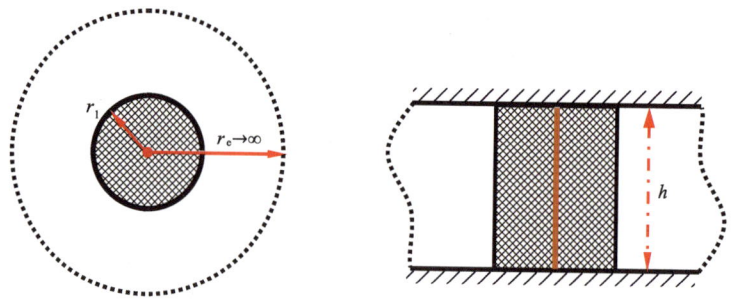

图 7.87　径向复合顶底封闭页岩气藏中线源示意图

其中：

$$A_c = \frac{M_{12}\varepsilon_1 K_1(\varepsilon_1 r_{1D})K_0(\varepsilon_2 r_{1D}) - \varepsilon_2 K_0(\varepsilon_1 r_{1D})K_1(\varepsilon_2 r_{1D})}{M_{12}\varepsilon_1 I_1(\varepsilon_1 r_{1D})K_0(\varepsilon_2 r_{1D}) + \varepsilon_2 I_0(\varepsilon_1 r_{1D})K_1(\varepsilon_2 r_{1D})} \tag{7.94a}$$

$$\varepsilon_1 = \sqrt{f_1(u)} \tag{7.94b}$$

$$\varepsilon_2 = \sqrt{f_2(u)} \tag{7.94c}$$

$$M_{12} = \frac{K_{1f}}{K_{2f}} \tag{7.94d}$$

$$W_{12} = \frac{\Lambda_1}{\Lambda_2} \tag{7.94e}$$

式(7.94a)~(7.94e)中涉及的变量 ω_1、ω_2、λ_1、λ_2、Λ_1、Λ_2 的定义方式与第 6 章类似，只需用复合区域（内区、外区）的物性参数替换第 6 章定义中的均一区域物性参数即可。但需要注意的是，所选择的页岩气藏基本渗流模型不同，ω_1、ω_2、λ_1、λ_2、Λ_1、Λ_2 的定义方式也有所不同。

此外，式(7.94b)和(7.94c)中 $f_1(u)$ 和 $f_2(u)$ 的表达式根据所选择的页岩气藏基本渗流模型的不同而不同。以页岩气藏渗流—扩散模型的拟稳定态模型为例，其所对应的 $f_1(u)$ 和 $f_2(u)$ 的具体表达式如下：

$$f_1(u) = \omega_1 u + \frac{(1-\omega_1)u\alpha_1\lambda_1}{u+\lambda_1} \tag{7.95}$$

$$f_2(u) = \omega_2 u \frac{M_{12}}{W_{12}} + \frac{(1-\omega_2)u\alpha_2\lambda_2 M_{12}}{u+\lambda_2 W_{12}/M_{12}} \tag{7.96}$$

式(7.96)即为顶底封闭、侧向无限大径向复合页岩气藏中强度为 $\tilde{q}$ 的连续线源所引起的拟压力响应。

7.5.4.2　井底压力响应推导

对于考虑 SRV 区域的径向复合页岩气藏中无限导流多级压裂水平井，同样需要采用解析法与数值离散裂缝相结合的方法来推导其井底拟压力响应。

7.5.1 节中已详细介绍压裂裂缝数值离散方法,此处只需用径向复合页岩气藏中连续线源解式(7.93)替换 7.5.1 节中的基本线源解式(7.68),即可得到径向复合页岩气藏中多级压裂水平井的拟压力响应特征。

7.5.4.3 试井典型曲线及影响因素分析

该节基于 7.5.4.1~7.5.4.2 节推导得到的径向复合顶底封闭页岩气藏中无限导流多级压裂水平井的压力响应表达式,利用 Stehfest 数值反演方法和 Duhamel 原理,用计算机编程方法获得了实空间内的多级压裂水平井试井典型曲线,并对曲线特征及相关影响因素进行了分析。

7.5.2~7.5.3 节中已对页岩气解吸、扩散、压裂裂缝相关参数及储层应力敏感等因素对页岩气藏中无限导流多级压裂水平井试井典型曲线的影响进行了详细讨论,此处不再重复。本节主要对 SRV 区域相关特征参数对页岩气藏中无限导流多级压裂水平井试井典型曲线的影响进行分析。

1) SRV 区域渗透率的影响

图 7.88 为 SRV 区域渗透率 K_{f1} 对径向复合页岩气藏中无限导流压裂水平井试井典型曲线的影响,从图中可以看出,当不考虑体积压裂增产改造区(SRV 区域)次级诱导裂缝的存在时(即近井、远井区域的天然裂缝发育程度相同),储层中压降值更大,在试井典型曲线上表现为拟压力及拟压力导数曲线的位置更靠上。此外,从图 7.88 中还可以看出,压裂水平井近井区域次级诱导裂缝越发育,即体积压裂改造区(SRV 区域)的渗透率 K_{f1} 值越大,早期线性流及内区拟径向流对应的无因次拟压力及拟压力导数曲线位置越靠下。

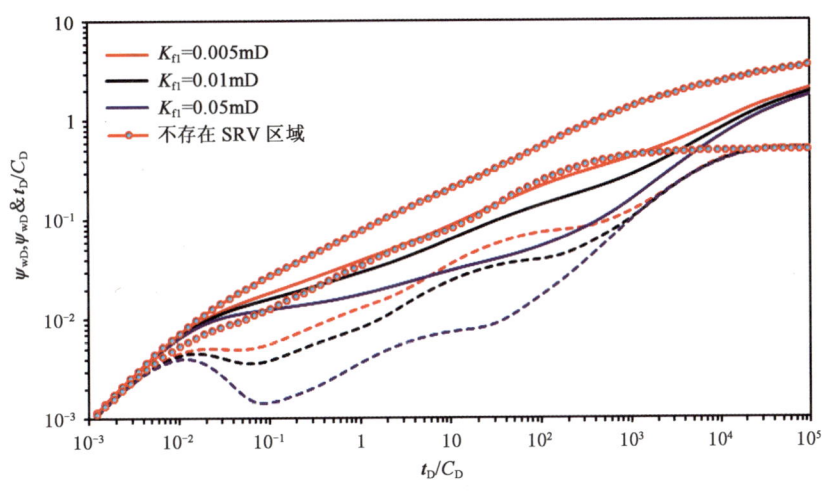

图 7.88 SRV 区域渗透率 K_{f1} 对径向复合页岩气藏中无限导流压裂水平井试井典型曲线的影响

2) SRV 区域窜流系数的影响

图 7.89 为 SRV 区域窜流系数 λ_1 对径向复合页岩气藏中无限导流压裂水平井试井典型曲线的影响,从图中可以看出,SRV 区域窜流系数 λ_1 主要影响中期试井典型曲线形态。SRV

区域窜流系数 λ_1 越大，内区页岩基质和天然裂缝间窜流发生的时间越早，对应的无因次拟压力及拟压力导数曲线位置越靠下。

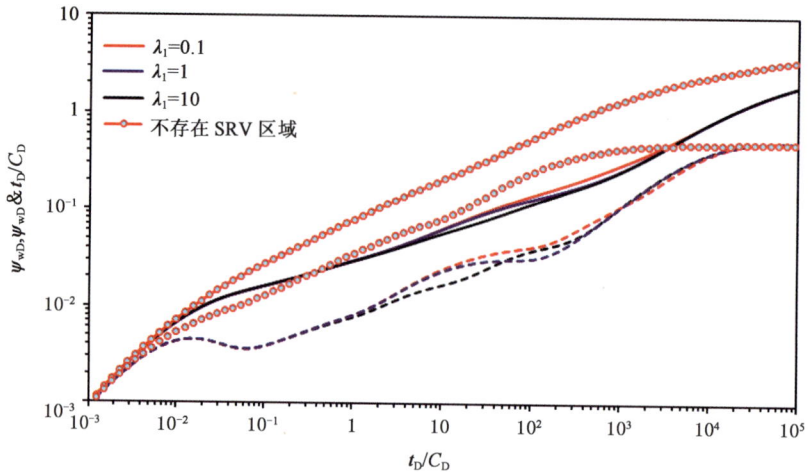

图 7.89　SRV 区域窜流系数 λ_1 对径向复合页岩气藏中无限导流压裂水平井试井典型曲线的影响

3）SRV 区域裂缝孔隙度的影响

图 7.90 为 SRV 区域裂缝孔隙度 ϕ_{1f} 对径向复合页岩气藏中无限导流压裂水平井的试井典型曲线的影响。从图中可以看出，SRV 区域裂缝孔隙度 ϕ_{1f} 会影响整个试井典型曲线的形态。SRV 区域裂缝孔隙度 ϕ_{1f} 越大，近井区域天然裂缝及诱导裂缝的密度就越大，同一时刻对应的储层中压降更小，试井典型曲线上无因次拟压力及拟压力导数曲线的位置越靠下。

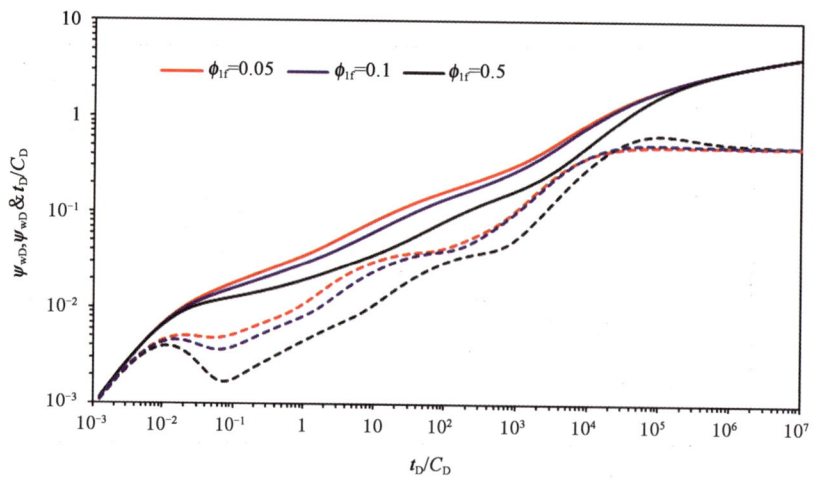

图 7.90　SRV 区域裂缝孔隙度 ϕ_{1f} 对径向复合页岩气藏中无限导流压裂水平井试井典型曲线的影响

4）SRV 区域半径的影响

图 7.91 为 SRV 区域半径 r_1 对径向复合页岩气藏中无限导流压裂水平井的试井典型曲线的影响。从图中可以看出，SRV 区域半径 r_1 主要影响后期试井典型曲线的形态。SRV 区域半径 r_1 值越大，内区拟径向流阶段的持续时间就越长，随后的外区线性流阶段发生时间就越晚。

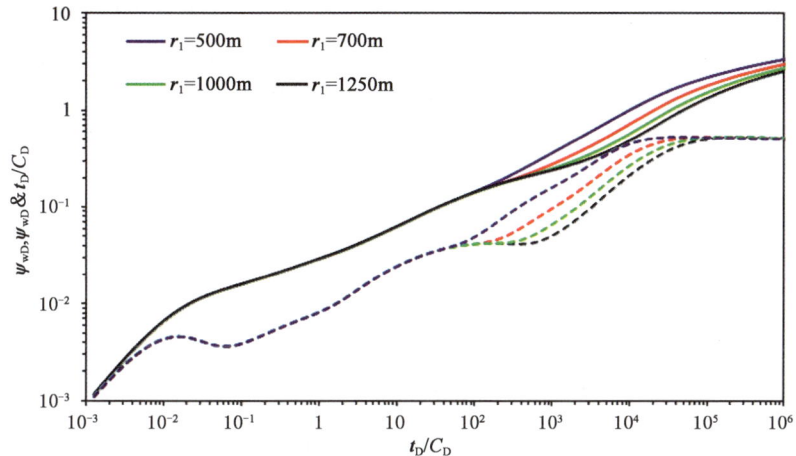

图 7.91 SRV 区域半径 r_1 对径向复合页岩气藏中无限导流压裂水平井试井典型曲线的影响

7.6 页岩气藏有限导流多级压裂水平井试井模型

7.5 节中假设压裂裂缝具有无限导流能力,即不考虑裂缝内的流动阻力,建立了页岩气藏中无限导流多级压裂水平井的试井模型。当压裂规模小,产生短裂缝或者人工裂缝导流能力较高时,采用无限导流假设较好。但在大型加砂水力压裂时,很多情况下会形成有限导流压裂裂缝,气体在其中流动时会产生一定的压降,裂缝内压力及流量呈差异性分布,无限导流假设不再适用。考虑裂缝具有有限导流能力,著者在本节建立并求解了顶底封闭、侧向无限大页岩气藏多级压裂水平井的试井模型。

7.6.1 井底压力响应推导

考虑水平井压裂后所形成的裂缝具有有限导流能力,但气体在水平井井筒内流动时所消耗的压降由于很小可忽略不计,即水平井井筒仍具有无限导流能力。如图 7.92 所示,假设页岩气藏中水平井多级压裂后共产生 m 条垂直裂缝裂缝,穿透整个储层厚度,压裂裂缝高为 h。建立如图中所示坐标系,即水平井井筒方向为 y 轴方向,x 轴方向平行于压裂裂缝面,z 轴方向竖直向上。压裂裂缝间的间距 $\Delta L_i (i=1,2,\cdots,m-1)$ 可以相等也可以不等,其中,第 $i(i=1, 2,\cdots,m)$ 条压裂裂缝与水平井井筒的交点坐标为 $(0, y_i, 0)$。每条裂缝的长度可以不同,裂缝的左翼长度和右翼长度也可以不等。为了模型推导方便起见,此处假设所有裂缝关于水平井井筒均呈对称分布,但不同裂缝的长度可以不同,第 $i(i=1,2,\cdots,m)$ 条压裂裂缝的半长为 L_{fi}。此外,第 $i(i=1,2,\cdots,m)$ 条压裂裂缝的渗透率为 K_{fi},相应的压裂裂缝宽度为 W_{fi}。

与有限导流压裂直井压力响应求解时类似,由于压裂裂缝内存在气体流动所产生的压降,故求取有限导流多级压裂水平井的压力响应时,需要分别对储层和压裂裂缝建立渗流模型,然后再将二者耦合进行求解。

7.6.1.1 储层渗流模型

当求取储层渗流模型时,根据源函数理论,压裂裂缝可近似看成页岩气藏中的面源,即储层中的压力响应是由 m 个连续面源所引起的叠加结果。但值得注意的是,即使是对于同一条压裂裂缝,压裂裂缝内不同位置处所对应的流量并不同,即压裂裂缝内流量分布为非均匀分布。当利用源函数方法求取页岩气在储层内渗流引起的压力响应时,点源函数中的源强度并不是常数。

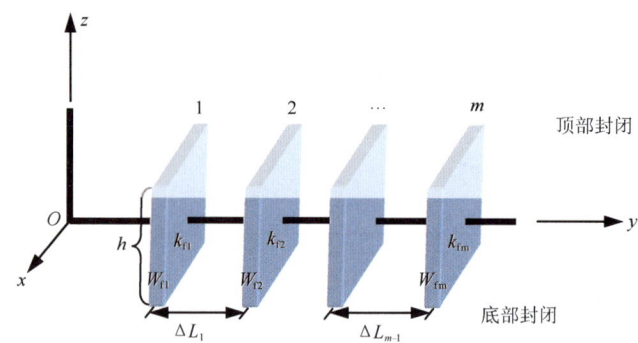

图 7.92　顶底封闭页岩气藏中有限导流多级压裂水平井渗流物理模型

根据源函数思想,第 l 条压裂裂缝在储层中引起的拟压力响应可通过对 7.1 节中推导得到的顶底封闭、侧向无限大页岩气藏中连续线源解式(7.2)关于 x_w 从 $-L_{fl}$ 到 L_{fl} 进行积分即可。需要注意的是,该线源解中的线源强度 q_{fl} 为非均匀流量,与点源在 x 方向的位置 x_{wD} 有关。则第 l 条压裂裂缝在储层中 (x_D,y_D) 处引起的拟压力响应为:

$$\Delta \bar{\psi}_{fl} = \frac{p_{sc}T}{T_{sc}} \frac{1}{\pi K_f L h_D} \int_{-L_{fl}}^{L_{fl}} \bar{\bar{q}}_{fl}(x_{wD},u) K_0(r_D\sqrt{f(u)}) \mathrm{d}x_w \tag{7.97}$$

式中　$\bar{\bar{q}}_{fl}$——Laplace 空间内第 l 条压裂裂缝线密度流量。

对上式进行积分化简及无因次化,并注意到 $y_{wD}=y_{Dl}$,可得到:

$$\bar{\psi}_{flD} = \frac{1}{2}\int_{-L_{flD}}^{L_{flD}} \bar{\bar{q}}_{flD}(\alpha,u) K_0(\sqrt{(x_D-\alpha)^2+(y_D-y_{Dl})^2}\sqrt{f(u)}) \mathrm{d}\alpha \tag{7.98}$$

上式中的无因次变量定义如下:

$$L_{flD} = \frac{L_{fD}}{L}, y_{Dl} = \frac{y_l}{L}, \bar{\bar{q}}_{flD} = \frac{2L\bar{\bar{q}}_{fl}(x_{wD},t_D)}{q_{sc}}$$

其余无因次变量定义同第 6 章。

根据势的叠加原理和式(7.91),可得到 m 条压裂裂缝在 (x_D,y_D) 处产生的总拟压力降为:

$$\bar{\psi}_{fD} = \sum_{l=1}^{m}\bar{\psi}_{flD} = \frac{1}{2}\sum_{l=1}^{m}\int_{-L_{flD}}^{L_{flD}} \bar{\bar{q}}_{flD}(\alpha,u) K_0(\sqrt{(x_D-\alpha)^2+(y_D-y_{Dl})^2}\sqrt{f(u)}) \mathrm{d}\alpha$$

$$\tag{7.99}$$

上式即为页岩气在储层内渗流所引起的压力响应,其中的压裂裂缝线密度流量 $\bar{\bar{q}}_{fD}$ 为未知量,需要结合压裂裂缝渗流模型进行求解。

7.6.1.2　压裂裂缝渗流模型

由于压裂裂缝具有对称性,则可取 1/4 压裂裂缝为研究对象。假设页岩气在有限导流压裂裂缝内的渗流为平面渗流,且压裂裂缝为各向同性介质(即 $K_{flx}=K_{fly}=K_{fl},l=1,2,\cdots,m$),

则根据质量守恒定律、Darcy 定律及气体状态方程,可得到描述第 l 条压裂裂缝中页岩气渗流的控制方程为:

$$\frac{\partial}{\partial x}\left(\frac{p_{fl}}{\mu Z}\frac{\partial p_{fl}}{\partial x}\right)+\frac{\partial}{\partial y}\left(\frac{p_{fl}}{\mu Z}\frac{\partial p_{fl}}{\partial y}\right)=\frac{\phi_{fl}c_{gfl}}{K_{fl}}\frac{p_{fl}}{Z}\frac{\partial p_{fl}}{\partial t}(0<x<L_{fl},y_{l}<y<y_{l}+\frac{W_{fl}}{2}) \tag{7.100}$$

式中 p_{fl}——第 l 条压裂裂缝内压力,Pa;

ϕ_{fl}——第 l 条压裂裂缝孔隙度,小数;

c_{gfl}——第 l 条压裂裂缝中气体压缩系数,Pa^{-1};

K_{fl}——第 l 条压裂裂缝渗透率,m^2;

W_{fl}——第 l 条压裂裂缝宽度,m。

采用与 7.3.1.2 节类似的方法对压裂裂缝中渗流方程进行化简,并引入拟压力定义,可得到下式:

$$\frac{\partial^{2}\psi_{fl}}{\partial x^{2}}+\frac{2K_{fh}}{K_{fl}W_{fl}}\frac{\partial \psi_{f}}{\partial y}\bigg|_{y=y_{l}+W_{fl}/2}=0 \quad (0<x<L_{fl}) \tag{7.101}$$

此外,假设第 l 条压裂裂缝的产量为 q_l,则第 l 条压裂裂缝相对应的内边界条件为:

$$\frac{p_{fl}T_{sc}}{p_{sc}TZ}\frac{K_{fl}}{\mu}\frac{\partial p_{fl}}{\partial x}\bigg|_{x=0}\cdot\frac{W_{fl}h}{2}=\frac{q_{l}}{4} \tag{7.102}$$

虽然多级压裂水平井以定产量生产,但各条压裂裂缝的产量是随时间变化的,故式(7.102)中的第 l 条压裂裂缝产量 q_l 为随时间变化的量。

第 l 条压裂裂缝缝端封闭条件用数学语言可表达为:

$$\frac{\partial p_{fl}}{\partial x}\bigg|_{x=L_{fl}}=0 \tag{7.103}$$

第 l 条压裂裂缝中线密度流量与储层天然裂缝系统压力之间具有如下关系式:

$$\tilde{q}_{fl}=2\frac{p_{f}T_{sc}}{p_{sc}TZ}h\frac{K_{fh}}{\mu}\frac{\partial p_{f}}{\partial y}\bigg|_{y=y_{l}+W_{fl}/2} \tag{7.104}$$

根据拟压力的定义,将式(7.102)~式(7.104)先化为拟压力形式,之后对其拟压力形式和式(7.101)进行无因次化,并进行基于 t_D 的 Laplace 变换,最后可得到:

$$\frac{\partial^{2}\bar{\psi}_{flD}}{\partial x_{D}^{2}}+\frac{2}{R_{flD}}\frac{\partial \bar{\psi}_{fD}}{\partial y_{D}}\bigg|_{y_{D}=y_{lD}+w_{flD}/2}=0 \quad (0<x_{D}<L_{flD}) \tag{7.105}$$

$$\frac{\partial \bar{\psi}_{flD}}{\partial x_{D}}\bigg|_{x_{D}=0}=-\frac{\pi}{R_{flD}}\bar{q}_{lD} \tag{7.106}$$

$$\frac{\partial \bar{\psi}_{flD}}{\partial x_{D}}\bigg|_{x_{D}=L_{flD}}=0 \tag{7.107}$$

$$\frac{\partial \bar{\psi}_{fD}}{\partial y_{D}}\bigg|_{y_{D}=y_{lD}+\frac{W_{flD}}{2}}=-\frac{\pi\bar{\tilde{q}}_{flD}}{2} \tag{7.108}$$

上述无因次变换过程中涉及的无因次变量定义如下:

$$R_{flD}=\frac{K_{fl}W_{fl}}{K_{fh}L},W_{flD}=\frac{W_{fl}}{L},q_{lD}=\frac{q_{l}}{q_{sc}}$$

其余无因次变量定义同第 6 章。

将式(7.108)代入式(7.105),并进行二重积分求解,最终可得到下式:

$$\int_0^{x_\mathrm{D}}\int_0^v \frac{\partial^2 \overline{\psi}_{fl\mathrm{D}}}{\partial x_\mathrm{D}^2}\mathrm{d}x_\mathrm{D}\mathrm{d}v - \frac{\pi}{R_{fl\mathrm{D}}}\int_0^{x_\mathrm{D}}\int_0^v \widetilde{\overline{q}}_{fl\mathrm{D}}\mathrm{d}x_\mathrm{D}\mathrm{d}v = 0 \tag{7.109}$$

利用式(7.106)和式(7.107)对上式进行化简,可得到:

$$\overline{\psi}_{w\mathrm{D}} - \overline{\psi}_{fl\mathrm{D}}(x_\mathrm{D}, u) = \frac{\pi}{R_{fl\mathrm{D}}}\left[x_\mathrm{D}\overline{q}_{fl\mathrm{D}} - \int_0^{x_\mathrm{D}}\int_0^v \widetilde{\overline{q}}_{fl\mathrm{D}}\mathrm{d}x_\mathrm{D}\mathrm{d}v \right] \tag{7.110}$$

上式即为对第 $l(l=1,2,\cdots,m)$ 条压裂裂缝渗流模型进行化简求解的最终结果,其中 $\overline{q}_{fl\mathrm{D}}$ 和 $\overline{\psi}_{w\mathrm{D}}$ 为未知量,需要耦合页岩储层渗流模型进行求解。

7.6.1.3 储层与压裂裂缝耦合模型

在第 l 条压裂裂缝壁面处,储层中压力与压裂裂缝中压力相等。基于上述思想,再联立式(7.99)和式(7.110)可得到:

$$\overline{\psi}_{w\mathrm{D}} - \frac{1}{2}\sum_{g=1}^{m}\int_{-L_{f g\mathrm{D}}}^{L_{f g\mathrm{D}}} \widetilde{\overline{q}}_{f g\mathrm{D}}(\alpha, u) K_0\left(\sqrt{(x_\mathrm{D}-\alpha)^2 + (y_{l\mathrm{D}}-y_{g\mathrm{D}})^2}\sqrt{f(u)}\right)\mathrm{d}\alpha$$
$$= \frac{\pi}{R_{fl\mathrm{D}}}\left[x_\mathrm{D}\overline{q}_{fl\mathrm{D}} - \int_0^{x_\mathrm{D}}\int_0^v \widetilde{\overline{q}}_{fl\mathrm{D}}\mathrm{d}x_\mathrm{D}\mathrm{d}v \right] \tag{7.111}$$

上式中 $\overline{\psi}_{w\mathrm{D}}$ 和 $\widetilde{\overline{q}}_{f g\mathrm{D}}$ 均为待求的未知量,想要成功求取 $\overline{\psi}_{w\mathrm{D}}$ 和 $\overline{q}_{f g\mathrm{D}}$ 的表达式还需要另外一个含有未知量的方程。

对于定产量生产压裂水平井,各条压裂裂缝产量之和应等于压裂水平井总产量 q_{sc}。则在 Laplace 空间内,存在如下无因次化后的流量归一化条件:

$$\sum_{l=1}^{m}\int_0^{L_{fl\mathrm{D}}} \widetilde{\overline{q}}_{fl\mathrm{D}}\mathrm{d}x_\mathrm{D} = \frac{1}{u} \tag{7.112}$$

利用式(7.111)和式(7.112)即可求取有限导流多级压裂水平井井底压力响应 $\overline{\psi}_{w\mathrm{D}}$ 及各压裂裂缝中的流量分布。但式(7.111)属于 Freholm 积分方程,难以直接求解,可利用与 7.3.1.3 节类似的方法,对每条压裂裂缝进行离散求解,此处不再赘述。

采用 7.5.3 节类似的方法,亦可得到考虑天然裂缝应力敏感影响的有限导流多级压裂水平井井底压力响应,此处不再重复。

7.6.2 试井典型曲线及影响因素分析

该节基于 7.6.1 节推导得到的顶底封闭、侧向无限大页岩气藏中有限导流多级压裂水平井压力响应表达式,首先利用 Duhamel 原理将井储系数和表皮效应的影响叠加进去,然后针对第 6 章中提出的两种不同的页岩气藏基本渗流物理模型,利用 Stehfest 数值反演方法,用计算机编程方法获得了实空间内的试井典型曲线和压裂裂缝流量分布曲线,并对曲线特征及相关影响因素进行了分析。

7.6.2.1 页岩气藏渗流—扩散模型

图 7.93 为不考虑井储和表皮效应影响时,基于页岩气藏渗流—拟稳态扩散模型计算得到的无限大页岩气藏中有限导流压裂水平井的试井典型曲线,根据典型曲线特征,可将地层中页岩气的流动分为如下几个阶段:

7 页岩气藏中不同井型的试井理论模型

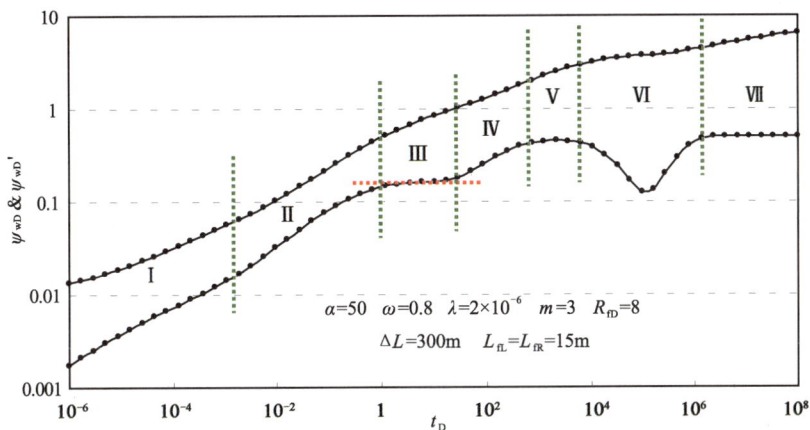

图 7.93　无限大页岩气藏中有限导流压裂水平井试井典型曲线(无井储和表皮)

Ⅰ——早期双线性流阶段,此时在地层及多条压裂裂缝中同时存在线性流[图 7.94(a)],拟压力及压力导数曲线表现为斜率为"1/4"的平行直线,二者间垂向间距为"lg4"。

Ⅱ——早期第一线性流阶段,地层中气体垂直于压裂裂缝进行线性流动[图 7.94(b)],拟压力及压力导数曲线表现为斜率"1/2"的平行直线。

Ⅲ——早期第一拟径向流阶段,此时压力波尚未传播到相邻裂缝,各压裂裂缝在气藏中独立作用,在各压裂裂缝周围形成拟径向流[图 7.94(c)],拟压力导数曲线表现为水平线,其数值为"$1/(2m)$",该阶段持续时间的长短与裂缝长度、裂缝间距有关。

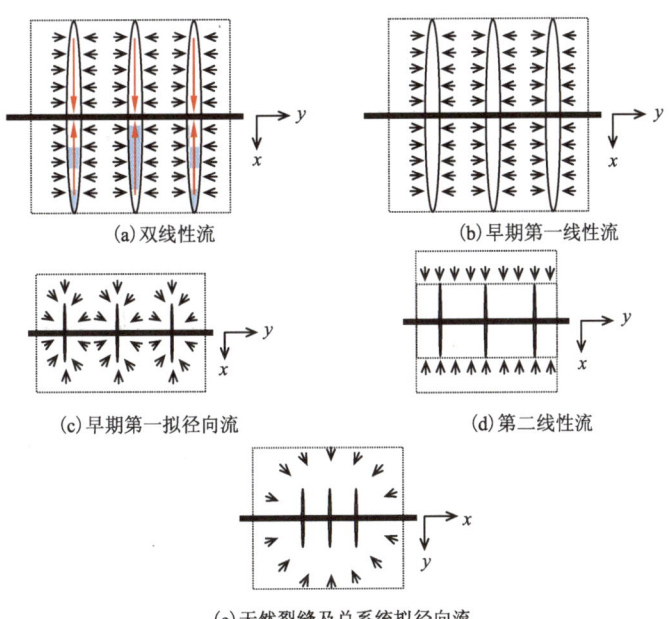

图 7.94　有限导流压裂水平井流动阶段示意图

Ⅳ——第二线性流阶段,当压力波继续向外传播至相邻裂缝时,裂缝间相互影响,地层中流动主要为平行于裂缝面的线性流[图 7.94(d)],拟压力及压力导数曲线在双对数坐标中表现为斜率为"1/2"的平行直线,该线性流阶段持续时间与压裂裂缝数有关。

Ⅴ——天然裂缝系统拟径向流阶段,此时压裂裂缝的影响已结束,天然裂缝系统中页岩气以拟径向流方式向压裂裂缝流动[图 7.94(e)],拟压力导数曲线上出现"0.5"水平线。

Ⅵ——窜流段,该阶段对应于基质中页岩气向天然裂缝系统的扩散,对于拟稳态扩散情况,拟压力导数曲线上出现"凹子"。

Ⅶ——晚期总系统拟径向流阶段,此时天然裂缝系统与基质中压力达到平衡,天然裂缝及基质中页岩气以拟径向流方式向压裂裂缝流动,拟压力导数曲线上出现第二个"0.5"水平段。

从图 7.95 可看出,当考虑井储及表皮的影响时,早期拟压力及拟压力导数曲线相互重合,且呈斜率为 1 的直线;此外,在井储阶段后,拟压力导数曲线上会出现驼峰,代表井储效应后的过渡流动阶段,之后地层中的流动阶段划分及各阶段流动特征都与不考虑井储和表皮时(图 7.93)相同。

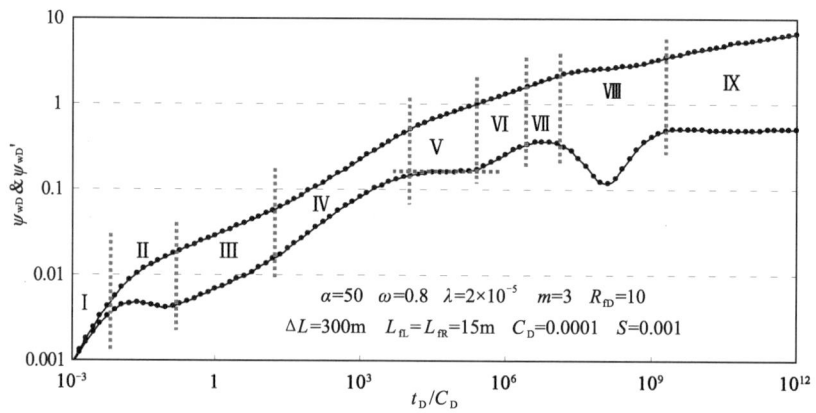

图 7.95　无限大页岩气藏中有限导流压裂水平井试井典型曲线(考虑井储和表皮)

图 7.96 为不同时刻下对应的压裂裂缝上不同离散单元的流量分布,由于假设裂缝相对于水平井筒对称分布,故图 7.96 所示为裂缝半长上的流量分布情况。其中,压裂裂缝上离散单元从水平井筒处开始编号,即最靠近水平井筒的离散单元编号为 1,位于压裂裂缝端部的离散单元编号最大。从图中可以看出,在时间很小时[图 7.96(a)],各压裂裂缝流量相等,且靠近水平井筒的离散单元中线密度流量最大,离散单元越靠近裂缝缝端,其线密度流量越小。随着生产时间的增大[图 7.96(b)～图 7.96(d)],各压裂裂缝上越靠近缝端的离散单元线密度流量反而变得更大,最靠近水平井筒的离散单元线密度流量远小于缝端离散单元的线密度流量。此外,从图中还可以观察到,当生产时间较大时[图 7.96(c)和图 7.96(d)],不同压裂裂缝的流量开始产生差异,靠近水平井跟端和趾端的压裂裂缝流量最大,位于水平井筒中部附近的压裂裂缝流量最小。

图 7.97 为位于不同位置的压裂裂缝对压裂水平井总产量的贡献随时间的变化曲线,从图中可以得出与图 7.96 一致的结论。当生产时间较短时,各压裂裂缝对压裂水平井总产量的贡献相同;随着时间的增大,各压裂裂缝对总产量的贡献逐渐产生差异,且这种差异随时间增加而逐渐加大直至最后达到稳定。以图 7.97 中所示的 5 条裂缝情况为例,当最后压裂裂缝产

量贡献达到稳定时,外裂缝(裂缝编号为 1、5)对压裂水平井总产量的贡献最大,水平井筒中部压裂裂缝(裂缝编号 3)对总产量的贡献最小,内、外裂缝对总产量的贡献差异可达到 8%。

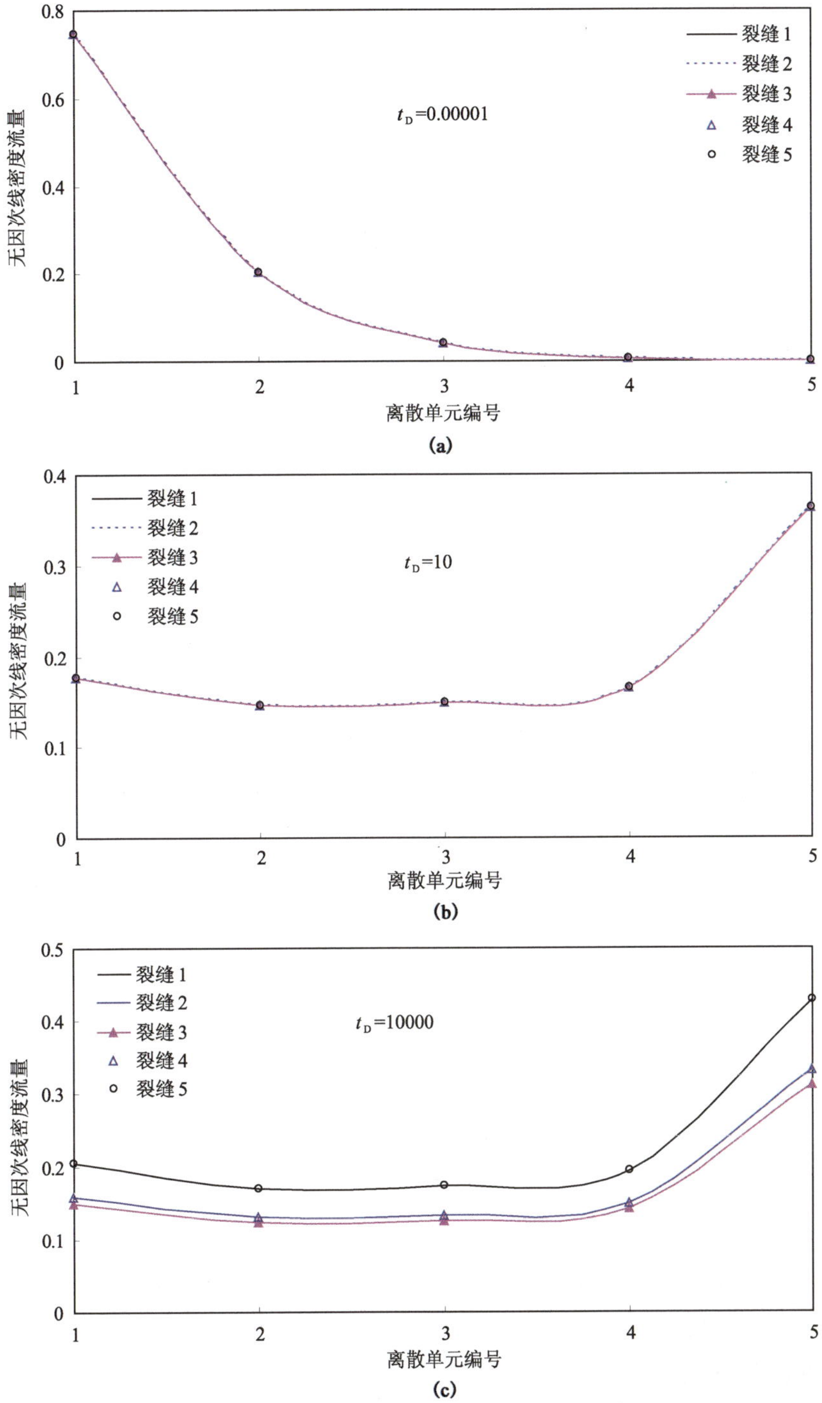

图 7.96

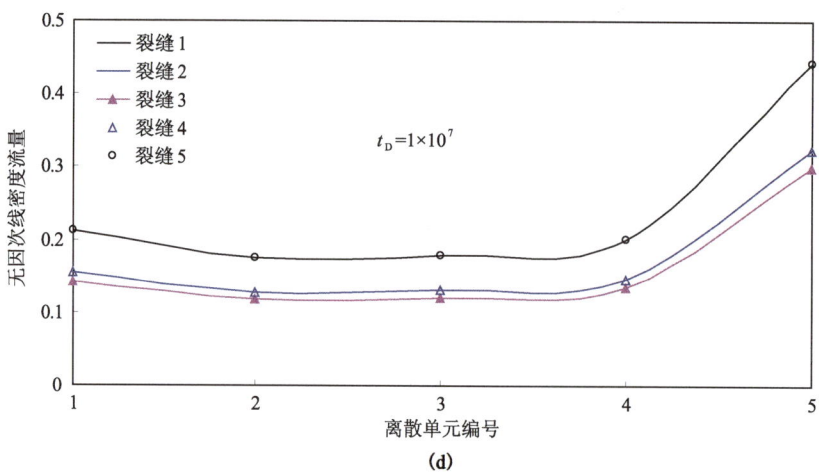

图 7.96　无限大页岩气藏中有限导流压裂水平井离散单元流量分布

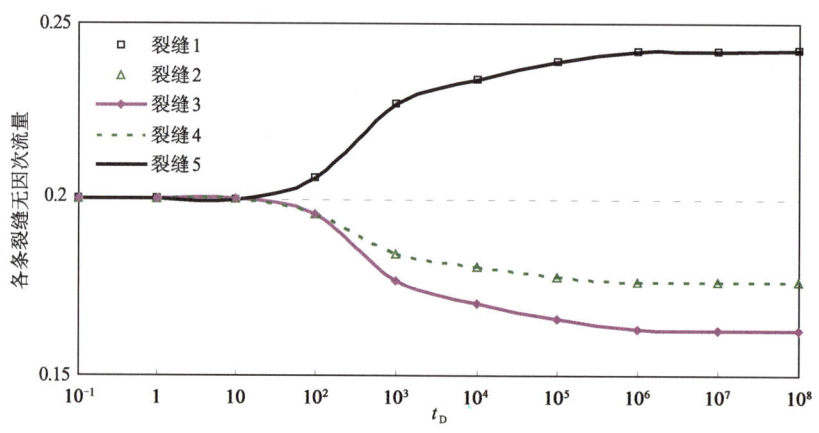

图 7.97　无限大页岩气藏中有限导流压裂水平井不同位置裂缝流量分布

与无限导流压裂水平井相比,有限导流压裂水平井多了一个用于描述压裂裂缝导流能力的参数 R_{fD}。其他参数对井底拟压力动态及流量变化的影响均与无限导流压裂水平井相同,故本节仅讨论页岩气特征吸附参数以及无因次裂缝导流能力 R_{fD} 对有限导流压裂水平井压力动态及产量分布的影响。

1) 吸附解吸常数的影响

图 7.98 为页岩气藏渗流—扩散模型中的吸附解吸常数 α 对无限大页岩气藏中有限导流压裂水平井拟压力及拟压力导数曲线的影响。从图 7.98 中可以观察到,不同的吸附解吸常数 α 对应的拟压力导数曲线上的"凹子"形态有所不同。α 值越大,代表页岩基质中吸附气含量越高,则吸附气解吸后向天然裂缝系统的窜流就更明显,反映在拟稳态模型计算得到的拟压力导数曲线上即为"凹子"越宽越深。

2) 裂缝导流能力的影响

图 7.99 给出了不同裂缝导流能力下的无限大页岩气藏中有限导流压裂水平井的拟压力

动态,从图中可以看出,随着裂缝导流能力 R_{fD} 的增大,早期双线性流阶段的持续时间逐渐变短;当压裂裂缝导流能力增大到一定程度后,有限导流压裂水平井的典型曲线逐渐退化为无限导流压裂水平井典型曲线,即典型曲线上观察不到早期双线性流阶段的流动特征。需要注意的是,当井筒储集效应过大时,早期双线性流可能被井储及其过渡段所掩盖,典型曲线上也有可能观察不到早期双线性流。

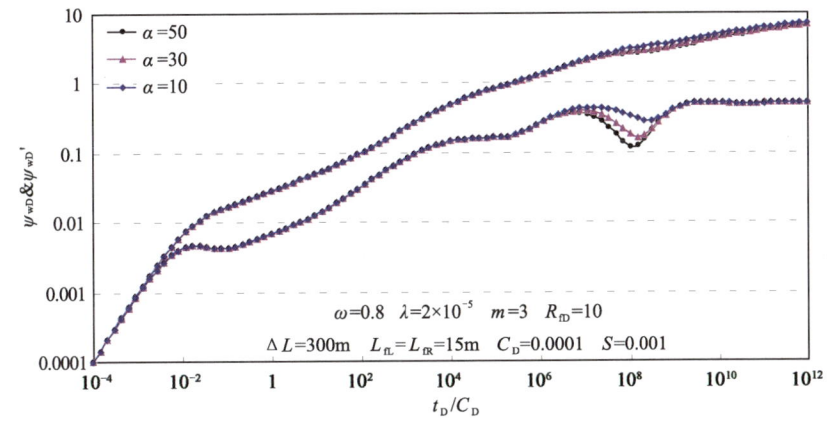

图 7.98 吸附解吸常数 α 对无限大页岩气藏中有限导流压裂水平井试井典型曲线的影响

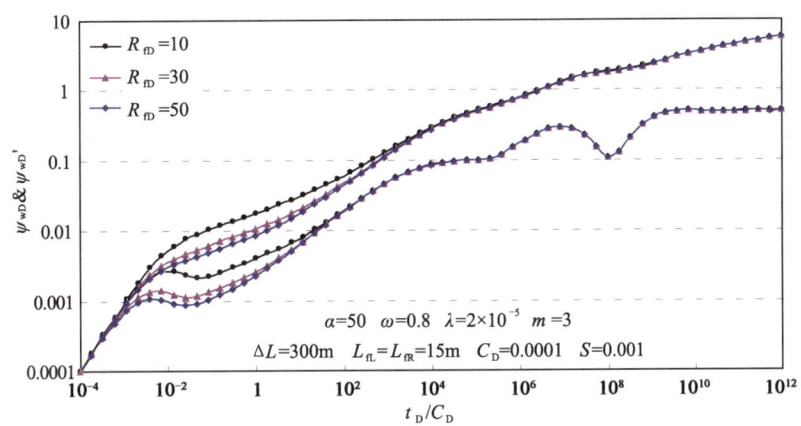

图 7.99 裂缝导流能力 R_{fD} 对无限大页岩气藏中有限导流压裂水平井试井典型曲线的影响

图 7.100(a) 和图 7.100(b) 为不同裂缝导流能力下的有限导流压裂水平井裂缝流量分布,从图 7.100 中可以看出,压裂裂缝导流能力的变化主要影响中—晚期的压裂裂缝流量分布。如图 7.100(a) 所示,当压裂裂缝导流能力 R_{fD} 增大时,外裂缝中的流量随之增大;但在图 7.100(b) 所示的内裂缝流量变化图中,则观察到了相反的情况,即内裂缝中的流量随压裂裂缝导流能力 R_{fD} 的增大而减小。

7.6.2.2 页岩气藏渗流—渗流/扩散模型

图 7.101 和图 7.102 为基于页岩气藏渗流—渗流/扩散模型中的拟稳态模型计算得到的无限大页岩气藏中有限导流压裂水平井的试井典型曲线,其中,图 7.101 为不考虑井储和表皮

影响下的试井典型曲线,图 7.102 为考虑井储和附加表皮影响的试井典型曲线,图中典型曲线特征及其所反映的地层中流动阶段划分分别与 7.6.2.1 节中的图 7.93 和图 7.95 类似。

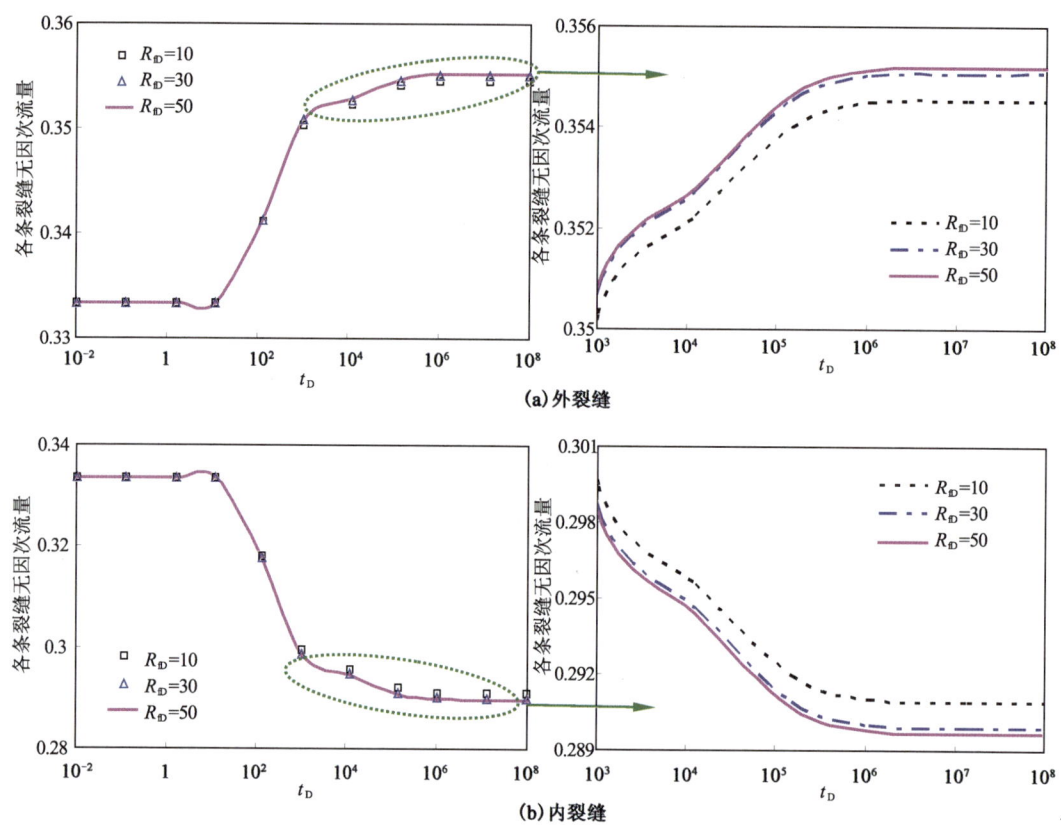

图 7.100　裂缝导流能力 R_{fD} 对无限大页岩气藏中有限导流压裂水平井流量分布的影响

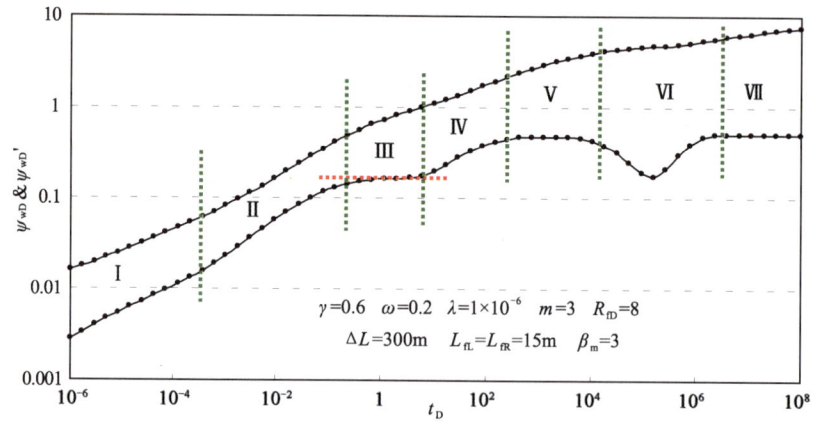

图 7.101　无限大页岩气藏中有限导流压裂水平井试井典型曲线(无井储和表皮)——拟稳态模型

图 7.103 和图 7.104 为基于页岩气藏渗流—渗流/扩散模型中的非稳态模型计算得到的无限大页岩气藏中有限导流压裂水平井的试井典型曲线,其中,图 7.103 为不考虑井储和表皮影响下的典型曲线,图 7.104 为考虑井储和附加表皮影响的典型曲线,典型曲线特征及其反映

的地层流动阶段与拟稳态模型类似，不同的是窜流段的反映。

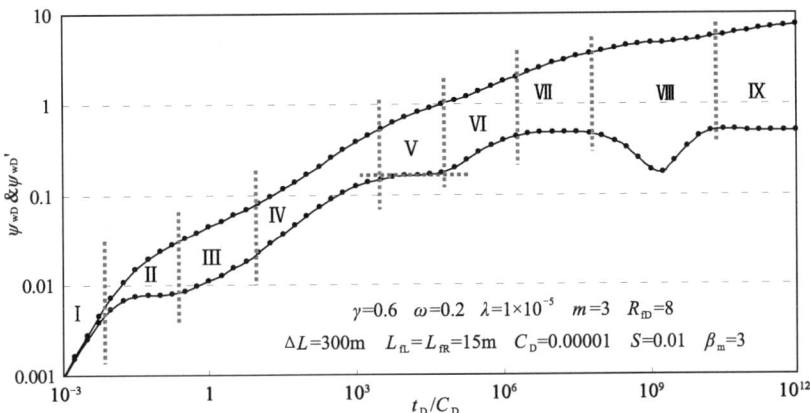

图 7.102　无限大页岩气藏中有限导流压裂水平井试井典型曲线（考虑井储和表皮）——拟稳态模型

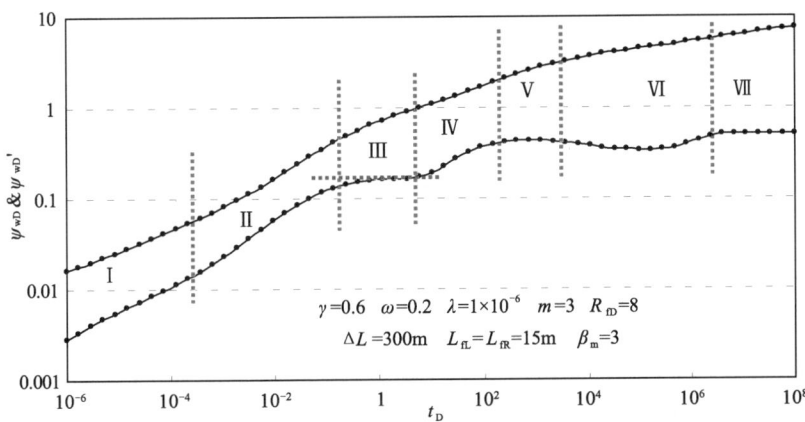

图 7.103　无限大页岩气藏中有限导流压裂水平井试井典型曲线（无井储和表皮）——非稳态模型

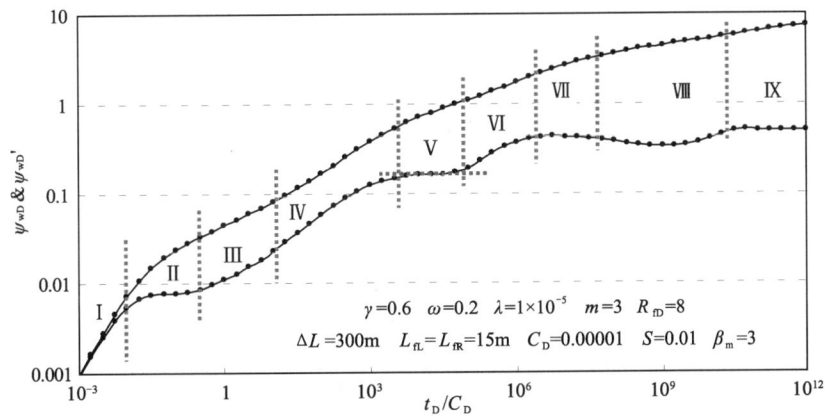

图 7.104　无限大页岩气藏中有限导流压裂水平井试井典型曲线（考虑井储和表皮）——非稳态模型

图 7.105 为基于页岩气藏渗流—渗流/扩散模型计算得到的无限大页岩气藏有限导流压裂水平井中不同位置处压裂裂缝中流量分布。从图 7.105 中可以看出,随着生产时间的增大,端部裂缝在压裂水平井总产量供给中占主导地位。

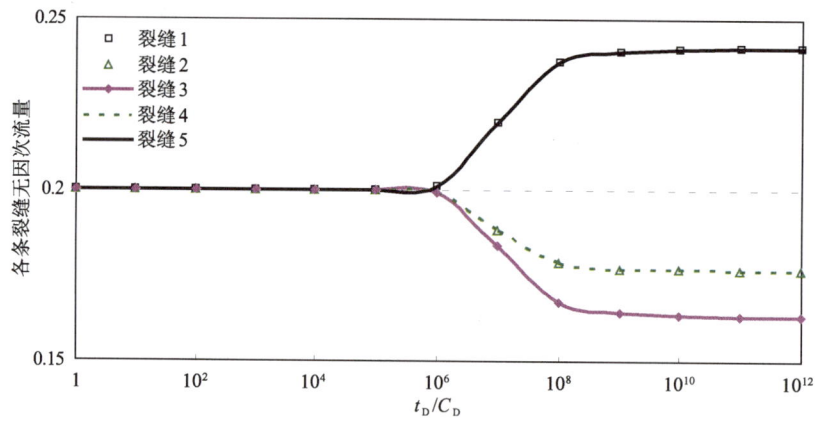

图 7.105　无限大页岩气藏中有限导流压裂水平井不同位置裂缝流量分布

压裂裂缝导流能力 R_{fD} 对有限导流压裂水平井拟压力动态及产量分布的影响同 7.6.2.1 节;压裂裂缝数 m、压裂裂缝间距 ΔL 以及压裂裂缝分布对有限导流压裂水平井试井典型曲线和流量分布规律的影响与 7.5 节类似。本节以拟稳态模型为例,仅对吸附气解吸以及页岩基质中气体运移机制对试井典型曲线的影响进行分析。

1) 吸附气解吸的影响

图 7.106 为基质中吸附气解吸对无限大页岩气藏中有限导流压裂水平井试井典型曲线的影响。从该图中可观察到,与不考虑吸附气影响时相比($\gamma=1$),考虑页岩基质中吸附气解吸会显著影响典型曲线上对应于基质和天然裂缝系统间窜流段的特征。γ 值越小,说明吸附气解吸引起的附加气体压缩系数 c_{ads} 在基质系统总压缩系数 c_{tm} 中所占的比例越大,则吸附气解吸后向裂缝系统中窜流以补偿地层压力损失的能力就越强,对应的典型曲线上"凹子"就越深越宽。

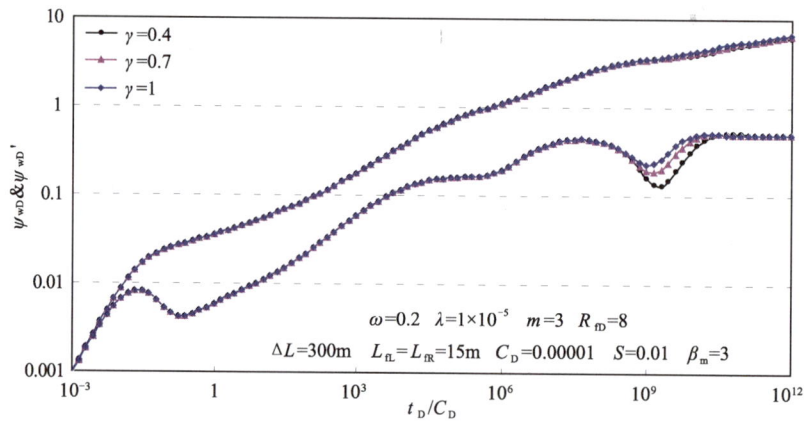

图 7.106　吸附气解吸对无限大页岩气藏中有限导流压裂水平井试井典型曲线的影响

2) 基质中页岩气运移机制的影响

从图 7.107 可以看出，不同的基质中页岩气运移机制主要影响页岩基质和天然裂缝系统间窜流段的压力响应特征。当考虑基质中页岩气运移为压力差和浓度差双重作用的结果时，基于拟稳态模型计算得到的拟压力导数曲线上"凹子"出现时间较早；而当考虑基质中页岩气仅在压力差作用下运移时，对应的拟压力导数曲线上"凹子"出现时间则向后推移。

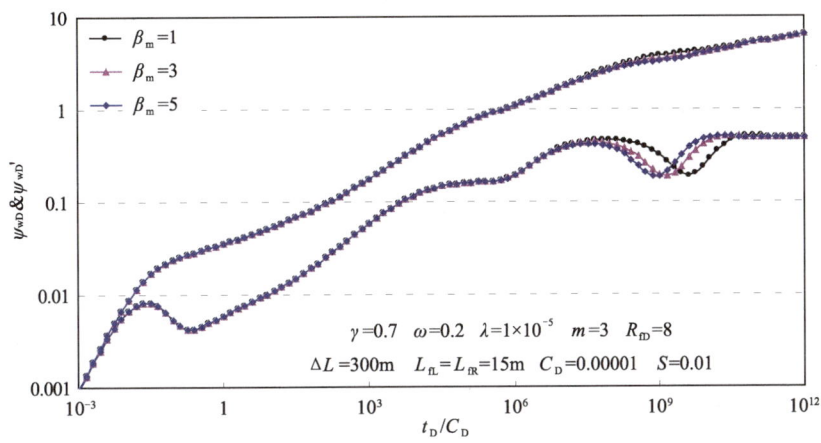

图 7.107　基质中页岩气运移机制对无限大页岩气藏中有限导流压裂水平井试井典型曲线的影响

7.7　页岩气藏试井解释示例分析与应用

本章前几节对页岩气藏中不同井型的试井理论模型进行了推导，并对试井典型曲线特征及相关影响因素进行了分析。本节正是基于这些试井理论模型，对页岩气井实测试井数据进行了解释与分析。

7.7.1　现代试井解释方法概述

现代试井解释方法的核心是典型曲线拟合，即将实测试井数据绘制的试井曲线与典型曲线图版进行拟合求参。实测曲线与典型曲线图版需采用相同的坐标系及坐标比例进行绘制，而后将实测曲线置于典型曲线图版上，并进行左右或上下移动，直到达到较好的重合度为止，根据重合点的比例关系即可计算得到储层和井的物性参数。

本章中所给出的页岩气藏中不同井型的试井理论曲线图版均是以无因次拟压力及拟压力导数为纵坐标进行绘制，相应的实测试井曲线应以拟压力（差）为纵坐标。气井现场实测试井数据为时间—压力变化关系，故需要首先将实测的井底压力值换算成拟压力。根据第 6 章，真实气体拟压力定义为：

$$\psi(p) = 2\int_{p_0}^{p} \frac{p}{\mu Z} dp \tag{7.113}$$

上述定义式中的气体黏度 μ 和压缩因子 Z 随压力的变化关系可以通过查表、图版法或者经验公式计算得到,在实际工程应用中,通常采用经验公式法进行编程计算。

此外,对式(7.113)中的积分进行编程计算时需要采用数值积分方法,常用的是"梯形法",其表达形式如下:

$$\psi(p) = 2\int_{p_0}^{p} \frac{p}{\mu Z} \mathrm{d}p = \sum_{j=1}^{n} \frac{1}{2}\left[\left(\frac{p}{\mu Z}\right)_{j-1} + \left(\frac{p}{\mu Z}\right)_{j}\right](p_j - p_{j-1}) \quad (7.114)$$

7.7.2 实例1

X1井为××盆地一口页岩气井,产层中部深度为2687.5m,储层温度为91℃。该井井筒半径为0.1m,储层有效厚度为10m,储层平均孔隙度为0.1。通过对取出气样进行分析,得到气体相对密度为0.57,气体临界压力为4.672MPa,临界温度为192.5K。该井在关井前以1500m³/d的产量生产约1000h,之后关井进行压力恢复测试,关井持续时间约为110hr。

现场实际测得的压力恢复试井数据为时间—压力关系,在进行试井解释时,需要首先根据式(7.114)编程对实测压力数据进行换算,将其换算成时间—拟压力关系。而后基于换算后的时间—拟压力关系,绘制实测双对数试井曲线,并根据双对数曲线形态选择合适的理论模型对其进行拟合。

7.7.2.1 页岩气藏渗流—扩散模型

本小节基于页岩气藏渗流—扩散基本渗流物理模型对X1井实测试井数据进行解释,该模型假设页岩气在基质中的流动为解吸和浓度差所引起的扩散。

图7.108～图7.110分别为X1井压力恢复试井的双对数、半对数和压力历史检验图。由图7.108中的实测双对数曲线可看出该井具有较明显的孔隙介质间窜流的特征,双对数曲线上可观察到井储效应阶段、井储后过渡段以及窜流阶段。

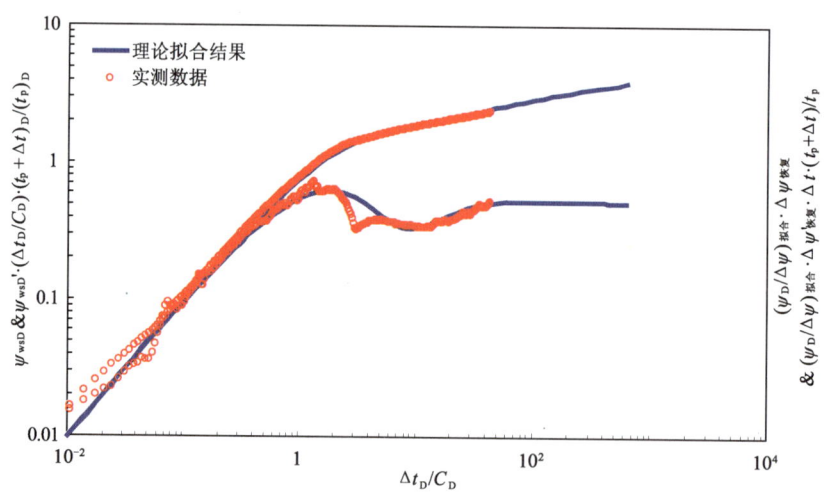

图7.108 X1井压力恢复试井双对数检验图——基于页岩气藏渗流—扩散模型

故此处选用基于页岩气藏渗流—扩散模型的直井模型对实测试井数据进行拟合,并不断调整相关参数,直至双对数、半对数以及压力历史图中的理论试井曲线与实测曲线都达到较好拟合为止,解释得到的主要参数见表7.1。

7 页岩气藏中不同井型的试井理论模型

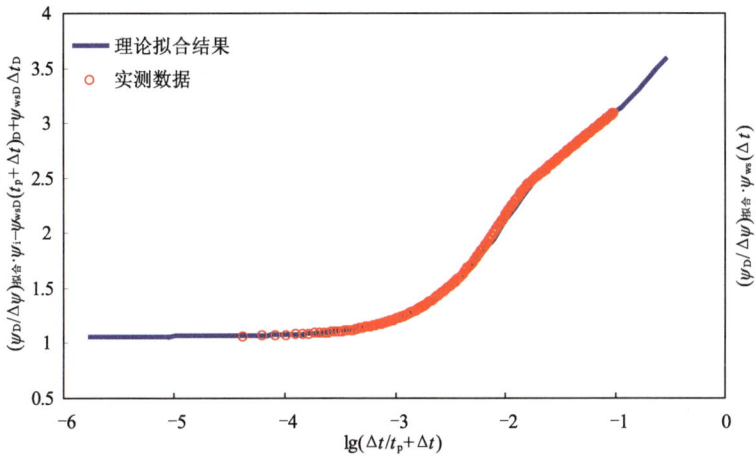

图 7.109　X1 井压力恢复试井半对数检验图——基于页岩气藏渗流—扩散模型

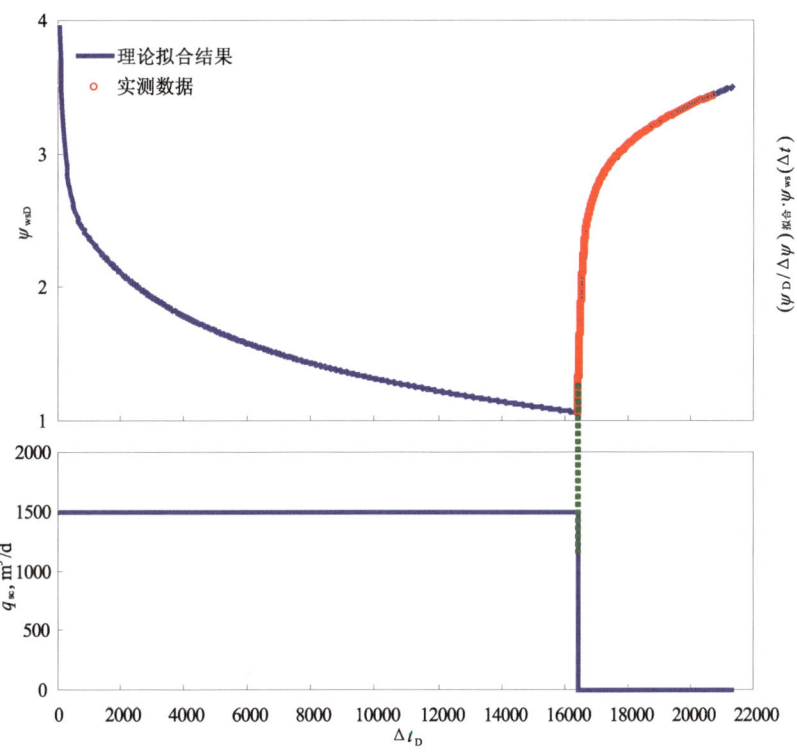

图 7.110　X1 井压力恢复试井压力历史检验图——基于页岩气藏渗流—扩散模型

表 7.1　X1 井试井解释主要结果

试井解释模型	基于页岩气藏渗流—扩散模型的直井
井筒储集常数 C	0.101 m³/MPa
表皮系数 S	−2.06
天然裂缝系统渗透率 K_f	0.0072 mD

续表

试井解释模型	基于页岩气藏渗流—扩散模型的直井
储容比 ω	0.011
窜流系数 λ	0.001
吸附解吸系数 α	1.01

从解释结果来看,页岩储层天然裂缝系统的渗透率为 0.0072mD,体现了页岩气藏低渗的特点。

7.7.2.2 页岩气藏渗流—渗流/扩散模型

本小节基于页岩气藏渗流—渗流/扩散基本渗流物理模型对 X1 井实测试井数据进行解释,该模型假设页岩气在基质中的流动为解吸、浓度差及压力差的综合作用结果。

图 7.111～图 7.113 分别为 X1 井压力恢复试井双对数、半对数和压力历史检验图。由图 7.111 中的实测双对数曲线可看出该井具有较明显的孔隙介质间窜流特征,双对数曲线上可观察到井储效应阶段、井储后过渡段及窜流阶段。故此处选用基于页岩气藏渗流—渗流/扩散模型的直井模型对实测试井数据进行拟合,并不断调整相关参数,直至双对数、半对数及压力历史图中的理论试井曲线与实测曲线都达到较好拟合为止,解释得到的主要参数见表 7.2。

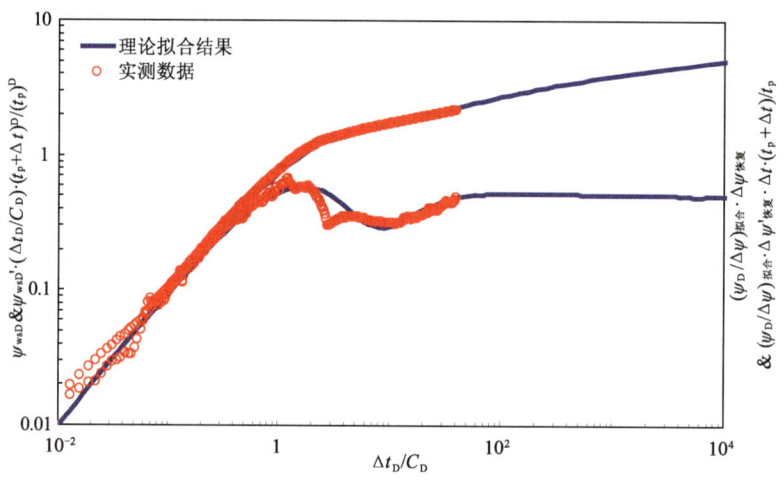

图 7.111　X1 井压力恢复试井双对数检验图——基于页岩气藏渗流—渗流/扩散模型

表 7.2　X1 井试井解释主要结果

试井解释模型	基于页岩气藏渗流—渗流/扩散模型的直井
井筒储集常数 C	0.1005m³/MPa
表皮系数 S	−2.13
天然裂缝系统渗透率 K_f	0.0066mD
储容比 ω	0.02
窜流系数 λ	0.0009
吸附解吸系数 γ	0.765
页岩基质中气体运移机制 β_m	1.25

7 页岩气藏中不同井型的试井理论模型

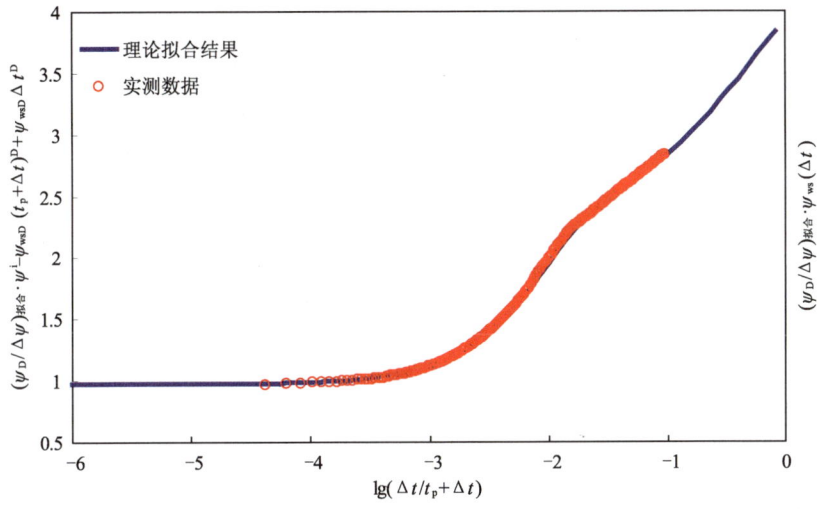

图 7.112 X1 井压力恢复试井半对数检验图——基于页岩气藏渗流—渗流/扩散模型

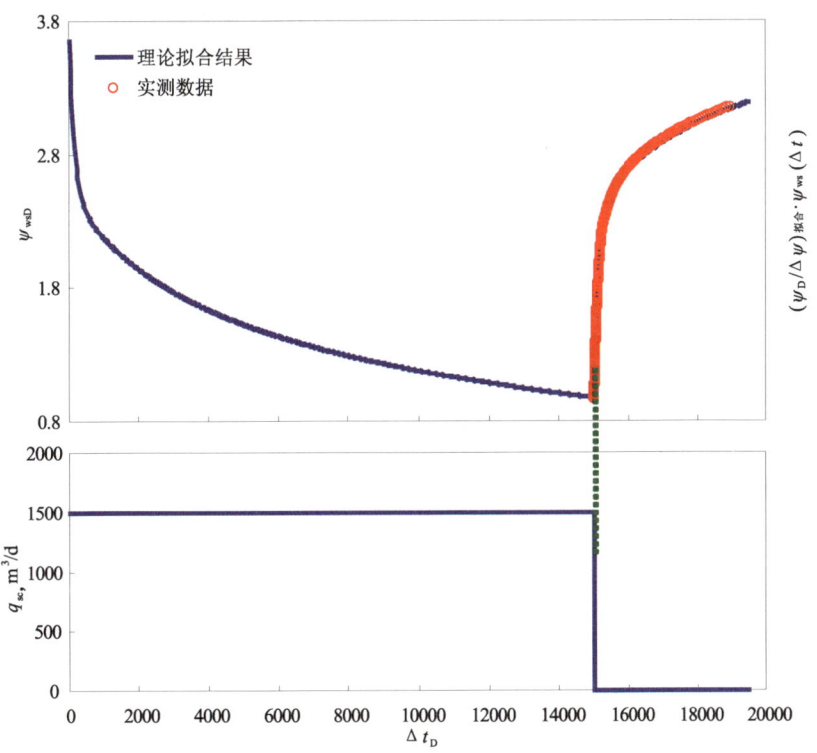

图 7.113 X1 井压力恢复试井压力历史检验图——基于页岩气藏渗流—渗流/扩散模型

从解释结果来看，页岩储层天然裂缝系统的渗透率为 0.0066mD，体现了页岩气藏低渗的特点；吸附解吸系数 γ 为 0.765，体现了页岩基质中吸附气解吸的影响，吸附气解吸所引起的附加压缩系数在总压缩系数中所占比例为 23.5%；解释得到的表明页岩基质中气体扩散对渗透率影响的参数 β_m 为 1.25，即由于页岩气扩散的影响，使得页岩基质的视渗透率增大。

7.7.3 实例2

X2井为国外某页岩气藏中一口压裂水平井,产层中部深度约为1500m,储层温度为65℃。该井井筒半径为0.1m,储层有效厚度为65m,储层平均孔隙度为0.035,气体相对密度为0.57。该井水平段长度约为1000m,进行了分段水力压裂,共压裂出10条裂缝。该井在关井前以大约10000m³/d的产量生产了约3000h,之后关井进行压力恢复测试,关井持续时间约为120hr。

对实测试井资料进行解释前,需要先将现场实测的时间—压力关系转换为时间—拟压力关系,而后选用合适的试井理论模型对实测数据进行拟合,通过不断调整相关参数,直至理论试井曲线与实测曲线达到较好拟合。

7.7.3.1 页岩气藏渗流—扩散模型

本小节基于页岩气藏渗流—扩散基本模型对X2井实测试井数据进行解释,该模型假设页岩气在基质中的流动为解吸和浓度差所引起的扩散。

图7.114为X2井的压力恢复试井双对数曲线检验图,从图中可以看出,该井实测压力恢复曲线具有典型的有限导流压裂井特征,实测压力及压力导数在早期呈斜率为"1/4"的平行直线,故可选用有限导流多级压裂水平井模型对该井的压力恢复试井数据进行解释。基于页岩气藏渗流—扩散模型中的有限导流压裂水平井模型进行解释所得到的主要结果见表7.3。

表7.3 X2井试井解释主要结果

试井解释模型	基于页岩气藏渗流—扩散模型的有限导流多级压裂水平井
井筒储集常数 C	5.1m³/MPa
表皮系数 S	0.0025
天然裂缝系统渗透率 K_f	0.0019mD
压裂裂缝半长	40m
裂缝导流能力 $K_{fl}W_f$	100mD·m
储容比 ω	0.152
窜流系数 λ	0.1
吸附解吸系数 α	10

注:参数对应的参考长度为裂缝半长。

在利用有限导流多级压裂水平井模型对X2井实测数据进行解释时,假设各条压裂裂缝性质相同。从解释结果来看,页岩储层天然裂缝系统的渗透率为0.0019mD,体现了页岩气藏低渗的特点;压裂裂缝半长平均值为40m,可有效沟通近井地带天然裂缝系统。需要指出的是,双对数拟合图7.114中可观察到明显的井储效应阶段、井储后过渡段以及双线性流阶段,但由于测试时间较短,实测曲线上未观察到明显的介质间窜流反映,故解释得到的结果中有关介质间窜流的特征参数具有一定的不确定性。

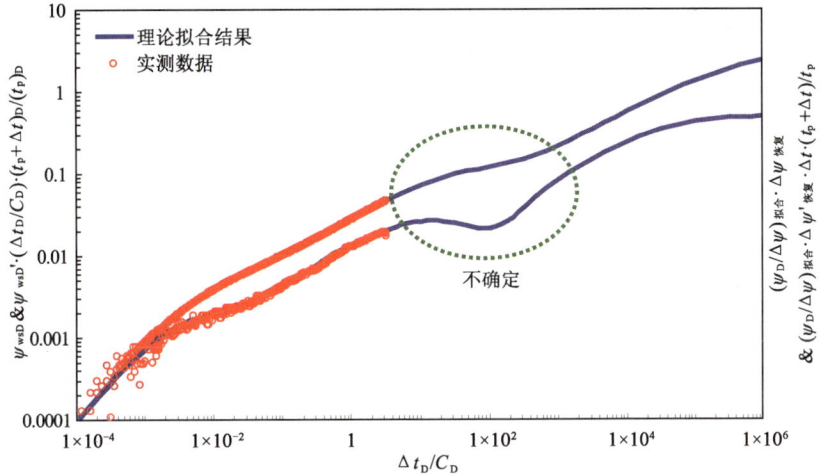

图 7.114　X2 井压力恢复试井双对数检验图——基于页岩气藏渗流—扩散模型

图 7.115 和图 7.116 为相应的基于页岩气藏渗流—扩散模型的 X2 井半对数及压力历史检验图,从这两个图中也可以看出,实测数据与理论曲线拟合效果很好。

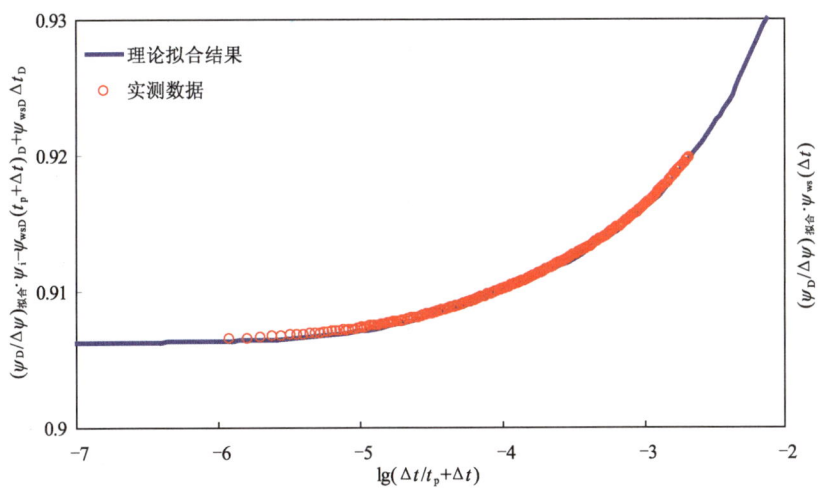

图 7.115　X2 井压力恢复试井半对数检验图——基于页岩气藏渗流—扩散模型

7.7.3.2　页岩气藏渗流—渗流/扩散模型

本小节基于页岩气藏渗流—渗流/扩散基本模型对 X2 井实测试井数据进行解释,该模型假设页岩气在基质中的流动为解吸、浓度差以及压力差的综合作用结果。

图 7.117 为 X2 井的压力恢复试井双对数曲线检验图,从该图中可以看出,该井实测压力恢复曲线具有典型的有限导流压裂井特征,实测压力及压力导数在早期呈斜率为"1/4"的平行直线,故可选用有限导流多级压裂水平井模型对该井的压力恢复试井数据进行解释。基于页岩气藏渗流—渗流/扩散模型中的有限导流压裂水平井模型进行解释所得到的主要结果见表 7.4。

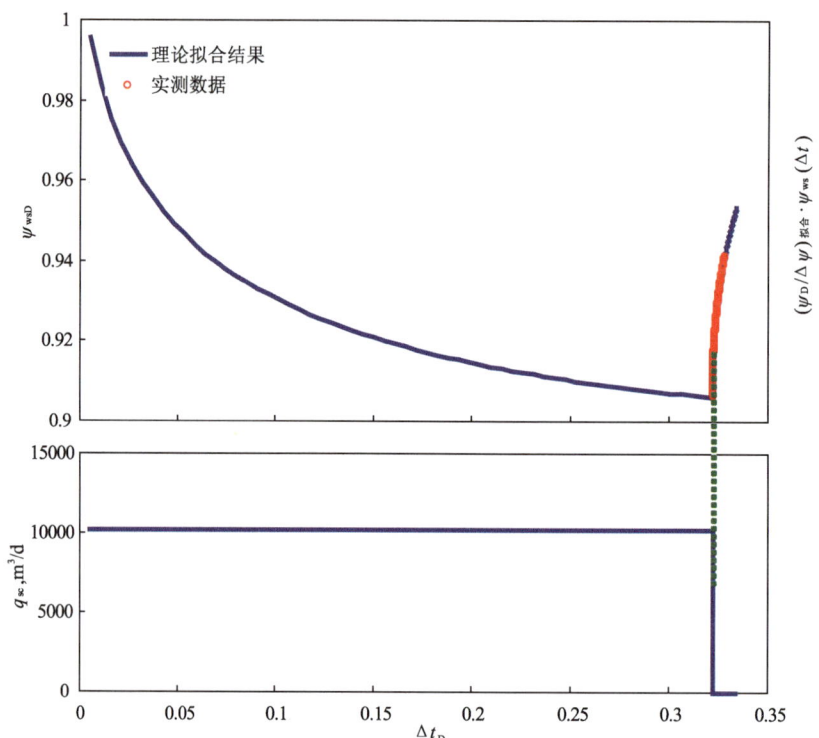

图 7.116　X2 井压力恢复试井压力历史检验图——基于页岩气藏渗流—扩散模型

表 7.4　X2 井试井解释主要结果

试井解释模型	基于页岩气藏渗流—渗流/扩散模型的有限导流多级压裂水平井
井筒储集常数 C	$5.1 m^3/MPa$
表皮系数 S	0.00245
天然裂缝系统渗透率 K_f	0.00194mD
压裂裂缝半长	36.5m
裂缝导流能力 $K_{fl}W_f$	100mD·m
储容比 ω	0.17
窜流系数 λ	0.83
吸附解吸系数 γ	0.75
页岩基质中气体运移机制 β_m	1.3

注：参数对应的参考长度为裂缝半长。

在利用有限导流多级压裂水平井模型对 X2 井实测数据进行解释时，假设各条压裂裂缝

7 页岩气藏中不同井型的试井理论模型

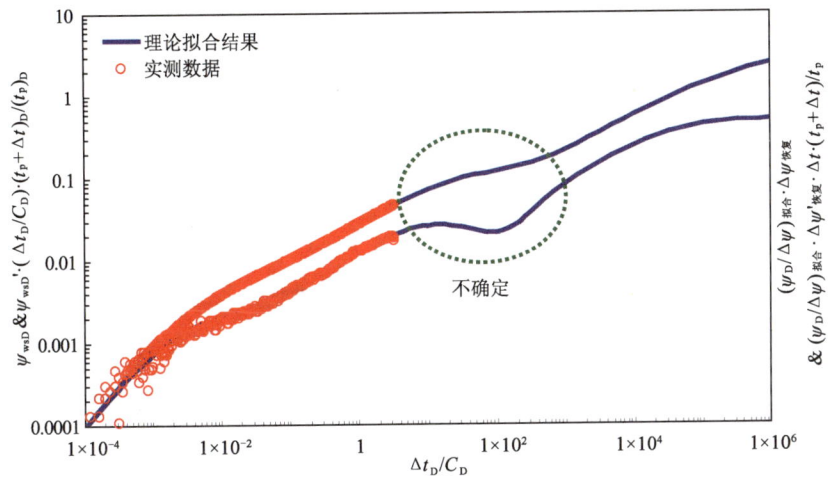

图 7.117　X2 井压力恢复试井双对数检验图——基于页岩气藏渗流—渗流/扩散模型

具有相同的性质,即裂缝半长、导流能力等都相同。从解释结果来看,页岩储层天然裂缝系统的渗透率为 0.00194mD,体现了页岩气藏低渗的特点;压裂裂缝半长平均值为 36.5m,可有效沟通近井地带天然裂缝系统;吸附解吸系数 γ 为 0.75,体现了页岩基质中吸附气解吸的影响,吸附气解吸所引起的附加压缩系数在总压缩系数中所占比例为 25%;解释得到的表明页岩基质中气体扩散对渗透率影响的参数 β_m 为 1.3,即由于页岩气扩散的影响,使得页岩基质的视渗透率增大。需要指出的是,双对数拟合图 7.117 中可观察到明显的井储效应阶段、井储后过渡段及双线性流阶段,但由于测试时间较短,实测曲线上未观察到明显的介质间窜流反映,故解释得到的结果中有关介质间窜流的特征参数具有一定的不确定性。

图 7.118 和图 7.119 为相应的基于页岩气藏渗流—渗流/扩散模型的 X2 井半对数及压力历史检验图,从这两个图中也可以看出,实测数据与理论曲线拟合效果很好。

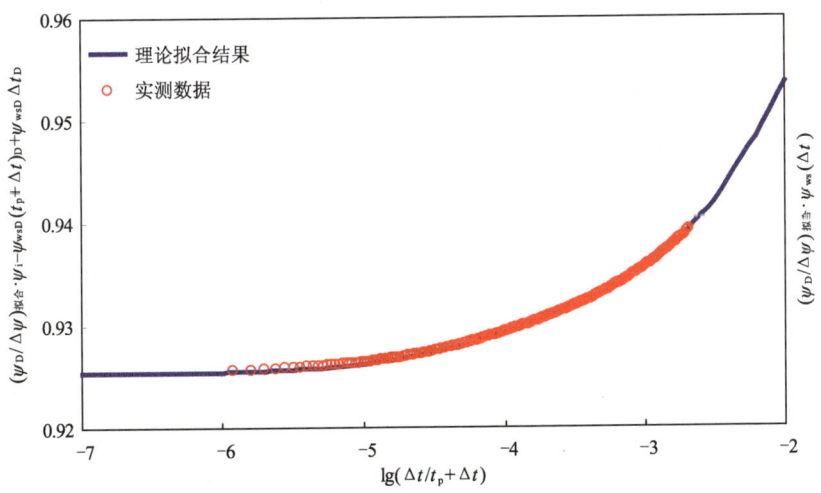

图 7.118　X2 井压力恢复试井半对数检验图——基于页岩气藏渗流—渗流/扩散模型

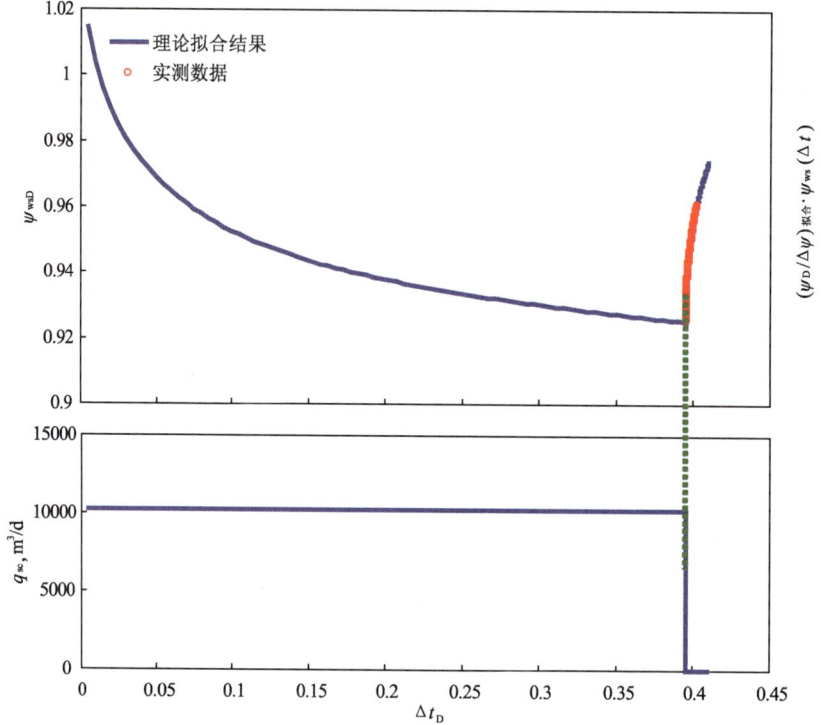

图 7.119 X2 井压力恢复试井压力历史检验图——基于页岩气藏渗流—渗流/扩散模型

8 页岩气藏中不同井型的非稳态产能预测模型

第 7 章对页岩气藏中不同井型的不稳定试井模型进行了介绍,并对定产量生产条件下的井底不稳定压力动态进行了分析。本章将在第 7 章所建立的试井模型的基础上,对页岩气藏中不同井型定井底压力生产时对应的非稳态产能规律进行研究,并对影响非稳态产能变化的因素进行分析。

根据 Van Everdingen 和 Hurst 的研究,在 Laplace 空间内,定产量生产时的井底压力动态响应 $\bar{\psi}_{wD}$ 与定井底压力生产时的非稳态产能 $\bar{q}_D$ 之间存在如下关系:

$$\bar{q}_D = \frac{1}{u^2 \bar{\psi}_{wD}} \tag{8.1}$$

其中,$q_D = \dfrac{p_{sc} q_{sc} T}{\pi K_{fh} h T_{sc} (\psi_i - \psi_{wf})}$,其余无因次变量定义同第 7 章。

第 7 章中已推导得到了页岩气藏中不同井型所对应的井底压力动态响应 $\bar{\psi}_{wD}$,根据式(8.1),即可推导得到页岩气藏中不同井型对应的非稳态产能变化规律 $\bar{q}_D$,在此基础上可绘制非稳态产能变化曲线并对曲线特点及影响因素进行分析。

8.1 页岩气藏中直井非稳态产能预测模型

8.1.1 非稳态产能公式

假设顶底封闭页岩气藏中有一直井以恒定井底压力 p_{wf} 生产,气藏侧向边界半径为无限大或 r_e,其余有关假设条件参见 7.1 节。

根据 7.1 节中求得的不同外边界条件下的直井井底压力响应——式(7.5)、式(7.8)和式(7.11),结合式(8.1),可得到不同外边界条件下的页岩气藏中直井非稳态产能公式如下。

无限大侧向外边界:

$$\bar{q}_D = \frac{1}{u K_0(\sqrt{f(u)})} \tag{8.2}$$

圆形封闭侧向外边界:

$$\bar{q}_D = \frac{1}{u \left[K_0(\sqrt{f(u)}) + \dfrac{K_1(r_{eD}\sqrt{f(u)})}{I_1(r_{eD}\sqrt{f(u)})} I_0(\sqrt{f(u)}) \right]} \tag{8.3}$$

圆形定压侧向外边界：

$$\bar{q}_D = \cfrac{1}{u\left[K_0(\sqrt{f(u)}) - \cfrac{K_0(r_{eD}\sqrt{f(u)})}{I_0(r_{eD}\sqrt{f(u)})}I_0(\sqrt{f(u)})\right]} \tag{8.4}$$

其中，$f(u)$的表达式根据所选择的页岩气藏基本渗流模型的不同而不同，不同渗流模型对应的$f(u)$具体表达式参见第6章。

8.1.2 非稳态产能曲线及影响因素分析

该节基于8.1.1节推导得到的不同侧向外边界条件下的顶底封闭页岩气藏中直井的非稳态产能表达式，针对第6章中针对页岩气藏提出的两种基本渗流物理模型，利用Stehfest数值反演方法，用计算机编程方法获得了实空间内的非稳态产能曲线，并对非稳态产能曲线特征及相关影响因素进行了分析。

8.1.2.1 页岩气藏渗流—扩散模型

1) 吸附解吸常数的影响

图8.1为页岩气藏渗流—扩散模型中吸附解吸常数α对圆形封闭页岩气藏中直井非稳态产能曲线形态的影响。从图8.1中可以观察到，吸附解吸常数α对中—晚期非稳态产能的影响非常明显。α值越大，随着气藏开采的进行，解吸出来的页岩气量就更多，页岩气藏中直井非稳态产能递减就越慢，同一时刻对应的非稳态产能值就越高。

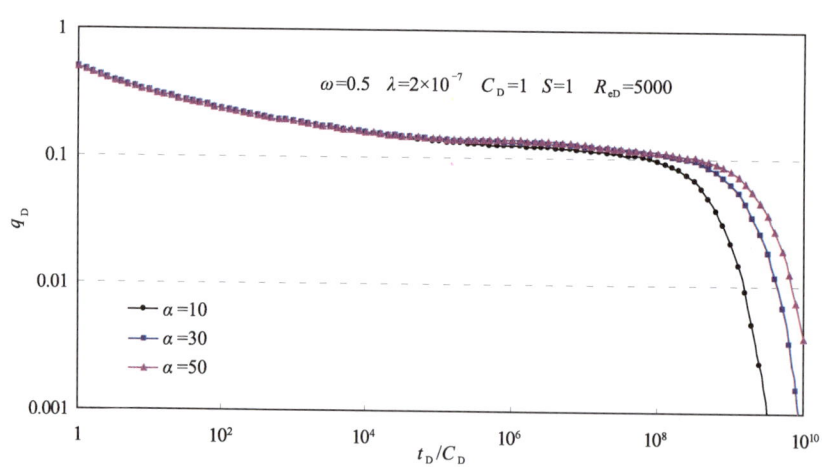

图8.1 吸附解吸常数α对圆形封闭页岩气藏中直井非稳态产能曲线的影响——拟稳态模型

2) 储容比的影响

图8.2为页岩气藏渗流—扩散模型中储容比ω对圆形封闭页岩气藏中直井非稳态产能曲线形态的影响。从图8.2中可以看出，储容比ω主要影响早期和晚期的非稳态产能曲线形态。ω值越小，早期产能就越低，而晚期产能则越高。这是因为ω越小，裂缝系统的储集能力相对

就越差,气井早期产量主要来自于天然裂缝系统中的游离气,因此早期产能就越低;另一方面,ω 越小,表明基质中吸附气量就越多,晚期吸附气解吸对气井产能的贡献更大,因此晚期产能更高。

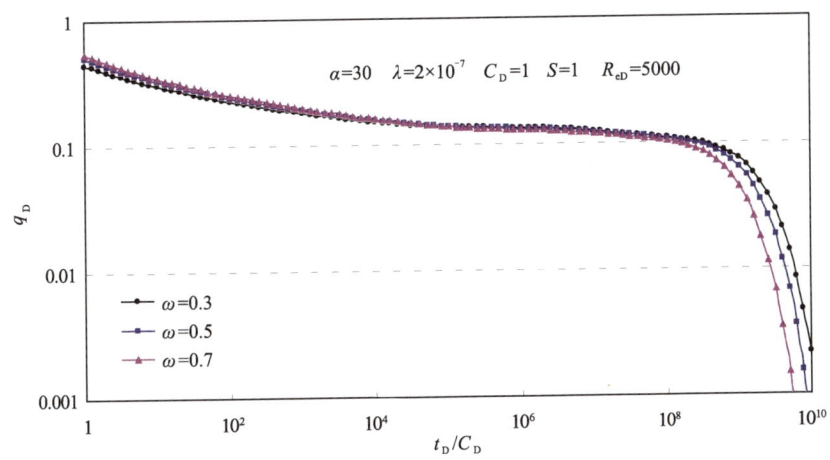

图 8.2　储容比 ω 对圆形封闭页岩气藏中直井非稳态产能曲线的影响——拟稳态模型

3) 窜流系数的影响

图 8.3 显示了页岩气藏渗流—扩散模型中窜流系数 λ 对圆形封闭页岩气藏中直井非稳态产能曲线形态的影响。从图 8.3 中可以看出,当其他参数保持不变时,页岩基质和天然裂缝系统间的窜流系数 λ 主要影响中期气井非稳态产能动态,该阶段对应于基质中解吸页岩气向裂缝系统的扩散。

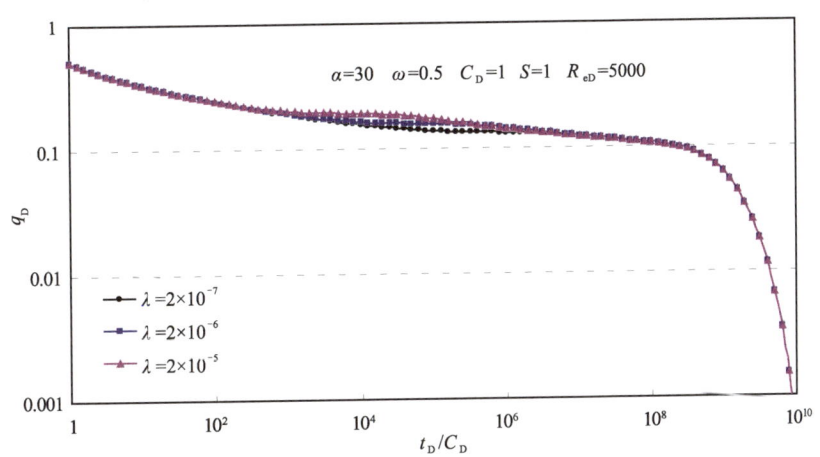

图 8.3　窜流系数 λ 对圆形封闭页岩气藏中直井非稳态产能曲线的影响——拟稳态模型

4) 外边界的影响

图 8.4 中给出了页岩气藏不同侧向外边界对页岩气藏中直井非稳态产能曲线形态的影响。从图 8.4 中可以看出,不同外边界条件主要影响晚期气井产能动态。当气藏侧向外边界

为封闭边界时，由于外边界处没有流体流入，当压力波传播到边界后，气井产能会迅速下降；当气藏侧向外边界为定压边界时，当压力波传播到边界后，外边界处存在流体补给，气井生产逐渐达到稳定，产能曲线最终表现为一条水平线。

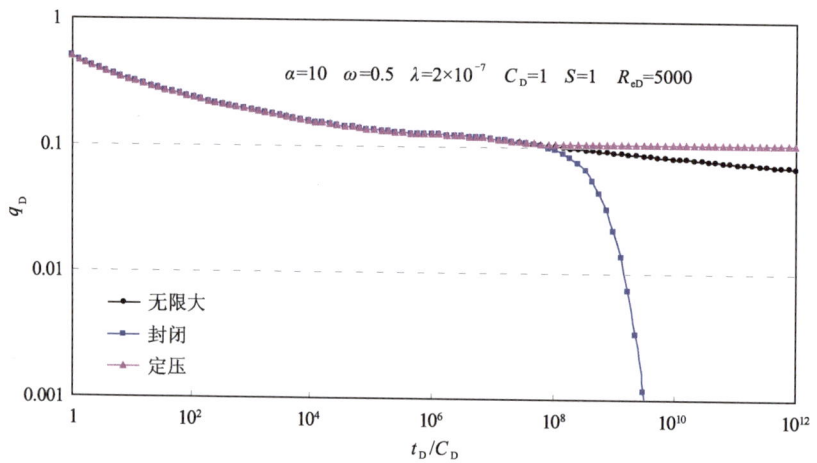

图 8.4　不同外边界对页岩气藏中直井非稳态产能曲线的影响——拟稳态模型

5）扩散方式的影响

图 8.5 反映了页岩气在基质中以及向裂缝系统的不同扩散方式对无限大页岩气藏中直井非稳态产能曲线形态的影响。从图中可以看出，非稳态扩散与拟稳态扩散模型在非稳态产能曲线上的差别主要反映在窜流阶段。当基质中页岩气扩散方式为非稳态扩散时，基质中吸附态和游离态页岩气对裂缝中压力变化更为敏感，非稳态产能曲线上窜流阶段特征出现的时间更早。

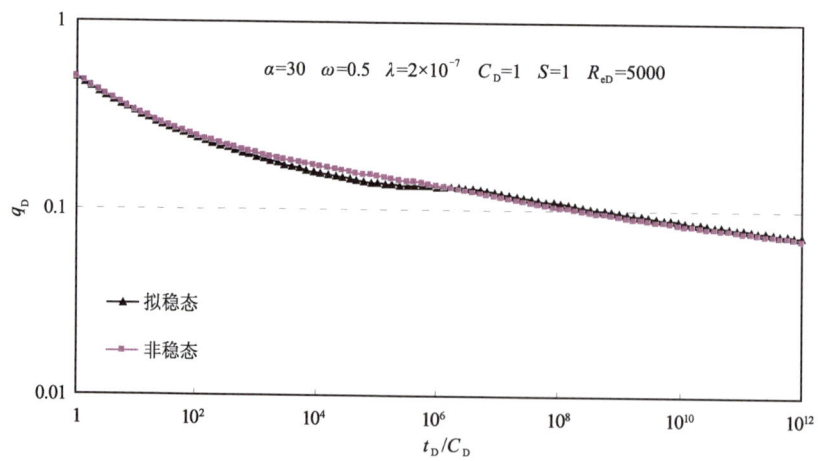

图 8.5　不同扩散方式对无限大页岩气藏中直井非稳态产能曲线的影响

8.1.2.2 页岩气藏渗流—渗流/扩散模型

1) 吸附气解吸的影响

图 8.6 表明了基质中吸附气的存在对圆形封闭页岩气藏中直井非稳态产能曲线的影响。其中,$\gamma=1$ 表示页岩基质中不存在吸附气,$\gamma<1$ 表示页岩基质中存在吸附气。从图 8.6 中可观察到,吸附气的存在主要影响晚期产能动态。当考虑吸附气存在时,页岩气藏中直井非稳态产能递减更慢,且 γ 越小,同一时刻对应的非稳态产能值就越高。

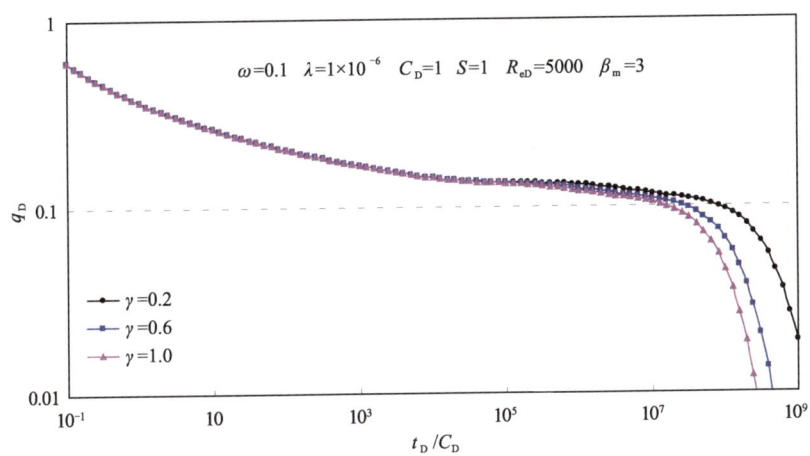

图 8.6 吸附气解吸对圆形封闭页岩气藏中直井非稳态产能曲线的影响——拟稳态模型

2) 基质中页岩气运移机制的影响

图 8.7 所示为基质中页岩气运移机制对圆形封闭页岩气藏中直井非稳态产能曲线的影响。其中,$\beta_m=1$ 表示页岩基质中仅存在气体渗流,$\beta_m>1$ 表示页岩基质中同时存在气体渗流和扩散。从图中可以看出,当其他参数保持一定时,β_m 主要影响中期气井非稳态产能动态,该阶段对应于基质中解吸页岩气向裂缝系统的扩散和渗流。

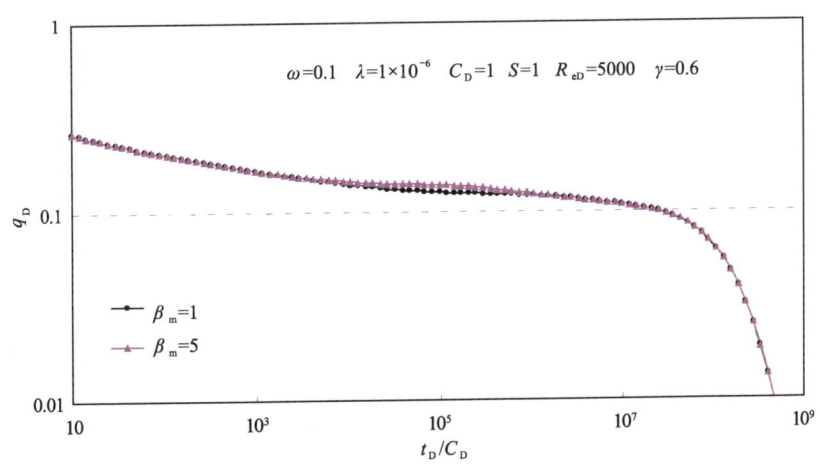

图 8.7 基质中页岩气运移机制对圆形封闭页岩气藏中直井非稳态产能曲线的影响——拟稳态模型

其他参数如储容比 ω、窜流系数 λ、外边界条件及窜流方式对页岩气藏中直井非稳态产能曲线的影响同 8.1.2.1 节,此处不再重复。

8.2 页岩气藏中无限导流压裂直井非稳态产能预测模型

8.2.1 非稳态产能公式

假设顶底封闭页岩气藏中有一无限导流压裂直井以恒定井底压力 p_{wf} 生产,其余有关假设条件参见 7.2 节。

根据 7.2 节中求得的不同外边界条件下的无限导流压裂直井井底压力响应——式(7.22)、式(7.25)和式(7.27),结合式(8.1),可得到不同外边界条件下的页岩气藏中无限导流压裂直井非稳态产能公式如下。

无限大侧向外边界:

$$\bar{q}_D(y_D=0) = \frac{2}{u\left[\int_{-1}^{x_D} K_0[(x_D-\alpha)\sqrt{f(u)}]d\alpha + \int_{x_D}^{1} K_0[(\alpha-x_D)\sqrt{f(u)}]d\alpha\right]} \quad (8.5)$$

圆形封闭侧向外边界:

$$\bar{q}_D(y_D=0) = \frac{2}{u\int_{-1}^{1}\left[K_0(|x_D-\alpha|\sqrt{f(u)}) + \frac{K_1(r_{eD}\sqrt{f(u)})}{I_1(r_{eD}\sqrt{f(u)})}I_0(|x_D-\alpha|\sqrt{f(u)})\right]d\alpha} \quad (8.6)$$

圆形定压侧向外边界:

$$\bar{q}_D(y_D=0) = \frac{2}{u\int_{-1}^{1}\left[K_0(|x_D-\alpha|\sqrt{f(u)}) - \frac{K_0(r_{eD}\sqrt{f(u)})}{I_0(r_{eD}\sqrt{f(u)})}I_0(|x_D-\alpha|\sqrt{f(u)})\right]d\alpha} \quad (8.7)$$

其中,$f(u)$ 的表达式根据所选择的页岩气藏基本渗流模型的不同而不同,不同渗流模型对应的 $f(u)$ 具体表达式参见第 6 章。

8.2.2 非稳态产能曲线及影响因素分析

该节基于 8.2.1 节推导得到的不同侧向外边界条件下的顶底封闭页岩气藏中无限导流压裂直井的非稳态产能表达式,针对第 6 章中针对页岩气藏提出的两种基本渗流物理模型,利用 Stehfest 数值反演方法,用计算机编程方法获得了实空间内的非稳态产能曲线,并对非稳态产能曲线特征及相关影响因素进行了分析。

8.2.2.1 页岩气藏渗流—扩散模型

1)吸附解吸常数的影响

图 8.8 为页岩气藏渗流—扩散模型中吸附解吸常数 α 对圆形封闭页岩气藏中无限导流压裂直井非稳态产能曲线形态的影响。与直井相比,无限导流压裂直井多了早期的垂直于裂缝

壁面的线性流阶段[图7.21(a)],该阶段在非稳态产能曲线上表现为斜率为"$-1/2$"的直线。此外,从图8.8中还可以观察到,吸附解吸常数 α 对无限导流压裂直井非稳态产能动态的影响与直井类似,即主要影响压裂直井中—晚期的非稳态产能。α 值越大,同一时刻对应的无限导流压裂直井的非稳态产能就越高。

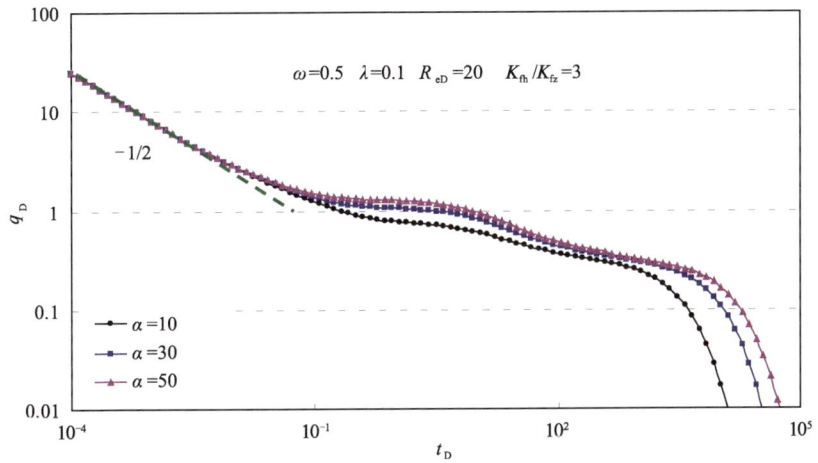

图8.8　吸附解吸常数 α 对圆形封闭页岩气藏中无限导流压裂直井
非稳态产能曲线的影响——拟稳态模型

2)储容比的影响

图8.9为页岩气藏渗流—扩散模型中储容比 ω 对圆形封闭页岩气藏中无限导流压裂直井非稳态产能曲线形态的影响。从图8.9中可以看出,储容比 ω 主要影响早期和晚期的非稳态产能曲线形态。ω 值越小,无限导流压裂直井所对应的早期产能就越低,而晚期产能则更高。

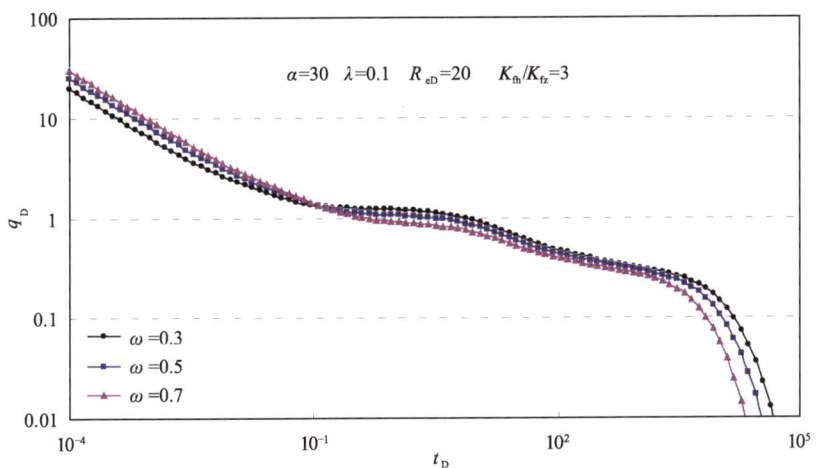

图8.9　储容比 ω 对圆形封闭页岩气藏中无限导流压裂直井
非稳态产能曲线的影响——拟稳态模型

3)窜流系数的影响

图8.10显示了页岩气藏渗流—扩散模型中窜流系数 λ 对圆形封闭页岩气藏中无限导流

压裂直井非稳态产能曲线形态的影响。从图8.10中可以看出,当其他参数保持不变时,页岩基质和天然裂缝系统间的窜流系数λ主要影响中期气井非稳态产能动态,该阶段对应于基质中解吸页岩气向裂缝系统的扩散。

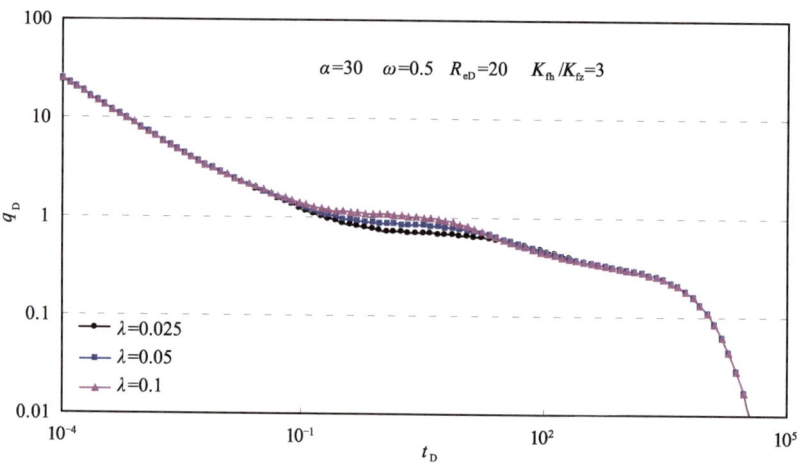

图8.10 窜流系数λ对圆形封闭页岩气藏中无限导流压裂直井
非稳态产能曲线的影响——拟稳态模型

4)外边界的影响

图8.11中给出了页岩气藏不同侧向外边界对页岩气藏中无限导流压裂直井非稳态产能曲线形态的影响。从图中可以看出,不同外边界条件主要影响晚期气井产能动态。当气藏侧向外边界为封闭边界时,气井晚期产能会迅速下降;当气藏侧向外边界为定压边界时,气井晚期产能会逐渐达到稳定。

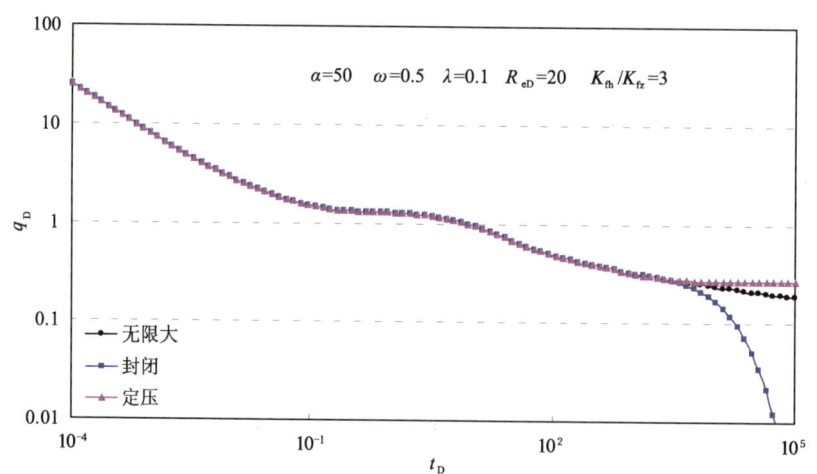

图8.11 不同外边界对页岩气藏中无限导流压裂直井非稳态产能曲线的影响——拟稳态模型

5)扩散方式的影响

图8.12反映了页岩气在基质中以及向裂缝系统的不同扩散方式对圆形封闭页岩气藏中无限导流压裂直井非稳态产能曲线形态的影响。从图8.12中可以看出,不同扩散方式对无限

导流压裂直井非稳态产能动态的影响很明显。当基质中页岩气扩散方式为非稳态扩散时,基质中吸附态和游离态页岩气对裂缝中压力变化更为敏感,基质中气体向裂缝的补给发生的时间更早,因此基于非稳态扩散模型计算得到的无限导流压裂直井中期产能要高于拟稳态模型计算得到的中期产能值;但拟稳态模型计算得到的无限导流压裂直井晚期产能要高于非稳态模型计算值。

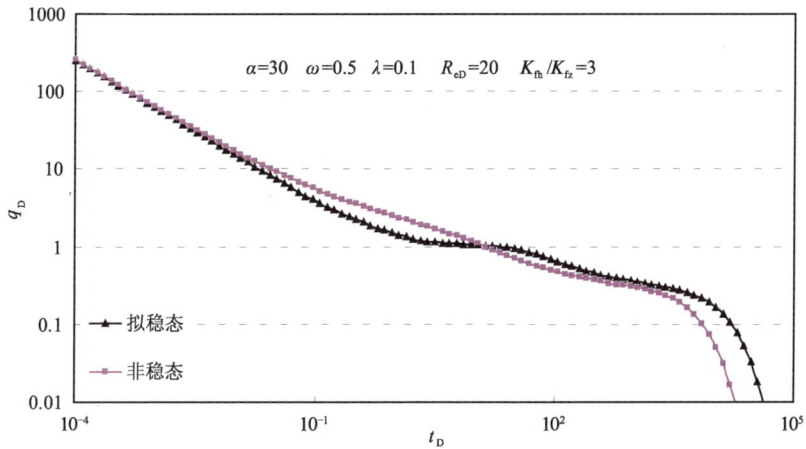

图 8.12　不同扩散方式对页岩气藏中无限导流压裂直井非稳态产能曲线的影响

8.2.2.2　页岩气藏渗流—渗流/扩散模型

1)吸附气解吸的影响

图 8.13 表明了基质中吸附气的存在对圆形封闭页岩气藏中无限导流压裂直井非稳态产能曲线的影响。其中,$\gamma=1$ 表示页岩基质中不存在吸附气,$\gamma<1$ 表示页岩基质中存在吸附气。从图 8.13 中可观察到,吸附气的存在主要影响晚期产能动态。当考虑吸附气存在时,页岩气藏中无限导流压裂直井非稳态产能递减更慢,且 γ 越小,同一时刻对应的非稳态产能值就越高。

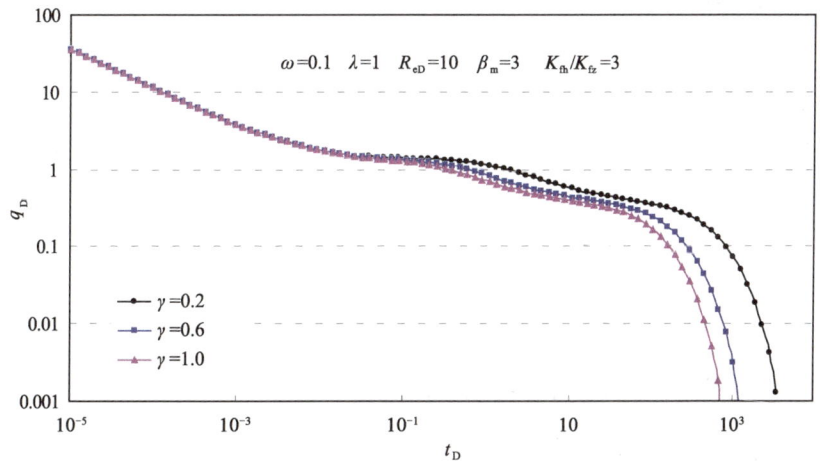

图 8.13　吸附气解吸对圆形封闭页岩气藏中无限导流压裂直井
非稳态产能曲线的影响——拟稳态模型

2) 基质中页岩气运移机制的影响

图 8.14 为基质中页岩气运移机制对圆形封闭页岩气藏中无限导流压裂直井非稳态产能曲线的影响。其中,$\beta_m=1$ 表示页岩基质中仅存在气体渗流,$\beta_m>1$ 表示页岩基质中同时存在气体渗流和扩散。从图 8.14 中可以看出,当其他参数保持一定时,β_m 主要影响中期气井非稳态产能动态,该阶段对应于基质中解吸页岩气向裂缝系统的扩散和渗流。

其他参数如储容比 ω、窜流系数 λ、外边界条件及窜流方式对页岩气藏中无限导流压裂直井非稳态产能曲线的影响同 8.2.2.1 节,此处不再重复。

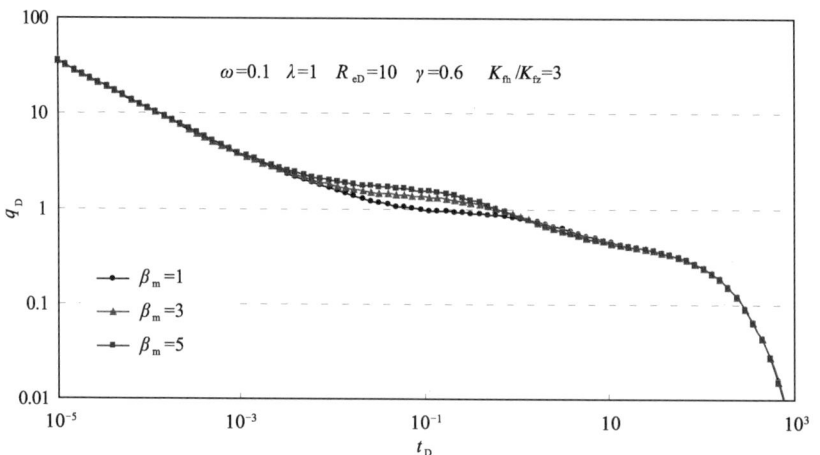

图 8.14 基质中页岩气运移机制对圆形封闭页岩气藏中无限导流压裂直井非稳态产能曲线的影响——拟稳态模型

8.3 页岩气藏中有限导流压裂直井非稳态产能预测模型

8.3.1 非稳态产能公式

假设顶底封闭页岩气藏中有一有限导流压裂直井以恒定井底压力 p_{wf} 生产,其余有关假设条件参见 7.3 节。

首先在拉普拉斯空间内求解 7.3 节中式(7.55)和(7.56)构成的 $n+1$ 个线性方程组,可得到定产量生产条件时对应的井底压力 $\bar{\psi}_{wD}$,而后利用式(8.1)即可求得拉普拉斯空间内的有限导流压裂直井非稳态产能公式。

需要注意的是,式(7.55)中 $f(u)$ 的表达式根据所选择的页岩气藏基本渗流模型的不同而不同,不同渗流模型对应的 $f(u)$ 具体表达式参见第 6 章。

8.3.2 非稳态产能曲线及影响因素分析

该节基于 8.3.1 节推导得到的顶底封闭页岩气藏中有限导流压裂直井的非稳态产能表达式,针对第 6 章中针对页岩气藏提出的两种基本渗流物理模型,利用 Stehfest 数值反演方法,用计算机编程方法获得了实空间内的非稳态产能曲线,并对非稳态产能曲线特征及相关影响因素进行了分析。

8.3.2.1 页岩气藏渗流—扩散模型

1）吸附解吸常数的影响

图 8.15 为页岩气藏渗流—扩散模型中吸附解吸常数 α 对无限大页岩气藏中有限导流压裂直井非稳态产能曲线形态的影响。与无限导流压裂直井相比，在垂直于裂缝壁面的线性流阶段之前，有限导流压裂直井还存在一个地层—压裂裂缝双线性流阶段[图 7.36(a)]，该阶段在非稳态产能曲线上表现为斜率为"−1/4"的直线。类似地，吸附解吸常数 α 主要影响有限导流压裂直井中—晚期的非稳态产能，α 值越大，同一时刻对应的有限导流压裂直井的非稳态产能就越高。

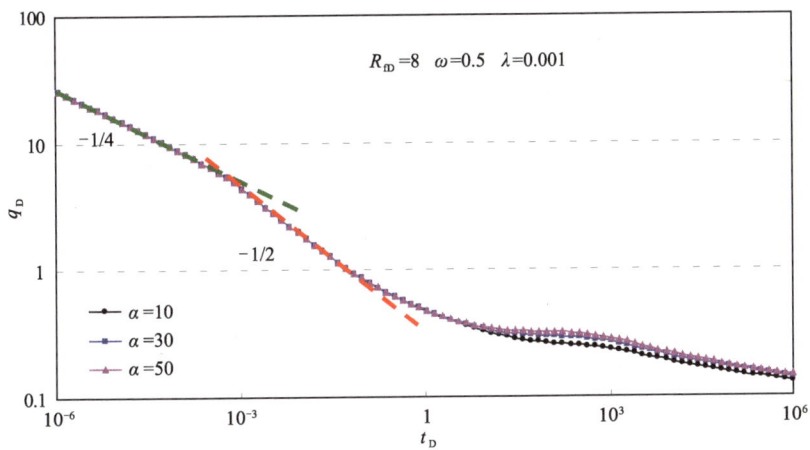

图 8.15 吸附解吸常数 α 对无限大页岩气藏中有限导流压裂直井
非稳态产能曲线的影响——拟稳态模型

2）裂缝导流能力的影响

从图 8.16 可以看出，压裂裂缝导流能力 R_{fD} 主要影响早期双线性流阶段的非稳态产能动态。裂缝导流能力 R_{fD} 越大，有限导流压裂直井早期的产能就越大，但早期双线性流持续阶段会变短。

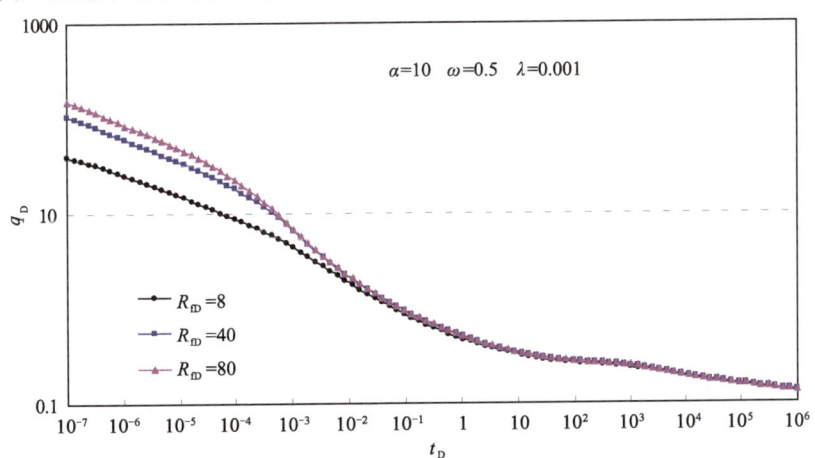

图 8.16 导流能力 R_{fD} 对无限大页岩气藏中有限导流压裂直井
非稳态产能曲线的影响——拟稳态模型

其他因素对非稳态产能曲线的影响与相应的无限导流压裂直井模型中相同,此处不再重复。

8.3.2.2 页岩气藏渗流—渗流/扩散模型

1) 吸附气解吸的影响

图 8.17 表明了基质中吸附气的存在对无限大页岩气藏中有限导流压裂直井非稳态产能曲线的影响。从图 8.17 中可观察到,吸附气的存在主要影响有限导流压裂直井的晚期产能动态。当考虑吸附气存在时,气井非稳态产能递减更慢,且 γ 越小,同一时刻对应的非稳态产能值就越高。

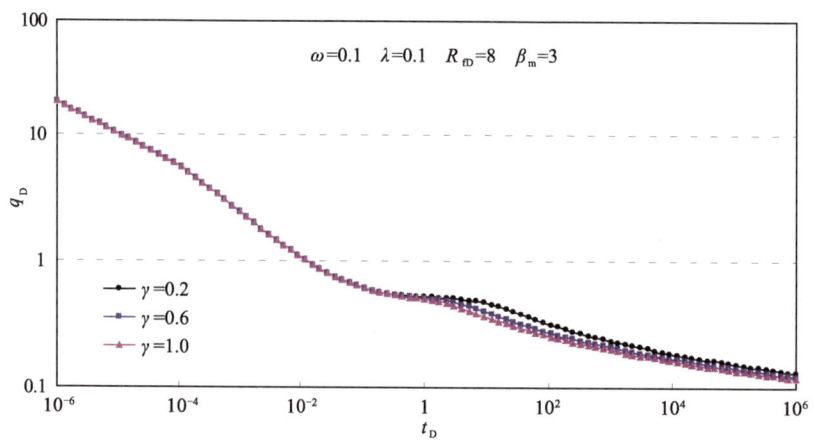

图 8.17　吸附气解吸对无限大页岩气藏中有限导流压裂直井
非稳态产能曲线的影响——拟稳态模型

2) 基质中页岩气运移机制的影响

图 8.18 为基质中页岩气运移机制对无限大页岩气藏中有限导流压裂直井非稳态产能曲线的影响。从图 8.18 中可以看出,当其他参数保持一定时,β_m 主要影响中期气井非稳态产能动态,该阶段对应于基质中解吸页岩气向裂缝系统的扩散和渗流。

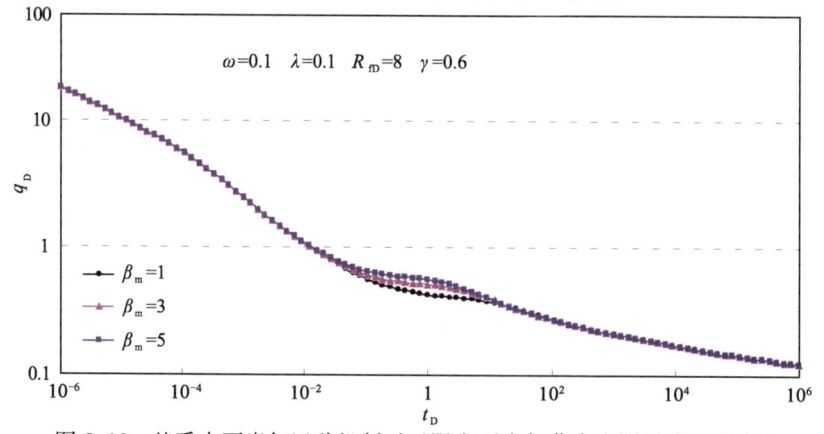

图 8.18　基质中页岩气运移机制对无限大页岩气藏中有限导流压裂直井
非稳态产能曲线的影响——拟稳态模型

其他因素对非稳态产能曲线的影响与相应的无限导流压裂直井模型中相同,裂缝导流能力对非稳态产能曲线的影响与 8.3.2.1 节类似,此处不再重复。

8.4 页岩气藏中水平井非稳态产能预测模型

8.4.1 非稳态产能公式

假设顶底封闭页岩气藏中有一水平井以恒定井底压力 p_{wf} 生产,其余有关假设条件参见 7.4 节。

根据 7.4 节中求得的不同外边界条件下的水平井井底压力响应——式(7.58)、式(7.61)和式(7.63),结合式(8.1),可得到不同外边界条件下的页岩气藏中水平井非稳态产能公式如下。

无限大侧向外边界:

$$\bar{q}_D = \frac{2}{u} \left\{ \int_{-1}^{1} K_0 \left(\sqrt{(x_D-\alpha)^2 + y_D^2} \sqrt{f(u)} \right) d\alpha \right.$$
$$\left. + 2\sum_{n=1}^{+\infty} \cos n\pi z_D \cos n\pi z_{wD} \int_{-1}^{1} K_0 \left(\sqrt{(x_D-\alpha)^2 + y_D^2} \sqrt{f(u) + n^2\pi^2 L_D^2} \right) d\alpha \right\}^{-1} \quad (8.8)$$

圆形封闭侧向外边界:

$$\bar{q}_D = \frac{2}{u} \left\{ \int_{-1}^{1} \left[K_0 \left(\sqrt{(x_D-\alpha)^2 + y_D^2} \sqrt{f(u)} \right) + \frac{K_1 \left(r_{eD}\sqrt{f(u)} \right)}{I_1 \left(r_{eD}\sqrt{f(u)} \right)} I_0 \left(\sqrt{(x_D-\alpha)^2 + y_D^2} \sqrt{f(u)} \right) \right] d\alpha \right.$$
$$+ 2\sum_{n=1}^{+\infty} \cos n\pi z_D \cos n\pi z_{wD} \int_{-1}^{1} \left[K_0 \left(\sqrt{(x_D-\alpha)^2 + y_D^2} \sqrt{f(u) + n^2\pi^2 L_D^2} \right) \right.$$
$$\left. \left. + \frac{K_1 \left(r_{eD}\sqrt{f(u) + n^2\pi^2 L_D^2} \right)}{I_1 \left(r_{eD}\sqrt{f(u) + n^2\pi^2 L_D^2} \right)} I_0 \left(\sqrt{(x_D-\alpha)^2 + y_D^2} \sqrt{f(u) + n^2\pi^2 L_D^2} \right) \right] d\alpha \right\}^{-1} \quad (8.9)$$

圆形定压侧向外边界:

$$\bar{q}_D = \frac{2}{u} \left\{ \int_{-1}^{1} \left[K_0 \left(\sqrt{(x_D-\alpha)^2 + y_D^2} \sqrt{f(u)} \right) - \frac{K_0 \left(r_{eD}\sqrt{f(u)} \right)}{I_0 \left(r_{eD}\sqrt{f(u)} \right)} I_0 \left(\sqrt{(x_D-\alpha)^2 + y_D^2} \sqrt{f(u)} \right) \right] d\alpha \right.$$
$$+ 2\sum_{n=1}^{+\infty} \cos n\pi z_D \cos n\pi z_{wD} \int_{-1}^{1} \left[K_0 \left(\sqrt{(x_D-\alpha)^2 + y_D^2} \sqrt{f(u) + n^2\pi^2 L_D^2} \right) \right.$$
$$\left. \left. - \frac{K_0 \left(r_{eD}\sqrt{f(u) + n^2\pi^2 L_D^2} \right)}{I_0 \left(r_{eD}\sqrt{f(u) + n^2\pi^2 L_D^2} \right)} I_0 \left(\sqrt{(x_D-\alpha)^2 + y_D^2} \sqrt{f(u) + n^2\pi^2 L_D^2} \right) \right] d\alpha \right\}^{-1} \quad (8.10)$$

其中,$f(u)$ 的表达式根据所选择的页岩气藏基本渗流模型的不同而不同,不同渗流模型对应的 $f(u)$ 具体表达式参见第 6 章。

8.4.2 非稳态产能曲线及影响因素分析

该节基于 8.4.1 节推导得到的不同侧向外边界条件下的顶底封闭页岩气藏中水平井的非稳态产能表达式,针对第 6 章中针对页岩气藏提出的两种基本渗流物理模型,利用 Stehfest 数值反演方法,用计算机编程方法获得了实空间内的非稳态产能曲线,并对非稳态产能曲线特征及相关影响因素进行了分析。

8.4.2.1 页岩气藏渗流—扩散模型

1)吸附解吸常数的影响

图 8.19 为页岩气藏渗流—扩散模型中吸附解吸常数 α 对圆形封闭页岩气藏中水平井非稳态产能曲线形态的影响。从图 8.19 中可以看出,吸附解吸常数 α 主要影响水平井中—晚期的非稳态产能,α 值越大,同一时刻对应的水平井非稳态产能就越高。

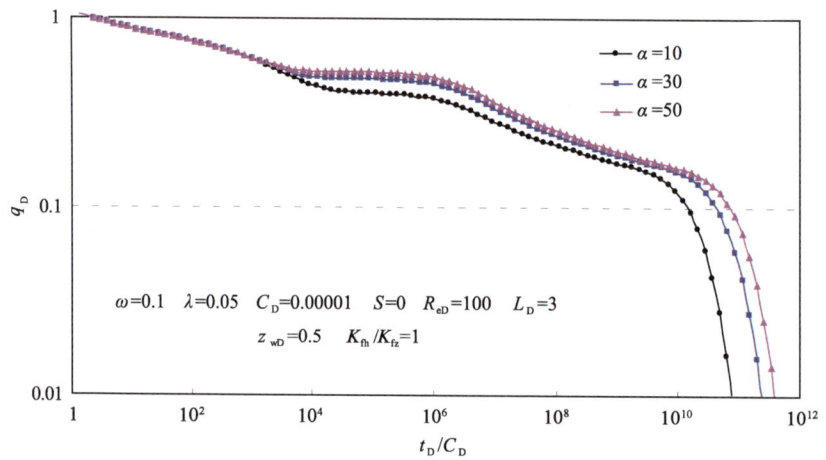

图 8.19　吸附解吸常数 α 对圆形封闭页岩气藏中水平井非稳态产能曲线的影响——拟稳态模型

2)水平井长度的影响

图 8.20 为水平井长度 L_D 对圆形封闭页岩气藏中水平井非稳态产能曲线形态的影响。从图 8.20 中可以看出,水平井长度主要影响早期及中期的非稳态产能动态。水平井长度越长,对应的早期及中期水平井非稳态产能就越高。

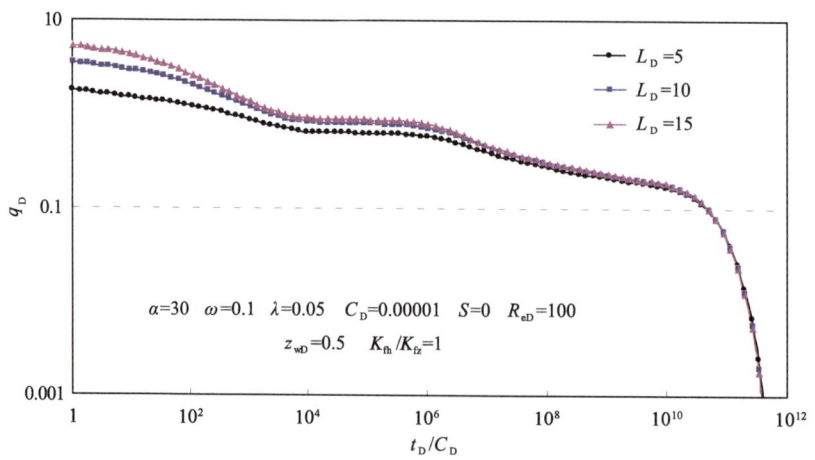

图 8.20　水平井长度 L_D 对圆形封闭页岩气藏中水平井非稳态产能曲线的影响——拟稳态模型

3)水平井位置的影响

图 8.21 为水平井在地层中所处的位置 z_{wD} 对圆形封闭页岩气藏中水平井非稳态产能曲线形态的影响。从图 8.21 中可以看出,水平井筒越靠近储层中部(z_{wD} 越接近 0.5),所对应的水平井产能就越高。

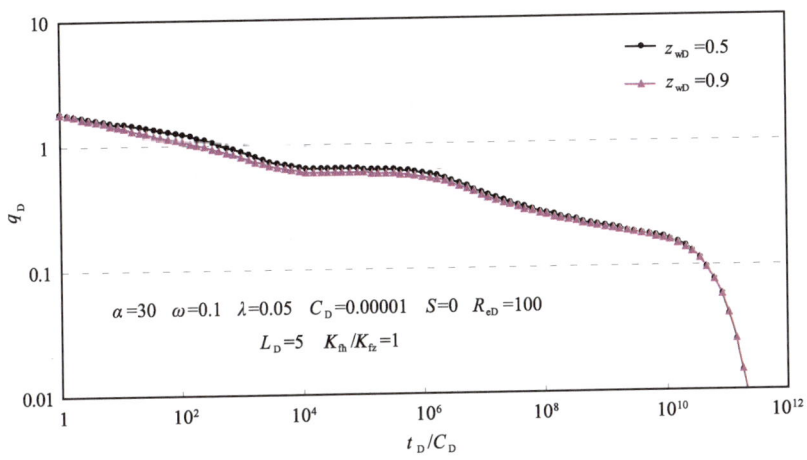

图 8.21　水平井位置 z_{wD} 对圆形封闭页岩气藏中水平井非稳态产能曲线的影响——拟稳态模型

4)各向异性的影响

图 8.22 为储层各向异性程度 K_{fh}/K_{fz} 对圆形封闭页岩气藏中水平井非稳态产能曲线形态的影响。从图 8.22 中可以看出,各向异性程度对页岩气藏水平井非稳态产能动态的影响较大。除了边界反映阶段,各向异性程度越大,即水平方向和垂直方向渗透率差异越大,同一时刻对应的水平井非稳态产能就越低。

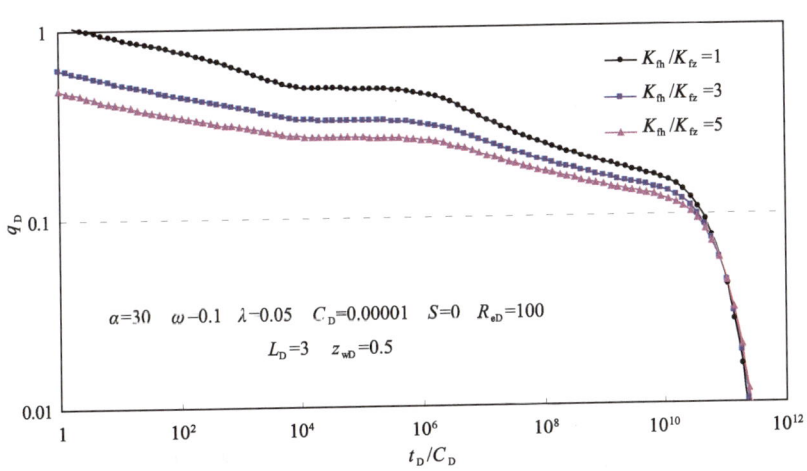

图 8.22　各向异性 k_{fh}/k_{fz} 对圆形封闭页岩气藏中水平井非稳态产能曲线的影响——拟稳态模型

其他参数如储容比 ω、窜流系数 λ、气藏外边界、扩散方式对页岩气藏中水平井非稳态产能曲线形态的影响同前几节。

8.4.2.2 页岩气藏渗流—渗流/扩散模型

1)吸附气解吸的影响

图 8.23 表明了基质中吸附气的存在对圆形封闭页岩气藏中水平井非稳态产能曲线的影响。从图 8.23 中可看出,吸附气的存在主要影响水平井晚期产能动态。当考虑吸附气的影响时,气井非稳态产能递减更慢,且 γ 越小,同一时刻对应的非稳态产能值就越高。

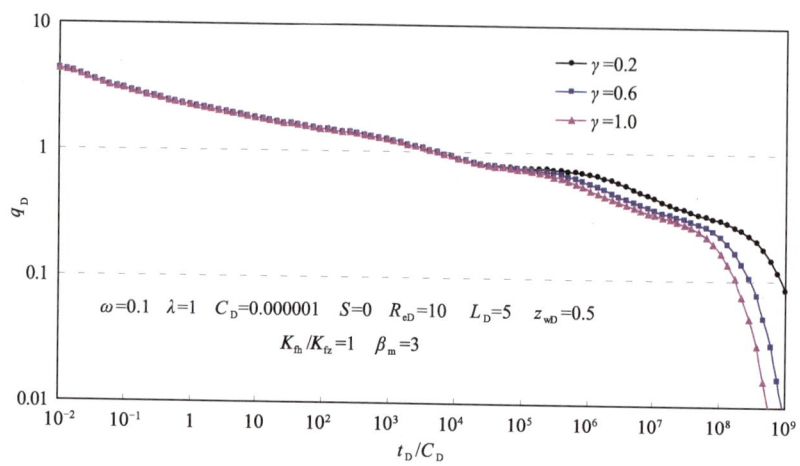

图 8.23 吸附气解吸对圆形封闭页岩气藏中水平井非稳态产能曲线的影响——拟稳态模型

2)基质中页岩气运移机制的影响

图 8.24 为基质中页岩气运移机制对圆形封闭页岩气藏中水平井非稳态产能曲线的影响。从图 8.24 中可以看出,当其他参数保持一定时,β_m 主要影响中期气井非稳态产能动态,该阶段对应于基质中解吸页岩气向裂缝系统的扩散和渗流。

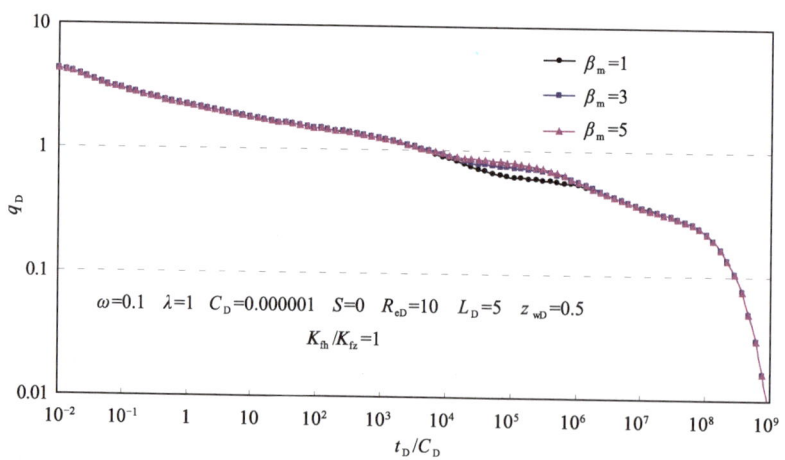

图 8.24 基质中页岩气运移机制对圆形封闭页岩气藏中水平井非稳态产能曲线的影响——拟稳态模型

其他因素对非稳态产能曲线的影响与 8.4.2.1 节类似,此处不再重复。

8.5 页岩气藏中无限导流多级压裂水平井非稳态产能预测模型

8.5.1 非稳态产能公式

假设顶底封闭页岩气藏中有一无限导流多级压裂水平井以恒定井底压力 p_{wf} 生产,其余有关假设条件参见 7.5 节。

首先在拉普拉斯空间内求解 7.5 节中式(7.73)和式(7.74)构成的 $(m \times 2n+1)$ 个线性方程组,可得到定产量生产条件时对应的井底压力 $\bar{\psi}_{wD}$,而后利用式(8.1)即可求得拉普拉斯空间内的无限导流多级压裂水平井非稳态产能公式。

需要注意的是,式(7.73)中 $f(u)$ 的表达式根据所选择的页岩气藏基本渗流模型的不同而不同,不同渗流模型对应的 $f(u)$ 具体表达式参见第 6 章。

8.5.2 非稳态产能曲线及影响因素分析

该节基于 8.5.1 节推导得到的顶底封闭页岩气藏中无限导流多级压裂水平井的非稳态产能表达式,针对第 6 章中针对页岩气藏提出的两种基本渗流物理模型,利用 Stehfest 数值反演方法,用计算机编程方法获得了实空间内的非稳态产能曲线,并对非稳态产能曲线特征及相关影响因素进行了分析。

8.5.2.1 页岩气藏渗流—扩散模型

1) 吸附解吸常数的影响

图 8.25 为页岩气藏渗流—扩散模型中吸附解吸常数 α 对无限大页岩气藏中无限导流多级压裂水平井非稳态产能曲线形态的影响。从图 8.25 中可以观察到,早期非稳态产能曲线呈斜率为 "$-1/2$" 的直线,对应于地层中多条压裂裂缝中的线性流阶段。类似地,在生产中晚期,吸附解吸常数 α 越大,同一时刻对应的无限导流压裂水平井非稳态产能就越高。

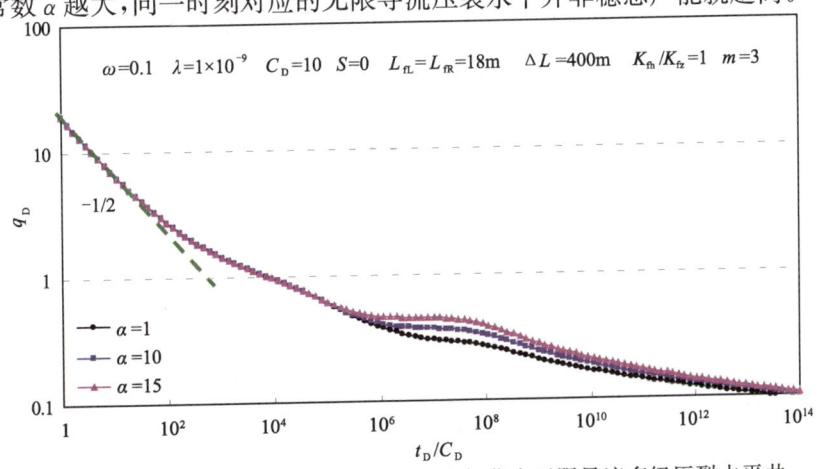

图 8.25 吸附解吸常数 α 对无限大页岩气藏中无限导流多级压裂水平井非稳态产能曲线的影响——拟稳态模型

2)压裂裂缝条数的影响

图 8.26 是不同压裂裂缝条数 m 对应的无限大页岩气藏中无限导流压裂水平井非稳态产能动态。从图 8.26 中可以看出,压裂裂缝条数 m 对无限导流多级压裂水平井产能动态具有显著的影响。压裂裂缝数越多,相对应的压裂水平井非稳态产能更高。此外,从图 8.26 还可以看出,压裂裂缝数对晚期非稳态产能动态的影响不如早期明显,这说明压裂裂缝的作用主要体现在早期及中期,晚期非稳态产能曲线主要反映的是距离水平井筒及压裂裂缝较远区域的流动特征。

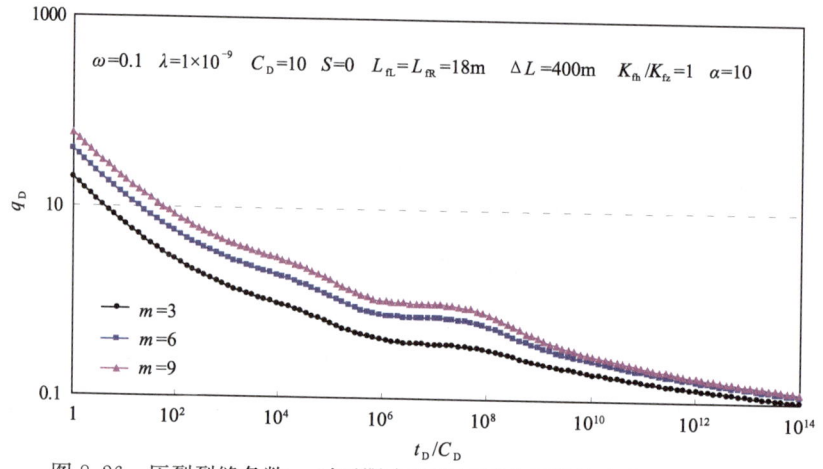

图 8.26 压裂裂缝条数 m 对无限大页岩气藏中无限导流多级压裂水平井
非稳态产能曲线的影响——拟稳态模型

3)裂缝间距的影响

图 8.27 为假设压裂裂缝等距分布时,不同裂缝间距 ΔL 对压裂水平井非稳态产能的影响。从图 8.27 中可以看出,裂缝间距 ΔL 主要影响中期产能动态。当其他参数一定时,压裂裂缝间距 ΔL 越大,对应的压裂水平井非稳态产能越高。这是因为压裂裂缝间距越大,整个压裂水平井的有效泄气面积就更大,且压裂裂缝间干扰程度就越小。

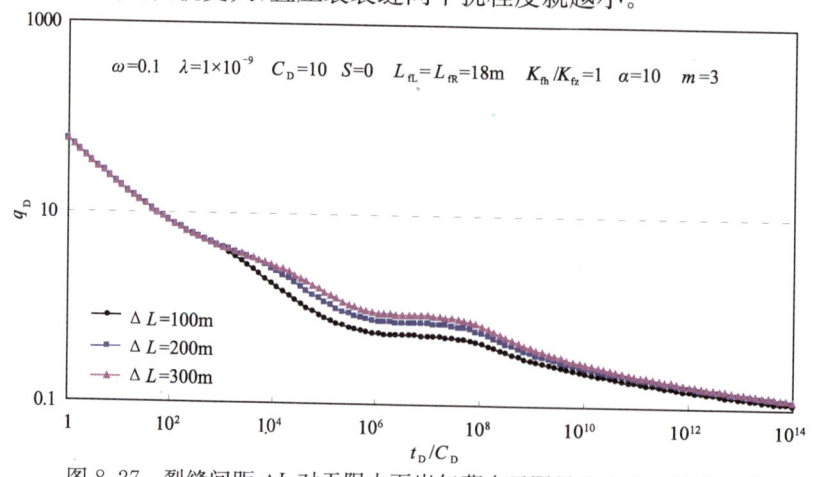

图 8.27 裂缝间距 ΔL 对无限大页岩气藏中无限导流多级压裂水平井
非稳态产能曲线的影响——拟稳态模型

4)裂缝半长的影响

图 8.28 为假设压裂裂缝左右翼相等时,不同裂缝半长对压裂水平井非稳态产能动态的影响。从图 8.28 中可以看出,裂缝半长主要影响早期非稳态产能动态。当其他参数一定时,裂缝半长越长,对应的气井非稳态产能就越高。

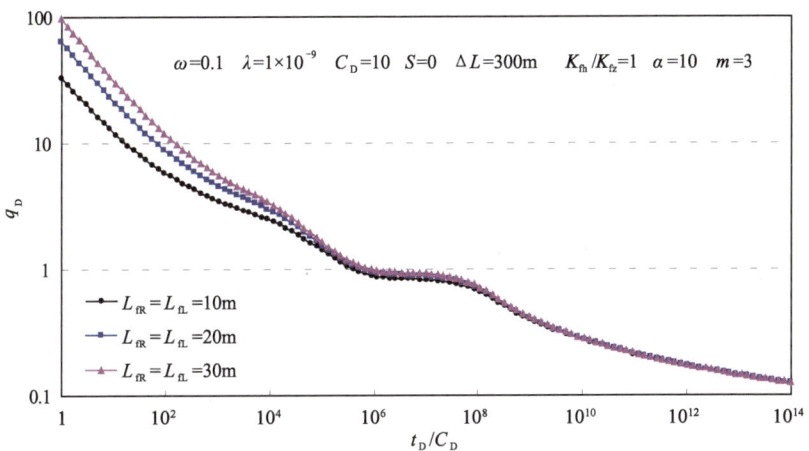

图 8.28　裂缝半长对无限大页岩气藏中无限导流多级压裂水平井
非稳态产能曲线的影响——拟稳态模型

8.5.2.2　页岩气藏渗流—渗流/扩散模型

1)吸附气解吸的影响

图 8.29 表明了基质中吸附气的存在对页岩气藏中无限导流多级压裂水平井非稳态产能曲线的影响。从图 8.29 中可看出,吸附气的存在主要影响压裂水平井晚期产能动态。当考虑吸附气的影响时,气井非稳态产能递减更慢,且 γ 越小,同一时刻对应的非稳态产能值就越高。

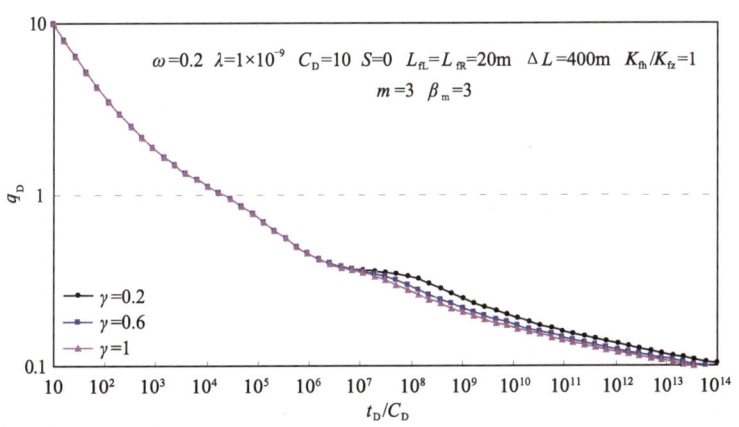

图 8.29　吸附气解吸对无限大页岩气藏中无限导流多级压裂水平井
非稳态产能曲线的影响——拟稳态模型

2)基质中页岩气运移机制的影响

图 8.30 为基质中页岩气运移机制对页岩气藏中无限导流多级压裂水平井非稳态产能曲线的影响。从图 8.30 中可以看出,当其他参数保持一定时,β_m 主要影响中期气井非稳态产能动态,该阶段对应于基质中解吸页岩气向裂缝系统的扩散和渗流。

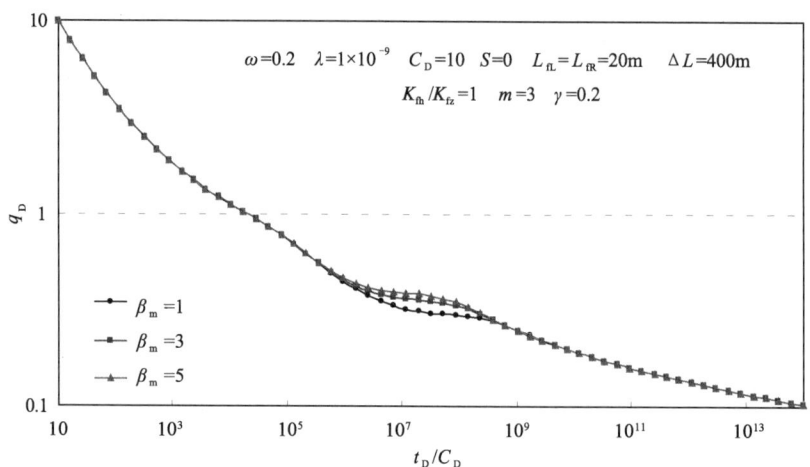

图 8.30 基质中页岩气运移机制对无限大页岩气藏中无限导流多级压裂水平井
非稳态产能曲线的影响——拟稳态模型

其他因素对非稳态产能曲线的影响与 8.5.2.1 节类似,此处不再重复。

8.6 页岩气藏中有限导流多级压裂水平井非稳态产能预测模型

8.6.1 非稳态产能公式

假设顶底封闭页岩气藏中有一有限导流多级压裂水平井以恒定井底压力 p_{wf} 生产,其余有关假设条件参见 7.6 节。

首先在拉普拉斯空间内求解 7.6 节中式(7.111)和式(7.112)构成的 $(m \times 2n+1)$ 个线性方程组,可得到定产量生产条件时对应的井底压力 $\bar{\psi}_{wD}$,而后利用式(8.1)即可求得拉普拉斯空间内的有限导流多级压裂水平井非稳态产能公式。

需要注意的是,式(7.111)中 $f(u)$ 的表达式根据所选择的页岩气藏基本渗流模型的不同而不同,不同渗流模型对应的 $f(u)$ 具体表达式参见第 6 章。

8.6.2 非稳态产能曲线及影响因素分析

该节基于 8.6.1 节推导得到的顶底封闭页岩气藏中有限导流多级压裂水平井的非稳态产能表达式,针对第 6 章中针对页岩气藏提出的两种基本渗流物理模型,利用 Stehfest 数值反演方法,用计算机编程方法获得了实空间内的非稳态产能曲线,并对非稳态产能曲线特征及相关影响因素进行了分析。

8.6.2.1 页岩气藏渗流—扩散模型

1)吸附解吸常数的影响

图 8.31 为页岩气藏渗流—扩散模型中吸附解吸常数 α 对无限大页岩气藏中有限导流多级压裂水平井非稳态产能曲线形态的影响。从图 8.31 中可以观察到,吸附解吸常数 α 主要影响中晚期非稳态产能动态。在生产中晚期,吸附解吸常数 α 越大,同一时刻对应的有限导流压裂水平井非稳态产能就越高。

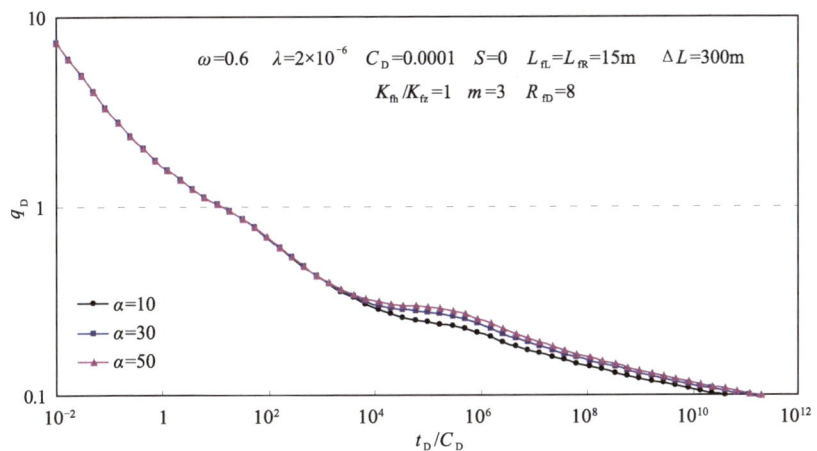

图 8.31 吸附解吸常数 α 对无限大页岩气藏中有限导流多级压裂水平井
非稳态产能曲线的影响——拟稳态模型

2)裂缝导流能力的影响

图 8.32 是压裂裂缝导流能力 R_{fD} 对无限大页岩气藏中有限导流压裂水平井非稳态产能动态的影响。从图 8.32 中可以看出,压裂裂缝导流能力 R_{fD} 主要影响早期压裂水平井非稳态产能动态。压裂裂缝导流能力 R_{fD} 越大,相对应的压裂水平井非稳态产能更高。

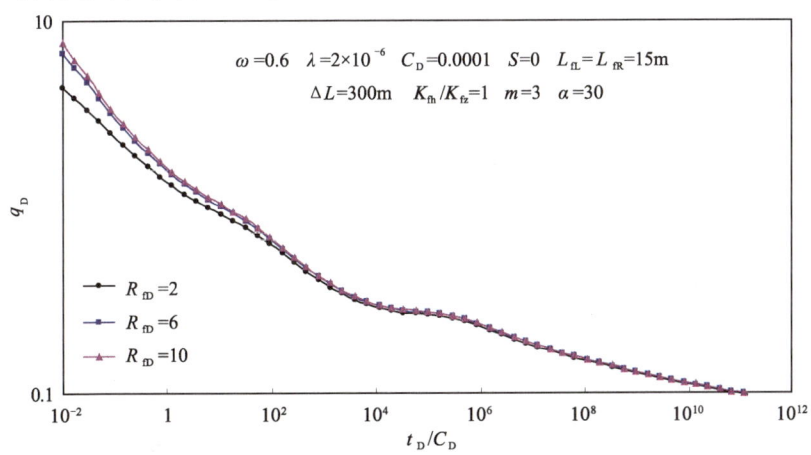

图 8.32 裂缝导流能力 R_{fD} 对无限大页岩气藏中有限导流多级压裂水平井
非稳态产能曲线的影响——拟稳态模型

其他因素对非稳态产能曲线的影响与相应的无限导流压裂水平井模型中相同,此处不再重复。

8.6.2.2 页岩气藏渗流—渗流/扩散模型

1）吸附气解吸的影响

图 8.33 表明了基质中吸附气的存在对页岩气藏中有限导流多级压裂水平井非稳态产能曲线的影响。从图 8.33 中可看出,吸附气的存在主要影响压裂水平井晚期产能动态。当考虑吸附气的影响时,气井非稳态产能递减更慢,且 γ 越小,同一时刻对应的非稳态产能值就越高。

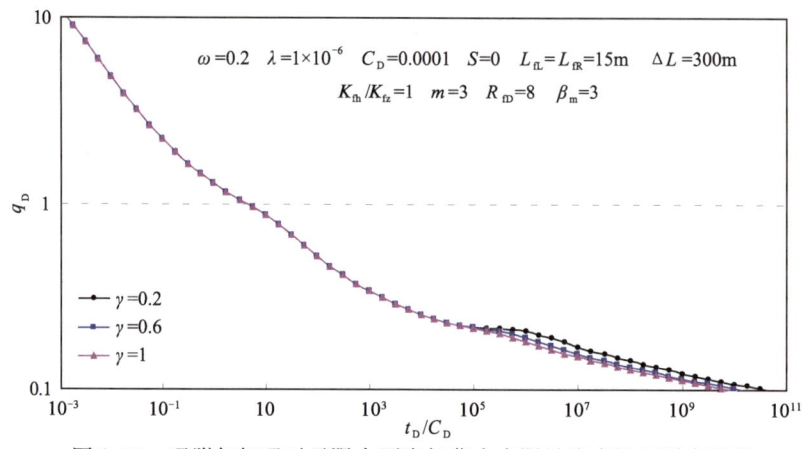

图 8.33 吸附气解吸对无限大页岩气藏中有限导流多级压裂水平井
非稳态产能曲线的影响——拟稳态模型

2）基质中页岩气运移机制的影响

图 8.34 为基质中页岩气运移机制对页岩气藏中有限导流多级压裂水平井非稳态产能曲线的影响。从图 8.34 中可以看出,当其他参数保持一定时,β_m 主要影响中期气井非稳态产能动态,该阶段对应于基质中解吸页岩气向裂缝系统的扩散和渗流。

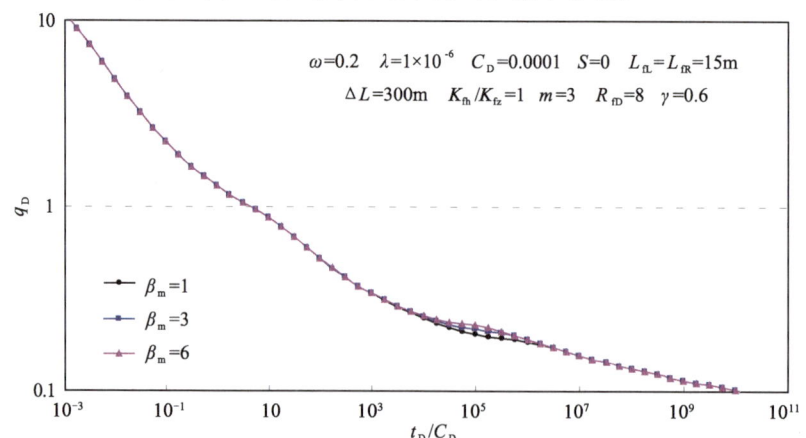

图 8.34 基质中页岩气运移机制对无限大页岩气藏中有限导流多级压裂水平井
非稳态产能曲线的影响——拟稳态模型

其他因素对非稳态产能曲线的影响与 8.6.2.1 节类似,此处不再重复。

参 考 文 献

[1] 肖钢,唐颖. 页岩气及其勘探开发[M]. 北京:高等教育出版社,2012.
[2] 《页岩气地质与勘探开发实践丛书》编委会. 中国页岩气地质研究进展[M]. 北京:石油工业出版社,2011.
[3] 《页岩气地质及勘探开发实践丛书》编委会. 北美地区页岩气勘探开发新进展[M]. 北京:石油工业出版社,2009.
[4] 孔祥言. 高等渗流力学[M]. 合肥:中国科学技术大学出版社,1999.
[5] 李建忠,董大忠,陈更生. 中国页岩气资源前景与战略地位[J]. 天然气工业,2009,29(5):11-16.
[6] 张金川,徐波,聂海宽,等. 中国页岩气资源勘探潜力[J]. 天然气工业,2008,28(6):136-140.
[7] Li Y J, Liu H, Zhang L H, et al. Lower limits of evaluation parameters for the lower Paleozoic Longmaxi shale gas in southern Sichuan Province[J]. Science China:Earth Sciences, 2013, 56:710-717.
[8] Li Y J, Feng Y Y, Liu H, et al. Geological characteristics and resource potential of lacustrine shale gas in the Sichuan Basin, SW China[J]. Petroleum Exploration and Development, 2013, 40(4):454-460.
[9] 李延军,刘欢,张烈辉,等. 四川盆地南部下古生界龙马溪组页岩气评价指标下限[J]. 中国科学:地球科学,2013,43(7):1088-1095.
[10] 李延军,张烈辉,冯媛媛,等. 页岩有机碳含量测井评价方法及其应用[J]. 天然气地球科学,2013,24(1):169-175.
[11] 谢晓永,唐洪明,王春华,等. 氮气吸附法和压汞法在测试泥页岩孔径分布中的对比[J]. 天然气工业,2006,26(12):100-102.
[12] 陈颙,陈凌. 分形几何学[M]. 北京:地震出版社,2005.
[13] Mandelbrot B B. The Fractal Geometry of Nature[M]. Lodon:Macmillan, 1983.
[14] 法尔科内,曾文曲. 分形几何:数学基础及其应用[M]. 北京:人民邮电出版社,2007.
[15] 马新仿,张士诚,郎兆新. 用分段回归方法计算孔隙结构的分形维数[J]. 中国石油大学学报:自然科学版,2005,28(6):54-56.
[16] Yu B, Li J. Some fractal characters of porous media[J]. Fractals, 2001, 9(03):365-372.
[17] Fripiat J J, Gatineau L, Van Damme H. Multilayer physical adsorption on fractal surfaces[J]. Langmuir, 1986, 2(5):562-567.
[18] Vajda P, Felinger A. Multilayer adsorption on fractal surfaces[J]. J. Chromatogr. A., 2014, 1324:121-127.
[19] 赵振国. 吸附作用应用原理[M]. 北京:化学工业出版社,2005.
[20] Do D D. Adsorption Analysis:Equilibria and Kinetics[M]. London:Imperial College

Press,1998.

[21] Zhang L H, Li J C, Tang H M, et al. Fractal pore structure model and multilayer fractal adsorption in shale[J]. Fractals, 2014, 22(3): 1440010.

[22] 张烈辉,陈果,赵玉龙,等. 改进的页岩气藏物质平衡方程及储量计算方法[J]. 天然气工业,2013,33(12):66-70.

[23] Spivey J P, Semmelbeck M E. Forecasting long-term gas production of dewatered coal seams and fractured gas shales[C]. SPE Paper 29580 presented at the Low Permeability Reservoirs Symposium, Denver, Colorado, 1995.

[24] Ertekin T, King G R, Schwerer F C. Dynamic gas slippage: A unique dual-mechanism approach to the flow of gas in tight formations[J]. SPE Formation Evaluation, 1986, 1(1): 43-52.

[25] Kelvin L. Mathematical and Physical Papers[M]. Cambridge: Cambridge University Press, 1884.

[26] Ozkan E, Raghavan R. New solutions for well-test-analysis problems: Part 1-Analytical considerations[J]. SPE Formation Evaluation, 1991, 6(3): 359-368.

[27] 王坤,张烈辉,陈飞飞. 页岩气藏中两条互相垂直裂缝井产能分析[J]. 特种油气藏,2012, 19(4):130-133.

[28] Zhao Y L, Zhang L H, Zhao J Z, et al. "Tri-porosity" modeling of transient well test and rate decline analysis for fractured well in shale gas reservoir[J]. Journal of Petroleum Science and Engineering, 2013, 110: 253-262.

[29] Wang H T. Performance of multiple fractured horizontal wells in shale gas reservoirs with consideration of multiple mechanisms[J]. Journal of Hydrology, 2014, 510: 299-312.

[30] Guo J J, Zhang L H, Wang H T. Pressure transient characteristics of multi-stage fractured horizontal wells in shale gas reservoirs with consideration of multiple mechanisms[C]. Paper to be presented at the 5th International Conference on Porous Media and Their Applications in Science and Engineering, Kona, Hawaii, June 22-27, 2014.

[31] Zhao Y L, Zhang L H, Luo J X, et al. Performance of fractured horizontal well with stimulated reservoir volume in unconventional gas reservoir[J]. Journal of Hydrology, 2014, 512: 447-456.

[32] Zhao Y L, Zhang L H, Wu F, et al. Analysis of horizontal well pressure behaviour in fractured low permeability reservoirs with consideration of the threshold pressure gradient[J]. Journal of Geophysics and Engineering, 2013, 10(3): 035014.

[33] Zhang L H, Zhang Y L, Liu Q G. Well-test-analysis and applications of source functions in a bi-zonal composite gas reservoir[J]. Petroleum Science and Technology, 2014, 32(8): 965-973.

[34] 高杰,张烈辉,刘启国,等. 页岩气藏压裂水平井三线性流试井模型研究[J]. 水动力学研究与进展 A 辑,2014,29(1):108-113.

[35] Guo J J, Zhang S, Zhang L H, et al. Well testing analysis for horizontal well with consideration of threshold pressure gradient in tight gas reservoirs[J]. Journal of Hydrodynamics, 2012, 24(4): 561-568.

[36] Li Y M, Li Y H, Zhang X P, et al. Shale gas seepage mechanism and pressure dynamic characteristics research[J]. Advancede Materials Research, 2013, 652: 2484-2489.

[37] Katz A J, Thompson A. Fractal sandstone pores: implications for conductivity and pore formation[J]. Phys. Rev. Lett, 1985, 54(12): 1325.

[38] Jin Y, Song H, Hu B, Zhu Y, Zheng J. Lattice Boltzmann simulation of fluid flow through coal reservoir's fractal pore structure[J]. Science China: Earth Sciences, 2013, 56(9): 1519-1530.

[39] Hunt A, Ewing R, Ghanbarian B. Percolation Theory for Flow in Porous Media[M]. Springer, 2014.

[40] Xie W Y, Li X P, Zhang L H, et al. Two-phase pressure transient analysis for multistage fractured horizontal well in shale gas reservoirs[J]. Journal of Natural Gas Science and Engineering, 2014, 21: 691-699.

[41] Escobar F H, Zhao Y L, Zhang L H. Interpretation of pressure tests in hydraulically fractured wells in bi-zonal gas reservoirs[J]. INGENIERÍA E INVESTIGACIÓN, 2014, 34(2): 76-84.

[42] Escobar F H, Zhao Y L, Zhang L H. Interpretation of pressure tests in horizontal wells in homogeneous and heterogeneous reservoirs with threshold pressure gradient[J]. Journal of Engineering and Applied Sciences, 2014, 9(11): 2220-2228.

[43] Zhang L H, Guo J J, Zhang D L. Application of control volume method to numerical well testing. 1st International Symposium on Energy Challenges & Mechanics, Aberdeen, Scotland, UK, July 8, 2014.

[44] Zhang L H, Guo J J. Engineering Fundamentals of Shale Gas Development. The 7th International Symposium on State Key Laboratory of Oil and Gas Reservoir Geology and Exploitation, Chengdu, Sichuan, July 27, 2014.

[45] 熊也,张烈辉,赵玉龙,等. 应力敏感页岩气藏水力压裂直井试井分析[J]. 科学技术与工程,2014,14(16):221-225.

[46] 赵金洲,李勇明,王松,等. 天然裂缝影响下的复杂压裂裂缝网络模拟[J]. 天然气工业,2014,34(1):68-73.

[47] 赵金洲,彭瑀,李勇明,等. 层间滑移对缝高延伸影响的模拟分析[J]. 新疆石油地质,2013,34(6):661-664.

[48] 朱琴,张烈辉,赵玉龙,等. 考虑微裂缝的页岩气藏三重介质不稳定产量递减研究[J]. 科学技术与工程,2013,13(29):45-49.